U0294394

本书得到以下项目资助：
- 国家重点研发计划（2022YFC3202704）
- 国家重点研发计划（2018YFE0206200）
- 广东省重点研发计划（2019B110205005）
- 浙江省重点研发计划（2021C02048）
- 浙江省领雁计划（ 2023C03133）
- 浙江省自然科学基金联合基金重点项目（LHZ22E090001）
- 深圳市可持续发展科技专项（专 2020N040）
- 中国电力建设股份有限公司重点项目（DJ-ZDXM-2022-46）

茅洲河流域
水环境治理设计与实践

DESIGN AND PRACTICE OF
WATER ENVIRONMENT MANAGEMENT
IN THE MAOZHOU RIVER WATERSHED

中国电建集团华东勘测设计研究院有限公司
魏俊　郭忠　程开宇　唐颖栋 等　编著

中国水利水电出版社
www.waterpub.com.cn
· 北京 ·

内 容 提 要

本书以深圳市40年来水情分析、治水演进为大背景，剖析新时代发展背景下水环境治理面临的新挑战，并以茅洲河流域“黑臭水体”为研究对象，总结梳理流域水环境治理中的创新设计与实践，为规划、设计、实施等各环节提供技术指导。全书共14章，分别介绍了深圳水情，流域规划及顶层设计，流域防洪排涝，末端截排系统，雨污分流体制下的织网成片、正本清源、厂网河源、提质增效及径流污染治理，底泥清淤处置，生态补水扩容，万里碧道工程，智慧平台，治理绩效等内容。本书是一本系统性的流域水环境治理著作，对流域水环境及高密度建成区城市黑臭水体治理具有重要的借鉴意义和指导作用。

本书可供从事水环境治理的专业人员以及规划、设计、施工人员参考。

图书在版编目（CIP）数据

茅洲河流域水环境治理设计与实践 / 魏俊等编著. -- 北京 : 中国水利水电出版社, 2023.9
（水环境治理与保护丛书）
ISBN 978-7-5226-0918-8

Ⅰ. ①茅… Ⅱ. ①魏… Ⅲ. ①流域－水环境－环境管理－深圳 Ⅳ. ①X143

中国版本图书馆CIP数据核字(2022)第148128号

书　名	水环境治理与保护丛书 **茅洲河流域水环境治理设计与实践** MAOZHOU HE LIUYU SHUIHUANJING ZHILI SHEJI YU SHIJIAN
作　者	中国电建集团华东勘测设计研究院有限公司 魏俊　郭忠　程开宇　唐颖栋　等　编著
出版发行	中国水利水电出版社 （北京市海淀区玉渊潭南路1号D座　100038） 网址：www.waterpub.com.cn E-mail：sales@mwr.gov.cn 电话：(010) 68545888（营销中心）
经　售	北京科水图书销售有限公司 电话：(010) 68545874、63202643 全国各地新华书店和相关出版物销售网点
排　版	中国水利水电出版社微机排版中心
印　刷	北京印匠彩色印刷有限公司
规　格	210mm×285mm　16开本　19.75印张　435千字　5插页
版　次	2023年9月第1版　2023年9月第1次印刷
定　价	**168.00**元

凡购买我社图书，如有缺页、倒页、脱页的，本社营销中心负责调换

本书编委会

顾　　问：张春生

主　　编：魏　俊　郭　忠　程开宇　唐颖栋

副 主 编：岳青华　楼少华　黄森军　廖琦琛　周文明

主　　审：陶如钧　杜运领　徐建强　徐美福　赵进勇
张希建　韩万玉　施家月　高礼洪　郭荣华

编　　委：付巍巍　胡爱兵　许　旭　丁华凯　郭伟建
张凤山　潘笑文　申屠华斌　吕建伟　高祝敏
斯筱洁　钟江丽　杨浩铭　王银龙　李俊杰
郭　靖　宁顺理　邱　辉　王　瑞　任珂君
吕丰锦　吴立俊　王建广　林晓虎　周小勇
雷　曦　叶盛华　费　定　吕权伟　张依章
金　熠　方　刚　孔令为　王韶伊　毛永灏
朱　亮　成水平　周传庭　周　振　鲁春晖
张列宇　侯　俊　郭雪妍　桂发二　寿玮玮
金　诚　陈　思　王礼兵　吉奕漫　郑　亨
于海兰　董　武　朱少博　张伟成　张墨林

主 编 简 介

魏俊，男，1982年生，江西萍乡人，同济大学环境工程专业毕业，硕士研究生，现任中国电建集团华东勘测设计研究院有限公司生态环境工程院副院长，正高级工程师。从业以来一直从事市政环保工程的规划、设计、科研工作，为茅洲河流域（宝安片区）水环境综合整治工程前期方案技术负责人、设计副总工，茅洲河流域（光明片区）水环境综合整治工程设计副总工，茅洲河流域（东莞片区）水环境综合整治工程总包副指挥长，近年来先后担任国内诸多重大水环境治理项目经理、总工等。

郭忠，男，1963年生，福建福州人，福州大学道路交通工程专业毕业，大学本科，正高级工程师，浙江省工程勘察设计大师，现任中国电建集团华东勘测设计研究院有限公司咨询。从业以来一直从事市政工程、环境工程、流域综合治理等方面的研究及规划设计工作，为茅洲河流域水环境综合治理工程及多个重大水环境治理工程的分管领导。

程开宇，男，1978 年生，吉林长春人，河海大学水文与水资源工程专业毕业，硕士研究生，现任中国电建集团华东勘测设计研究院有限公司副总经理，正高级工程师。从业以来一直从事水环境综合治理、水资源规划、防洪排涝规划、城市水文等方面的相关研究及规划设计工作，为茅洲河流域（宝安片区）综合整治工程前期方案项目经理。近年来先后担任国内诸多重大水环境治理工程项目经理、总工等。

唐颖栋，男，1975 年生，浙江绍兴人，浙江大学建筑与土木工程专业毕业，硕士研究生，现任中国电建集团华东勘测设计研究院有限公司一级项目经理、生态环境工程院副院长，正高级工程师。从业以来一直从事流域水环境综合治理等方面的相关研究及设计工作。自 2016 年 8 月起主要担任茅洲河流域（宝安片区）水环境综合整治工程项目经理，全面统筹流域水环境治理工作。

序

在珠江三角洲，有这么一条河流，孕育了深圳、东莞两座GDP超万亿元的城市，但也率先感知到经济发展的阵痛，变得污浊不堪。彼时，水并未因城市而荣，这就是茅洲河。

茅洲河，作为深圳市第一大河，其存在的种种问题实际上都是高度城镇化地区人水不和谐的缩影。茅洲河所在的粤港澳大湾区，孕育了中国高度城市化进程中最为典型的区域之一——珠三角城市群。它经过40年的发展，从一个典型的桑基鱼塘农业地区，经过乡村工业化、城市工业化转型，逐渐成为创新型、全域城镇化的城市群，其城镇化率已经达到或超过世界先进国家与地区。

正因如此，深圳市的水环境问题具有其独特性、复杂性，具体表现为本地水资源短缺、水环境承载能力不足，单位面积污染负荷通量高、产污布局不合理和不协调，洪潮涝污等多重水问题叠加、涉水公共突发事件风险和损失加剧，市政基础设施历史欠账多、涉水管理体制机制不健全等。

水，开始制约深圳市的转型和高质量发展。尤其是中央对深圳市提出建设中国特色社会主义先行示范区，率先探索全面建设社会主义现代化强国新路径的要求后，如何践行创新、协调、绿色、开放、共享发展理念，破解生态与发展的双重考题，是深圳市必须面对和思考的关键问题。

七年来，在深圳市域范围内，建成了各具特色的典型项目，如现代时尚的大沙河、自然蜿蜒的福田河、白鹭飞翔的深圳湾、跨界治理的深圳河、暗涵复明的木墩河，等等。水，因城市而荣。应该说，深圳，交出了一份满意的答卷。

深圳市，缘何能在短短七年间把蓝图实现，解决几十年发展积累下来的水污染陈疴，其成功的经验究竟是什么？我想，一是深圳市敢为天下先的改革创新土壤；二是政府马上就办的决心和魄力；三是我们集中力量办大事的体制机制优势；四是各实施方的资源统筹协调和使命担当；五是千千万万治水人和公众的努力付出和参与。

可以说，深圳市的治水，是灵活运用“源网厂河、灰绿结合、水城共治”等系统理念，成功构建城市水循环系统的生活实践。同时，提出了一种城市高密度建成区黑臭水体治理的创新模式，具体可理解为“流域统筹、系统治理、集团作战、公众参与”，是政府、企业、公众三方联动、共同治水取得成功的典范。

本书纵览深圳市治水历程，剖析问题与成因，并以茅洲河流域黑臭水体治理为切入点，给出了具体的治理实施路径，具有较高的工程应用价值，可供广大治水工作者参考。本书的编写单位中国电建集团华东勘测设计研究院有限公司，在国内实施了一系列重大治水项目，具有较大的行业影响力。

在全国水污染治理工作已取得阶段性胜利的时候，谨以此序，希望读者不断践行“绿水青山就是金山银山”理念，共建绿水青山的美丽中国。

中国工程院院士 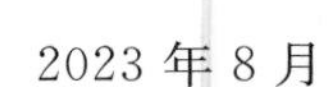

2023 年 8 月

前言

茅洲河是深圳市第一大河，也是深圳市的母亲河，其干流全长31.3km，发源于深圳境内的羊台山北麓，往西北蜿蜒流淌，在深圳市宝安区和东莞市长安镇交界处注入伶仃洋，流域总面积388km^2。这条河，伴随着流域内工业化、城镇化的高速发展，经济、人口的爆发式增长，环境污染负荷大大超过环境承载能力，同时，又因流域内环保基础设施建设的长期滞后和环境管理的相对薄弱而造成重度污染，成为广东省污染最严重、治理难度最大、治理任务最紧迫的河流，可以说，它成了“城市脸上的一道疤”。

2015年4月，国务院正式颁布“水十条”，水环境治理上升为国家战略。以习近平生态文明思想为指导，深圳、东莞改变原有“碎片化”治理模式，以超常规举措，全面开展治水提质攻坚战。由省委书记亲自挂点督导、省长多次批示和调研、两市领导亲自担任茅洲河河长，开启了水环境治理的新征程，让这条河焕发出新的活力。

治理城市黑臭水体，修复水生态环境非朝夕可以功成。新一任领导班子接过接力棒后，响亮地提出“所有工程必须为治水工程让路”，并多次赴现场“低调暗访，高调曝光”，强力协调治理工程中遇到的问题，为项目顺利推进提供了有力保障。茅洲河治理实践也展现出深圳、东莞两市各级干部敢于担当的精神风貌。

新时代焕发新生机，经过7年的治理，如今茅洲河“水清岸绿、人水和谐”的美丽画卷沿河徐徐展开，成为广东省践行“绿水青山就是金山银山”理念，推进生态治理、建设生态文明的一个案例和范本。茅洲河再现“水清岸绿、鱼翔浅底”的美丽景象，成为市民流连忘返的“生态河”，“流浪”近20年的皮划艇队回归茅洲河，停办多年的龙舟赛重新开赛，治理成效被中央电视台《共和国发展成就巡礼》《美丽中国》等纪录片收录。深圳也因为茅洲河等治理取得的成效，被国务院评为2019年重点流域水环境质量明显改善的5个城市之一，成为国家黑臭水体治理示范城市；获评2020年国家生态文明建设示范市，是全国第一个全域创建成功的副省级城市。

茅洲河治理的成效，让我们想到两句话：一是“道法自然，天人合一”，正是来自“两山论”发源地杭州、作为茅洲河治理总设计单位的中国电建集团华东勘测设计研究院（以下简称华东院），秉承习近平总书记生态文明思想，延续“五水共治”“美丽河流”等思路，提出了“流域统筹，系统治理”的理念，运用多维度的科学方法，将全流域治理统筹为一个项目进行管理，才阶段性完成了茅洲河综合治理这样一个伟大的工程；二是“栉风沐雨，砥砺前行”，这个典故出自大禹治水，茅洲河的治理正践行了这个故事。自2016年伊始，在华东院领导的带领下，设计团队将整个流域按照“一个项目，三个工程包（宝安、光明、东莞）”分片实施，历经无数挫折和摔打，六年如一日，秉承华东院“负责、高效、最好”的企业精神，用满腔的激情谱写了茅洲河水环境治理的故事。

本书系统回顾了“十三五”期间茅洲河治理过程，以“流域统筹、系统治理”的理念为基础，阐述了华东院“织网成片、正本清源、理水梳岸、寻水溯源”的四步逐级推进方案，全面系统地介绍了华东院在承担茅洲河全流域治理三个阶段（综合整治、正本清源、全面消黑）工程实施过程中所取得的经验、成绩和教训，形成了茅洲河水环境治理的理论和技术体系，具有很好的借鉴参考价值。

本书的编写基于茅洲河治理的实践工作。在此，感谢深圳市、东莞市各级政府和业主单位，中电建生态环境集团有限公司及中国电建所属其他参建成员企业，深圳市水务规划设计院有限公司、深圳市城市规划设计研究院有限公司、上海市城市建设设计研究总院（集团）有限公司、同济大学建筑设计研究院（集团）有限公司等设计单位，以及浙江大学、同济大学、上海电力大学、河海大学、广东工业大学、南方科技大学、西湖大学等高校，中国环境科学研究院、浙江省华东生态环境工程研究院等研究机构，西湖生态环境（杭州）有限公司等单位的大力指导与支持。感谢中央电视台、深圳广播电影电视集团等新闻媒体对茅洲河水环境治理工作的宣传报道。

至此，《水环境治理与保护丛书》的第三卷也已完成。从第一卷的《城市水环境治理理论与实践》，到第二卷《尾水人工湿地设计与实践》，到第三卷《茅洲河流域水环境治理设计与实践》，分别从“河道、湿地、流域”三个维度系统梳理和总结了华东院治水的点滴工作。2022年，我们还出版了《水城融合——城市滨水区规划发展研究》，介绍了我们在滨水区规划与设计方面所做的工作。接下来，还有诸多问题需要我们不断思考、探索实践。治水，我们一直在路上。

希望本书的出版，在分享茅洲河治理经验的同时，对全国各地的水环境治理工作有所启迪，推动我国水环境治理工作的科学发展。

作者

2023年8月

目录

图 目 录

表 目 录

第1章 大势观澜——认识深圳水情

1.1 深圳市概况

1.1.1 地理位置

深圳市是中国南部的海滨城市，又称“鹏城”，地处广东省南部、珠江口东岸，东临大亚湾和大鹏湾，西濒珠江口和伶仃洋，南隔深圳河与香港相连，北部与东莞、惠州接壤，为珠江三角洲重要的政治、经济和文化中心。

1.1.2 地形地貌

深圳市境内地势东南高、西北低，主要山脉走向由东向西贯穿中部，形成天然屏障，成为主要河流发源地和分水岭，形成了三个地貌带：东南为半岛海湾地貌带，中部为海岸山脉地貌带，西北部为丘陵谷地地貌带。东西部地貌差异较显著，造成在平面形态、构造、水系、雨量分布等方面都存在较大的变差。全市属于以丘陵为主，低山、丘陵、台地、阶地、平原相结合的综合地貌区，地形复杂、地貌类型多样。其中大部分为波状台地，间以平缓的岗地，沿海一带为平原：低山地貌区占4.84%，丘陵地貌区占44.07%，台地地貌区占22.35%，阶地地貌区占5.09%，平原地貌区占22.12%，水库面积占1.54%。全市最高峰梧桐山海拔943.7m。

1.1.3 行政区划

深圳市总面积为1997.47km²，陆域平面形状呈东西宽（92km）、南北窄（44km）的狭长形。深圳市共设9个市辖行政区（福田区、罗湖区、盐田区、南山区、宝安区、龙岗区、光明区、坪山区、龙华区）和1个新区（大鹏新区）。

1.1.4 人口情况

作为全国发展最迅速的城市之一，深圳市在人口变迁、经济发展、城市建设等方面都具有显著特征，开辟出一条“深圳模式”的发展道路。深圳市属于典型的移民城市，1980年成立深圳经济特区，根据第七次人口普查数据，截至2020年年末，在短短40年间，常住人口从1979年的31.41万人增加到1756万人。人口密度以市域面积计算达到0.88万人/km²，以建成区面积（927.96km²）计算达到1.89万人/km²，位居全国第一。

1.1.5 经济发展

深圳市2021年GDP约30664.85亿元，人均GDP约17.46万元。深圳市综合经济实力居全国大中城市前列，新技术产值居国内城市首位。深圳始终坚定不移地扩大对外开放，积极参加国际经济竞争合作，形成了全方位开放的外向型经济格局，基本构建起具有较强竞争力的现代产业体系，形成了高新技术、金融、物流、文化等四大产业为支柱，以高新技术产业为主导，物流、金融现代服务业发展壮大，商贸旅行、房地产业蓬勃发展的格局。

1.1.6 发展定位

深圳市作为我国最早实施改革开放、影响最大、建设最好的经济特区，是全国性经济中心城市、国家创新型城市和国际化大都市。《深圳市城市总体规划（2010—2020）》对城市发展的定位为：①国家综合配套改革试验区，实践自主创新和循环经济科学发展模式的示范区；②国家支持香港繁荣稳定的服务基地，在“一国两制”框架下与香港共同发展的国际性金融、贸易和航运中心；③国家高新技术产业基地和文化产业基地；④国家重要的综合交通枢纽和边境口岸；⑤具有滨海特色的国际著名旅游城市。2019年2月18日，《粤港澳大湾区发展规划纲要》发布，将深圳市的发展定位于建设为全球影响力的国际科技创新中心、内地与港澳深度合作示范区和生态环境优美的国际一流湾区。2019年8月9日，党中央、国务院发布《中共中央 国务院关于支持深圳建设中国特色社会主义先行示范区的意见》明确将深圳市作为建设现代化国际化创新型城市、社会主义现代化强国的城市范例。

1.2 深圳市水情

1.2.1 水文气象

1. 降雨

深圳市地处北回归线以南，属亚热带海洋性季风气候，日照时间长，气候温和，雨量充沛。多年平均降雨量1830mm，多年平均水资源总量为20.51亿m^3。总体上，深圳市水资源空间分布不均，东南多，西北少，呈自东向西递减的趋势，东部地区约为2000mm，中部地区为1700～2000mm，西部地区约为1700mm；全市降水时间分布亦不均匀，降水主要集中在汛期4—10月，约占全年降水量的85%。由于降水时空分布不均，干旱和洪涝常交替出现。2018年，深圳市降水量2118.50mm，较常年（1935.8mm）增加9.44%，属偏丰年；2019年，降水量为1882.9mm，较常年减少2.73%。

2. 径流

深圳市由于近东西向、北东向、北西向及近南北向的断裂构造较发育，特别是东部地区的断裂构造甚为发育，山体坡度较陡，切割也较强烈，地表水系较为发育，大小河流共160余条，其中13条集水面积大于10km^2，其中集水面积大于100km^2的主要河流有5条。这些河流以海岸山脉为分水岭，以汇入海湾为归宿。

深圳市多年平均降水总量为 34.22 亿 m^3，多年平均径流量为 18.27 亿 m^3，特枯年 97% 保证率时，年径流量为 7.67 亿 m^3。与南方典型城市对比，深圳市多年平均径流量偏低，但单位面积多年平均径流量较大。由于深圳市大部分为低山丘陵，地势较陡，地面坡度大，坡面汇流快，易发生暴雨灾害。

1.2.2 流域概况

1. 总体概况

深圳市河流受地质构造控制，地势东南高、西北低，主要山脉走向从东到西，贯穿中部，成为主要河流发源地和分水岭，决定了河流水系的分布和走向。深圳市境内河流分属珠江三角洲流域、东江流域、粤东诸河流域；受地形地貌影响，深圳市小河沟多，分布广、干流短，单条河流径流量较小。

2. 流域分布

深圳市现有深圳河流域、茅洲河流域、龙岗河流域、坪山河流域、观澜河流域、深圳湾水系、珠江口水系、大鹏湾水系、大亚湾水系等九大流域（图 1.1）。其中茅洲河流域、珠江口水系、深圳河流域、深圳湾水系属珠江三角洲流域，流入珠江口伶仃洋；观澜河流域、龙岗河流域、坪山河流域属东江流域，发源于海岸山脉北麓，由中部往北或东北流；大鹏湾水系、大亚湾水系属粤东诸河流域，发源于海岸山脉南麓，流入大海。

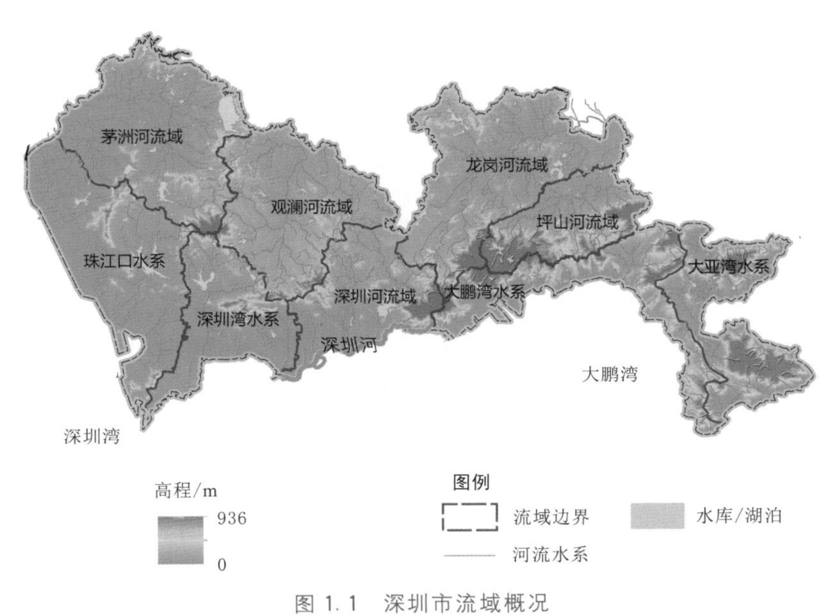

图 1.1 深圳市流域概况

1.2.3 水系概况

1. 河流概况

深圳市境内流域面积大于 1km^2 的河流有 362 条，总长 1255km，其中 90 条为直接入海河流，流域面积大于100km^{2}的河流有7条，即茅洲河、龙岗河、观澜河、深圳河、坪山河、赤石河及明热河，深圳市河流长度统计分布见图1.2。

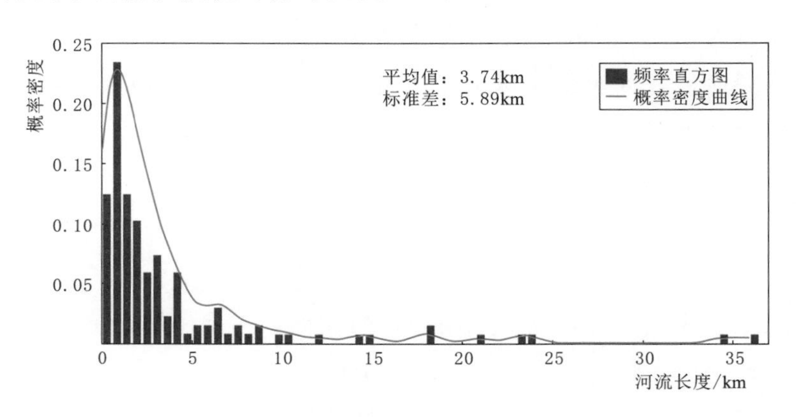

图1.2　深圳市河流长度统计分布

2. 湖库概况

根据勘探资料，深圳市共有湖库161座，其中大型湖库2座、中型湖库14座、小（1）型湖库61座、小（2）型湖库84座。

3. 海岸线概况

深圳市海岸线全长约278km，因香港半岛而分成东西两部分。东部海岸线涵盖大鹏湾水系和大亚湾水系，属山地海岸，以基岩岸线为主，呈海湾半岛相间地貌形态，岸线曲折，岸线长176km。大亚湾、大鹏湾沿岸有较多倚山面海、沙滩广阔的天然海滩，为优良港口及旅游胜地。其中，大鹏湾水系岸线长约74km，大亚湾水系岸线长约102km。西部海岸涵盖珠江口水系及深圳湾水系，属冲积、海积平原海岸，以人工海堤港口岸线为主，局部有泥滩、红树林滩，岸线长102km，其中，珠江口水系岸线长约59km，深圳湾水系岸线长约43km。

1.2.4　水安全概况

治理前（2018年），深圳市河流防洪达标率为82.9%，西部海堤防潮达标率为20%，东部海堤防潮达标率为46%。

（1）水闸：全市较大规模水闸81座，总设计流量6254.8m^3/s。

（2）泵站：深圳市共有排涝泵站131座，总排涝流量900.2m^3/s。在重点区域及桥梁等地势较低的区域，均建有一定规模的泵站，积水发生时可实现大规模协同排涝。

1.2.5　水资源概况

1. 水资源量

深圳市水资源主要来源于天然降水，2018年全市（未含深汕）水资源总量为22.64亿m^3，比多年平均水资源量（20.51亿m^3）增加2.13亿m^3，其中地下水资源量为4.89亿m^3，比多年平均地下水资源量（5.65亿m^3）减少0.76亿m^3。按2018年末常住人口1302.66万人统计，人均水资源占有量为 223.45m^3。

2. 蓄水量

截至 2018 年底，深圳市蓄水水库总控制集雨面积 637.84km^2，总库容 9.93 亿 m^3。2018 年参与供水水库共有 41 座，其中大型 1 座、中型 10 座、小（1）型 29 座、小（2）型 1 座，较 2017 年减少 5 座。2018 年深圳市参与供水水库年末蓄水总量 1.88 亿 m^3，同比增加 1394.30 万 m^3。

3. 境外引水量

深圳市建有东深、东部（一期、二期）两大境外引水工程，总长 186.4km；已建及在建各级输配水支线 17 条。至 2018 年底，东深供水工程输水线路全长 68km，年供水能力 24.23 亿 m^3，分配给深圳的供水量为 8.73 亿 m^3；东江水源工程输水线路全长 106km，全部向深圳供水，年供水能力为 7.20 亿 m^3。

2018 年，全市境外引水量为 17.39 亿 m^3，较 2017 年增加 1.06 亿 m^3。

4. 供水量

至 2017 年底，全市原水供应量达到 20.72 亿 m^3，海水利用量达到 114.08 亿 m^3。总供水量（未含深汕）同比增加 1614.85 万 m^3。地表水源供水量 19.504 亿 m^3，占总供水量的 94.13%；地下水源供水量 304.42 万 m^3，占总供水量的 0.15%；其他水源供水量 1.185 亿 m^3（污水处理回用 9743.79 万 m^3，雨水利用 1889.84 万 m^3），占总供水量的 5.72%，如图 1.3 所示。

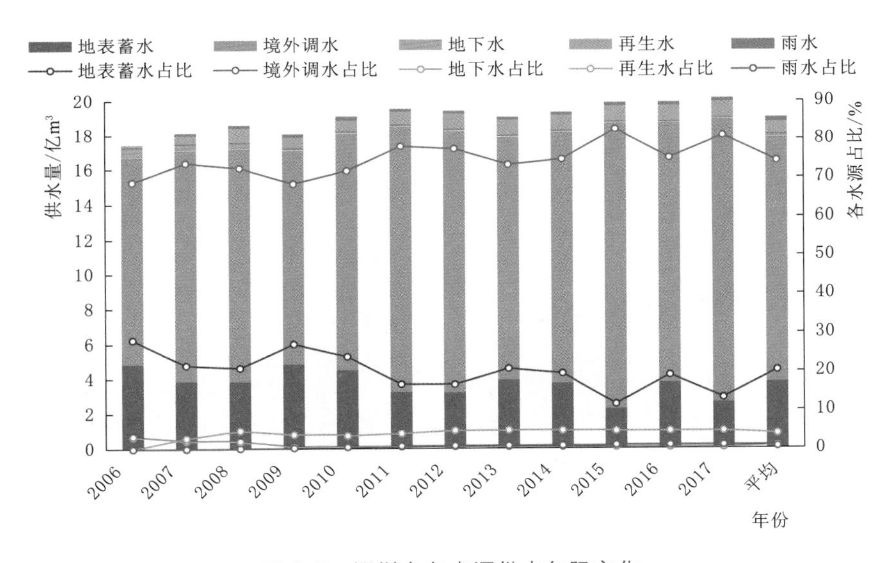

图 1.3　深圳市各水源供水年际变化

5. 用水量

深圳市用水构成以城市居民生活用水为主，至 2017 年底，全市用水量达到 20.72 亿 m^3。其中城市居民生活用水 7.64 亿 m^3，工业用水 4.89 亿 m^3，公共用水 5.91 亿 m^3，农业用水 0.95 亿 m^3，生态环境用水 1.32 亿 m^3，如图 1.4 所示。

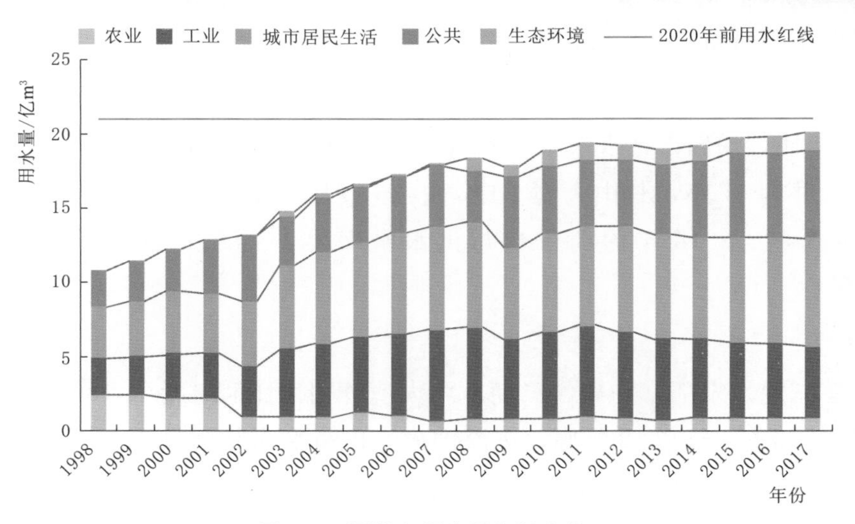

图 1.4 深圳市用水量年际变化

1.2.6 水环境概况

1.2.6.1 水质概况

1. 河流水质

2018 年 15 条主要河流中的深圳河、龙岗河和坪山河上游水质均达到或优于国家地表水Ⅱ类标准；盐田河水质达到国家地表水Ⅲ类标准，大沙河和王母河水质达到国家地表水Ⅳ类标准，布吉河水质达到国家地表水Ⅴ类标准。深圳河、龙岗河、坪山河、观澜河、茅洲河、新洲河、福田河、凤塘河、西乡河、沙湾河、皇岗河 11 条河流中下游水质中，氨氮和总磷指标超过国家地表水Ⅴ类标准，尤其是深圳湾流域、深圳河流域、珠江口流域、龙岗河流域、茅洲河流域的年污废水排放量仍然较大（图 1.5）。

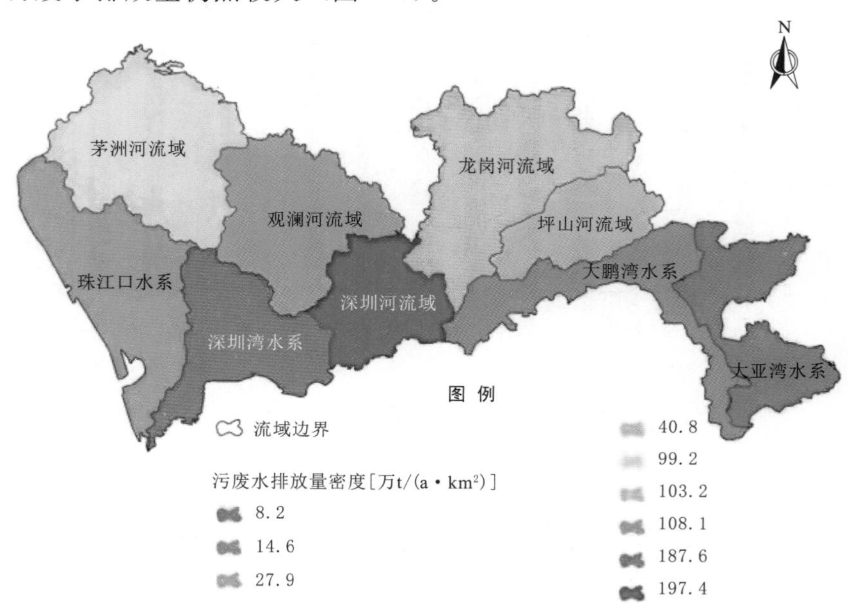

图 1.5 各流域污废水单位面积排放强度

2. 湖库水质

2018 年饮用水源水库中的枫木浪水库、径心水库水质达到国家地表水Ⅰ类标准，深圳水库、西丽水库、铁岗水库、罗田水库、清林径水库、赤坳水库、梅林水库、松子坑水库、三洲田水库水质达到国家地表水Ⅱ类标准，水质为优；石岩水库水质达到国家地表水Ⅲ类标准，水质良好。

2018 年水库总体水质状况，达到地表水Ⅱ类及以上标准的占比 22.4%，达到地表水Ⅲ类标准的占比 50%。

3. 近岸海域水质

2018 年，深圳市东部近岸海域水质保持优良水平，达到国家海水水质第一类标准。西部近岸海域水质为劣于第三类标准，主要超标物为无机氮、活性磷酸盐和粪大肠菌群。

1.2.6.2 污水系统概况

1. 污水处理设施

2018 年，深圳市污水处理率达 97.16%。深圳市正式投入运营的集中式水质净化厂 34 座，处理能力 579.5 万 m^3/d，新扩建及提标改造水质净化厂 39 座；建成运行分散式污水处理设施 31 座，设计处理能力 67.6 万 m^3/d；再生水处理设施 6 座，总设计规模为 44.6 万 m^3/d，如图 1.6 所示。

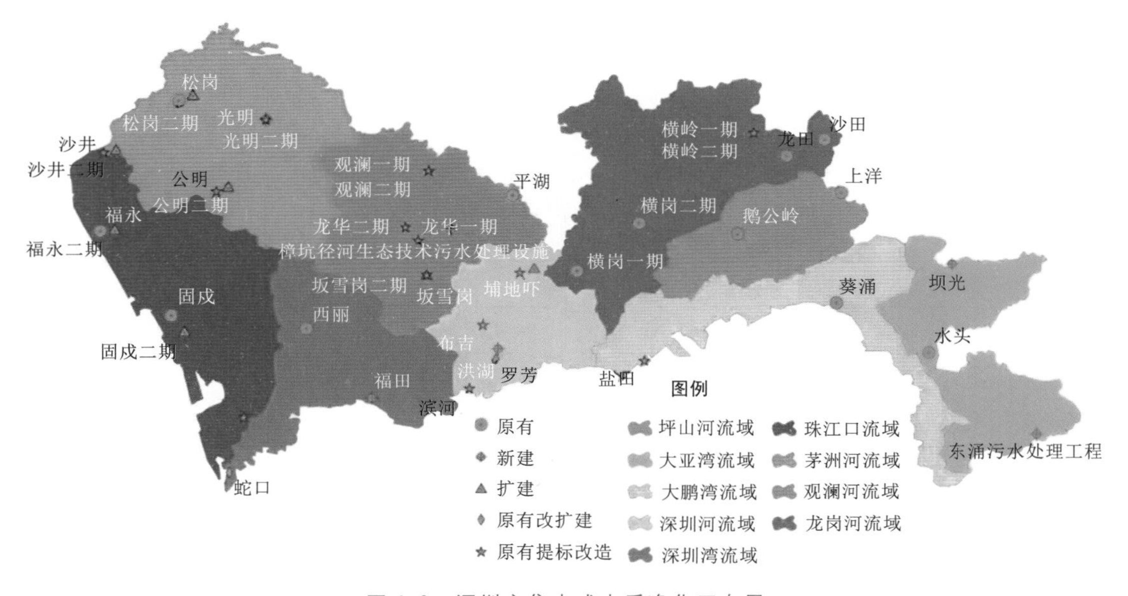

图 1.6 深圳市集中式水质净化厂布局

2. 污水管网建设

2018 年深圳市排水管渠总长 15992.02km，其中雨水管（渠）总长 7904.27km，污水管（渠）总长 6506.03km，截流、合流、混流管（渠）总长 1581.72km。

3. 排水泵站

2018 年深圳市已建市政排水泵站 86 座，其中污水泵站 81 座，雨污合建泵站 5 座。总设计规模 953.31 万 m^3/d。

4. 河流截污

深圳市河道截污基本完善，可保证流域内旱季达到100%截污，但仍存在雨季溢流污染风险。深圳河流域完成截污河道数量为26条；茅洲河流域完成截污河道数量为6条；观澜河流域完成截污河道数量为32条；龙岗河流域完成截污河道数量为39条；坪山河流域完成截污河道数量为23条；珠江口水系完成截污河道数量为34条；深圳湾水系完成截污河道数量为22条；大鹏湾水系完成截污河道数量为5条；大亚湾水系完成截污河道数量为3条。

1.2.7 水生态概况

1. 河流形态

深圳市河流弯曲率介于1.0～3.9，其中弯曲率大于1.5的河流占比9%，弯曲率介于1.3～1.5的河流占比22%，弯曲率介于1.2～1.3的河流占比23%，近一半的河流弯曲率小于1.2。总体而言，河流渠化严重。

2. 生态基流

深圳市水资源有限，部分河流枯季基本断流，缺乏清洁水源补给。河流生态基流是维持河流基本形态和基本生态功能、保证水生态系统基本功能正常运转的最小流量。在此流量下，河道可以保证不断流，水生生物群落能够避免受到不可恢复性的破坏。流域补水主要采用尾水对河道进行补水，各流域补水规模和规划补水规模见表1.1，总体表现为生态基流不足。

表1.1 各流域补水规模和规划补水规模

流域名称	补水规模/(万 m^3/d)	规划补水规模/(万 m^3/d)	流域名称	补水规模/(万 m^3/d)	规划补水规模/(万 m^3/d)
茅洲河流域	112.93	93.6	珠江口水系	69.01	78.72
观澜河流域	26.13	64.23	深圳湾水系	23	23.5
龙岗河流域	35.31	47.31	大鹏湾水系	3.2	13.41
坪山河流域	20.15	23.52	大亚湾水系	2	6.72
深圳河流域	63.74	43.34			

3. 生物生境

河床和岸坡逐步硬化、河流形态渠化和生态基流缺乏造成河道水流多样性降低，破坏了水生态环境，引起生态链断裂、生态网格结构破碎，阻断生态系统能量流动和物质循环。

1.3 水务建设成效

1.3.1 供水保障体系逐步形成，供水能力显著提升

历经40年的发展，深圳市水务建设取得了较为显著的成绩，总体处于国内领先水平，有力保障了社会经济的高速发展，尤其是2015年推进实施“治水十策”和“十大行动”，树立

"三年消除黑涝、五年基本达标、八年让碧水和蓝天共同成为深圳美丽的城市名片"的治水目标。至2018年底，深圳市（未含深汕）万元GDP用水量为8.41m^3，居国内城市首位，节水器具普及率为100%，供水管网漏损率控制在10.66%，集中式饮用水水源地水质达标率达100%，自来水水质合格率为99.95%，收集的城市污水处理率达97.16%，再生水利用率为69.00%，污泥无害化处理率达100%，城市河流防洪达标率为82.93%，内涝防治能力达到20～50年一遇，洪涝问题基本得到有效调控。

深圳市在不断挖潜本地水资源开发利用的基础上，结合区域水资源统筹调配，通过实施境外调水工程，包括东深供水工程（1965年建成）、东部水源工程（2000年建成）、珠江三角洲水资源配置工程（推进西江调水工程，预计2024年建成），全面建设供水保障体系，显著提升了城市供水能力。

1.3.2 强力推进治污措施，水环境质量明显改善

截至2018年底，深圳市共处理城市污水总量17.39亿m^3，污泥处理量约106.69万t。同时，58.82%的水质净化厂出水标准为一级A。黑臭水体治理工程成效显著，全市2018年共完成62条黑臭水体的综合整治。

2019年以后，深圳治水进入攻坚决战阶段，该年被定为"水污染治理决战年"，要求"巴掌大的地方都不能有黑臭水体"，进一步提出在确保消除黑臭的基础上，实现水清岸绿、鱼翔浅底的目标，依托万里碧道项目，开启治水、治产、治城相融合的新征程。

1.3.3 初步建成城市防洪（潮）排涝体系，有效减轻城市洪涝灾害

深圳市已基本建成主要由水库、滞洪区、河道、雨水管网、排涝泵站、海堤等构成的防洪（潮）、排涝工程体系，管理及应急救灾水平和能力日趋提升，防洪减灾体系不断健全。全市水库空间分布相对均衡，全市洪水调蓄能力得到显著提升。不含深汕地区的城市河道总长度为999.57km，已达规划整治标准的河道长度为829km，防洪工程体系可有效应对20～200年一遇的洪水，城市整体防洪能力为100年一遇。深圳市海堤主要包括东部海堤、西部海堤、深汕特别合作区海堤，共计31段85.79km。深圳市共建有水闸214座，大小洪涝泵站142座，城区整体防潮能力达到200年一遇。

1.4 发展经验

深圳的"治水成效"从政策管理、技术应用和社会推广三个层面共形成十大亮点。

（1）实现流域为单元的水综合治理治水机制，突破行政辖区界限。在流域为单元的治水机制上，又探索组建以流域为单位的管理机构。落实流域统筹、技术支撑和监督检查，推动流域治理问题在一线解决。

（2）通过系统治水，突破传统方式"九龙治水"的桎梏，一次性解决河流水资源配置、

水安全防御、水环境治理、水生态修复和水文化建设问题，避免重复建设，实现“五位一体”的治水、管水创新思路。同时，统筹推进“厂、网、河、站、池、泥、源”的一体化治理模式，实现上下游联动、左右岸兼顾、水里岸上协同，确保治水效果最优。

(3) 因地制宜建立深圳标准，突破“一刀切”的排放标准。根据深圳雨源性河道环境容量小与生态基流少的特点，提出将水质净化厂一级A的排放标准提升至准Ⅳ类，全部回补河道湖泊，实现碧水长流。

(4) 坚持规划先行，突破土地空间规划为主体、水务专项规划为配套的观念，提出“水系先导”为引领的流域规划创新思维。通过编制《深圳水战略2035》《茅洲河等六大流域综合治理方案》，全面推进规划方案转向工程实践，实现治水融城、以水定城。

(5) 统筹构建新型水资源格局观，突破传统只考虑生产、生活用水的旧思维向生产、生活、生态用水并重的新观念转换。水资源的规划革新将生产、生活用水从“以需定供”向“以供定需”调整。本着“好水好缸、优水优用、资源统筹、分区处理”的总体原则，将非饮用水水源水库向河道生态补水。对饮用水水源水库进行“多水统筹”，结合生态库的调蓄和净化功能，实现水资源的最优配置与合理利用。

(6) 通过落实广东省开展“万里碧道”的建设要求，统筹治水、治产、治城，融合生产、生活、生态，突破从治水投入向治水产出的蜕变。碧道建设践行了“绿水青山就是金山银山”的发展理念，在水清岸绿景美的基础上，塑造特色景观，吸引高端产业，优化空间布局，提升城市价值。

(7) 从政府治水向全民治水转变，突破“政府干、群众看”的被动形式，建立全民参与、共治共享的治水模式。政府邀请了国内外一流专家学者成立“治水提质技术联盟”，聘请两院院士作为技术顾问，为深圳治水工作献计献策。首创“民间河长”护水行动，组织护河志愿者、“河小二”等民间群体巡河管理，发挥社会力量，形成治水合力。

(8) 推行全流域治理、大兵团作战的建设模式，采用EPC和EPC+O总承包方式，突破了干支流不同步、分阶段治理、碎片化施工的弊端，实现项目整体推进快、质量把控好、廉政风险小的效果。

(9) 创新排水管理体制机制，首推小区排水设施专业化管理，突破最后一公里管理盲区，修编《深圳市排水条例》(2007年)，颁布《深圳市排水管理进小区实施方案》(深府办函〔2019〕263号)。利用特区立法政策，厘清环保、水务、城管、住建、街道等单位管理权责，将排水管网和排水户纳入街道网格管理，落实主管部门对排水管网运营单位考核要求。

(10) 落实“节水型城市”的建设要求，突破水质净化厂传统建设方式，引入市场竞争机制，建立特许经营、BOT、政府投资等多元市场化运营模式。运营企业通过引进先进技术，实施管理提标，出水标准从一级A提升到准Ⅴ类或准Ⅳ类，出水价格旧厂不高于2.0元/m^3、新厂不高于1元/m^3。由此，水质净化厂以较低运营成本保障高品质出水标准，实现从污染负荷削减向污水资源化利用的飞跃。

深圳治水成效获国务院督查激励，成功入选国家城市黑臭水体治理示范城市。茅洲河治理成效被制作成中央电视台《共和国发展成就巡礼》《美丽中国》专题片。

1.5 面临的挑战

新时代发展背景下，深圳水务发展在加速弥补基础设施短板、完善水务信息化建设和全面提升监管能力、加强建设高素质人才队伍、加大投入基础科研以及推动高水平行业科技孵化和应用等工作领域深化努力的同时，需要重点突破和解决水与城市和谐发展的问题，主要表现在“有限水资源总量与特区高质量和高品质发展水资源需求的矛盾”“有限水环境容量与高密度人口和经济行为排放污染负荷的矛盾”和“有限土地资源总量与水务基础设施发展空间需求的矛盾”三个方面的困境和挑战。

1.5.1 有限水资源总量与特区高质量和高品质发展水资源需求的矛盾

深圳市水资源刚性需求量大，应急保障能力不足。深圳市城市居民生活用水量为主要的用水大户，并且城市生活、工业与城市公共用水三个方面已经占据了城市用水总量的90%，城市用水结构存在刚性。尽管粤港澳大湾区的区域水资源利用总量总体尚有富余，但是深圳市用水总量已经逼近红线。同时，深圳市对境外水源依赖程度非常高，境外水源供水占比达80%左右，一旦东江发生水污染事故、东深及东部供水工程发生故障等突发性事件，只能依靠深圳市的水库蓄水等本地水源进行应急供水。根据供水水库现状调蓄能力，深圳市应急储备库容现状仅为1.74亿m^3，对应的全市应急供水天数约为31天，应急保障能力严重不足。

深圳市发展还需要不断巩固水资源供给能力。深圳市面积不大，但属于人口规模达到2000万人的超大型城市，综合城市发展预测与情景分析，深圳市2035年人口总规模可达2626万人。如果以人均GDP为321776元、人均居民用水量为135L/(人·d)、万元GDP用水量为3.8m^3的标准进行核算，深圳市2035年水资源需求量将达到32.11亿m^3。相较于深圳市现状供用水情况，未来城市发展对水资源需求的压力将不断增大。因此，深圳高质量发展需要更为充足的水资源支撑保障。

综上分析，水资源保障亟待解决或突破的重点事项包括：①加强本地节流挖潜能力；②确保水源供水水质安全；③提升水源应急保障能力；④尽快落地远期水资源综合利用规划。

1.5.2 有限水环境容量与高密度人口和经济行为排放污染负荷的矛盾

(1) 河流水环境容量小，自净能力差。深圳河流短小，多数为雨源型河流，雨季流量占总流量的86%以上，而旱季径流量小，河流几乎没有水环境容量。旱季径流量远小于污废水排放量，一旦污废水排放调控不合理，极易造成水环境污染事故。

(2) 污废水产量大，污染负荷高。根据初步预测结果，深圳市2020年、2025年、2030年和2035年污废水排放总量分别为480万m^3/d、580万m^3/d、569万m^3/d和666万m^3/d，即2035年污废水排放总量将达到24.30亿m^3。集中式和分散式污水处理设施总处理能力为

587.1万 m^3/d，未来污水处理能力缺口将达到78.9万 m^3/d。结合未来人口增加、经济增长、产业结构变化、水污染治理规划以及水质净化厂出水水质控制标准等情景分析，估算出深圳市2025年、2030年和2035年的COD、氨氮、总磷和总氮的总排放总量经历了先降低又增加的现象。同时，各类污染物雨季和旱季存在显著的污染负荷差异以及新兴污染物的问题等必然对城市的废污水处置效率和能力带来新的挑战。

（3）未来河流水环境容量基本没有富余。根据预测评价结果，现状减排和源头控制措施下，未来深圳湾流域雨季的COD、氨氮、总磷水环境容量难以维持在地表水Ⅳ类水质；茅洲河、珠江口、深圳河、龙岗河、坪山河流域的氨氮水环境容量不能满足地表水Ⅳ类水质；茅洲河流域总磷水环境容量不能满足地表水Ⅳ类水质。在旱季，除了大鹏湾和大亚湾流域外，其他流域COD、氨氮、总磷水环境容量均不能满足地表水Ⅳ类水质。

综上分析，水环境治理亟待解决或突破的重点事项包括：①加强排污监管监控，杜绝偷排漏排，对基础设施运行安全进行动态诊断等；②水质净化厂改进工艺，提升出水水质，加大出水循环利用；③面源污染控制，实现深圳市河湾水质的根本性改善；④湾区协同陆海统筹以实施入海污染物总量控制；⑤生态修复保障以实现河湾水环境和生物多样性可持续，支撑美丽湾区建设目标。

1.5.3 有限土地资源总量约束与水务基础设施发展空间需求的矛盾

城市快速发展扩张挤压水务设施用地，土地供需矛盾升级。深圳市国土资源中，丘陵占44%，低山占10%，台地占22%，平原占24%。因此，深圳市可开发利用土地面积有限。相对于深圳市城乡建设用地面积不断扩大，水利设施用地面积占比则在逐渐缩小。随着城市的高速发展，由于土地资源的限制，城市建筑和基础设施的建设必然会影响水务基础设施建设的拓展空间和水生态环境的保护空间。水资源保障工程中水源区保护蓝线控制、河道管控蓝线、自来水厂与水质净化厂新扩建等，海绵城市建设过程中山洪截排工程、雨水调蓄设施等，提高标准后的防洪除涝基础设施的更新改建都需要土地资源的支持，对深圳市已经十分紧张的土地空间利用造成愈加紧迫的压力。

综上分析，面对土地资源约束的问题，未来城市发展亟须创新发展理念，将城水空间有机融合，水务基础设施建设等与其他行业土地利用相融合，提升土地资源的综合利用效能。其中，需要具体解决或突破的事项包括：

（1）适宜标准的制定。因地制宜，结合城市发展定位和防护目标确定科学的洪涝防治标准、污废水处理排放标准等。

（2）两手发力的措施管理。以非工程措施提升设施效能，提升灾害应对能力，降低工程设施建设的土地利用。

（3）海绵城市建设统领。引领面源污染控制、洪涝防治设施与城市空间高效融合。

（4）地下空间的合理规划和优化利用。科学论证和布局地下深层隧道系统，调蓄雨洪。

第 2 章　系统谋划——流域顶层设计

2.1　初识：茅洲河之殇

河流水环境质量问题是深圳环境的一大主要短板，也是深圳城市治理的难点和重点。茅洲河作为深圳市境内第一大河流，曾经茅草丰茂、鱼虾成群，是深圳市前身宝安县老百姓的饮用水源地，因此被称为深圳的“母亲河”。然而，茅洲河在快速城市化发展影响下已成为全市水污染最严重的河流之一，其中 2014—2016 年一度成为广东省污染最严重的河流，经《人民日报》等媒体报道后，又成为了国内有名的重污染河流，水质达标难度很大。

2.1.1　水系概况

茅洲河是深圳市境内第一大河流，位于经济发达的珠江口区域，横跨 2 市（东莞市、深圳市），涉及 2 区（宝安区、光明区）和 1 镇（东莞市长安镇），如图 2.1 所示。茅洲河流域属珠江三角洲水系，发源于深圳市羊台山北麓，流域面积 388.23km^2（包括石岩水库以上流域面积），其中深圳市境内流域面积 310.85km^2，河床平均比降 0.88‰，多年平均径流深 860mm；东莞市长安镇境内流域面积 77.38km^2。

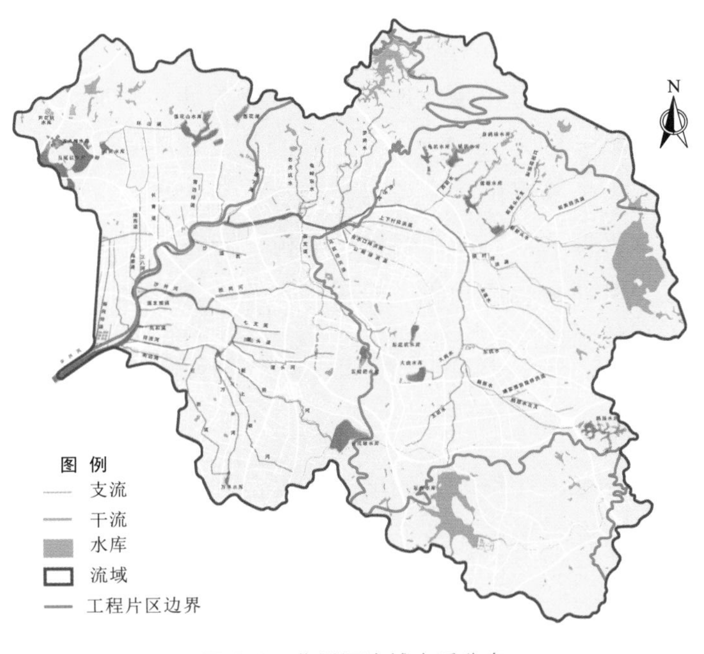

图 2.1　茅洲河流域水系分布

茅洲河流经石岩街道、光明区、松岗街道、沙井街道和长安（属东莞市）等地，由沙井民主村汇入珠江口伶仃洋，全河长 41.61km，塘下涌汇合口往下游的茅洲河为感潮段，河水受珠江口潮汐影响。

茅洲河属宽浅 U 形河流，河流宽度 100～250m 不等，水深 1～4m 不等。茅洲河上游由南向北流，长度约 12km，河床高程在 0.0～－3.0m 之间，坡降较小，水流总体速度较缓，右岸支流较发育，有石岩河、东坑水等；中游从楼村至洋涌河闸段，河道较上游宽阔，水流渐缓，由东向西流，右岸支流较发育，有罗田水、西田水等；下游段地形平坦，河道较宽，为 80～100m，由东北向西南流入珠江口，左岸支流较发育，有沙井河、排涝河等。

沙井河是茅洲河最大的一级支流，与茅洲河呈 Y 形交叉，自上游岗头调节池至茅洲河汇合口，全长约 6.06km，河面宽度为 50～80m，岗头调节池河床高程为 0.0～－0.3m，松岗河汇合口河床高程－0.5～－1.0m，入茅洲河口河床高程为－2.5～－3.0m，河床坡降较小，河流流速较小。

茅洲河水系呈不对称树枝状分布，流域内集雨面积 1km^2 及以上的河流共计 59 条。其中干流 1 条（即茅洲河），一级支流 25 条，二级支流 27 条，三级河流 6 条。宝安区内河流 26 条、光明区内河流 19 条，区界内河流 45 条、跨区河流 6 条、跨市河流 8 条，如图 2.1 所示。

茅洲河流域内共有中型水库 2 座，小型水库 34 座，其中深圳市境内有石岩、罗田 2 座中型水库和 26 座小型水库；东莞市境内有 8 座小型水库。茅洲河流域内共有大中小型水闸 39 座，其中大型 1 座、中型 2 座、小型 36 座。因此，人为活动对河道的影响较明显。

2.1.2 地形地貌

茅洲河流域处于低山丘陵滨海区，背山面海，岗峦起伏。地势是东北高、西南低，地貌类型丰富。主要山脉属莲花山系，由羊台山、凤凰山等构成海岸屏障。流域内地形较为复杂，主要地貌类型为低山、丘陵、台地和平原，最高海拔为 587.21m（宝安区羊台山山顶）。东北部主要为低山，中部及北部主要为丘陵台地，西部主要为冲积平原，并残存一些低丘，而西南海岸多为泥岸，滩涂资源丰富。

低山区的自然植被多为长绿季雨林、长绿阔叶林、稀树灌丛、刺灌草丛等，主要树种有马尾松、桃金娘、岗松、鸭脚木、冬青、榕树、樟树、阴香等。丘陵区，地形较平缓，植被主要是人工次生林，主要树种有台湾相思、桉树、木荷等。滨海冲积平原，地形平坦，水网发育，河岸两侧大多为鱼塘或建成区。

2.1.3 水文气象

茅洲河流域属南亚热带海洋性季风气候区，气候温和湿润，雨量充沛。由于区域内地理条件不一，降雨量时空分配极不平衡，易形成局部暴雨和洪涝灾害；夏季常受台风侵袭，往往造成灾害性天气。

据深圳气象站 1960—2013 年资料统计分析，该地区多年平均气温为 22.3℃，极端最高气温 38.7℃，极端最低气温 0.2℃，日最高气温大于 30℃的天数多年平均为 132 天。多年平均相对湿度79%。

该地区降水丰沛，根据对流域内各降雨站多年降雨系列的分析，多年平均降雨量为1606mm。降雨年际变化较大，最大年降雨量2080mm，最小年降雨量780mm；降雨年内分配极不均匀，汛期（4—9月）降雨量大而集中，约占全年降雨总量的80%，且降雨强度大，多以暴雨形式出现，易形成洪涝灾害；降雨量在地区上的分布，主要受海岸山脉等地貌带影响，呈东南向西北逐步递减的趋势，形成这种空间分布的原因，是由于夏季盛行东南及西南风向与大致东南走向的海岸山脉相交，使水汽抬升而形成较大暴雨。西北部由于气流受到了海岸山脉的阻隔，加上区域西部地势相对平缓，故而暴雨强度较深圳其他地区小。该区多年平均降水日数为140天，多年平均蒸发量为1521.7mm。台风是造成本区域灾害性天气的主要因素，该地区暴雨主要为台风雨和锋面雨，其中由台风带来的降雨量所占的比重较大，常形成暴雨灾害。

2.1.4 流域水情

2.1.4.1 水安全

1. 防洪体系

茅洲河虽然经过数年的治理，但防洪体系仍存在河道防洪不达标、暗渠率高、河道淤积严重、河道硬化率高、巡河道路不通畅等问题。

2. 排涝体系

茅洲河流域局部涝片基本达到排涝标准，但仍有大部分涝片存在泵站排涝能力不足、雨水管网收集系统不完善、排水管网维护不当等问题。

2.1.4.2 水环境

污染源调查范围包括深圳市光明区、宝安区和东莞市长安镇。

1. 光明区

根据水质监测资料，光明区内污染严重，茅洲河干流、支流水质均为劣Ⅴ类，主要超标因子有氨氮、总磷、溶解氧、COD、BOD_5、阴离子表面活性剂、高锰酸钾指数、氟化物和石油类等。其中氨氮、总磷、COD等指标超标最为严重，氨氮超标0.71～19.25倍，总磷超标0.62～42.5倍，COD超标0.2～6.1倍。

2. 宝安区

宝安区内污染严重，干流、支流水质均为劣Ⅴ类，主要超标因子与光明区一致。其中氨氮、总磷、COD等指标超标最为严重，氨氮超标1.28～46.3倍，总磷超标0.3～19.95倍，COD超标0.08～6.41倍。

3. 长安镇

长安镇地表水水质为劣Ⅴ类，COD超标0.08～1.21倍，氨氮超标4.95～12.19倍，总磷超标2.38～6.25倍。

总体来说，茅洲河流域干流、支流水质均为劣Ⅴ类，其中主要超标因子为COD、氨氮和总磷等，均不能达到其所属环境功能区的标准要求，河道水质超标的主要原因有流域片区管网系统不完善、居民生活污水随意排放、工业污水偷排漏排严重、水质净化厂现有处理规模和能力不足等。

2.1.4.3 水生态

水生态调查时间为2016年7月22日至10月10日，调查内容为浮游植物、浮游动物、底栖动物及鱼类资源。基于调查数据，采用Shannon-Wiener多样性指数评价水体的水生态状况（表2.1），鱼类资源仅调查到两种鱼类，评价结果为多样性差，水体环境较差，污染严重。

表2.1　茅洲河生物多样性评价结果

调查内容	Shannon-Wiener多样性指数				评　价
	范围	均值	阈值	阈值均值	
浮游植物	0.33～0.99	0.89	0.02	0.09	阈值属于差，茅洲河生态环境较差，污染严重
浮游动物	0.22～1.1	0.67	0.01～0.3	0.13	
底栖动物	0～0.75	0.50	0～0.24	0.11	

2.1.4.4 水土流失

茅洲河流域属于以水力侵蚀为主的南方红壤区，水土流失类型以降雨及地表径流冲刷引起的水力侵蚀为主。水力侵蚀表现形式主要是面蚀、浅沟侵蚀和切沟侵蚀，容许土壤流失量为500t/(km^2·a)。根据现场调查及卫星遥感资料，项目区土壤侵蚀强度以微度为主，据此确定土壤侵蚀模数背景值为200t/(km^2·a)。

2.1.4.5 岸线管理及利用现状

1. 岸线历史演变

根据各年代不同测图的比较，茅洲河流域各干支流河道堤防岸线在20世纪90年代基本成型，随着深圳、东莞两市经济的迅速发展，河道两岸修建了大量建筑，部分河段有占滩及缩窄河道的现象。

2. 岸线控制线

岸线控制线是指沿河水流方向为加强岸线资源的保护和合理开发而划定的管理控制线。岸线控制线分为河道控制线和管理控制线。河道控制线是指在河岸的临水一侧顺水流方向而划定的河道宽度控制线。河道管理线是指岸线资源保护和管理的外缘边界线，一般以沿河堤防工程背水侧管理范围的外边线作为河道管理线的划定基准线，对无堤段河道以设计岸边线为基准线，划定时参考《中华人民共和国河道管理条例》，考虑堤防形式以及保护区重要性分别确定宽度。

2.1.4.6 信息管控

信息管控现状调查与评价范围为茅洲河流域主要河涌、湖泊综合管理及信息化建设情况，包括机构设置、人员队伍建设、宣传教育、监测体系及应急机制等。

1. 综合管理

茅洲河流域水务工作实行三级管理，市、区、街道三级水务管理机构各行其责，对茅洲河流域涉水事务进行管理。茅洲河流域水务综合管理存在以下问题：①职能不统一，“多龙治水”现象依然存在；②现有管理体制与全流域统一管理不相适应；③水资源统一管理有待加强。

2. 信息化建设

茅洲河流域水务信息化建设相关的项目主要包括深圳市三防水情遥测系统、深圳市水文站网一期工程、深圳市供水水质在线监测系统、第26届大运会供水安全水质监测保障系统、“数字水务一期工程——三防预警应急指挥系统”“茅洲河流域水环境综合整治工程——中上游段干流综合整治工程”等。

2.1.4.7 公众满意度

通过实地走访茅洲河流域光明片区、宝安片区和长安镇，采用调查问卷的方式，对茅洲河流域水环境综合整治公众满意度情况进行调查。结果表明，对茅洲河流域水环境现状非常满意和比较满意的人群仅占11.86%和3.39%，而表示很不满意和不太满意的人群占45.76%和16.95%。超60%的受访者表示对茅洲河流域水环境现状不满意。90%以上的受访者认为茅洲河水质变差主要是由工业废水、生活污水乱排乱放导致的。这也与流域内工业园区分布广、人口密度大的现状相符。

2.2 思辨：问题与成因

2.2.1 城市化下人工强烈干预

深圳经济特区在成立的短短40年间集聚了超过1756万常住人口，人口密度以市域面积计算达到0.88万人/km^2，以建成区面积计算达到1.89万人/km^2，位居全国第一。大量的人口聚集远远超过了土地资源承载能力，本地径流无法满足深圳当地生产生活需求（本地径流只有20%被蓄积利用供给自来水），需依靠外部水资源补给，其中75%以上用水来自东江。大多数河流河道短小，呈明显的雨源型河流特征，雨季是河，旱季成沟，缺乏动态补充水源，水环境容量偏小，大量污染物进入水体，远超环境自净能力，造成河道严重污染。

同时，大量的人口聚集带来了土地利用格局的改变。相关统计表明：1978—2018年的40年间，深圳的水面率由13%减少至4.1%；不透水地表率由4%增加到35%；河道自然岸线率由80%减少至35%；生物栖息地面积由850km^2减少至190km^2。社会水循环极大地影响了自然水循环，河道填塞、河网缩减现象普遍，河网结构简单化、主干化、渠道化趋势明显，河道间的沟通减弱、水质恶化，加上大面积不透水硬地面取代了自然植被为主的透水软地面，已经严重改变了原有的水系状况，降低了城市水面率，造成“自然-社会”二元水循环病态现象，并进一步导致水系调蓄能力不足与城市防洪安全的矛盾、水系水质恶化与城市生态安全的矛盾以及水资源短缺与城市需水的矛盾。此外，高强度的土地开发导致滨水岸线被侵占，拆迁难以解决，产生新的治水难题。

2.2.2 极端天气下洪潮涝交织

在全球变暖趋势下，大气气流季节性异常，极端天气频发。近50年以来，深圳市降雨量呈不显著增加趋势，其中20世纪60年代和80年代存在干旱。四季及全年降雨量的趋势变化突变点均在1973年前后，最大月降雨量、最小月降雨量、连续最大4月降雨量、连续最小4月降雨量的趋势变化突变点均在1970年前后。深圳市降雨量存在较为显著的月变化，主要表现为汛期（4—9月）降雨量大而集中，非汛期降雨少且不稳定，分别占全年降雨总量比例分别为85.81%和14.19%，在此情况下，深圳市易遭受暴雨极端天气。以2008年6月13日遭遇的罕见特大降雨（以下简称“6·13”暴雨）为例，深圳全市24h面雨量为325.25mm，暴雨重现期不到20年一遇，而石岩水库24h最大点雨量为625mm，重现期大于500年一遇，近似认为在1天时间内降雨占多年平均降雨量的34.2%。因此，极端天气形成特大暴雨是造成深圳市内涝灾害最主要的原因。

同时，深圳市境内流域洪潮涝污问题交织。如茅洲河上游属山区性河流，区域内没有大的蓄滞洪工程设施；中下游区处于低纬度滨海平原地区，地势较低；出海口处受陆缘地形影响，潮动力不足；区域易受洪、涝、潮共同威胁。片区地势低洼的自然条件和受高潮位顶托的边界并存，在防洪排涝设施尚未完善前，高潮降雨必然导致受涝，若暴雨与涨潮叠加更是“小雨小涝、大雨大涝”，涝潮交织增大了受涝影响及整治难度。

2.2.3 涉水综合规划长期缺位

茅洲河流域上位规划散乱化。中华人民共和国成立以来，茅洲河流域的治理经历了三个主要阶段：中华人民共和国成立初期至20世纪80年代，主要以解决农业灌溉等生产用水为主；20世纪80年代至21世纪初，主要以解决防洪及城市供水为主；20世纪20年代主要以防涝及水环境治理为主。据初步统计，仅2005年以来，涉及茅洲河流域治理的规划等各类报告有40余项，既有城市综合规划等上层引领性规划，也有各类单项规划。规划涉及水利、环保、市政、交通等多个部门，各自为政，上位规划散乱，主要表现在以下方面。

1. 区域目标差异化

茅洲河流域跨越深圳、东莞2市、3区（镇），在水污染防治部署上，两市存有差异，深圳市要求2017年消除黑臭，而东莞市则是2020年消除黑臭。茅洲河干流5个考核断面中，有2个位于深圳、东莞界河上。在制定水污染防治方案时，针对考核要求的不同步，需要统筹协调、近远期结合，以避免造成工程投资的浪费。

2. 达标期限差异化

根据《国家水污染防治行动计划》（国发〔2015〕17号）和深圳市治水提质等任务要求，到2017年底须基本消除建成区黑臭水体，2020年主要入海河流水质基本达到地表水Ⅴ类。但考虑到较多水环境治理工程落地、完善周期较长，如流域内雨污分流管网大部分位于四旧区域，工程实施难度极大，参考国外先进城市经验，如新加坡大约花费44年完成雨污分流。因此，流域正本清源所需的长期性和国家明确提出黑臭水体治理达标的限期性出现了巨大矛盾，给规划方案的制定增加了时间约束难度。由此可知，实现水环境综合整治工程建设目标任务艰巨，任重道远。

在这种背景下，必须突破传统治水思路，创新流域整体治理模式，开展全流域水环境治理综合规划，做到多规合一，打破部门壁垒，在城市总体规划的引领下，形成高标准的流域统筹、系统治理的全流域水环境治理引领性文件，最终形成各方合力治水，以此为后续综合治理做好顶层设计。

2.2.4 点面源污染管控难度大

深圳市有大量的小散乱企业。以茅洲河流域为例，除了重点监管的数百家企业，流域内还存在3.2万余家小企业。相关问卷调研了茅洲河（宝安片区）范围内的7890家工业企业，其中重点监管企业为274家，这些企业多集中在电镀、线路板制造、金属表面处理等重污染、高能耗行业，污染排放量较大。此外，上述企业分布散，监管难度大，并且多数企业规模小，其中300人以下的企业占比约71%，79%的企业污水量小于100t/d，从而导致污水处理设施无法产生规模效益，造成出水稳定达标难度大。仅有6%的企业将污水接入分流管网，8%的企业污水直排入河，剩余86%的企业将污水排入合流管，雨季条件下雨污混接水会直排入河污染河道。数量庞大的散乱污企业，导致涉水污染源管控难度大。

茅洲河流域内存在很多的城中村管理混乱，各式各样的街边小餐饮店、农贸市场、理发店、汽修店、小浴室等“八小”行业分布散乱。由于缺乏管理，“八小”行业的污水往往直接排入雨水管道，给河流带来很大的面源污染，并且造成管道内沉积物污染负荷高。茅洲河流域内“三产”涉水污染源管控难度大。

此外，深圳市以前采用“大截排”的治理方式虽然起到了一定削减面源污染的作用，但管网系统高水位运行、污水处理能力有限，大部分面源污染未被处理进入河道，尤其雨天时溢流水直排，携带大量污染物进入河道，造成严重的污染。点源、面源污染交织，造成茅洲河流域水污染形势严峻复杂。

2.2.5 基础设施建设滞后发展

城市快速发展重地上、轻地下，排水管网等基础水务设施建设滞后、欠账多，其中违规建筑占总建筑面积的比例高达40%，绝大部分违规建筑缺乏配套排水设施，这类现象在深圳市普遍存在。深圳市域内分布的1860个城中村居住近1000万人，由于排水设施极不完善，雨污混流现象普遍，同时存在原特区内外标准不统一的问题。

深圳市普遍存在的大截排系统，将其纳入新建的设施体系中并继续发挥功效，存在一定的难度。存量管网老旧破损、淤积以及管道错接、混接和漏接等，亟待治理修复。此外，存量管网与新建设施衔接难度大，已成为制约系统功能的重要原因。而排水基础设施建设滞后于城市发展，反过来又制约着城市的发展。

虽然近几年深圳市通过流域统筹治水，加快了建设进程，但各区发展不平衡，部分区域排水管网密度较低，没有达到一般排水设施完备城市的管网密度（至少要$10km/km^2$）。

2.2.6　治水体制机制人为割裂

我国河道管理以行政区域划分，不以自然河流水系为界，容易引起跨区域、跨界河流的问题。深圳市范围内的龙岗河、淡水河的情况较为典型：上游河道在深圳境内，中游进入惠州，下游又进入深圳，涉及深圳、惠州两地管理。现状河道分区管理模式不利于工作的统一推进，造成工程进度的不一致、管理标准的不统一等问题，对工程推进、日常管理产生重要影响。

1. 项目横纵牵头单位众多，工程管理碎片化

由于茅洲河的地理位置特殊，流域范围内的东莞长安街道，深圳宝安区的沙井街道、松岗街道，光明区的公明街道都有涉及茅洲河治理的工程实施，除了街道一级实施的工程项目之外，还涉及深圳市投建的污水处理设施项目、市水务发展专项资金投资、区环境与水务局投资主管的各类工程。工程按照事权分级（市、区、街道）实施，干管、支管、接驳管、社区管由市、区、街道、社区四级投资，实施主体力量分散，未能形成合力，进度不一、实施效果难以保证。

2. 流域河段划分治理，区域协调碎片化

茅洲河前期推进的治理工程采取分段立项报批，设计、施工分项发包，招投标环节多、周期长。各项目之间存在治理边界责任划分不清、建设时间序列无法匹配、片区之间的衔接混乱，造成如片区管网边界高程不统一而无法衔接，建成污水干管由于泵站未完成，长期无法通水，支流下游清淤截污完成而上游整治未动工等问题。此类头疼医头、脚疼医脚的区域碎片化治理问题亟须解决。

3. 工程项目零敲碎打，专业目标碎片化

茅洲河流域穿越的光明区、宝安区及长安镇，均为成熟的城市开发建设区域，区域内城市建筑、市政道路等基础设施建设已基本到位，区域城市开发面临土地资源难以为继的困境。因此，水务工程设施用地也不可避免受到制约，例如：罗田水上游建筑物侵占河道影响行洪，协调多次都不能解决；沙浦北2号泵站设计规模32.5m^3/s，区规划和国土资源委员会及设计单位与街道及社区进行多次沟通，仍难以实施；燕川泵站设计规模8.5m^3/s，也存在同样的问题。用地边界已成为制约水环境综合整治规划方案可行性的最主要矛盾，难以保证方案综合效益的最大化。茅洲河前期存在流域河段划片治理、区域协调碎片化的问题。流域综合整治规划前，在建已建的大截排系统、分散处理设施、雨污分流管网、河道原位治理等一系列相关工程分别从各自专业角度提出建设任务及目标，难以与茅洲河流域水环境目标有效对接。流域上下游、干支流保护和开发建设缺乏系统性思考，片区相互割裂，各专业缺少沟通统筹，治理技术手段较为单一，因此无法充分利用这些已建在建设施及项目，为茅洲河水环境治理目标的实现充分发挥效益。

2.2.7　河道蓝线内空间被侵占

以茅洲河为例，其穿越的光明区、宝安区及长安镇为发展成熟区域，域内城市建筑、市

政道路等基础设施建设已基本到位，城市开发面临土地资源难以为继的困境，水务工程设施用地不可避免地受到制约。用地规划协调难度大，导致水务工程建设难以落实。此外，由于前期粗放式发展没有合理规划水资源，深圳市六大流域内侵占河道蓝线现象普遍，同时补偿资金缺口大，拆迁推动难度大。

改革开放 40 年来，受城市化高度密集开发、城市竖向规划欠缺、水务设施建设滞后、本底水环境容量小等因素制约，市域内片区污染负荷大、水污染问题突出，尤其是干流河段作为污染排放的末端通道，洪涝潮和淤污问题交叉影响。片区治污设施不完善导致污水直接入河现象普遍，流域内各雨源型支流河道缺乏基流补充，感潮河段水动力不足导致污染水体交换扩散能力差，河床淤积、污水形成集聚效应，黑臭加剧。河道蓝线空间被侵占，拆迁难以推动。治水体制机制人为割裂，项目横纵多线牵头难以形成合力，已建在建设施及项目零敲碎打无法实现茅洲河治理工程发挥效益，已有上层规划及单项规划多且不成体系。因此，需要通过综合治理规划，诊水把脉，在全面分析、综合梳理所有涉水问题的基础上进行规划分析。

2.3 破局：系统谋划

2.3.1 大势观澜，趋势研判

1. “绿水青山就是金山银山”理念指明方向，国家行动不断发力

习近平总书记的“绿水青山就是金山银山”理念表达了生态环境优先的发展态度，为经济发展划定了生态保护的红线，显示了中国走绿色发展道路的决心。党的十八大以来，在“绿水青山就是金山银山”理念的正确指导之下，全国围绕民生改善，有力推进了各项生态文明制度改革。修订实施史上最严格的《中华人民共和国环境保护法》，制定印发《中共中央国务院关于加快推进生态文明建设的意见》，出台《生态文明体制改革总体方案》《党政领导干部生态环境损害责任追究办法（试行）》等生态文明体制改革“1＋6”系列重要文件，从各个方面健全生态文明制度体系，把环境保护和生态文明建设纳入法制化、制度化、系统化、常态化的轨道；改变了以往以 GDP 论英雄的评价体系。把资源消耗、环境损害、生态效益等体现生态文明建设状况的指标纳入经济社会发展评价体系，表明了要走出一条前无古人的创新之路，表达了全国齐心协力，写好“绿水青山就是金山银山”这篇大文章的决心和魄力。

2019 年，随着黄河流域生态保护和高质量发展上升为国家战略，我国在区域发展上形成了以京津冀协同发展、长江经济带发展、粤港澳大湾区建设、长三角一体化发展、黄河流域生态保护和高质量发展五大重大国家战略为引领的区域协调发展新格局。五大重大国家战略连南接北、承东启西，与四大区域板块交错互融，构建起了优势互补高质量发展的区域发展格局，均强调开展水生态文明建设，要全面贯彻中国共产党第十八次全国代表大会关于生态文明建设战略部署，把生态文明理念融入水资源开发、利用、治理、配置、节约、保护的各方面和水利规划、建设、管理的各环节。对推动水环境治理模式、政策、制度起到了提纲挈

领的作用。

2. “节水优先、空间均衡、系统治理、两手发力”治水思路，稳健新时期治水思路

2015 年 2 月，习近平总书记在关于保障水安全的重要讲话中提出了“节水优先、空间均衡、系统治理、两手发力”治水思路，是从生态文明建设高度，审视我国人口经济、资源环境及发展历程的基础上，着眼中华民族永续发展做出的关键选择。“节水优先、空间均衡、系统治理、两手发力”治水思路充分体现我国国情水情，总结世界各国发展教训，以“节水优先”作为治水工作最根本的方针；以“空间均衡”作为在新型工业化、城镇化和农业现代化进程中保持人与自然和谐的科学路径；以“系统治理”统筹自然生态各要素，解决我国复杂水问题，体现山水林田湖草生命共同体的重要思想；以“两手发力”为指导，从水的公共产品属性出发，充分发挥政府作用和市场机制，提高水治理能力。“节水优先、空间均衡、系统治理、两手发力”治水思路赋予了新时期治水的新内涵、新要求、新任务，为今后强化水治理、保障水安全指明了方向，成为水利工作的科学指南。

为贯彻落实“节水优先、空间均衡、系统治理、两手发力”治水思路，优化水资源配置、加强水资源节约保护、实施水生态综合治理、加强制度建设等，2015 年 4 月，国务院发布了《水污染防治行动计划》（简称“水十条”）的通知，是推进水环境系统治理的重要内容。2015 年 9 月，住房和城乡建设部对外发布《城市黑臭水体整治工作指南》，制定了包括排查、识别、整治、效果评估与考核在内的城市黑臭水体整治长效机制。2016 年，《“十三五”水资源消耗总量和强度双控行动方案》提出了强化水资源承载能力刚性约束，全面推进节水型社会建设的目标；2016 年 10 月，生态环境部发布《全国生态保护“十三五”规划纲要》，通过强化生态监管、完善制度体系，大力推进生态文明建设；2017 年，《长江经济带生态环境保护规划》推动了长江经济带发展转型，走出一条生态优先、绿色发展之路。各项政策紧紧围绕“节水优先、空间均衡、系统治理、两手发力”治水思路的内涵，为科学谋划、有步骤地实施好水环境重点工程指明了方向，树立了稳健的新时期治水思路。

3. “河长制”带来“河长治”，制度创新发挥实效

长期以来，我国河湖管理保护工作实行流域管理与行政区域管理相结合、统一管理与分级管理相结合的“多龙管水”模式，形成了流域上的“条块分割”、地域上“城乡分割”、职能上“部门分割”、制度上“政出多门”的局面。经过各地政府对治水的自由探索与改革创新，我国创新提出了“河长制”管理体制，打破了“九龙治水水不治”的局面。

“河长制”明确了地方主体责任和河湖管理保护的各项任务，构建了责任明确、协调有序、监管严格、保护有力的河湖管理新机制，不仅为水环境治理行业带来了机遇，也为“全流域统筹、系统治理”的理念提供了制度保障。目前，我国各大流域基本落实了“河长制”政策：2017 年 2 月，水利部黄河水利委员会发布《黄委关于贯彻落实全面推行河长制的工作意见》；2017 年 5 月，水利部长江水利委员会发布《长江委全面推进河长制工作方案》；同年，淮河流域、海河流域、珠江流域、松辽流域均提出了关于全面推行“河长制”的工作方案。截至 2017 年 8 月，全国 31 个省份和新疆生产建设兵团均印发省级“河长制”工作方案。

4. 企业适应市场需求，治水理念不断升级

“绿水青山就是金山银山”理念明确表达了生态环境优先发展的态度与决心，国家各项政策的制定为经济发展划定了生态保护的红线，各项规范标准为科学实施水环境治理工程指明了方向。伴随着治水的滚滚浪潮，全国各大院校、企事业单位也投入其中，在这场为人类可持续发展而努力谋划的重要历史阶段中发挥着积极的推动作用。以华东院为代表的一批涉水企业，不断适应社会发展需求，不断探索治水的新理念、新模式，走出了一条适合我国国情的治水路子。

以华东院为例，其治水理念经历了从传统水利模式 1.0—现代水利一江两岸综合治理模式 2.0—流域统筹综合治理模式 3.0—水城融合发展 EOD 模式 4.0 的逐步发展过程。传统水利模式 1.0，是传统水利水电勘测设计企业逐步转型进入城市水利所经的必由之路，即早期的城市水利，首要关注城市防洪排涝问题，这个阶段的治水工作主要集中在防洪排涝方面，以修建防洪排涝等水利设施为主；现代水利一江两岸综合治理模式 2.0，即发挥多专业优势，如绍兴城市防洪及河道整治规划项目，在国内率先提出了现代治水的新理念，将绿化、美化、亮化工程融入城市防洪建设，走出了一条传统水利、工程水利向现代水利、环境水利、生态水利转化的新路子；流域统筹综合治理模式 3.0，开始关注水利不上岸、市政不下河的行业割裂问题，实施陆域统筹治理，一揽子解决防洪排涝、河道污染等问题，此阶段以 2016 年开始实施的深圳茅洲河为例；此后的几年，全国陆续出现一大批以 PPP＋EPC 为主的水环境综合治理项目；水城融合发展 EOD 模式 4.0，此阶段开始关注到，以政府投入为主的治水模式不可持续，需要由公益型治水向效益型治水转变，关注生态价值转换，希望由治水带动产业升级发展、经济效益产出等。

5. 技术手段日益完善，技术体系日益完整

为贯彻落实国家“五位一体”总体布局和“四个全面”战略布局，大力推进生态文明建设，切实加大水污染防治力度，保障国家水安全，保护水环境，国家各部委制定了一系列治水政策，指导地方各级人民政府加快推进治水工作，其中以水利部、生态环境部、住房和城乡建设部最为突出。水利部以“节水优先、空间均衡、系统治理、两手发力”治水思路为主线，于 2016 年发布了《水利改革发展“十三五”规划》，坚持全面提升水安全保障，推进节水型社会，加强科技兴水，完善基础设施网络，推进水生态文明建设。生态环境部以 2015 年发布的《黑臭水体治理技术政策》为纲领，其技术路线主要以防治水污染、保护水环境、维护水生态为主要任务。住房和城乡建设部于 2015 年发布《城市黑臭水体工作指南》，提出要坚定不移地走，“控源截污、内源治理、生态修复及其他措施”四大技术路线。

三个部门的治水理念为综合整治工程提供了技术支持和保障，但仍有其各自的不足。水环境治理本身是一项系统性的工程，必须采用系统性的治理方法。碎片化的工程和技术手段很难从根本上解决问题。在这种背景下，中国电建集团在深入分析我国流域治理现状、国内外流域治理模式的基础上，提出了“全流域统筹、系统化治理”的水环境治理理念，更基于该理念提出了“六大技术系统”，即防洪防涝与水质提升监测系统、污水截排管控系统、污泥

处理再生利用系统、工程补水增净驱动系统、生态美化循环促进系统、水环境治理管理信息云平台系统。通过在茅洲河项目中的成功应用实施，充分验证了“全流域统筹、系统化治理”理念下的“六大技术系统”治理理念在水环境领域的适用性和可实施性，是我国治水模式的一种积极探索和大胆尝试，对我国治水模式的变革和转型有积极的促进作用。

2.3.2 高度重视、高位推动

茅洲河流域水污染治理工作受到高度重视，主要领导亲自谋划推动。在茅洲河全流域，省委书记担任茅洲河“总河长”，省委副书记、深圳市委书记担任茅洲河深圳侧河长，东莞市委书记担任茅洲河东莞侧河长。

广东省委书记亲自督办茅洲河治理工作，两赴茅洲河现场视察，要求深圳闯出一条具有深圳特色的河流污染整治新路，创造更多可复制可推广的经验，为推动广东省生态文明建设上新水平作出应有贡献。深圳市委书记担任深圳市总河长和污染最重的茅洲河河长，指示一切工程为治水工程让路。深圳市市长担任深圳市副总河长和深圳河河长，多次调研深圳全市水污染治理工作。

深圳市政府将治水提质工作作为“一号民生工程”“一把手工程”强力推动。市委、市政府于2018年召开“打赢污染防治攻坚战动员会”，于2019年初召开“水污染治理决战年动员会”，两次召开的高规格水污染治理动员大会对污染防治攻坚进行了全面部署。

深圳市宝安区、光明区均由区、街道主要领导担任茅洲河各支流的“河长”，东莞市建立市、镇、村（社区）三级的“总河长”“河长”和“涌长”体系，全面负责统筹推进河流整治，对辖区内的水环境质量达标负第一责任。各级“河长”确定一个联系部门，协助其履行职责，将责任细化到具体部门和个人。

深圳市宝安区在《广东省全面推行河长制“一河一策”实施方案（2017—2020年）》的基础上，根据茅洲河流域治水实际和需要，进一步丰富、扩展为“一河一长、一河一档、一河一策、一河一建、一河一管、一河一景”，实施了“六个一”工程。

其中，“一河一长”，就是建立“1＋1＋66＋10＋2”河长制组织体系，即1个宝安区总河长，1个副总河长，66个区级河长，10个街道级河长，以及区、街两级河长办。

“一河一档”基础工程则是摸清河流底数，建立“一张图”“一张表”“一本账”“一系统”。

而“一河一策”先导工程则针对每条河的本底条件，逐一制定治理策略，具体包括治河攻略、规范标准、技术方案、科技创新四个方面。

此外，“一河一建”网络工程是以河流为单元，建设点、线、面、体、质的网络工程，把征地拆迁、河道综合整治、雨污分流管网建设、排污口整治、河道清淤、水质提升、分散式污水处理、生态补水等8类建设任务变成具体项目，逐一明确每个项目的工作内容、位置坐标、责任分工、进度计划、工作进展和进度评价等，编制项目总表，将进度细化到月，形成可量化、可操作、可考核的工作责任手册，作为宝安治水的“兵书韬略”。

而实施“一河一管”保障工程就是强化水环境监督管理，建立4个体系、3项制度。4个体系是指标体系、监测体系、养护体系和标识体系；3项制度是巡查制度、执法制度、激励制度。

至于“一河一景”生态工程，则是坚持治水与治城相结合、治污与造景相协调，依托丰富的地形地貌和“山湖河海”资源，在城市风貌塑造中凸显“依山、环湖、畔河、滨海”内涵，推动产水相联、城水相融、人水相亲，着力打造“水清、流畅、岸固、景美”生态景观水网。

2.3.3 流域统筹，理念创新

为了彻底解决茅洲河黑臭问题，改善河道水质，激发流域发展活力，2015年，深圳市、区两级政府成立了由区长任指挥长的治水提质工作指挥部，统揽全区治水工作。宝安区政府专门聘请了中国电建集团华东勘测设计研究院作为顾问团队，借鉴杭州等治水先进城市的成功经验，突破常规思路，提出了一个平台、一个系统、一个项目、一个目标的“四个一”治理模式和全流域统筹、全打包实施、全过程控制、全方位合作、全目标考核的“五个全”创新治理理念（图2.2）。

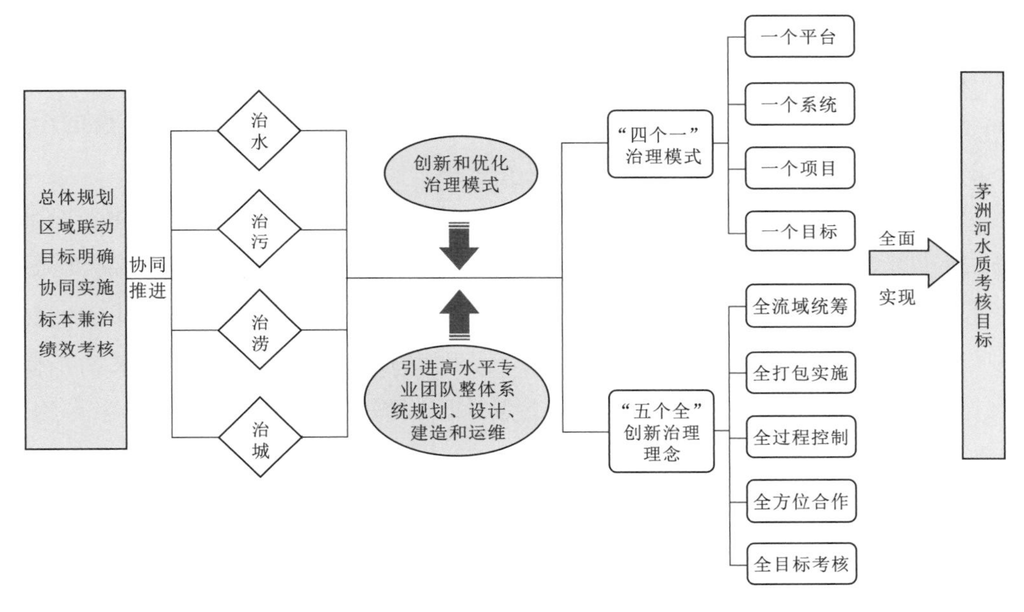

图2.2 茅洲河流域综合治理模式

“一个平台”即搭建全流域领导的高规格联动工作平台，协调解决茅洲河流域两市三地需衔接和决策的事项，高效推动流域综合整治顺利完成。

“一个系统”即深圳和东莞两市联合编制流域治理方案。

“一个项目”即茅洲河流域综合整治。

“一个目标”即深圳和东莞两市围绕一个治理目标共同发力，以保护水资源、保障水安全、提升水环境、修复水生态、彰显水文化为原则，着力解决水问题。深圳市把全年要完成的水污染治理总目标提炼成简单易记的“治水密码”，并以其指导编制年度建设计划和《责任手册》，确保所有工作任务围绕水质达标这一核心目标。比如，深圳市水污染治理指挥部2018年的“治水密码”分别是“2、4、36、400工程”和“2、3、62、500工程”。以2018年治水提质“大会战、大建设”为例，深圳市根据2018年水质达标的任务要求，在检视上一年工作完成情况的基础上，以管网建设、正本清源、提标扩建拓能、河道综合整治战役、三大污染源全面监管、智慧环水等“六大战役”为主攻方向，谋划出“2、3、62、500工程”：“2”，即茅洲河共和村、深圳河河口两个国考断面稳定达标，水质持续改善；“3”，即观澜河、龙岗河、坪山河三条跨界河流达到地表水Ⅴ类；“62”，即完成62条黑臭水体整治；“500”，即为实现“2、3、62”目标，结合年度深圳市全面推行河长制暨中央环保督察整改等工作任务要求，梳理出当年必须完成的500项工作任务。

在上述创新治理模式下，通过水质目标引领的整体设计，将茅洲河流域水环境综合治理这一项目划分为宝安区、光明区和东莞区三个EPC工程包实施，明确实施主体责任。

2.3.4 规划先行，顶层谋划

为贯彻落实国务院《水污染防治行动计划》，解决深圳水环境污染突出问题，深圳市委、市政府2015年底印发实施《深圳市治水提质工作计划（2015—2020年）》，围绕“一年初见成效、三年消除黑涝、五年基本达标、八年让碧水和蓝天共同成为深圳靓丽的城市名片”这一目标体系，从政策管理、技术应用和社会推广三个层面，覆盖水生态文明建设的全要素，用科学方法论制定十项综合治理策略。

（1）一策：流域统筹，系统治理。传统治水以行政区划为边界，对河道进行分级、分侧、分段治理，导致干支流、左右岸、上下游、陆上水下相割裂，治水碎片化。高度城市化区域通过流域管理，强化治理的系统性，统筹水资源、水安全、水环境、水生态、水文化“五位一体”各项任务，有效衔接地下综合管廊等城市基础设施建设规划，全面开展治水提质工作。

（2）二策：统一标准，一体推进。针对重点片区、城市中心区和郊区等存在治水不同步和区别治水的问题，以国际发达城市为标杆，制定一批与城市安全发展需求相匹配的技术标准，破解区域之间、部门之间各自为战的问题，统一区域范围内的水务规划、建设和管理标准，高起点推进一体化治水。

（3）三策：雨污分流，正本清源。目前雨污水管网与城市建设发展尚未同步推进，重地上、轻地下，导致污水收集处理率低，部分污水甚至直排入河。针对这一问题，应对新建片区、城市更新区严格执行分流制，老旧片区逐步有序实现雨污分流。以立法和创新制度为保障，发动社会力量，启动全面的排水管网完善行动。实施过程中优先选用对周边干扰小的施工方案，避免全面开挖，减少对城市的影响。

（4）四策：分片实施，联网提效。针对主次干管优先、支管网和小区管网滞后导致收集不到污水、投入产出不匹配的问题，推进管网分片建设，实现“建设一片，见效一片”的目标；加快分片完善、打通“最后100m”、盘活存量、建好增量，同步推进“偿还历史欠账与杜绝新增错接乱排”现象，解决污水管网建设滞后、历史欠账多的突出问题，保障污水的有效收集。

（5）五策：集散结合，提标扩容。针对偏远、分散区域无处理设施和旧改片区污水增量过大而周边污水配套设施难以扩容的问题，因地制宜建设污水就地收集、就地处理和就地回用的街区式水系统，一体化模块化污水净化装置，人工湿地等分散处理设施，解决污水直排、存量和增量污水处理的问题。针对污水处理系统布局存在区域性不平衡的问题，新、扩建水质净化厂以完善水质净化厂布局。结合水环境承载力及水环境需求，推进现有水质净化厂提标改造，降低出水对排放水体的冲击，提高水资源利用率。水源保护区或跨界河流流域内水质净化厂优先实施。开展厂网匹配性研究，适应性调整污水处理工艺。

（6）六策：海绵城市，立体治水。城市开发建设中的地面硬化、水面减少等水文条件的改变，增加了内涝风险。通过积极推行海绵城市建设模式，加大城市雨水径流源头减量的刚性约束，充分利用公园、绿地等地上、地下空间，建设绿色、灰色的雨水基础设施，形成表层、浅层、深层的排水体系，打造"渗、滞、蓄、净、用、排"有机结合的水系统，缓解城市内涝。

（7）七策：清淤治违，畅通河渠。在快速的城市化、工业化进程中，河道空间被侵占，部分河道甚至被覆盖成暗涵，沿线排放口难以管理、雨污分流难度大，在带来污染的同时也存在洪涝问题，部分暗涵上盖物甚至存在倾斜、倒塌的安全隐患。对此，开展专项行动治理挤占、覆盖河道的违法行为，有序推进暗涵化河道"复明"；严厉打击偷排泥浆、非法养殖等涉水违法行为，强化水环境管理；严格水土流失监管，实施河道、水库、管网等清淤。

（8）八策：以水定地，控污增容。强化城市规划建设以水资源、水环境承载力为约束，以水定地、以水定城。饮用水水源保护区内严控人口和建设规模增长，杜绝新建污染项目。注重城市开发、市政设施建设的科学性和生态化，提升城市水环境容量，既解决好存量污染的治理，又为城市的增量污染预留足够的防治空间，实现保护与发展的相协调。

（9）九策：引智借力，开放创新。通过全面开放水务市场，引进国内外科研院所、跨国企业、上市公司等单位助力区域综合治理。大力推进市场化改革，创新投融资方式，以流域为试点打包推进项目，在降低治水成本的同时全面提升治水质量。高标准规划建设信息化、智能化、标准化的水务综合管理信息平台，实现"智慧水务"，提高水务综合管理水平。

（10）十策：防抢结合，公众参与。在加快河道综合整治及完善水库、河道堤防、水闸泵站工程体系的同时，进一步健全完善应急指挥救援机制，加强抢险物资储备和队伍建设，提高应急响应和处置能力，解决防洪达标、水质提升、生态修复等问题。打破"政府干、群众看"的实施方式，充分发挥人大代表、政协委员、媒体的监督作用，发动社会力量，形成治水合力，兴起全民治水的新氛围。

2.3.5 模型论证 科学决策

2.3.5.1 模型基本情况

茅洲河模型 1.0 所处阶段为"综合整治"阶段，主要研究工作在 2016—2017 年完成，结合茅洲河第一次顶层设计进行工程布局和规模的论证，并对 2017 年和 2020 年污染负荷及水质情况进行预测分析。建模工作根据茅洲河流域顶层规划要求确定模拟工况，评估不同工程组合及规模对水质改善的效果，结合近期、远期考核目标拟定合理的工程规模及运行方式。

茅洲河模型 1.0 由两组模型组成：①通过南京水利科学研究院自开发的软件 CJK3D 建模，为二维模型，模型范围包括茅洲河干流，主要一级、二级支流；②通过 MIKEFLOOD 建立一、二维耦合模型，一维模型概化了茅洲河流域 43 条河涌，二维模型范围为茅洲河河口至龙穴岛的珠江口交椅湾海域。两组模型的模型范围及模型概化方式相仿（图 2.3）。

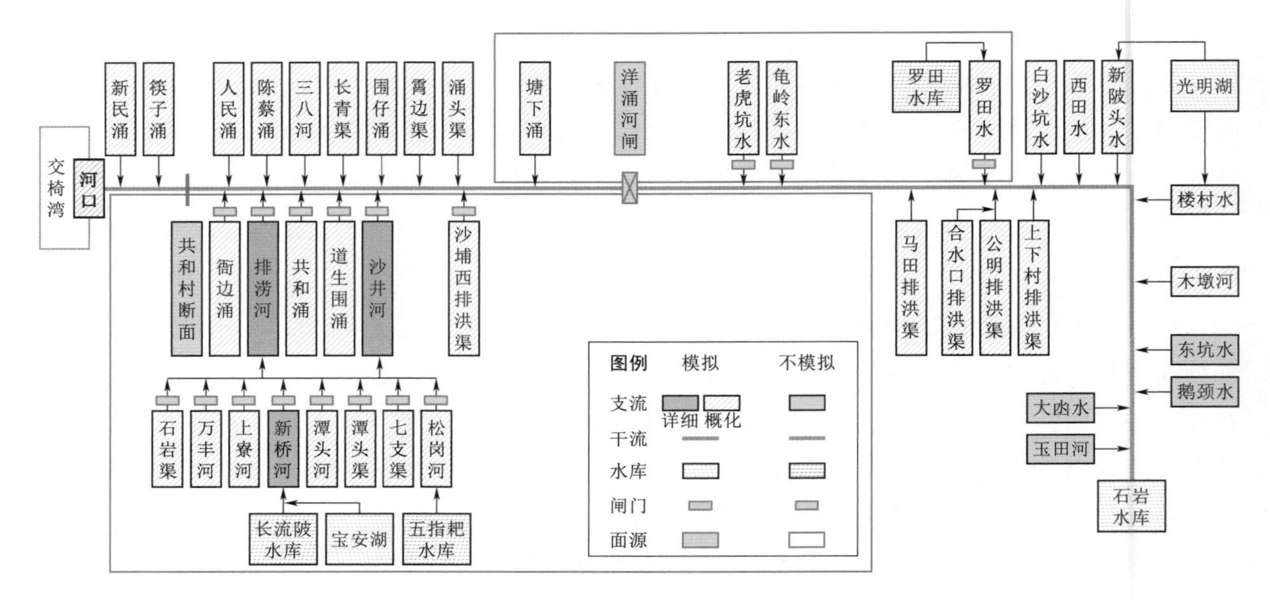

图 2.3 茅洲河模型 1.0 概化图

2.3.5.2 模型评价

第一次建模恰逢茅洲河流域综合治理工程初期，该阶段对设计基准年与设计水平年茅洲河污染负荷进行调查和测算，模型成果为雨污分流、截污纳管、河道清淤、生态补水等相关工程必要性论证提供了重要依据。但由于模拟阶段处于工程治理前期，模型还存在以下待改进之处：

（1）CJK3D 模型为二维模型，模拟精细程度虽优于一维模型，具有模拟断面内水质分布特点的功能，但由于缺少相关实测数据支撑，二维模型的精度优势难以发挥；再者，二维模型模拟存在一定的时间成本，虽然在顶层设计阶段并不突出，但一定程度上影响了模型快速调参和快速预测，对计算机硬件的要求较高。MIKEFLOOD 一、二维耦合模型在满足该阶段模拟精度要求的前提下，可显著提高河网区域的模拟速度，改善了全二维模型的模拟效率，具有一定的优势。

（2）茅洲河流域闸站众多，其中洋涌河水闸是茅洲河干流最重要的水利枢纽，对茅洲河水动力、水质影响重大，支流河口闸也会影响干支流的水动力、水质情况，本阶段模型未考虑洋涌河水闸以及支流河口闸的影响。

（3）由于建模处于茅洲河综合治理设计初期，模型参数（特别是水质参数）仍缺少足够的实测数据支撑，并且随着茅洲河治理工程的逐步深入，设计方案不断调整优化，本阶段模型模拟结果也缺少实际运行工况的检验。

2.3.6 理顺体制，创新机制

2.3.6.1 治水提质指挥部制度

针对深圳市水环境的突出问题，深圳市成立治水提质指挥部，下设办公室和7个专项工作组。深圳市治水提质办公室（简称“市治水办”）设在市水务局，负责统筹推进“深圳市治水提质工作计划”的落实。7个专项工作组分别为资金保障组、规划土地组、项目环评组、交通协调组、审计监督组、宣传引导组、技术方案及流域协调组，分别由市职能部门承担。各区政府依据市级工作结构模式，成立区级治水提质指挥部及其办公室。

2.3.6.2 水污染治理指挥部制度

为切实加强对全市治水提质工作的组织指挥，2018年成立深圳市污染防治攻坚战指挥部，市委书记担任第一总指挥，市长担任总指挥。成立深圳市水污染治理指挥部（原治水提质指挥部），下设8个专项工作小组，关联12家责任单位。8个专项工作小组包括宣传引导工作小组、资金保障工作小组、规划土地工作小组、项目环评工作小组、交通协调工作小组、审计监督工作小组、技术方案及流域协调工作小组、轨道和铁塔交通协调工作小组；12家责任单位包括市水务集团、市前海管理局和10个区（新区管委会），最终构建“1＋8＋12”组织架构，形成分工明确、权责清晰、条块协同、运转高效的运行机制。

2.3.6.3 深圳、东莞两市联席会议制度

茅洲河流域涉及深圳市宝安、光明两区和东莞市长安镇，呈现典型跨区域的特征，只有两岸协同推进治理才能实现茅洲河治水提质目标。2015年12月，深圳、东莞两市成立了由深圳市委书记为组长、时任深圳市市长和东莞党政主要负责同志为副组长、有关政府部门负责人为成员的领导小组，即深莞茅洲河全流域综合整治工作领导小组，负责统筹协调各方力量，协同推进治水工作。

工作机制上，两市建立市一级联席会议制度；治理节奏上，两市开工时间及施工过程可因地制宜，加强信息互通、措施对接，确保治理工作同步推进、治污项目竣工时间节点一致，同时发挥治污效用；水质目标上，两市共同按旱季污水100%不直排入河进行建设；茅洲河界河清淤上，两市共同确定同一个实施主体进行治理，资金由两市分摊，对茅洲河流域联合整治工作进行总体部署和统筹协调，确保政令统一、步调一致、任务落实。

2.3.6.4 下移重心开展协调督办

为确保2018年深圳各个重要流域水质达到国考、省考要求，实现135条黑臭水体全面消除黑臭，深圳市政府提出下沉督办协调工作方案，通过组建下沉督办协调组（简称“下沉组”），成立由局级领导挂帅、骨干力量担任专职成员的五大流域片区下沉督办协调组，下移重心开展协调督办，数十名处级干部常态化下沉治水一线，抓流域统筹、技术支撑、监督检查，全面压实工作责任，形成督办协调合力，以“全流域、全责任、全覆盖”为原则、以“厂、网、河”一体化为抓手，以单元技术评估为支撑，通过现场工作发现、提出、协调和跟踪督办解决各类突出问题，推动茅洲河珠江口流域整治目标顺利完成。

结合水环境整治综合目标要求及茅洲河流域水环境综合整治工程实施方案，下沉组工作目标为推动七个“全覆盖”，取得了以下工作成效。

1. 黑臭水体排查整治全覆盖

通过下沉组不断跟进、督查，黑臭水体消除工作已经得以推进，全市区已经消除黑臭水体 41 条，包括宝安区 32 条及光明区 9 条。

2. 正本清源全覆盖

根据下沉组督办推进及督查结果，已经实现了工业仓储、公共建筑、居住小区及城中村等不同区域正本清源全覆盖，已经完成了 56.57km^2 的工程覆盖量，实施完成了 1155 个小区的正本清源工程。

3. 排水管网全覆盖

排水管网包括市政雨污分流管网工程，排水小区正本清源工程，市政管网检测、移交及通水等三部分工程内容。总体来说，各类型工程均已推进并取得较好进展。其中 1044km 市政雨污分流管网，已完成 1032.1km，完成率为 98.9%；2595 个排水小区正本清源，已完成 2500 个排水小区，完成率为 96.3%。市政管网检测、移交及通水（雨污分流、正本清源、沿河截污管）工程共计 2920km，市政管网检测为 2162.5km，市政管网通水为 1848.4km，完成率分别为 74.1%和 63.3%。

4. 污水处理设施全覆盖

根据对茅洲河、珠江口流域水质净化厂基本情况的调查，污水处理设施已实现基本全覆盖，加快健全“双转变、双提升”（从污水处理率到污水收集率转变、从化学需氧量向生化需氧量转变，污水处理能力及入厂浓度“双提升”）。

5. “散、乱、污、危”工业企业整治全覆盖

根据督查，茅洲河流域污染源企业 3.87 万家，其中重点监管企业 592 家，小废水企业 1265 家，“散、乱、污”企业 908 家，面源污染源 11599 家（餐饮 10740 家、汽修 620 家、农贸 77 家、垃圾站 162 家），工业企业整治实现全覆盖。

6. “厂、网、河”管养维护全覆盖

“厂、网、河”运维分属不同部门进行，其中“厂”由水务集团、首创水务公司、中节能公司、深水咨询公司、碧水源、南方水务、北控水务等进行管理，“网”则由宝排公司、深水咨询公司进行管控，“河”由河道管理中心、宝排公司进行管控。

通过成立茅洲河流域管理处，对管理范围内的所有“厂、网、河、库”建立统一的运维考核打分标准、联网调度规则、统筹协调机制及信息共享办法，以此在原有分级管理模式的基础上，采用目标管理，推进“厂、网、河”管养维护全覆盖。

统筹智慧流域规划，自建和共享流域内的水文站网、视频监控设备、泵闸工况、涉水管网等信息，建设“市—区—街道”三级流域指挥调度平台，实现流域精细化管理和智慧化调度。

7. 流域统筹协调全覆盖

通过下沉组负责不同行政区域、不同部门、不同工程项目间的协调工作，统筹宝安区、

光明区、东莞区域污水处理设施提标改造、小区正本清源、雨污分流、沿河截污、原位修复、补水增净等工程组合实施。

2019年，工作目标转为“十个全覆盖1.0”，聚焦建设成效巩固和管理，建管并重确保全面消除全市黑臭水体，主要支流消灭劣Ⅴ类，实现“见水则清”；具体内容包括开展全市所有小区、城中村正本清源改造效果“回头看”行动，解决市政管网雨污混接、错接、乱接等问题；全面推进暗涵整治、生态补水工程建设；强调管理，建立面源管控、散乱污监管的机制，探索智慧管控路径等。

2020年，深圳市委、市政府将其定为“水污染治理成效巩固管理提升年”，要求巩固提升水污染治理成果，启动碧道建设，推动治水治产治城相融合，使治水“投入”转化为发展的“产出”，推动从“治污”向“提质”阔步迈进；工作目标升级为“十个全覆盖2.0”，包括正本清源改造全覆盖、雨污分流管网全覆盖、污水处理效能品质提升全覆盖、暗涵整治全覆盖、水生态环境修复全覆盖、排水专业化管理全覆盖、“散乱污”企业监管全覆盖、点源面源污染防治全覆盖深入推进小微水体湖长制全覆盖、智慧流域管控体系全覆盖。

（1）正本清源改造全覆盖。实施“扫楼”战术，把雨污管网延伸到每个小区、每栋楼宇、每家每户，开展天面、阳台立管改造，从源头上进行雨污分流。

（2）雨污分流管网全覆盖。全面完善市政管网，打通断头管、补齐缺失管、修复破损管、改造错接管、疏通堵塞管，推进联网成片。

（3）污水处理效能品质提升全覆盖。推进水质净化厂新建提标拓能，将出水指标提升到准Ⅳ类，实现处理能力、出水水质、进水浓度“三提升”。开展厂容厂貌“去工业化”改造，打造集污水处理、公园绿地、科普教育、工业旅游于一体的现代化、公园式水质净化厂。全面推行“厂内深度脱水＋末端焚烧掺烧”的污泥处理处置技术路线，将出厂污泥含水率降至40％以下，推进污泥能源化、资源化利用。

（4）暗涵整治全覆盖。用好“查、测、溯、治”四字诀，开展排口精准溯源整治，打开暗涵截污总口。具备条件的，逐步推进暗涵复明。

（5）水生态环境修复全覆盖。开展河道综合整治，推进治污、防洪一体实施。开展全流域生态补水，构建厂、库、生态基流等多元互补的补水网络体系，坚持自然修复为主、人工干预为辅，重塑河流生态系统，提升河流自净能力。

（6）排水专业化管理全覆盖。全面推行排水管理进小区，开展首次进场的检测、测绘、清疏、修复改造等工作，将管网全部纳入GIS系统。完成排水户许可或备案，创建“污水零直排区”。

（7）“散乱污”企业监管全覆盖。开展生态环境专项执法“利剑”行动，严厉打击各类生态环境违法行为。巩固提升“散乱污”企业综合整治成效，将“散乱污”企业排查纳入街道网格管理，确保实现动态清零。

（8）点源面源污染防治全覆盖。创新实施涉水污染源分类精细管理机制，针对餐饮、农贸市场、洗车场、垃圾池、化粪池、隔油池等13类涉水污染源，分别制定整治规范，建立行业主管部门和环境监管部门齐抓共管的机制。

(9) 深入推进小微水体湖长制全覆盖。全面落实1467个小微水体的区、街道和社区三级湖长，压实各级湖长对小微水体的管理保护主体责任，完善长效管理机制，切实巩固提升小微水体治理成效。

(10) 智慧流域管控体系全覆盖。以茅洲河、深圳河流域为试点，打造智慧流域管控平台，初步实现对“厂、网、河、湖、库、泵、闸”等全要素的智能监管。建设智慧排水信息系统，建立从排水户、小区到市政排水设施、再到水质净化厂的全链条管理“一张图、一张网”，以信息化促进排水管理精细化。

2.3.6.5 创新干部考核方式

深圳市委组织部于2017年印发《黑臭水体治理工作中开展干部专项考核的工作方案》，明确开展干部专项考核，把水污染治理的“战场”作为检验干部的“考场”，作为磨炼意志、强筋壮骨、增长才干的“实训场”；发挥党员先锋作用，设立“光荣榜”“战绩榜”“点评榜”，每季度展示党支部工作进展，把党的政治优势、组织优势转化为项目攻坚优势，在攻坚一线识别、锻炼、考察干部，坚决以硬干部、硬作风、硬措施打赢水污染治理这场硬仗，锻造一支政治强、本领高、作风硬、敢担当的治水铁军。

2.4 实干：全域治水

2.4.1 兵团作战，系统治水

按照“流域统筹、系统治理”思路，尊重水的自然规律，打破过去“岸上岸下、分段分片、条块分割、零敲碎打”的治水老路，深圳、东莞两市进行流域性捆绑打包，引进有实力的大型企业，借助大型企业在人才、技术、资金、资源、经验、社会责任等方面的优势，推行“地方政府＋大企业＋EPC”的项目建设模式和“大兵团作战”的工程施工模式。

2.4.1.1 “地方政府＋央企”模式

茅洲河推行“地方政府＋央企”的典型模式，通过选择政治站位高、综合实力强、责任心强的大型央企、国企，结合地方政府，联合开展统筹性的流域或分片区水环境系统治理模式。选择大型央企、国企，其主要优势体现在以下方面：

(1) 大型央企、国企的规模大、综合实力强、专业覆盖面广，避免了中小型企业综合专业、能力的短板和局限。其可通过全过程参与治水，真正实现系统治水的实施理念，为水质达标提供坚实保障，保证实施质量可靠。

(2) 由一家大型企业在全流域实施治理，有利于跨地市流域治理方案的系统性和完整性，同时有助于明确主体责任，同一主体设计、建设、运营，过程管控有力。

(3) 大型央企、国企的资金、实力雄厚，可在时间短、资金压力大的情况下迅速整合全产业链资源，形成规模优势，保证实施进度可控。

2.4.1.2 “大兵团作战”模式

茅洲河在推行“地方＋央企”并结合EPC实施模式的基础上，提出了“大兵团作战”模式，其实质是以“水质达标”为目标，采用“EPC”模式，分片区或流域开展统一建设、统一治理、整体打包、按效付费。在全面摸查的基础上，对新建污水厂网及水质提标、支管完善、排水达标单元、合流渠及小区住宅清污分流展开系统性、整体性改造。

1. 统一化管理，进度管控有力

实行“大兵团作战”模式：要求对设计施工统一组织、统一管理、统一指挥、统一标识，以生产进度为主线，以标准化为抓手，以质量安全为核心，以施工组织管理为指导，确保工程进度持续推进。实行“四化”“三色”跟踪推进模式。坚持用台账化、项目化、数字化、责任化的方式（即“四化”）推动水污染治理工作，做到重点事项台账化、治理举措项目化、年度目标数字化、工作任务责任化；采用“红、黄、绿”颜色标识预警倒逼进度（即“三色”），对正常推进的项目，标注绿色，要求持续推进；对于进展略微滞后可以通过赶工措施赶上的标注黄色；对工期严重滞后，预判可能无法按期完成的项目标注红色，要求责任主体，特别是要求单位“一把手”及时亲自督办，推动重大问题加快解决。

2. 精细化管理，安全质量受控

“大兵团作战”中，EPC单位作为项目管理组织实施的关键主体，在意识、技术、制度等方面承担核心作用，确保实现项目质量可靠、人员安全的基本目标。

3. 资源投入大，整合较为快速

央企实力较为雄厚，能在时间短、资金压力大的情况下迅速整合全产业链资源，形成“大兵团”规模优势。

4. 系统化治理，专业优势突出

“大兵团作战”将融合规划设计、施工建造、技术设备、投资运营等多种专业，覆盖项目建设全生命周期，打破以前由一家公司、一种类型企业承建的短板和局限，全过程参与治水，为水质达标提供坚实保障。

“大兵团作战”思路的贯彻执行确保了茅洲河项目在有效工期短、技术难度大、协调难度大的情况下完成年度建设目标。茅洲河流域“地方政府＋央企＋EPC”和“大兵团作战”建设模式正逐步在广东省其他水体污染严重区域推广使用。中国电建集团利用“大兵团作战”模式在广州市车陂涌、棠下涌治理工程中取得了显著成果，广州市水务局正式下发《关于推广茅洲河“大兵团”攻坚会战经验的函》，推广使用“大兵团作战”模式，进一步巩固黑臭河涌治理成效，确保全市黑臭河涌治理顺利通过国家考核验收，达到“长制久清”工作目标。

2.4.1.3 治水工程打包模式

作为茅洲河流域面积最大、问题最为突出的片区，宝安片区为“保证消除黑臭”的治理目标，根据全流域治理方案，对片区项目进行全面梳理，提出整体立项申请。对于前期已列入“全市治水提质五年工作计划”的项目可视同立项，计划外亟须建设的项目也设立了绿色通道，优化项目审批时限，在立项、用地、环评、水保、迁改等环节，配套出台了23项优化服务举措，使项目前期工作时间整体缩短1/3以上。经过整体设计和系统梳理，共整理出69个子项工程，涵盖雨污管网工程、河道整治工程、内涝治理工程、生态修复工程、活水补水工程和景观提升工程六大类。其中前期已开展各项工作的子项共59个，为构建系统治理方案而新提出10个子项，共同打包成一个系统，编制了《茅洲河流域（宝安片区）水环境综合治理项目建议书》。其中的23个项目由于前期实施主体不同，未列入茅洲河流域（宝安片区）水环境综合治理项目EPC工程包，因此，最终46个子项整体打包进入茅洲河流域（宝安片区）水环境综合治理项目，采用EPC模式，由宝安区水务局作为业主，进行公开招标。光明片区和东莞片区也采用EPC模式实施茅洲河治理，分别将各自片区内的治水工程统一打包实施。

2.4.2 稳步推进，科学治水

根据深圳市委、市政府2015年底印发实施的《深圳市治水提质工作计划（2015—2020年）》，深圳市水务局提出了水综合治理的“十大行动”：

（1）“织网”行动：完善排水管网，提高雨污分流率。

（2）“净水”行动：新改扩建污水厂，提高出水标准。

（3）“碧水”行动：开展河流治理，消除黑臭水体。

（4）“宁水”行动：防洪达标建设，消除内涝灾害。

（5）“柔水”行动：推行低影响开发，建设海绵城市。

（6）“减负”行动：节水防污减污，控制污染排放。

（7）“畅通”行动：开展清障行动，实现河畅管清。

（8）“智慧”行动：依靠科技创新，实现跨越治水。

（9）“协同”行动：形成治水合力，推动治水提速。

（10）“保障”行动：强化组织保障，营造治水氛围。

茅洲河项目按照“地方政府＋大企业＋EPC”的项目建设模式和“大兵团作战”的工程施工模式，根据《茅洲河流域（宝安片区）水环境综合治理项目建议书》，提出了69个子项工程，其技术路线是按照“标本兼顾、污涝兼顾、集散兼顾、治管兼顾”的原则，通过分散与集中处理结合实现水环境优良，通过洪、潮、涝共同治理实现水安全保障，通过多水源配水实现水资源优化配置，通过底泥清淤、引配水、挡潮闸等多元化手段实现水生态修复，通过挖掘南粤文化和茅洲河滨河工业文化提升水文化，通过产业创新升级、滨水景观营造和城市有机更新发展水经济，重点推进实施雨污分流管网工程、污水处理设施、配水及水体生态修复、河道综合整治和排涝整治等工程。

在EPC打包项目实施过程中，随着对项目认识的加深和系统梳理，围绕重要问题，流域全面消除黑臭得分目标，在原有第一次统筹系统基础上，谋划出“四步”逐级推进方案，分别是：①织网成片，包括新建各片区雨污分流二、三级支管网，完善干管和沿河截污管网，消除建成区市政管网空白区域，并通过接驳完善连接各系统，打通污水从源头收集到末端处理的路径；②正本清源，针对茅洲河流域排水区块内部雨污混流，无法接驳进入市政雨污管网的问题，从收水源头进行分流改造，将流域内排水小区划分为四种类型，即居住小区类、工业仓储类、公共建筑类和城中村类；③理水梳岸，主要内容包括暗涵岔流排水口整理改造和沿河截污系统改造，解决“厂、网、河”三者间水量不匹配导致雨季污染入河、清水入厂的问题，并形成“三级设防”体系，切断污染物向水中迁移路径；④寻水溯源，将水质净化厂尾水提标到地表水准Ⅳ类水，对茅洲河支流实施源头配水，通过再生水补水，缓解茅洲河天然生态基流不足的问题。

2019年后，随着国家“水十条”考核时间节点的逼近，以及国家陆续颁发的提质增效三年行动计划等新的要求，茅洲河流域内又深入推进消黑除劣“十个全覆盖”，包括雨污分流管网全覆盖、正本清源改造全覆盖、污水处理提标拓能全覆盖、黑臭水体整治全覆盖、暗涵岔流整治全覆盖、一级支流消灭劣Ⅴ类全覆盖、散乱污监管全覆盖、面源污染防治全覆盖、水生态环境修复全覆盖和智慧流域管控体系全覆盖，以及通过厂网联动、河网联动、上下游联动、市政水务设施联动等实现全流域治污源头管控、过程同步、结果可控，实现全要素系统治理，包括污水处理厂提标拓能，集散结合；管网雨污分流，提质增效；河道截污清淤，生态补水；泵站新建改造，加强维护；构建初雨调蓄池并合理布局；污泥深度脱水，焚烧掺烧等工作措施。通过推行全流域、全要素综合治理模式，以流域为单元，构建“厂、网、河、站、泥、池、源”全要素治理总图（图2.4）。

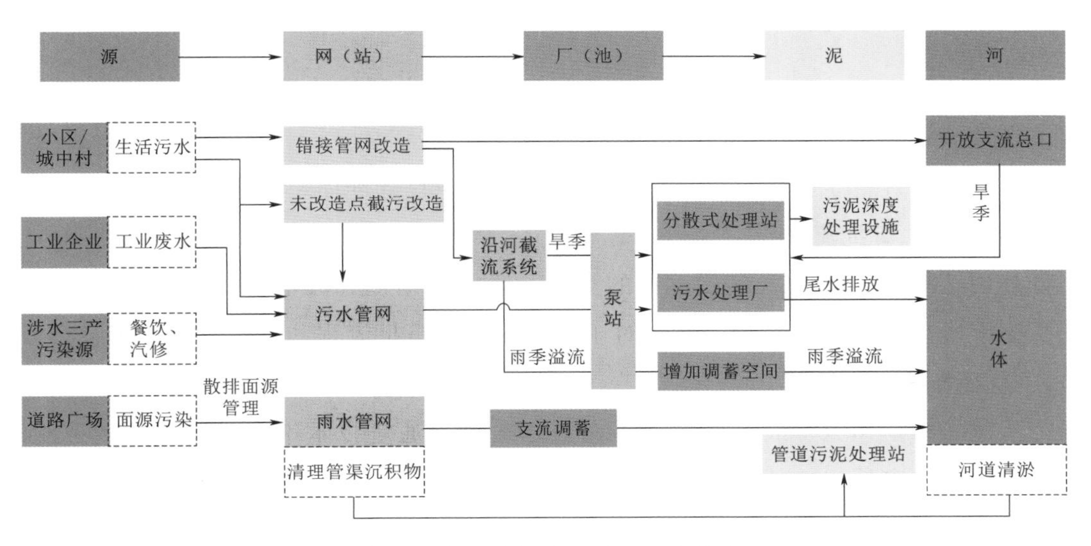

图2.4 “厂、网、河”实施技术路线

总体而言，茅洲河的治理技术路线可以总结为以下方面：

（1）选择了“合改分”的排水体制。由于茅洲河属于原特区外，虽然2016年以前实施了部分雨污分流工程，但其主体的排水体制仍然是合流制，2016年后，深圳市全面坚定信心，攻坚克难，坚定不移走“合改分”的路子，因此，2016—2020年是从合流制彻底转向分流制的五年。

（2）采用了“先主后次”的治理逻辑。通过2016—2020年稳步推进的治水工作，可以看到，不管是对于河道、暗涵支汊、还是管网，其治理逻辑基本上遵循了先梳理主干、再梳理支干、再梳理毛细的思路，好比先打扫房子的中间，再打扫房子的角角落落。

（3）采取了“标本兼治”的方法手段。在治理过程中，按部就班实施治本的措施，总会受到考核时间逼近等客观条件的限制，不得已采取一些治标的临时应急措施，但过程中注意充分尊重原有排水设施，在治本的同时将原有设施进行功能上的转变，比如，原总口截污处理CSO溢流的临时处理设施，在雨污系统健全后转为处理初期雨水的设施；原收集合流污水的大截排箱涵，改为初期雨水的传输通道等。

（4）遵循了“一增一减”的治理思路。“一增”即针对深圳市河流短小流急、为雨源型河流的特点，通过实施水质净化厂尾水补水工程，增加了河道生态基流和水环境容量；“一减”即坚定不移地实施节水减排、源头控制的措施，对点源、面源、内源进行削减和管控。

（5）产生了“治水治城”的观念转变。随着茅洲河治理工作的逐步深入和效果显现，深圳市也逐步意识到还河于民的重要性。为此，深圳市提出了“碧道”的概念，强调水陆同治、水城共融，治水逐步向拆除违章建筑、治理散乱污、促进经济转型升级、扮靓河道、弘扬文化的多维视角展开，尤其是对持续高投入治水的反思，更强调通过水岸梳理、产业梳理、腾出空间、促进土地价值升值、增加税收等反哺治水投入。2021—2025年第十四个五年规划期间，深圳市治水将全面由控源截污、消除黑臭转向碧道建设、水城共融。

2.4.3 目标导向，流程再造

深圳市治水不再单纯以工程量为导向，而是坚持以水环境治理目标为导向，大多数工程都采用了设计、施工一体化的EPC模式。结合实际，在审批、设计、造价、质量、效果等五个方面对管理流程进行了优化再造，以“五全”工程项目管理体系推动实现工程效益最大化。

2.4.3.1 全程优化审批流程

充分利用“深圳90”审批制度改革的契机，坚持原则性和灵活性相统一，不断优化审批机制，简化审批流程，提高审批效率。对于能够简化的审批流程和程序，一律简化。

2.4.3.2 全程加强设计管理

现行基建工程往往只开展一次性施工图技术审查，通过技术审查后交付现场施工。深圳市根据现场溯源排查情况，持续优化方案，要求审核单位驻点办公，随时提供服务，对每个技术方案、每张图纸开展技术审查，将技术审查工作贯穿施工全过程，确保成果质量。一是在压实勘察设计单位主体责任、全程配备同等技术力量的同时，设置技术督导机构，由其将技术把关工作贯穿工程建设全过程；二是采购第三方技术团队作为“项目管家”，负责对工程建设中的重大技术问题、设计变更、方案调整进行复核，对施工图设计进行监督，对设计成果文件进行质量审查；三是注重现场审查，组建由设计单位、监理单位、“项目管家”、排水公司“四人小组”下沉现场进行设计复核，既保方案可靠，又保效果达标，既防治理不足，又防过度设计。

2.4.3.3 全程加强造价管控

深圳市实行造价全流程管控，既防投入不足，又防造价虚高。一是设置合同造价管理机构，由其将造价审查贯穿实施全过程，具体负责建设资金、合同、工程量、工程变更金额审核把关，全程参与特殊工程量测量，对合同风险进行把控等工作。二是建立内控机制，充分发挥“项目管家”作用，由EPC承包单位联合体成员提交勘察成果需求，经项目部、“项目管家”核准后向勘察单位下达勘察任务，按时提交勘察成果；EPC设计单位设计完成后主动与施工单位进行对接，及时提交监理单位、技术督导、造价管理机构和强审单位审查，全过程严格造价管理。

2.4.3.4 全程加强质量安全监管

（1）强制推行排水管网政府方“CCTV”检测（即内窥检测）。全面推行政府方“CCTV”检测制度，将其作为验收交付的必备条件之一；采取“四不两直”（不发通知、不打招呼、不听汇报、不用陪同，直奔基层、直插现场）方式，对项目原材料、中间产品、管材以及专项设备开展“飞行检测”，严把管材、检测、试验和验收关。

（2）采用“总承包项目部＋工区项目部＋施工班组”三级现场管理模式。总承包项目部负责对工程项目进度、质量、安全、文明施工、水土保持等负全责；各工区项目部具体负责现场施工的规划、协调、组织、管理与实施，建立合同履约评价机制，纳入合同有关条款，现场出现违反安全、质量、进度等约定情况，按合同进行处罚。

（3）开展标准化工地创建。印发《深圳市水务工程安全文明施工标准化手册（试行）》，细化量化安全文明工地评价细则，创建了固戍水质净化厂二期、东部海堤三期等一批重点项目“样板工地”。

（4）多种措施加强质量安全监管。实行每月质量安全“飞行检测”制度及红黑榜制度，检查结果全市专题通报并纳入工程履约评价体系；委托第三方开展质量安全评估，每季度评出前五名“红榜”、后三名“黑榜”，评估结果在深圳市水务局官网及官方微信公众号上予以通报；扎实开展水务项目稽察、“双随机、一公开”等监督检查工作，定期发布《深圳市水务工程质量安全监督通报》，对不良质量安全行为进行曝光。

（5）强化信用体系管理。出台《深圳市水务建设市场主体不良行为认定及应用管理办法》，将设计、施工、供货、运营等各类市场主体纳入信用体系管理，并将不良行为信息作为评标、定标、择优的重要参考，对存在不良行为的市场主体在行政审批、资质管理、日常监管等方面从严进行监管。

2.4.3.5 全程管控工程效果

（1）开展各区交叉检查、以查促改。2019—2021年，深圳市水务局多次组织开展全市小区雨污分流成效交叉检查工作、小区正本清源成效抽查工作、正本清源或无须改造小区盲抽工作等。

（2）创新EPC合同考核方式。深圳市紧紧扣住河流水质目标，合同约定不再仅仅以工程量为依据，同时把工程目标与河流水质目标统一起来，全面分析工程对河流水质达标的贡献率，将其确定为工程效果目标，作为EPC单位合同验收的依据。若工程完工后没有达到预期效果，则EPC单位必须落实“兜底”措施，直到实现工程效果目标为止。

2.4.4 建管并重，依法治水

2.4.4.1 工作重心由以建为主转向建管并重

国内外治水经验表明，河流治理是一项长期复杂的系统工程，很难一蹴而就。深圳市水污染治理已从过去的大治污模式转向精准化治污模式。深圳人居环境委员会重点推进建立水质监测分析、通报和应急处置机制，实施流域系统治污。

1. 排水管理进小区

（1）突破小区红线限制，依托国有排水公司实现从小区楼宇外第一个检查井、化粪池（隔油池）到出户管，再到市政管网，直至水质净化厂的全链条管养，从源头上避免雨污混流，确保正本清源、雨污分流成效。

（2）原特区外各区均成立国有排水公司，统一管理辖区内排水设施，实现排水设施专业化运营维护。

2. 物业管理进河道

物业管理进河道就是借鉴大型物业公司管理模式，利用无人机、视频监控、水质快速检测设备等，以市场化、科技化手段实现实时监管。

2.4.4.2 强化“三池”涉水污染源清理监管

全面排查化粪池、隔油池、垃圾池的数量，纳入信息化管理，明确责任单位和责任人，进行全面清理整治。建立对“三池”等设施长效管理机制，委托专业排水公司统筹推进清理整治，明确分工，压实责任，形成合力。

2.4.4.3 开展“三产”涉水污染源排查整治

全面排查整治“三产”涉水污染源，重点排查污水产生、排放及处理情况，规范整治排水纳管，防止餐饮、汽修（洗车）、农贸市场、屠宰场等“三产”涉水面源污染在雨天经冲刷进入雨水管渠，直排河道。

2.4.4.4 整治“散、乱、污”企业（场所）

通过升级改造一批、整合搬迁一批、关停取缔一批等措施，对全市1.43万家“散、乱、污”企业中的9605家实施全口径排查和监管整治，完成率达67%。开工建设江碧环保科技创新产业园，实现电镀、线路板等高排放企业入园管理、环保升级、集聚发展。

2.4.4.5 持续开展“利剑”系列行动

（1）运用水平衡监控、水质指纹溯源等科技手段，开展“利剑”系列执法专项行动，以“零容忍”的态度铁腕治水。

（2）持续保持高压执法态势，创新执法方式：成立23个执法小组，实行交叉执法；实施环保信用联合惩戒，开展“点菜式”执法。将全市重点排污企业汇总制成“菜单”样式，邀请人大代表、政协委员、群众代表和新闻媒体现场以数字组号的方式随机“点菜”，按照“不定时间、不打招呼、不听汇报，直奔现场、直接检查、直接曝光”的“三不三直”要求，在严格保密的情况下直赴现场开展突击检查，增强执法的随机性及突击性，放大污染源监管执法效果。

(3) 2018 年，立案查处环境违法行为 2938 宗，全国排名第五，处罚金额 2.98 亿元，全国排名第三。

在茅洲河流域设立跨行政区域的环境监管执法机构。把流域作为一个单元统一执法。继续开展全市环保执法大练兵，坚持全市一盘棋统一调度，交叉执法；坚持深圳、东莞、广州三地联合执法。

2.4.5 水城相融，开门治水

2.4.5.1 统筹治水和拆违

采取领导挂点包干，水务、环保、查违、公安等部门联合执法等方式，依法依规拆除黑臭水体整治涉及的违法建筑面积 134 万 m^2。拔掉西乡河“红楼”、龙岗河“龙舫”等一批存在 20 多年的沿河违建，为治水项目的按时推进打下坚实基础。

2.4.5.2 统筹治水和治城

充分利用湖库、河流，统筹山水林田湖海等各种生态要素，兼顾生态、安全、文化、景观、经济等功能，进一步优化生态、生产、生活空间格局，因地制宜分别打造湖库型、河流型、滨海型和都市型、城郊型、郊野型等丰富多样的碧道，为市民群众营造河畅水清、岸绿景美的亲水宜居环境，推进治水、治产、治城相融合。

按照“设计一流、建设一流、效果一流”的标准，启动广东省“万里碧道”深圳试点工程建设，打造集“畅通的行洪通道、安全的亲水河道、健康的生态廊道、秀美的休闲绿道、独特的文化驿道”五道合一的高标准碧道。

2019 年，开展茅洲河等试点项目建设，全市各区试点项目建设长度不少于 2km，打造一河两岸生态景观，带动城区品质提升和产业转型升级。2025 年，全市完成 1000km 碧道建设任务，在全省率先全面完成碧道建设目标，实现全市水体生态健康与景观秀美，展现碧水蓝天的深圳新名片。

2.4.5.3 统筹治水与保水

完成河长 App 开发推广、制定“互联网＋河长制”实施方案，启动开发建设全市统一的智慧环水系统，助力河湖管理、治水工作更具科技含量、更加便捷高效。

探索网格化运作机制，按照深圳河段分布情况，根据“属地对接、分段负责、网格管理”的原则集结志愿者。在全国率先设立护河特色志愿服务站，充分调动广大市民的积极性，打造深圳护水治水的志愿者阵地。在全国率先举办中国志愿者河长论坛，组建“河小二”志愿者队伍，全国首创护河特色 U 站，组织招募 45 名环保行业专家、学者、热心人士担任“深圳民间河长”；由平均年龄超过 60 岁的社区老党员、退休居民组成“银河护卫队”，巡查河道，用自己的脚步守护“母亲河”。邀请人大代表、政协委员、志愿者、媒体记者等实地参与治水，通过“深圳河湖长”微信公众号等新媒体接受社会监督，形成人人参与、人人共享的生动局面。通过“民心桥”、电视访谈、现场采访等方式，宣传治水典型和工作成效。激励引导广大青年投身水污染治理决战，命名35家集体为深圳市水污染攻坚决战青年先锋队，共同实现“碧一江春水，道两岸风华”的愿景。

与中国科学院、中国工程院签订治水战略合作框架协议，由两院院士团队牵头编制《深圳水战略2035》（深圳市水务局）；2016年成功举办了“治水提质新技术主题展”和“深圳市治水提质及海绵城市建设院士论坛”。2017年全新推出“全面推行河长制工作”新技术主题展。

2.4.5.4 统筹治水和产业升级

深圳市平均万元GDP用水量为10m^3左右，整体GDP用水量较低，但市域内发展不平衡，仍存在万元GDP用水量接近20m^3的区域，而发达国家如日本的万元GDP用水量仅为6～8m^3。低端产业往往更消耗水，因此深圳市的产业仍有较大升级的空间。推进产业的转型升级，不仅仅是治水的需要，更是城市可持续发展的需要。

我国经济发展进入新常态，在经济新形势下，提出了新旧动能转换的发展要求。深圳市作为我国最早实施改革开放、影响最大、经济发达、建设最好的经济特区，创新创业氛围突出，早已度过经济粗放发展的原始积累阶段。一方面，城市进一步发展要求改善城市水环境；另一方面，要通过治水倒逼城市产业升级，治水与产业升级改造相辅相成。浙江省早在2013年就已实施“五水共治”，浦江小水晶产业的升级改造就是一个典型示例。

产业升级改造的同时，要推进小企业的入园工作。比如茅洲河边的宝安江碧环境生态园项目，占地1.39km^2，针对周边及原有场地范围内分布的33家电镀企业、4家线路板企业、21家环保和电子、塑胶、印刷等企业，进行一腾退、二升级、三统一入园的措施整治。即结合小散乱企业的特点首先对于重污染、高能耗、污染排放量较大的小企业腾退一批，然后技术条件可行的小企业进行产业升级改造并加强监管，分散、乱的小企业有条件地实行统一入园。分散的小企业入园后，污水可以集中收集、处理并产生规模效益，并且可委托第三方运营，污染排放监管难度大大降低。

由第三方运营单位提供专业化服务，不仅极大地降低了水质净化厂厂家的运营难度，也提高了污水处理设施的规模效益和运行稳定率。通过产业统一入园，共用基础设施腾出土地空间，提高土地的集约效益，产生更大的经济效益。另外，需提高深圳市水资源尤其是非传统水资源的利用效率，建设完善深圳市中水回用系统。例如，深圳市全市域的中水回用率只有10%左右，若能提高到50%，则深圳市的水资源消耗量可以降低一半，相应的污水排放量也降低一半。

第3章　安澜畅流——防洪排涝工程

3.1　总体思路

3.1.1　防洪排涝方案

深圳市处于低纬度沿海地区，受涝成因主要包括地势因素、暴雨频发因素及潮位顶托因素。

1. 地势因素

（1）地势低洼。茅洲河上游光明区地势东北高西南低，其中楼村桥以上长约8km的河道，地形地貌属于低山丘陵区；从楼村桥至塘下涌长约9km，地形地貌以低丘盆地与平原为主。干流中下游段两岸为低山丘陵地貌，西部沿海多为海滩冲积平原，地形平坦，山地较少，现状地面高程在1.5～4.5m，加之潮位的顶托，易形成区域性涝灾。

（2）城市开发建设。城市开发建设过程中，无城市竖向规划的指导，造成早期开发的区域地势较低，后期开发的区域地势高于早期开发的区域。加之早期开发的区域城市排水管网的设计标准相对较低，造成局部旧城区出现水浸。

2. 暴雨频发因素

深圳市地处东南沿海地区，属南亚热带海洋性季风气候区，多年平均年降雨量为1700mm。降雨量时空分配极不平衡，汛期降雨量约占全年降雨总量的80%以上，且多以暴雨的形式出现，导致夏季常受台风侵袭，极易形成暴雨，发生洪涝灾害。深圳市地表径流绝大部分直接由大气降水补给，深圳市年径流深变化趋势与降雨量趋势一致，东大西小，多年平均径流深变幅为900～1100mm。

3. 潮水顶托因素

深圳市受涝区域主要位于西部沿海地区，区域内洪水的排泄受珠江口潮水位的顶托。根据赤湾站和舢板洲站统计，多年平均最高潮位为2.28m，现状城市地面高程为1.5～4.5m。因此，暴雨与相对高潮水位遭遇时，增加了洪涝灾害发生的频率及经济损失。

3.1.2　总体方案

茅洲河流域防洪排涝体系是完整的、系统的体系。各片区相互联系、不可分割。针对现状情况，主要通过“上蓄、中疏、下挡、内排”形成流域防洪排涝体系。

1. 上蓄

通过蓄水工程拦蓄洪水是合理的工程措施。茅洲河流域光明片区上游河道属山区性河流，玉田河、大凼水、鹅颈水、木墩水、新陂头水、西田水、公明排洪渠上游，均已建有水库；宝安片区上游河道属山区性河流，主要支流罗田水、新桥河、老虎坑水及松岗河上游，均已建有水库；东莞片区北部山丘区地势较高，已建有莲花湖、莲花山、鲢鱼翁、杨梅、鸡公仔、马尾、五点梅、横圳等8座水库。各水库主要是向长安镇供水，其中莲花山、马尾和五点梅水库具有一定的调洪能力。

近年来，茅洲河流域各区县经济发展迅速，城市规模不断扩大，城市用水逐年增长，供水形势日趋紧张。为力保城市用水，茅洲河流域内有扩建增容条件的水库如公明水库、石岩水库、长流陂水库等，已进行扩建或除险加固。

流域内无建设大中型蓄、滞洪工程的条件，远期可结合低影响开发及水环境整治工程，增加上游调蓄能力。

2. 中疏

茅洲河干支流均存在不同程度的淤积，尤其是中下游河道淤积、建筑垃圾无序倾倒、建筑物侵占行洪河道等阻洪现象比较严重。对此，采取河道清淤清障、局部退堤、拆除侵占河道的建筑物、理顺岸线等措施疏通河道。根据整治情况分析，此部分措施可有效提高区域防洪排涝能力。

3. 下挡

茅洲河干流河口至塘下涌段及部分支流为感潮河段，洪水受潮位顶托影响外排受阻，致使河道水位壅高，影响涝水外排。在河口处建挡潮闸挡潮，降低外海潮位对洪水的顶托影响，可降低河道水位，有利于区域防洪排涝。在干流入海口无法建闸的情况下，近期通过在支流入干流处建闸解决重点片区的防洪排涝问题。

4. 内排

茅洲河中、下游两岸地势低洼，低洼片区涝水不能自排，需通过排涝泵站抽排进入干流河道。其中光明片区涝片主要是公明涝片，根据茅洲河设计水位及公明涝片的情况，有效衔接管网排水、渠道过水、泵站抽水的关系来合理确定涝片抽排规模。宝安片区现状区域已建有排涝泵站58座，排涝规模达到376.99m^3/s，规划新建7个排涝泵站，设计规模132.33m^3/s。

3.2 雨洪特性分析

分析首先采用茅洲河流域及其周边的罗田水库雨量站、石岩水库雨量站和铁岗水库雨量站历史实测降雨资料，采用Mann-Kendall趋势检验法分析了各站年降水总量、降水强度、降水天数等指标在快速城市化背景下的变化；然后以遥感资料为基础，采用GIS方法，提取土地利用/地表覆被类型，并分析茅洲河流域不同时期的下垫面特征；最后通过搭建全流域河网水动力模型，分析流域内防洪排涝现状，提出相应的工程建设规划措施。

3.2.1 流域降雨趋势

根据罗田水库雨量站（1958—2014年）、石岩水库雨量站（1961—2014年）、铁岗水库雨量站（1957—2014年）逐日降雨资料，各站多年平均降水量在1604.3～1635.3mm。1990—2014年，罗田水库雨量站、石岩水库雨量站与铁岗水库雨量站年平均降水量分别为1662.3mm、1655.2mm与1750.9mm，相比多年平均降水量，最大增幅分别为4.4%、5.9%与12.7%（图3.1～图3.3）；此外，对各站年最大24h降水量、年最大1h降水量以及年汛期平均降水量统计显示，也都呈现相似变化趋势（表3.1）。

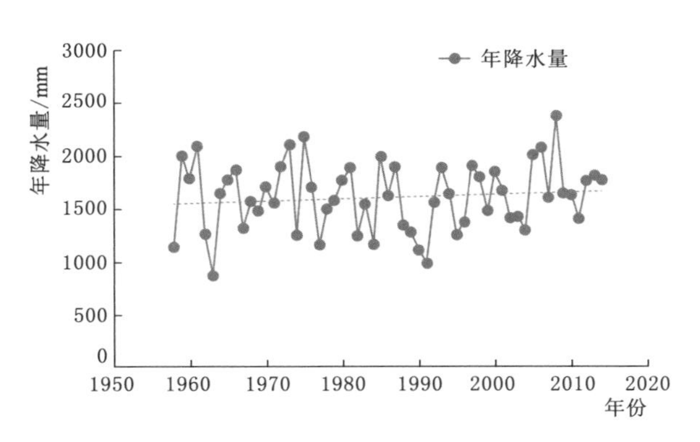

图3.1　1958—2014年罗田水库年降水序列

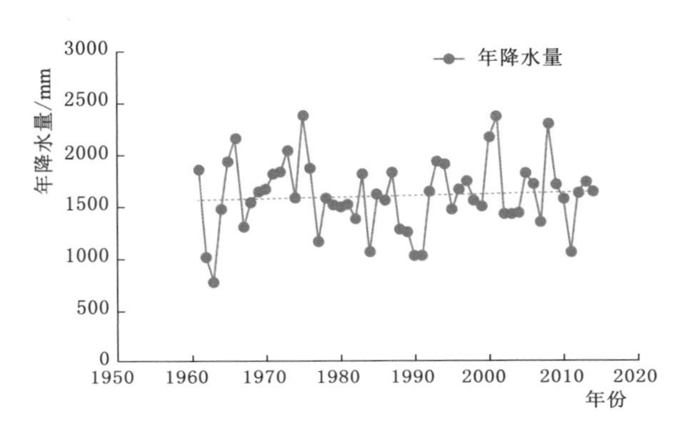

图3.2　石岩水库年降水序列

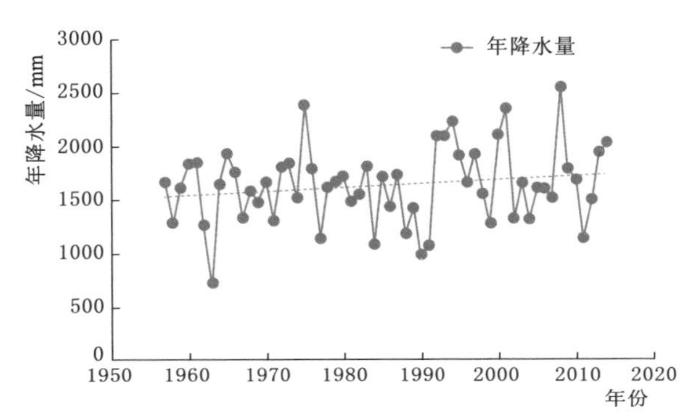

图3.3　铁岗水库年降水序列

表3.1　茅洲河流域及周边降雨特性统计

项　　目		罗田水库雨量站	石岩水库雨量站	铁岗水库雨量站
年均降水量/mm	建站至2014年	1621.3	1604.3	1635.3
	建站至1990年	1591.6	1563.6	1553.7
	1990—2014年	1662.3	1655.2	1750.9
年汛期平均降水量/mm	建站至2014年	1442.8	1408.7	1433.4
	建站至1990年	1411.5	1368.0	1355.2
	1990—2014年	1485.9	1459.6	1544.2
年最大24h降水量/mm	建站至2014年	166.3	164.3	169.4
	建站至1990年	157.9	161.5	143.4
	1990—2014年	172.4	166.2	184.5
年最大1h降水量/mm	建站至2014年	—	50.7	52.5
	建站至1990年	—	49.0	44.9
	1990—2014年	—	51.9	56.9

采用Mann-Kendall趋势检验法对降雨变化趋势进行分析可知：

（1）除石岩水库雨量站年最大24h降水量呈下降趋势外，其余指标均呈上升趋势，但所有指标均未通过95%的显著性检验。

(2) 深圳市位于东南沿海，夏季降雨受热带气旋等天气状况影响明显，高强度降雨极易导致局部性的洪涝灾害，根据趋势检验分析，各站汛期降雨量有进一步增加趋势。

(3) 除石岩雨量站外，各站年最大 1h 和 24h 降水量也有增加趋势，各站年最大 1h 降水量增加较为显著。

3.2.2 城市土地利用变化

自 1980 年经济特区成立以来，深圳市经历了快速的城市化进程。随着经济的发展和人口的增长，城镇周围的其他土地利用类型都逐渐转变为城镇建设用地。1980 年深圳以渔村、生态湿地为主，西部海岸带有大片条带状的基塘湿地、外围为潮间淤泥质海滩、红树林沼泽，形成阡陌纵横的田园风光。1990 年伴随宝安中心区的高速建设发展，西乡、新安片区的滩涂快速消失，沙井、松岗区域的滩涂开始减少。2000 年工业化发展，滩涂萎缩，向海扩张，随着大铲湾码头的建设，西乡、新安片区的滩涂基本消失，沙井、松岗、机场区域的滩涂被压缩为狭长的条带状。2010 年在内陆带型城区格局形成，填海造陆的发展策略下，滩涂湿地几乎消失殆尽，仅茅洲河口、海上田园区域尚存较完整的片状滩涂，西湾区域尚存带状滩涂。而城市化过程中下垫面变化深刻地影响区域水循环过程，因此选取 1987 年、1994 年、1999 年、2005 年、2011 年与 2015 年同一季相的遥感图像的下垫面信息（图 3.4）进行分析。在影像处理上，基于遥感影像专业处理软件 ENVI 支持，采用监督分类法和 NDISI 指数法对不透水面进行统计。

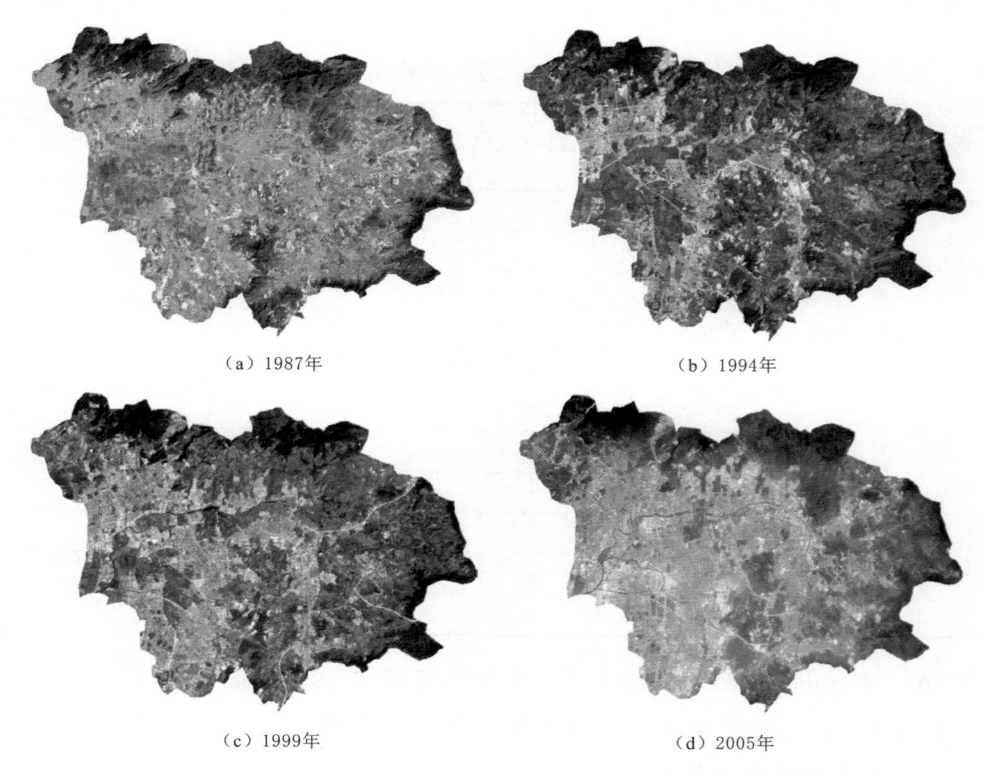

图 3.4（一） 部分年份茅洲河流域遥感图像下垫面信息

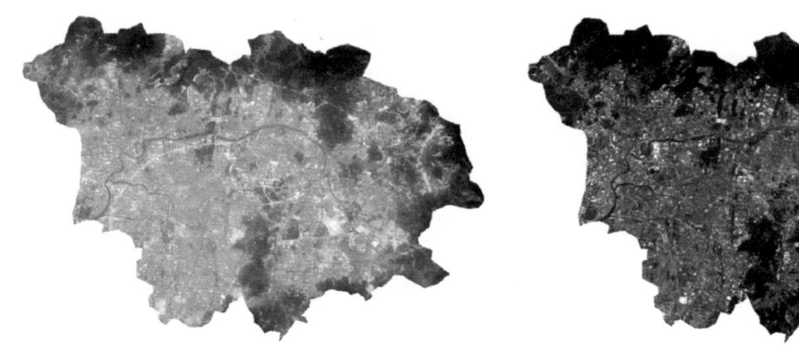

(e) 2011年　　　　(f) 2015年

图 3.4（二） 部分年份茅洲河流域遥感图像下垫面信息

参考茅洲河流域下垫面土地覆被类型特点，将土地利用类型分为建设用地、水体、林地与耕地和裸土四类。1987 年、1994 年、1999 年、2005 年、2009 年和 2015 年各典型年不同于覆被类型土地利用面积见表 3.2。

表 3.2　　茅洲河流域典型年土地利用　　单位：km^2

土地类型	土地利用面积					
	1987 年	1994 年	1999 年	2005 年	2009 年	2015 年
林地与耕地	193	151	145	136	129	126
水体	46	37	30	10	11	10
建设用地	76	123	144	162	165	178
裸土	6	11	3	13	16	8

两种方法下茅洲河流域各年份不透水面积统计见表 3.3。

表 3.3　　茅洲河流域不透水面积统计

年　份	监督分类法	NDISI 指数		年　份	监督分类法	NDISI 指数	
	面积/km^2	阈值	面积/km^2		面积/km^2	阈值	面积/km^2
1987	76	0.051	91	2005	162	0.045	169
1994	123	0.047	147	2009	165	0.061	171
1999	144	0.032	153	2015	178	0.049	179

根据分类统计结果，在 1987—2015 年的近 30 年间，随着区域经济结构的快速转变，茅洲河流域用地发生了明显变化。1987 年，林地与耕地占流域总面积的 60%，建设用地仅占 24%，除流域内河道、水库外，茅洲河中下游存在大量浅滩、海产养殖水塘等水面，水面率达到 14%。然而，随着城市快速扩张，大量水域被填埋，水域面积迅速减小，建设用地以茅洲河干流为中心呈辐射状向周边扩张。1987—1999 年，建设用地年平均增长率达到 1.6%，这一变化趋势在 1999 年后开始减缓，表明该时期茅洲河流域已进入城市化进程后期。至 2015 年，林地与耕地仅占流域面积的 39%，相较于 1987 年，植被覆盖率下降了 21%；水面率基本在 3%左右，主要水体包括流域内河道、水库以及城市公园水面等；建设用地达到 55%，按照国际惯例，国土开发的生态宜居线最高是 20%，警戒线是 30%，而茅洲河流域国土开发强度远超警戒线水平，不仅导致了土地资源的紧缺，也深刻影响到人居环境。

深圳市城市化进程的不断加快，改变了当地原有的地形地质结构以及水文过程，对城市暴雨洪涝灾害产生了巨大的影响：

（1）城市化过程会导致城市的不透水面积增加，造成截留、下渗、填洼和蒸发量减少，从而使地表径流和洪峰流量增大。

（2）以建设用地增加、生态用地减少等为主要特征的土地利用结构会引起地表粗糙度下降，加上排水系统的建设使得流域汇流速度加快，缩短了径流汇流时间，最终造成流域径流、淹没范围及深度增大，洪涝灾害高风险区明显增加。

（3）土地开发活动的增加使得土地利用强度增大，导致土壤渗透性变差，土壤容重增大，土地利用承灾体脆弱性升高，也会造成流域径流量和洪峰流量增大。

3.2.3 水利计算模型

3.2.3.1 水利计算方法

采用 MIKE11 软件中的 HD（水动力学模块）非恒定流进行计算，即运用水动力学模块分析规划河道不同方案下的各控制断面水位。模型采用 SO（控制构筑物模块）对闸堰、桥梁进行模拟，有建筑物的断面均按实际结构物的位置和形式来处理，通过计算结构物过流能力，将其与水动力矩阵方程耦合。一维非恒定流数学模型采用圣维南明渠非恒定流偏微分方程组：

$$\begin{cases} B\dfrac{\partial Z}{\partial t}+\dfrac{\partial Q}{\partial s}=q(t) \\ \dfrac{1}{g}\dfrac{\partial v}{\partial t}+\dfrac{\partial}{\partial s}\left(z+\dfrac{v^2}{2g}\right)+\dfrac{Q}{A}\dfrac{|Q|}{K^2}=0 \end{cases}$$

式中：B 为水面宽；Z 为水位；Q 为流量；q 为旁侧入流；v 为断面平均流速；g 为重力加速度；A 为过水断面面积；K 为过水断面的流量模数；t 为时间；s 为距离。

MIKE11 利用 Abbott 六点隐式差分格式求解圣维南方程，通过将河道离散成水位、流量相间的计算点，从而将桥梁壅水公式中计算出的 Δh 转化为圣维南公式中动能方程组的追赶系数，进而转化为求解线性差分方程组，并用迭代法求解。

在非恒定流水位计算的基础上，先用试算法计算出下游桥梁水位壅高值，再以回水水面线法推算上游水位，将桥涵的水位壅高加进去再继续向上游推算。水利计算主要依据河道水系规划方案所规划的河道、水闸、泵站规模及调度方式，通过水系概化、水库调洪演算及非恒定流演算方法，得到各设计标准下设计流量和最高水位。

3.2.3.2 水利计算边界条件

（1）上边界。各支流采用支流源头或工程边界处的设计流量过程。

（2）下边界。采用珠江口舢板洲站设计潮位过程线。

（3）内边界。采用各区间城市涝水产流过程、区间涝水过程作为区间入流加入模型。

3.2.3.3 河道水系概化

概化河道系统必须能够模拟计算区域的蓄水能力、水流方向，且应与规划水系一致。将光明区 16 条、宝安区 18 条、东莞区 23 条茅洲河支流、排洪渠概化入模型；闸堰工程、公路桥、暗渠、泵站等作为河道内边界的水利因素，支沟旁侧集中入流和区间入流作为源汇项加入模型中（图 3.5）。

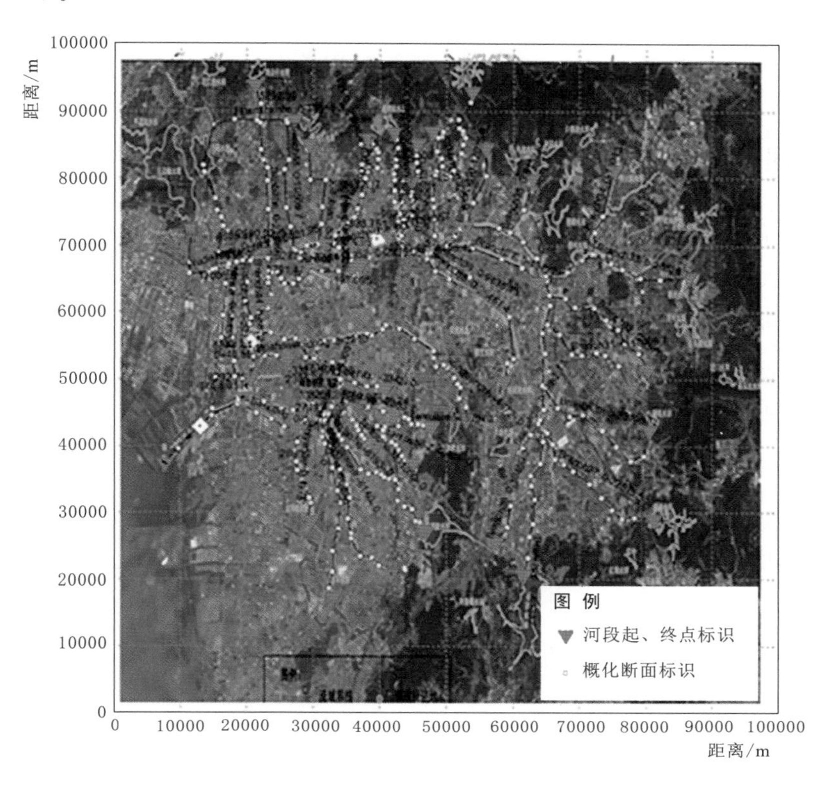

图 3.5 茅洲河全流域水利计算模型水系概化图

3.2.3.4 模型参数确定

模型糙率率定原则为：①根据行洪河道河床、断面情况，初步确定各河段糙率值；②分别采用实测高频率和低频率洪水对初步拟定的糙率进行验证；③根据高水和低水时验证糙率值，并结合河道断面情况最终确定相关参数。

由于洪水期使用的糙率不同于枯水期河道的糙率，在高水部分糙率率定较为复杂，调整和计算糙率的思路是：针对具体的恒定流流量级，根据恒定流非均匀流方法反算各计算河段的糙率，对此糙率再用非恒定流方法计算该流量级的流动过程，如合适则计算很快收敛，否则需对糙率进行局部修正，所得的水位过程在部分河段与实测水位过程的误差在可接受的范围内，则完成河段糙率初步选取，然后根据各河段设计高水位进行适当修正，从而完成高水部分的参数率定。

模型根据前期相关规划设计报告成果及历史洪涝灾害调查情况，率定出茅洲河流域河道糙率为 0.025～0.035。

3.3 蓄滞洪工程

3.3.1 蓄洪湖工程

蓄洪湖工程对洪水起到一定的滞蓄作用，同时具有雨洪利用的功能，对下游河道具有生态补水的作用，可作为浅水天然湿地或生态涵养湿地公园。根据《深圳市防洪潮规划修编及河道整治规划——防洪潮规划修编报告（2014—2020）》研究成果，在茅洲河流域拟建蓄洪湖工程9座，占地总面积114.2万m^2，总库容369.7万m^3。由于规划的蓄洪湖规模均较小，对干流的滞洪作用很小，因此不考虑蓄洪湖对干流洪峰的影响。

3.3.2 水库工程

茅洲河流域共有小（2）型以上水库25宗，其中中型水库3宗、小（1）型10宗、小（2）型12宗。已建水库工程控制汇水面积68.82km^2，总库容2.099亿m^3。由于流域内可用于建设水库工程的地形条件极少，因此从城市防洪工程体系规划角度，流域内不再规划新建水库工程。从综合管理运用角度，为充分发挥现有水库工程的防洪效益，保证现有水库大坝安全运行，对现状水库工程进行改扩建。

1. 提高水库的校核洪水标准

水库工程大坝的安全直接威胁着下游城市的防洪安全，对水库大坝为土石坝的工程，根据《防洪标准》（GB 50201—2014）中的规定，结合水库下游城市的重要性，将罗田水库、鹅颈水库大坝的校核洪水标准由3级提高至2级，小（1）型水库大坝的校核洪水标准由4级提高至3级，小（2）型水库大坝的校核洪水标准由5级提高至4级。

2. 配置泄洪底孔或中孔

《水利工程水利计算规范》（SL 104—95）第3.3.13条规定：如水库垮坝失事将导致严重后果，泄洪能力宜留有一定余地。茅洲河流域内已经建设的水库下游多为重要城区，各水库应结合排沙、放空底孔、供水涵洞等配置相应的泄洪底孔或中孔，使水库大坝如发生危险时，具有一定的放空措施。

3.4 河道治理工程

河道治理工程的主要措施为堤岸加高加固、河道拓宽、堤基加固、河道清淤、拆除阻水建筑物等，扩大行洪能力并增加河道滞蓄能力，同时对河道两岸堤防按照防洪标准进行加高加固，以满足河道防洪要求。

3.4.1 防洪工程

根据深圳市水利普查成果汇编，茅洲河流域共有河流59条，河道长度284.54km，其中有防洪任务的河流221.42km，无防洪任务的河流63.12km。有防洪任务河道目前已达标治理的河段长度为77.40km，占有防洪任务河道长的34.96%。经过多年河道治理工程及堤防除险加固工程建设，流域内河道行洪能力在逐步提高，以排为主河道防洪体系框架初步形成，具体治理情况如下。

1. 茅洲河干流防洪能力复核

由于茅洲河干流已开展了综合治理，石岩河水库以下至塘下涌（深圳境内河段）设计洪水标准为100年一遇，塘下涌至河口（界河段）设计洪（潮）水标准为200年一遇。从复核结果看，干流堤防基本达标，仅有2.551km堤防存在欠高，欠高值为0.11～0.22m。

2. 支流防洪能力复核

支流防洪标准为20～50年一遇。一级支流欠高堤段长度为56.14km，其中欠高0.5m以上的堤段长度为31.05km；二级支流欠高堤段长度为52.048km，其中欠高0.5m以上的堤段长度39.335km。

3.4.2 河道清淤工程

茅洲河下游平原河段相对平缓，平均比降约0.6‰，汛期受潮水顶托，水动力条件较差，造成河道淤积严重。根据相关资料分析，自深圳建市以来，茅洲河干流尾闾河段淤积已达480万 m^3，平均淤积厚度2～3m，河口处最大淤积厚度达8～9m。河口、尾闾河段的淤积抬升，使得河道基准面抬高，中上游干流均发生溯源淤积，河道比降变缓，加重了中上游防洪排涝负担。同时一些河段经复核不满足设计洪水的过流要求，防洪形势不容乐观。

结合堤防建设，对茅洲河干流及主要支流防洪压力较大的河段进行清淤疏浚以满足防洪过流要求。

3.4.2.1 干流清淤

茅洲河干流河道全长31.29km，正在实施堤岸加高加固、河道拓宽、堤基加固、阻水建筑物拆除等综合治理工程，河道断面结合沿河截污箱涵分布基本为梯形复式断面。根据过洪能力复核结果及各河段河道淤积情况，确定清淤河段。

3.4.2.2 支流清淤

支流清淤是结合河道综合整治进行的，包括河道拓宽和淤泥清除。根据综合治理规划，共需拓宽河道34.34km，其中一级支流25.33km、二级支流9.01km；设计河道清淤长度45.17km，其中一级支流7.98km、二级支流11.50km、三级支流15.68km、排洪渠10.01km。

3.4.3 河道综合治理工程

3.4.3.1 干流治理

茅洲河界河综合整治工程是以防洪（潮）河道整治工程为主，结合排涝、治污截污和水环境整治等综合性整治工程。设计内容包括茅洲河界河（茅洲河出海口至塘下涌口之间）约12km河段河道防洪工程、水质改善工程和生态修复工程。其中防洪工程包括河道整治、两岸堤防加固设计、穿堤建筑物以及堤防管理范围内的道路（市政道路、堤路）设计等内容。

3.4.3.2 支流整治

以宝安区为例，区内河流共19条，根据《宝安区水务发展“十三五”规划》，2015年河道防洪达标率仅为46%；2015—2019年，宝安区全面开展治水提质工作，茅洲河片区19条河道均进行了河道整治建设，河道防洪达标率达到100%；茅洲河干流防洪标准达到100～200年一遇，茅洲河一级、二级支流防洪标准达到20～50年一遇，河道治理标准按规划标准执行（表3.4）。

表3.4　　茅洲河片区河道整治情况一览表

序号	河　流	流域面积/km²	河长/km	规划标准/年	治理标准/年	是否整治	防洪达标情况
1	茅洲河	344.23	30.69	100/200	100/200	是	是
2	罗田水	28.75	1.28	50	50	是	是
3	塘下涌	5.47	3.79	20	20	是	是
4	沙井河	28.11	5.81	20	20	是	是
5	松岗河	14.78	8.64	20	20	是	是
6	排涝河	40.34	3.79	50	50	是	是
7	新桥河	17.52	6.41	20	20	是	是
8	上寮河	12.93	6.15	20	20	是	是
9	龟岭东水	3.31	3.18	20	20	是	是
10	老虎坑水	4.31	3.81	20	20	是	是
11	沙浦西排洪渠	1.84	2.34	20	20	是	是
12	共和涌	1.04	1.19	20	20	是	是
13	衙边涌	2.48	2.96	20	20	是	是
14	潭头河	4.93	4.72	20	20	是	是
15	潭头渠	2.75	2.98	20	20	是	是
16	东方七支渠	1.52	3.33	20	20	是	是
17	万丰河	2.32	3.45	20	20	是	是
18	石岩渠	1.87	5.45	20	20	是	是
19	道生围涌		2.15	20	20	是	是

3.5　排水防涝工程

3.5.1　排水防涝工程现状

1. 排水分区

茅洲河流域划分为22个排水二级分区（图3.6）。

2. 已建市政雨水设施

茅洲河流域已修建雨水管渠总长度为1002.43km，新建区域为雨污分流制，旧区为截流式雨污合流制。其中，雨污合流管网长度为208.61km，合流制排水明渠长度为170.62km，分流制雨水管长度为445.64km，分流制雨水明渠长度为177.56km（表3.5）。

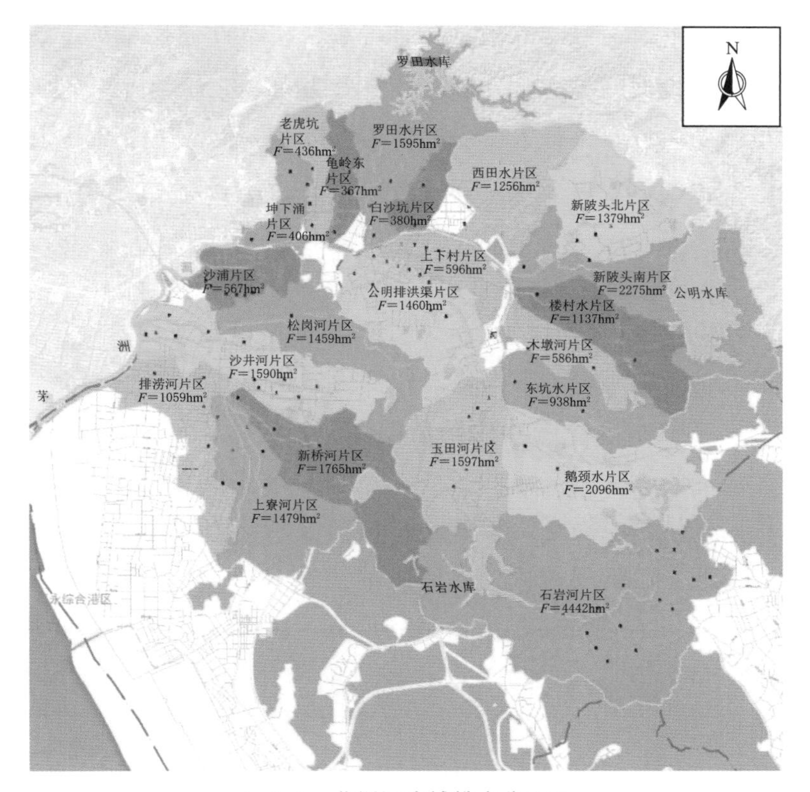

图 3.6　茅洲河流域排水分区图

表 3.5　　现状市政管渠系统

街道名称	现状建成区面积/km²	雨污合流管网长度/km	分流制雨水管网长度/km	合流制排水明渠长度/km	分流制雨水明渠长度/km
沙井	42.91	18.49	102.23	0.82	29.17
松岗	45.41	93.61	99.69	83.10	29.44
公明	100.3	80.24	181.78	74.19	53.21
光明	24.08	2.77	41.68	5.08	43.02
石岩	21.93	13.50	20.26	7.43	22.72

茅洲河流域按 1 年一遇设计的雨水管渠长度为 797.83km，按 1～3 年一遇设计的雨水管渠长度为 156.30km，按 3 年一遇设计的雨水管渠长度为 12.96km，按大于 5 年一遇设计的雨水管渠长度为 35.34km（表 3.6）。

表 3.6　　城市排水管网不同设计重现期长度

街道名称	1 年一遇/km	1～3 年一遇/km	3 年一遇/km	3～5 年一遇/km	5 年一遇/km	大于 5 年一遇/km
沙井	88.73	50.08	3.64	0	0	2.58
松岗	218.92	69.12	9.32	0	0	14.16
公明	346.55	26.60	0	0	0	16.27
光明	90.99	0	0	0	0	1.56
石岩	52.64	10.50	0	0	0	0.77

3.5.2 排水防涝风险评估

3.5.2.1 雨水管网排水系统评估

茅洲河流域管网平均覆盖率为 4.27km/km^2。自由出流状态下，茅洲河流域现状雨水管渠总长度为 1002.43km，其中设计重现期达到 2 年一遇及 2 年一遇以上的管渠占 4.82%。茅洲河流域现状雨水泵站 46 座，其中规划保留 15 座。

以检查井是否溢流作为评估标准，管网排放口采用自由出流形式，利用水力模型对茅洲河流域排水管网系统的排水能力进行评估，结果见表 3.7 及图 3.7～图 3.9，其中：2 年一遇的溢流检查井占 40.2%，20 年一遇的溢流检查井占 56.5%，50 年一遇的溢流检查井占 61.5%；小于 1 年一遇的管渠占 34.9%，1～2 年一遇的管渠占 5.5%，2～3 年一遇的管渠占 5.1%，3～5 年一遇的管渠占 10.7%，大于等于 5 年一遇的管渠占 43.8%。

表 3.7　排水管网排水能力评估结果

街道名称	小于 1 年一遇 /km	1～2 年一遇 /km	2～3 年一遇 /km	3～5 年一遇 /km	大于等于 5 年一遇 /km
沙井	99.83	7.93	14.22	25.02	158.84
松岗	32.71	22.98	8.05	6.93	21.88
公明	130.07	16.21	16.73	51.28	175.13
光明	68.34	6.41	11.09	10.6	54.27
石岩	18.46	1.87	0.69	13.82	29.07
合计	349.41	55.4	50.78	107.65	439.19

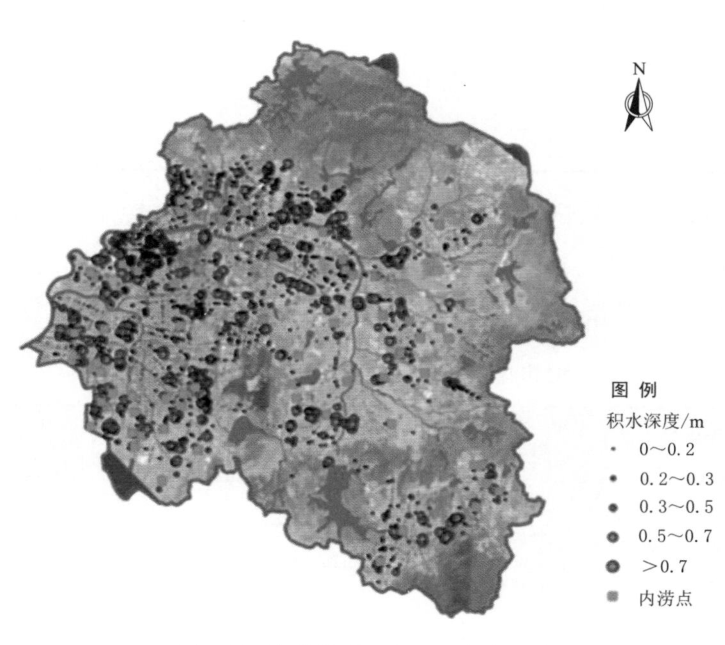

图 3.7　现状管网 2 年一遇积水深度

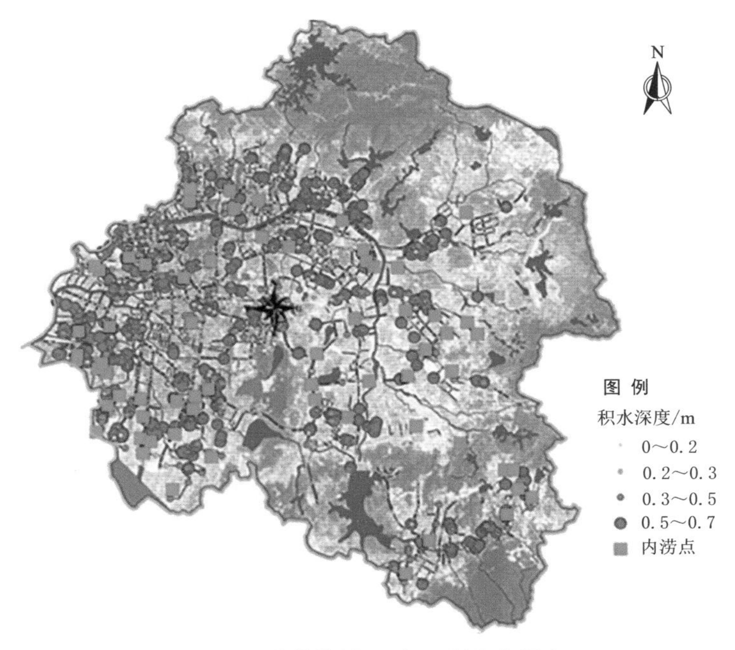

图 3.8 现状管网 20 年一遇积水深度

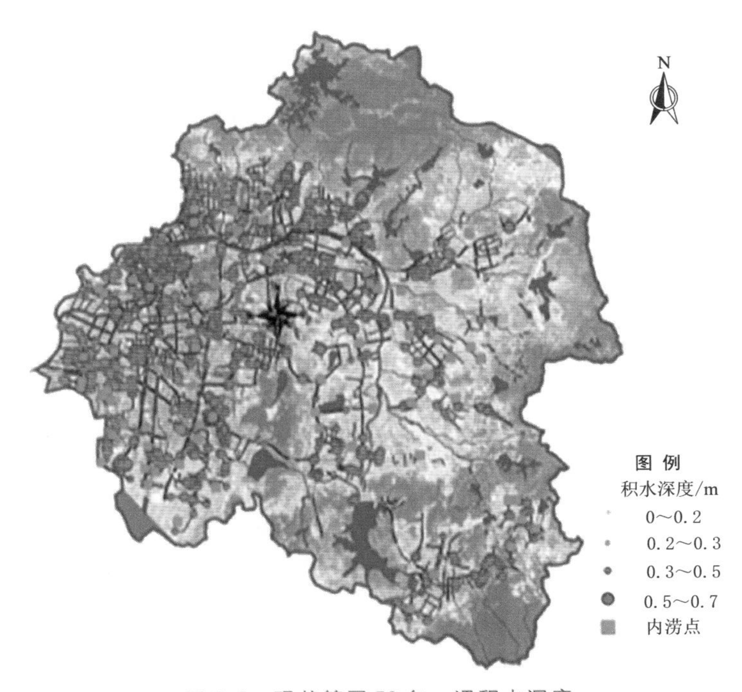

图 3.9 现状管网 50 年一遇积水深度

3.5.2.2 管网淤积风险评估

雨水管网淤积风险划分原则：根据 2 年一遇 2h 模拟结果，坡度小于 1‰的管道按照最大流速 0.25m/s、0.5m/s、0.75m/s 进行风险等级划分（表 3.8）。

3.5.2.3 内涝风险评估与区划

1. 内涝灾害标准

《深圳市排水（雨水）防涝综合规划》中内涝评估标准：①积水时间超过 30min，积水深度超过 0.15m，积水范围超过 1000m²；②下凹桥区，积水时间超过 30min，积水深度超过 0.27m。以上条件同时满足时才成为内涝灾害，否则则为可接受的积水，不构成灾害。

表 3.8　管道淤积风险等级划分标准

管道最大流速/(m/s)	淤积风险等级	管道最大流速/(m/s)	淤积风险等级
≤0.25	高风险	0.5～0.75	低风险
0.25～0.5	中风险	>0.75	无风险

2. 内涝风险评估方法

采用水力模型进行内涝风险评估，综合考虑事故频率及其后果等级进行内涝风险区划。事故采用 5 年一遇、10 年一遇、20 年一遇、50 年一遇、100 年一遇 5 个设计重现期，事故后果等级综合考虑积水深度、区域重要性、区域敏感性等因素。通过评估 5 个事故频率下的内涝事故后果等级，经加权计算确定各个内涝风险区的风险等级（表 3.9～表 3.11）。

表 3.9　内涝风险分值

分　值	10	7.5	5	2.5
积水深度 A	≥50cm	40cm	27cm	15cm
区域敏感性 B	下立交桥、低洼区、地铁口、地下广场展馆、学校等	生态/城建交界区政府、交通干道、城市商业区、重要民生市政设施	一般地区	生态较多的地区

表 3.10　内涝风险等级

后果等级	小	中等	严重	重大
$Z=A\times B$	10	50	70	100

表 3.11　不同事故频率下的内涝风险等级

内涝等级 $=Z\times P$	后果等级	小	中等	严重	重大
事故频率 P		10	50	70	100
100 年	1	10	50	70	100
50 年	2	20	100	140	200
20 年	3	30	150	210	300
10 年	4	40	200	280	400
5 年	5	50	250	350	500

3. 评估结论

茅洲河流域潜在风险区约 46.21km²，主要分布于茅洲河中下游的上下村排洪渠、公明排洪渠、塘下涌、松岗河、沙井河、排涝河、沙埔等片区。在建泵抽排的情况下，茅洲河流域现状易涝风险区个数为 68 个，其中：高风险区面积为 1.13km²，中风险区面积为 2.10km²，低风险区面积为 0.037km²，总计约 3.27km²，占流域总面积的 1.08%。

3.5.3 涝水行泄通道工程

茅洲河流域建设涝水行泄通道总长度为40.23km，涉及塘下涌片区、茅洲河干流、沙埔片区、沙井河片区、松岗河片区、新桥河片区、上寮河片区、公明排洪渠片区、上下村片区、石岩河片区的44条涝水行泄通道。

3.5.4 雨水管网系统工程

1. 排水管渠

茅洲河流域拟新建雨水管渠557.37km，改扩建雨水管渠34.50km。利用水力模型评估排水主干管渠，结合易涝风险区治理，经模型评估，开展雨水主干管渠完善规划，从而确立骨干排水管渠系统。

2. 排水泵站

排水泵站主要设置于排水不畅的低洼处、受洪潮影响引起内涝的区域，以及内涝积水范围较大的区域；结合内涝风险区，经水力模型计算，确定排水泵站的规模：新建雨水泵站13座，总规模312.2m^3/s；扩建泵站9座，由现状129.25m^3/s扩建至338.9m^3/s；规划保留现状泵站15座，总规模281.87m^3/s。泵站总规模932.97m^3/s。

3.5.5 海绵城市建设

茅洲河流域新建区域雨水径流控制目标为综合径流系数不大于0.48。各区块低影响开发目标见表3.12。位于茅洲河流域的光明区为全国低影响开发雨水综合利用示范区，重点推动低影响开发实践；新建项目通过下沉式绿地建设比例，绿色屋顶覆盖比例，人行道、停车场、广场透水铺装比例，不透水下垫面径流控制比例等4个指标进行雨水径流控制，见表3.13。

表3.12　　建设项目低影响开发目标

区域名称	商业区	住宅区	学校	工业区	市政道路	广场、停车场	公园
新建区	≤0.45	≤0.4	≤0.4	≤0.45	≤0.6	≤0.3	≤0.2
城市更新区	≤0.5	≤0.45	≤0.45	≤0.5	≤0.7	≤0.4	≤0.25

表3.13　　建设项目低影响开发控制指标推荐值

控制指标	居住类	商业类	工业类	道路广场类	公园类
下沉式绿地建设比例	≥60%	≥40%	≥60%	≥80%	≥20%
绿色屋顶覆盖比例	—	20%～30%	30%～60%	—	—
人行道、停车场、广场透水铺装比例	≥90%	≥30%	≥60%	≥90%	≥50%
不透水下垫面径流控制比例	≥40%	≥20%	≥80%	≥80%	100%

第 4 章　合流过渡——末端截排回顾

4.1　截排系统方案

20 世纪 90 年代，伴随着城市的高速发展，深圳市的建成区规模由 $120km^2$ 增长到了 $358km^2$，人口规模从 202 万人增加到了 500 万人，与此同时，城市河流的水环境质量恶化现象严重，水质逐渐恶化为Ⅴ类或劣Ⅴ类。

从 2000 年至 2003 年，深圳市政府开始加大水环境基础设施的建设，已建成市政排水管网达到 2453km，水质净化厂 10 座，处理能力总计 $1.79\times10^6 m^3/d$。尽管污水干管系统在此期间基本建成，但是排水管网错接乱排的现象仍十分严重，导致污水随着雨水管渠入河，造成了严重污染。在城市的建设推进过程中，深圳市以雨污分流为指导，建设分流制排水系统进行污水收集与处理，开展了大量的正本清源工作，并逐步完善了城中村、小区、市政道路污水管网的建设。由于城中村违章建筑多，违规错接乱排现象严重，污水往往难以从源头上收集，分流制排水系统的建设在短期内无法使河流的水质好转。

从 2003 年开始，深圳市的排水系统进入了第二阶段的建设，根据“正本清源、截污限排、污水回用、生态补水”的治水思路，深圳市水污染治理基础设施的建设步伐大大加快。截至 2015 年，深圳市已建成水质净化厂 31 座，污水处理能力达到 $4.80\times10^6 m^3/d$，并建成污水管网 4354km。治水重点是截污工作，即入河排放口污水的收集工作。针对众多大口径的合流管和合流箱涵，在入河之前设置截流井，截流污水至污水管网。这一阶段存在的问题是雨季时大量的截流污水使得下游的污水管网和水质净化厂难以承受，导致污水外溢、水质净化厂水量和水质的变化大；在一些感潮河段容易发生海水倒灌现象；此外，截流井及截流管易发生堵塞，导致截流井失效。

针对上述问题，深圳市开始探索新的污水收集系统建设，并形成了截污箱涵收集系统，即“大截排”系统。“大截排”本意是解决面源污染的收集和处理，但实际上成了一种合流制收集系统，通过设置高截流倍数（10～15 倍）的箱涵收集合流污水，经调蓄池一级处理后排放。箱涵截污提出了一种在末端收集污水的思路，但是其具有比较明显的时代局限性，既没有从源头解决污染问题，又给末端污水厂带来了很大的冲击负荷。

2016—2017 年处于截排系统发展的中间阶段，虽然人们已经逐步认识到大截流箱涵系统存在的种种问题，但雨污分流工作难以在短时间内取得成效，末端的排口依然存在雨污混流现象，因此，这一阶段深圳各流域都采取了一定的大截排系统改进措施。改进措施主要以末端调蓄、在线处理为主，例如，以观澜河口调蓄池初小雨水处理设施提标改造工程为代表的

“污水系统扩容模式”，以茅洲河截排调蓄工程为代表的“多防线截流模式”等。

2017年，茅洲河流域已建污水干管约324km，其中宝安区158km。由于正本清源、织网成片主要是针对污水系统，因而流域内的44条一级支流与9条二级支流中，除了光明区的鹅颈水和木墩河已开工进行河道综合整治外，其余支流均处在研究阶段或尚未开展工作，缺乏对沿河排口进行系统的整治，支流或河涌仍存在大量漏排污水入河现象，导致河涌水体黑臭。

为减少水质净化厂负担，考虑旱季清洁基流和雨季清洁雨水的分流，茅洲河片区以“旱季托底，雨季设立不同防线”为指导思想，采用“多防线截流模式”。针对建成区面源污染较为严重，近期实现分流存在很大困难的情况下，对建成区进行面源污染收集，实现初小雨水截流。对截流后的旱季污水送往水质净化厂进行处理，雨季截流初小雨水主要通过调蓄就地处理后排放至茅洲河下游，确保即便没有完成完全分流的情况下，旱季污水全部收集处理，雨季中小雨混流污水全部收集处理（图4.1）。

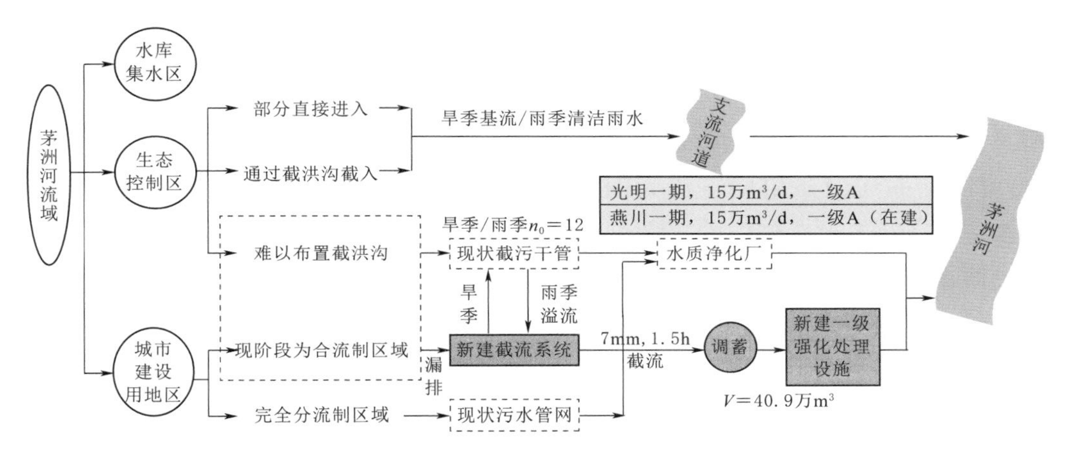

图4.1 茅洲河流域截流调蓄系统技术路线图

4.2 大截排工程

结合深圳市降雨情况，综合分析茅洲河截流5mm、7mm、9mm初雨方案的治理成效。

茅洲河流域内降雨量年际、年内分布不均。据石岩雨量站1962—2005年44年实测雨量资料统计，多年平均降雨量1594mm，年最大降雨量2382mm（1975年），年最小降雨量777mm（1963年），最大降雨量是最小降雨量的3.07倍。年内降雨量主要集中在4—9月，降雨量约占全年降雨量的73%。

按照收集初（小）雨标准为9mm/场、7mm/场、5mm/场（同时对降雨历时分别为1h、1.5h）的情况对石岩站分别按照平水年、丰水年及枯水年进行分析。以鹅颈水为例，选取平水年（2006年，降雨场次为270场，总降雨天数为135天）、丰水年（2005年，降雨场次为203场，总降雨天数为102天）、枯水年（2007年，降雨场次为183场，总降雨天数为95天），每场分别按照截流9mm/1h、7mm/1h、5mm/1h、9mm/1.5h、7mm/1.5h、5mm/1.5h降雨对截水规模进行统计，见表 4.1。

表 4.1　　鹅颈水截流规模统计

截流标准	平水年		丰水年		枯水年		截流规模/(m^3/s)
	保证天数	保证场数	保证天数	保证场数	保证天数	保证场数	
9mm/场，t=1h	317(86.8%)	140(51.9%)	316(86.5%)	124(61.1%)	323(88.5%)	92(50.2%)	6.32
9mm/场，t=1.5h	315(86.3%)	142(50.0%)	314(86.0%)	120(59.1%)	320(87.6%)	89(48.6%)	4.22
7mm/场，t=1h	310(84.9%)	121(46.3%)	309(85.7%)	107(52.7%)	313(85.7%)	76(41.5%)	4.92
7mm/场，t=1.5h	307(84.1%)	115(44.1%)	307(84.1%)	102(50.2%)	310(84.9%)	68(37.1%)	3.16
5mm/场，t=1h	291(79.8%)	102(37.7%)	290(79.5%)	86(42.30%)	292(80.0%)	56(30.6%)	3.51
5mm/场，t=1.5h	287(78.6%)	96(35.5%)	286(78.4%)	82(40.4%)	288(78.9%)	52(28.4%)	2.34

注　括号内数据为水质保证率。

从全年水质保证率来看，在相同的截流标准下，枯水年的水质保证天数最多，丰水年保证天数最少。然而，不同截流标准下，平水年、丰水年、枯水年的保证率变化规律趋于一致，因此按照具有代表性的水平年进行统计更具合理性。

以 2006 年茅洲河四条主要支流为例，从 9mm/场至 7mm/场，水质保证率下降 1.9%，从 7mm/场至 5mm/场水质保证率下降 5.1%，7mm/场为转折点；对于降雨历时 1h 或 1.5h，截流规模与降雨强度成正比，降雨历时 1.5h 的收集规模较 1h 降雨历时的收集规模小很多，但水质保证率下降幅度很小，因此延长降雨历时、减少收集管道规模具有较好的经济性。根据上述分析，选择 7mm/1.5h 的降雨为标准雨型，收集到的初（小）雨全部一级处理后排放较合理。

茅洲河流域中上游段干流、排涝河（宝安片区内）采用截流箱涵，其余支流采用沿河截污管的方式实现漏排污水和初（小）雨截流。以茅洲河干流中上游段截流箱涵为例，流域面积 193.8km^2，其中建成区面积 99km^2，截污工程以茅洲河干流起点（石岩水库坝下），沿茅洲河干流及支流两岸敷设截流箱涵（管道），敷设至松岗水质净化厂位置，收集茅洲河中上游段全流域建成区的初（小）雨。截流标准为 7mm，收集后的初雨经过一级处理后排放，截流管（箱涵）尺寸 DN1500（6000mm×2000mm），总长 26.65km。

4.3　调蓄处理工程

为了实现茅洲河中上游段全流域的初（小）雨收集和处理，考虑在流域河道红线范围内规划建设 5 座调蓄池：位于干流的上下村调蓄池，位于支流的东坑调蓄池、楼村水调蓄池、楼村水库调蓄池和木墩河调蓄池。总调蓄规模 40.4 万 m^3，实现中上游段建成区 99km^2 流域面积的初（小）雨水全部截流并处理。截至 2019 年，落实建设的调蓄池为东坑水调蓄池和上下村调蓄池。下文对上下村调蓄池进行详细介绍。

4.3.1 规模论证

根据 7mm/场、降雨历时 1.5h 的初（小）雨汇水过程线可知，初雨从降雨、汇水到流至调蓄池的时间共需 8h（其中降雨历时为 1.5h），因此调蓄规模应扣除处理设施在 8h 内的实时处理量（图 4.2）。

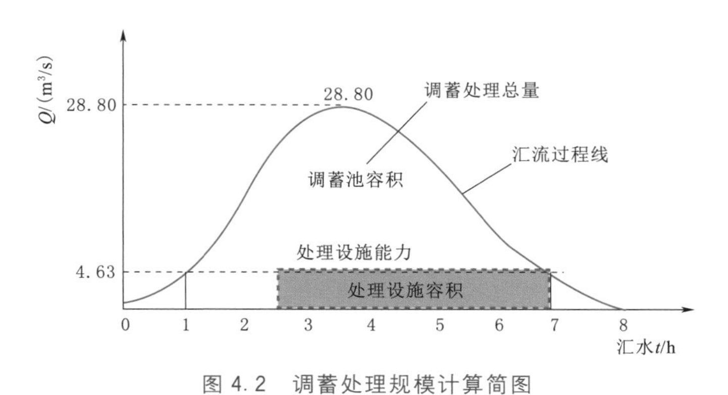

图 4.2 调蓄处理规模计算简图

调蓄处理总量为调蓄容积与处理装置在汇流时间 t 内的实时处理量之和，因此，处理设施规模直接影响调蓄的容积，需对处理设施的规模及调蓄容积进行试算，确定最合理的调蓄、处理规模。假定处理设施规模为 X，计算公式为

$$Q_{总}=V_1+V_2$$

$$V_2=[X\times(7-1)+(X\times1\div2)\times2]\div24$$

式中：$Q_{总}$ 为调蓄处理总量，万 m^3；V_1 为调蓄池容积，万 m^3；V_2 为处理设施在汇流时间 T 内的处理量，万 m^3；X 为处理设施规模，万 m^3/d。

调蓄与提升规模不同组合对照见表 4.2。

表 4.2 调蓄与提升规模不同组合对照表

组合类别	处理规模 /(万 m^3/d)	调蓄规模 /万 m^3	上下村调蓄规模 /万 m^3	处理时间 /h	尾水管道	工程投资估算 /万元	运行费用 /万元
一	14	41.6	28	76	3000	49840	800
二	20	40.3	26	53	3600	48480	900
三	40	36	22	26	4200	51440	1100
四	60	33	19.8	17	4800	54690	1200
五	80	31	17.5	14	5500	56000	1400
六	120	24.5	11	9	6000	54150	1700

调蓄池的规模与处理设施规模成反比，其中组合二的投资＋运行费用相对较为节省，作为最终方案，即上下村调蓄池初（小）雨调蓄规模为 26 万 m^3，处理规模为 20 万 m^3/d。

4.3.2 一级强化工程

4.3.2.1 设计水质

调蓄池进水水质（COD、氨氮与总磷）参照松岗水质净化厂一期2016年5月1日至6月6日降雨（降雨天数25天）时污水厂的进水水质及观澜4号调蓄池2016年1—10月降雨（6次降雨）时污水厂的进水水质，上下村调蓄池设计进水主要水质指标见表4.3。

表4.3 上下村调蓄池设计进水主要水质指标

指　标	COD_{Cr}	BOD_5	氨氮	总磷	SS
进水水质变化范围/(mg/L)	27.2～115	11.4～34.0	1.58～19.0	0.02～2.79	49～119

收集后的雨水经一级强化处理后排出，出水水质满足《城镇污水处理厂污染物排放标准》（GB 18918—2002）一级B排放标准。

4.4.2.2 工艺流程

上下村调蓄池有效容积为29.0万m^3，分为5格，采用一级强化处理工艺。根据初期雨水水质、水量不稳定特性，在旱季存在一个月都不运行处理的情况，因此在水处理方式上不可采用生物降解的办法进行处理，出水水质也不能按照标准水质净化厂的深度处理工艺，结合污水水质的不确定性及水处理的间歇性，设计的处理采用化学处理，处理工艺主要为：进水→沉砂池→絮凝池→沉淀池→出水（图4.3）。

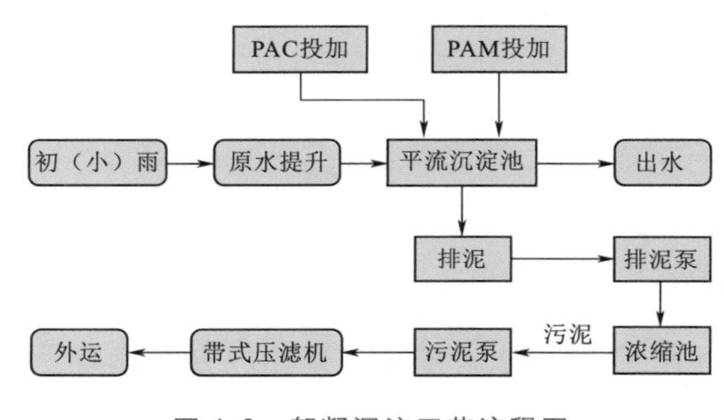

图4.3 絮凝沉淀工艺流程图

然而，调蓄池一级强化工程对氨氮的去除效果未达预期，为确保氨氮浓度符合《城市黑臭水体整治工作指南》的考核指标，新增上下村人工湿地工程，对一级强化出水实施进一步深度净化。

随着宝安区、光明区大力开展雨污分流建设，2020年全流域基本可以实现雨污分流，届时城市污水将进入污水收集管网系统，最终进入水质净化厂。降雨过程中的面源污染将进入雨水系统，初（小）雨通过沿河截流箱涵进入调蓄池后处理排放，减少混流污水进入沿河截流箱涵，原有的茅洲河流域箱涵系统、配套调蓄池将转变为以控制初（小）雨为主要目的的“小截流系统”。

4.3.3 湿地工程

上下村湿地主要用于处理雨季上下村调蓄池一级强化处理出水。调蓄池出水规模达20万m^3/d，考虑到占地面积等因素，上下村湿地仅处理部分出水，根据水力负荷确定雨季上下村湿地的处理规模为2.0万m^3/d。旱季上下村调蓄池基本没有出水，需从河道抽水进入湿地，以满足湿地的生态需水，根据旱季水质确定上下村湿地的处理规模为0.4万m^3/d。

4.3.3.1 设计水质

上下村湿地设计进水水质与调蓄池出水水质一致，执行一级 B 标准，出水水质执行《地表水环境质量标准》（GB 3838—2002）中Ⅳ类水（TN 除外）；若进水水质劣于一级 B 标准，出水水质仅设定去除率目标：对 COD、BOD_5、NH_3—N 与 TP 设计去除率均大于等于 50%。进出水水质限值见表 4.4。

表 4.4　　上下村湿地进出水水质限值　　单位：mg/L

项　目	各　成　分　分　量				
	COD	BOD_5	NH_3—N	TP	SS
进水水质	60	20	8	1	20
出水水质	≤30	≤6	≤1.5	≤0.3	—

4.3.3.2 工艺流程

上下村湿地功能定位以净化改善水质为主。采用预处理工艺去除 SS，以缓解后续湿地单元堵塞的风险，考虑到场地面积有限，预处理工艺采用“生态氧化池＋高效沉淀池”。污水由预处理区经布水系统均匀进入潜流湿地，净化后再经集水系统汇集进入表流湿地，进一步通过湿地植物降解氮磷。上下村湿地的处理工艺流程主要为“生态氧化池＋高效沉淀池＋垂直流潜流湿地＋表流湿地”（图 4.4）。

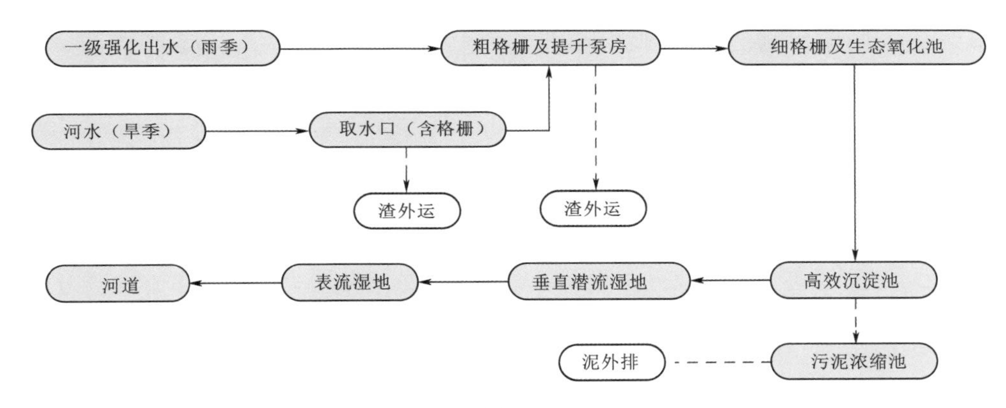

图 4.4　上下村湿地工艺流程图

4.3.4 平面布置

上下村调蓄池用地现状为废弃鱼塘和荒地，位于上下村排洪渠及合水口排洪渠之间，北环路南侧，南光快速的北侧，占地面积为 6.0hm^2，设计有效容积为 29.0 万 m^3。调蓄池北侧有北环路，道路宽度为 36m，该处交通较发达。该处调蓄池西侧为富士康工厂基地，南侧规划为工业用地，现阶段周边建筑物减少，但远期人员较多，对城市环境要求较高。

根据现场实际情况，上下村湿地用地规模从规划阶段的 8.5hm^2 调整至 7.62hm^2，分为预处理区、垂直潜流湿地区及表流湿地区三个区块（图 4.5）。预处理区布置在场地西北角，根据各区块功能情况分东西两部分，其中取水泵房、生态氧化池位于预处理区西部，沿河呈

"一"字布设；高效沉淀池、污泥浓缩池和配套设施位于预处理区东部，靠近上下村调蓄池布置。

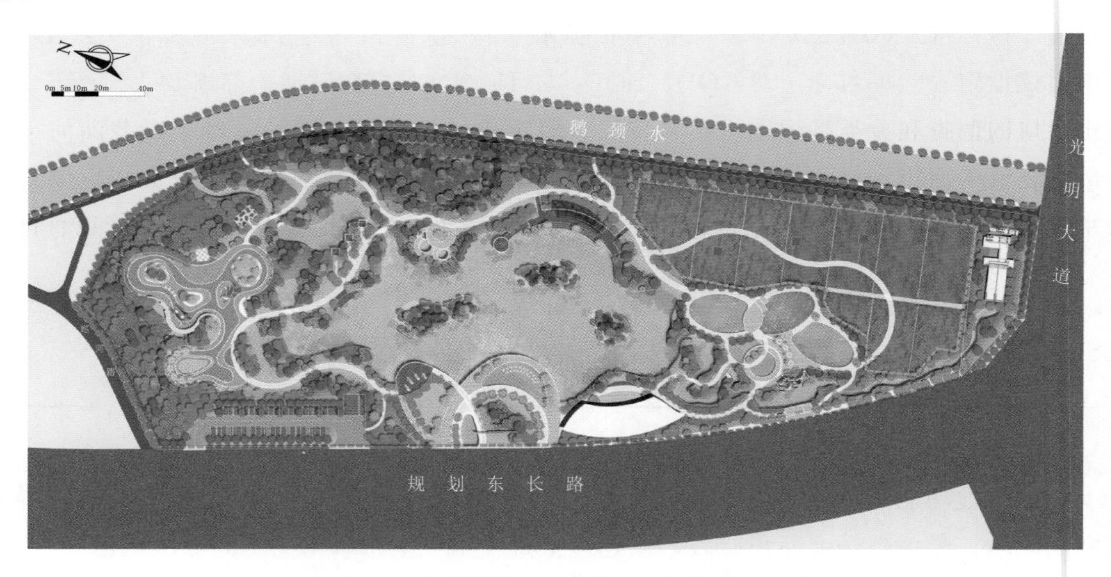

图 4.5 上下村调蓄池及就地处理设施平面布置

垂直潜流湿地布置在场地北侧，紧绕上下村调蓄池周边布置，便于预处理区出水；表流湿地主要位于场地南侧，靠近居民区，便于居民休憩；潜流湿地与表流湿地通过涵管相连，湿地出水最终进入场地西侧的公明排洪渠内。

第5章　分区管网——连线织网成片

5.1　排水系统演进

2000—2015年这十余年里，深圳市不断推进水环境基础设施建设，以雨污分流工作为指导，开展了大量正本清源工作，城镇雨污水系统得到了快速发展。受城市建设条件、建设速度与日益严格的环境条件约束，也采取了例如“大截排”等“非常之法”，短时间内切实发挥了拦截污染的作用，同时也埋下了诸多隐患，大截排系统并没有从源头实现污水的剥离，系统内常混掺大量雨水、地下水，导致河道的生态基流锐减。为进一步推进与城市发展相匹配的城市基础设施建设，深圳雨污水系统建设进入了大分流时代。

2015年10月，深圳市水务规划设计院编制《茅洲河流域（宝安片区）水环境综合整治工程》项目建议书，按照“源—迁—汇”的污染物迁移路径，梳理了完善污水系统的系列工程项目。以完善管网治污设施系统为核心任务和工作重点，打通提升水环境质量关键节点，要求“十三五”期间，全市规划新建污水管网4260km，其中缺口最大的宝安区新增管网1443km。中国电建集团依托茅洲河综合治理（宝安片区）EPC项目，梳理46项、6大工程，开启了大分流时代的初步探索，逐步积累了以“正本清源、织网成片、理水梳岸”为指导的雨污水系统完善经验。

2016—2017年，茅洲河宝安片区全面开展织网成片建设工作，建成雨污分流管网1094km，完善了一级、二级、三级干管系统，大部分新村、少量公建实施雨污分流，工业区外部预留污水接入口，打通了污水系统的“大动脉”。2017年，在工程实践中发现，由于大面积的工业区内部基本保留合流制，大部分公建、少量新村内部未进行雨污分流，源头混接严重，导致干管分流不能发挥实效，因此，2017年上半年，茅洲河宝安片区针对沙井、新桥、松岗、燕罗4个街道22个片区开展了正本清源的设计工作，目的在于建成“工业、企业及公建内部支管—次干管—主干管—污水厂”完整的污水收集体系，根本改善片区的水环境质量。

织网成片、正本清源解决了污水从源头开始收集，并通过顺畅的通道进入处理终端的问题。然而彻底梳理地下管网错接乱排，实现彻底雨污分流是一个漫长而复杂的过程，并且大量沿河截污系统的存在，对水质净化厂运行维护造成极大的困难，高密度建成区的面源污染对水体黑臭贡献也很大。2018年，在正本清源工作的基础上，茅洲河宝安片区开展了理水疏岸工作，系统梳理雨水系统，河道、暗渠沿线点源污染、汊流、暗渠等情况，完善消除排水口，进一步提高污水收集率至95%以上。将水环境流域综合整治工作从点源污染物消除，延伸到河道两岸岸线整治、面源污染整治。同时解决了沿河截污系统雨季对处理终端的冲击负荷，使系统在雨季得以健康正常运行。

2015—2018年的短短三年间，深圳市雨污水系统经历了一个重大的转折期，城市建设得到了高速发展。在流域综合整治之前，茅洲河片区污水厂主要依靠河道总口截流取水，污水收集率仅为10%；织网成片实施后，随着管网密度增加，建成区污水收集率提升至56%；正本清源工程全面收集面积占比为54%的工业企业所产生的污水，使得建成区污水收集率提升至90%，污水厂进水水质COD持续提升至500～700mg/L，源头污水收集能力得到很大提升。

综上，应深刻理解在深圳高密度建成区的条件下，实施完全雨污分流的难度，但是仍不应放弃分流的思路。在分流不彻底的情况下，应慎重选用以“大截流”为主的系统末端治理思路，在构建排水体制的时候应坚持“大分流，小截流”的治理理念，做好截流系统、分流系统、面源污染系统的衔接关系，提出系统衔接的工程措施，为“厂、网、河”一体化管理提供坚实的基础。

5.2 织网成片方案

织网成片工作的核心是以排水单元为边界，在其四周沿市政道路形成完善的雨污分流体系，而在排水单元内部，再逐步开展正本清源工作。织网成片工程主要包括片区管网工程、干管修复工程、沿河截污工程及管网衔接工程。

1. 片区管网工程

对于片区管网的建设需先开展以下几个方面现状分析：①现状排水管线普查资料分析；②排污点核实调查；③片区内用地属性调查；④工程范围地形、地貌调查；⑤相关拟建、在建工程调查，进而依据现状开展污水量、排水体制、规划衔接、雨污水管布置以及管径、管材的选择等方面的设计工作。

2. 干管修复工程

由于大截排工程的实施，茅洲河流域存在众多河道、箱涵末端取水口（总口截污），导致管网长期高水位运行，管道长期浸泡；同时茅洲河流域为典型的淤泥质地质，导致管网存在大量脱节、破损、变形、渗漏、错接等各类结构性缺陷。为构建健康的污水收集系统，实现水质净化厂进水浓度高、进水污水量高、管网运行水位低（两高一低）的目标，全面排查及治理现状排水干管。

3. 沿河截污工程

茅洲河支流沿线存在较多的排污口，主要有两类：①合流管道直排口；②污水管道直排口。因此，采取沿河新建污水管道，将排放口接驳入管，对于合流管暂时采取截流井将旱季污水全部收集至截污管道中。

4. 管网衔接工程

针对流域内存在干管已实施、末端管网不配套、各阶段实施管网不衔接的问题，通过片区管网与干管系统衔接，对整个干管系统进行了全面排查梳理及修复，并且搭建了市政道路上二级、三级雨污分流管网，新建了雨污分流管网 1014km，将管网密度提高到 20.5km/km^2，使系统具备了健康正常运行的条件。

茅洲河流域内河道截污管道与市政干管之间的连接共计百余处，其中相当部分接入点存在问题，包括未按图施工、截污系统错接或漏接、接入点无现状污水管或污水井、接入点高程不合理等。因此，不仅需要通过现场复核、设计调整，针对各接入点问题具体分析，而且需要做好管网系统与道路综合整治工程的协调，解决截污管线与高速路、地铁线以及社区微循环道路工程的冲突部分等。

5.3 片区管网工程

5.3.1 管网建设原则

（1）坚持以雨污分流为指导思想，尽量按照雨、污分流加以完善排水系统，近期对于旧村、老城区、街道狭窄、不能分流的区域仍然采用合流制排水系统，并进行总口截污。

（2）治污与治涝兼并考虑，提高社区污水收集的同时，兼顾社区的排涝工程建设。

（3）污水系统的完善按照由大到小、先主干后分支、逐步推进，最终从源头上实现雨污分流。

（4）做到工程设计与规划相协调、衔接一致，设计管道的管位、管径尽量与规划一致。

（5）管道布置充分利用地形地势，尽可能采用重力自流，对部分低洼地区，污水管网很难靠自流纳入已建污水管，需采用泵站抽排。

（6）根据相关规划进行合理的总体布局及管网布置，确保高效的社区污水收集。

（7）注重支管网建设工程与周边现状、在建及拟建管网的协调配套，从实际出发，使工程便于实施，快速发挥工程效益。

（8）根据污水量预测结果与排水体制的选择进行管道计算，排污管线原则上按远期计算水量一次设计、一次性完成。

（9）结合勘察和管线测量资料，优化设计，以减少施工难度和对环境的影响，采用合理施工方案和方法，采取化整为零、分片实施、小步快跑、串珠成链的策略，每 50m 为一段，干成一段、恢复一段，减少施工周期，尽可能减少施工中对环境和交通等方面的影响。

（10）做好对交叉管线、渠道的保护工作。

5.3.2 管网建设方案

依据区域排水系统现状，片区内分成新村区、旧村区、工厂区等三种区块，各区块设计方案如下。

1. 新村区管网建设方案

新村区建筑分布规整，道路相对宽阔，一般为社区新建住宅区。新村区注重源头防控，坚持雨污分流排水体制，结合管线调查及运营情况，从源头防控，主要以系统梳理，纠正错接乱排为重点。新村区支管网设计方案如下：

（1）保留现状排水系统。新村区域已建设雨污分流制系统，保留现状排水系统，不再进行支管网建设，核实该区域污水管排放口的出口是否纳入已建污水处理厂污水管网系统，若未纳入，则需将部分污水与污水处理厂管网系统连通。

（2）利用原有排水系统，新建一套污水或雨水系统。新村区域仍为合流制排水系统、有一套排水管道系统的区域，根据现状条件，采用不同的方案：

1）改建现状排水系统为污水系统，废除与现状排水系统相连的雨水口、雨水边沟、建筑排水立管，新建一套雨水管网系统、雨水口收集系统及建筑屋面排水立管系统，实现该区域雨污分流排放。

2）改建现状排水系统为雨水系统，新建一套污水系统，并对建筑排水立管进行雨污分流改造，废除原有出户污水管与原有合流管的连接管，与改造后的建筑污水立管一同接入新建的污水系统，就近接入新村外围市政污水管，从源头分开收集雨污水，真正从源头上实现雨污分流。

（3）废除原有排水系统，新建雨水、污水两套系统。新村区域仍为合流制排水系统的，现状排水系统老旧、破损严重、不能再利用的，沿主要巷道新增污水管和雨水管，废除与现状排水系统相连的雨水口、雨水边沟、建筑屋面雨水立管，新建一套雨水管网系统、雨水口收集系统及建筑屋面排水立管系统，同时新建一套污水收集管网系统，实现该区域雨污分流排放。

2. 旧村区管网建设方案

旧村区建筑分布杂乱、密集，道路狭窄且人口相对集中，道路宽度仅2m左右，铺设管线对周边的建筑基础影响较大，工程实施难度大，无条件实行雨污分流，一般采用保留现状合流制排水系统，对有条件的区域，排水系统管径偏小，则新建一条合流管线。在合流管出口处设置污水截流井，保证旱季污水全部收集进入污水系统，进入水质净化厂处理。远期结合旧城改造等工程，逐步建设雨污两套排水系统。

3. 工业区管网建设方案

工业区多为1～2层的工业厂房，且多为村内开办或租赁的企业，排水系统多为村里或厂区自建，基本为雨污合流制排水系统。由于工厂众多，工厂种类、生产产品、生产工艺等较为繁杂，且工厂内部管线的施工阶段对工厂的正常生产存在较大的影响，存在协调难度。因此，对密集工业厂区区域，采用新建污水管网系统，将污水管网铺设至各厂区的周边，厂区内部的污水管网由各厂区自行接入周边已建污水管道，并由政府职能部门负责监督其实施及达标验收。同时由于厂区雨水部分是采用边沟排放，部分边沟破损严重或排水能力不满足新的排水规范要求，此部分工厂区同时增加一套雨水管道。

工业区内注重污水严控，针对部分工厂直接偷排、漏排的现状，联合水务执法单位、环保单位督促相关工厂单独处理各自工业污水，坚决杜绝直接排入河道。

5.4 干管修复工程

5.4.1 管道检测与评估

采用CCTV检测技术分析茅洲河流域污水主干管的现状问题，所检管道总长为74.2km，检测管段数为1662段，管径为*DN*400～*DN*1800，埋深1.2～9.91m，管材包括钢筋混凝土管、HDPE管和玻璃钢夹砂管。检测结果表明：管道结构性缺陷总计3942个，功能性缺陷245个，管道总缺陷率为56个/km，其中3级、4级以上缺陷占比20%左右，极大地影响了现状干管系统的正常运行（表5.1及图5.1～图5.4）。

表5.1 现状干管缺陷情况

缺陷类型	1级	2级	3级	4级	总计
结构性缺陷数量/个	1565	1623	569	185	3942
功能性缺陷数量/个	111	72	14	48	245
比例/%	40	40	14	6	100
总计/个	1676	1695	583	233	4187

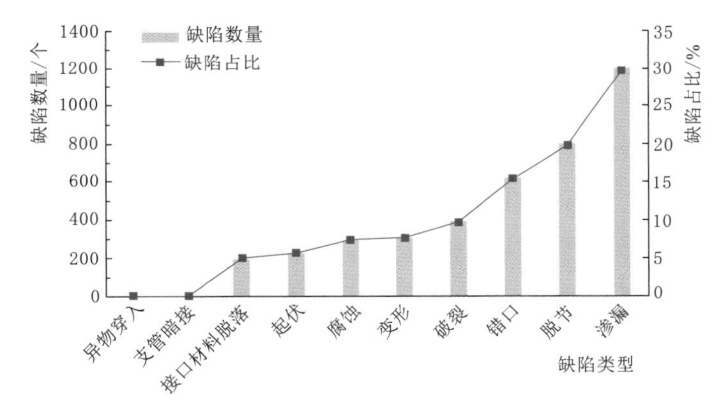

图5.1 不同结构性缺陷类型的数量及占比

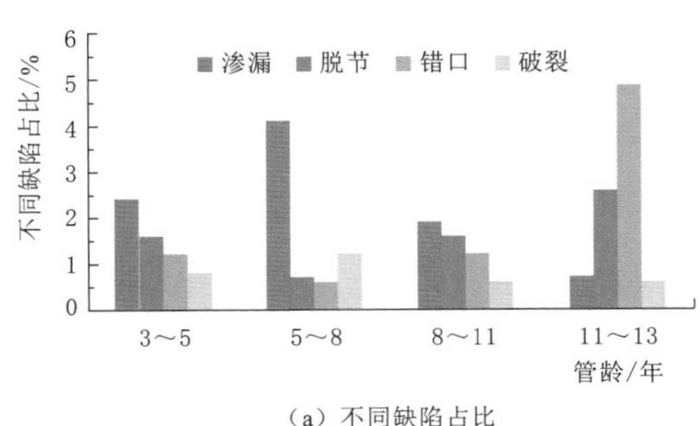

（a）不同缺陷占比

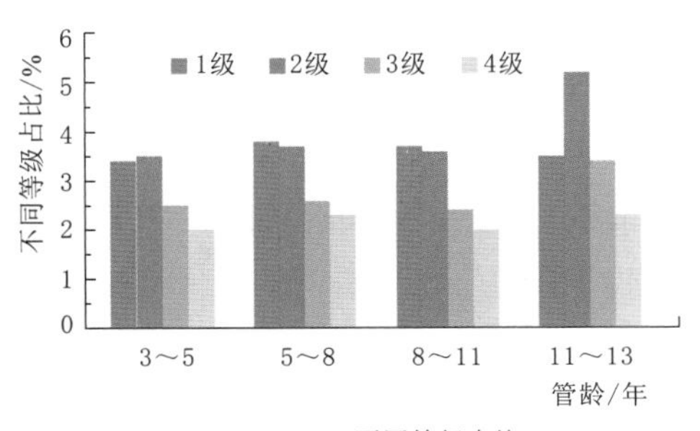

（b）不同等级占比

图5.2 不同管龄不同缺陷类型占比与不同等级占比

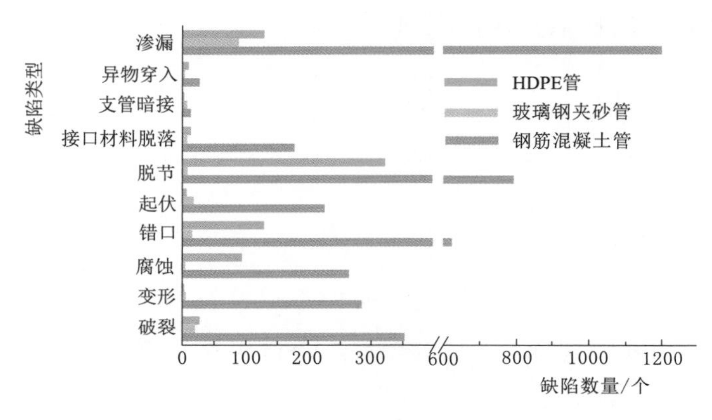

图 5.3　不同管材各缺陷类型的数量

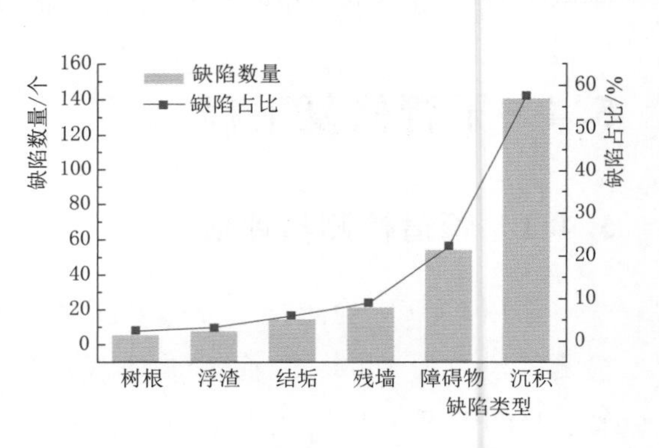

图 5.4　不同功能性缺陷的数量及占比

5.4.2　管道修复

针对功能性缺陷，主要采用疏通清理的方式，清除沉积物等影响管道过水能力的缺陷，恢复管道过水能力。针对结构性缺陷，3 级和 4 级以上管道进行非开挖修复，缺陷类型主要为渗漏、脱节和错口。茅洲河流域管道基本位于市政道路，并且污水管道已经投入使用，需要缩短施工时间以减少影响。对于直径小于 800mm 的中小管道，选用紫外光原位固化修复技术。对于管径大于等于 800mm 的管道，选用有结构性、防化学腐蚀能力强且凝胶时间短的人工喷涂聚氨酯技术。

5.5　沿河截污工程

通过建立沿河最后一道防线，确保旱季各类雨水排放口无混接污水入河；有效削减雨季初雨径流污染。对于雨污分流设施建设不完善及难以实施的地区，沿河截污工程可有效控制旱季漏排污水和初（小）雨。随着河道整治工程的不断开展和推进，发现部分沿河排污口未纳入工程整治范围；另有部分排污口前期按照雨水排放口设计，但在上游混接了污水管道，成为合流排放口。沿河截污工程从末端出发，排查支流、暗渠排口，并提出了具体的排口整治方案，主要开展排污口排查与治理、截流系统及附属设施建设两方面的工作。

在排污口排查及治理时，将排污口的排查分类作为识别排污口特征和制定排污口治理方案的基础，一般需对排放形式、排污口材质、排污口尺寸进行分类识别，分类进行整治。具体整治内容包括合理设置截流倍数，新建截流井，同时截流井的设置应综合考虑河段是否感潮，将排放口及暗渠根据排水口高程和口径进行分类处理，针对排污口的实际特征优化截流井的结构型式，重点考虑感潮段排放口、大口径排放口、暗渠倒灌及溢流污染现象以及系统混截、漏截等问题。

开展截流系统及附属设施建设工作，对分流制雨污混接直排排水口不能简单封堵，应增设混接污水截流设施作为雨污分流治理措施的补充和完善。对截流井，尤其是大口径合流管、暗渠，不能简单用截流管限流，应根据排水口现状和存在的问题，结合新技术、新设备，采用截污限流、防倒灌措施，如限流孔板、水力旋流阀、下开式堰门、泵站、鸭嘴阀等设备。

5.5.1 排污口排查

5.5.1.1 排放形式

排污口的调查和分类是识别排污口特征、制定排污口治理方案的基础。以茅洲河宝安片区为例，支流入河排污口的排放形式主要可分为管道直排、暗涵和排水沟三类，且以管道直排为主，占94.8%，暗渠和排水沟分别占3.1%和2.1%。根据排放口的形状，管道直排排污口可分为圆形和矩形两类，数量分别为1201个和32个（图5.5）。

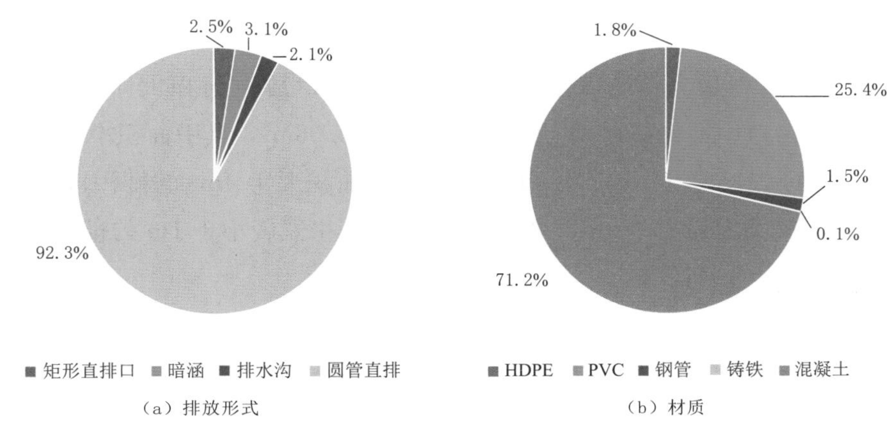

图5.5 入河排污口排放形式统计与材质统计

5.5.1.2 排污口材质

沿河排污口的材质主要为混凝土、PVC、HDPE、钢和铸铁五类。其中以混凝土管和PVC管为主，分别占71.2%和25.3%；HDPE管和钢管分别占1.8%和1.5%；铸铁管仅有1处（表5.2）。

表5.2 不同排放形式入河排污口材质组成

排放类型	排放口材质组成
圆管直排口	混凝土71.2%、PVC 25.3%、HDPE 1.8%、钢1.5%、铸铁1处
矩形直排口	混凝土93.7%、浆砌石6.3%
暗涵	混凝土77.8%、浆砌石22.2%
排水沟	混凝土72.7%、浆砌石22.7%

5.5.1.3 排污口尺寸

统计的入河排污口中，最小的排污口管径为*DN*15；管径为*DN*100、*DN*200、*DN*300和*DN*600的排污口数量最多，分别占圆管直排口的20.5%、14.1%、24.2%和11.4%。小于*DN*100的小型排污口以及大于*DN*1000的大型排污口分别仅占2.0%和4.6%（图5.6）。PVC管排污口以小口径为主，直径*DN*100及以下的数量占70.2%。混凝土管排污口直径均在*DN*100及以上；直径为*DN*300的排污口占比最大，为30.1%；其次为直径为*DN*200及

$DN600$ 的排污口，分别占 14.5%和 14.7%。

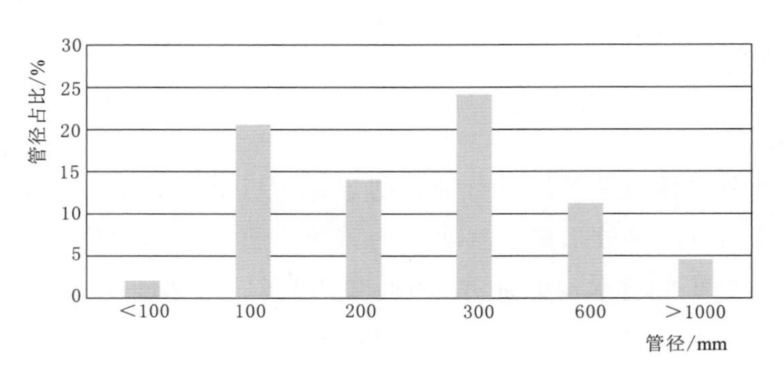

图 5.6　圆管直排口管径分布

矩形直排口中，面积最大为 1.8m^2，最小为 0.04m^2，其中面积大于 0.5m^2 的排污口占 40.6%；暗涵类的排污口中，面积最大为 16m^2，最小为 0.08m^2，其中面积小于等于 0.5m^2 的排污口占 13.9%，面积为 0.5～4m^2 的排污口占 38.9%，面积大于 4m^2 的排污口占 47.2%；排水沟类的排污口中，明渠宽度最大为 5m，最小为 0.2m，其中宽度小于 1m 的排水沟占 77.3%。

5.5.2　排污口治理

针对管道直排、暗渠和排水沟三类排污口，在调查分析基础上，制定管道及检查井缺陷（包括混接）的检查（调查）、调蓄和就地处理及强化维护具体措施，采取堵、截和其他改造措施，堵住直排污水，截流混接水，防止河水倒灌。

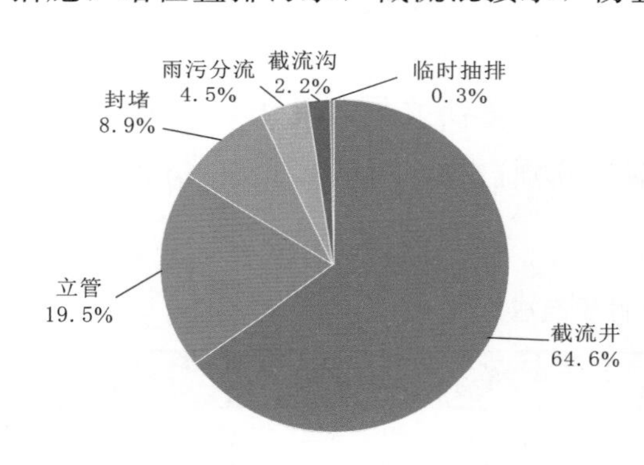

图 5.7　入河排污口的治理方式统计

入河排污口的治理措施主要有：①直接封堵（封堵）；②通过上游雨污分流管网工程截污（雨污分流）；③暗涵内的排污口通过截污沟统一收集再接入截污干管（截流沟）；④通过挂壁管收集立管污水再接入污水干管（挂壁管）；⑤设计截流井截流直排污水或混合污水（截流井）；⑥部分难以实施截流的排污口近期通过临时抽排措施处理，远期通过实施正本清源处理。以宝安片区为例，排水口治理方式统计如图 5.7 所示。

经分析发现，不同排放方式、不同材质和尺寸的排污口治理措施存在差别（图 5.8）。例如暗涵类排污口中的 57.5%通过新建截流井处理；排水沟类排污口中的 88.9%利用总口截污；钢管材质的排污口主要出现在暗涵内，其中 92.9%通过截流沟统一收集接入污水管等。

茅洲河流域支流暗渠系统较为发达，周边散布大量工业区、居民区，暗渠有 32%末端未截流，支流沿线有 29%未做处理，是排口治理的重中之重。理水梳岸阶段针对暗渠排口的排查、整改，仅从建立末端最后一道防线的角度出发，采用末端截流的形式进行整治，尚未对暗涵进行溯源调研、整改。根据支流暗渠的问题类型，分为末端已截流类（总口截流）和末端未截流类。末端已截流类是指支流暗渠接入河道干流时已做末端总口截流，接入沿河截污

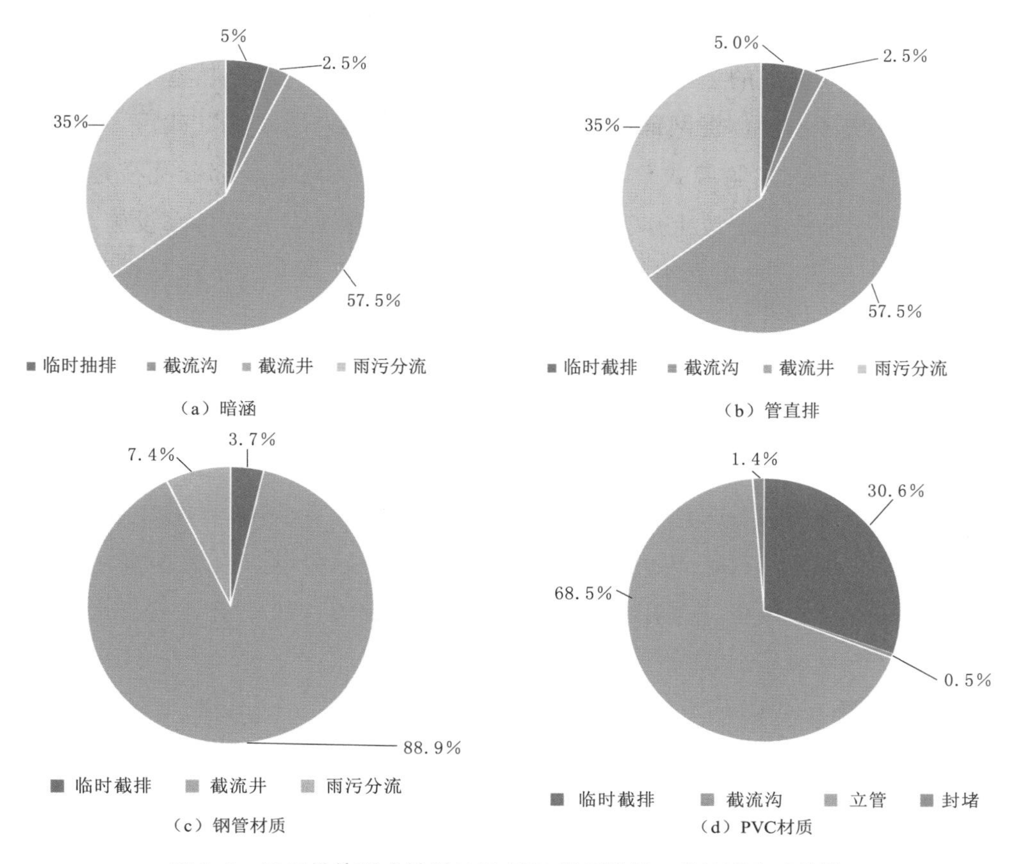

图 5.8 不同排放形式排污口及 PVC 材质排污口的治理方式统计

系统或片区管网系统。末端未截流类是指支流暗渠接入河道干流时未做末端截流，需尽快完善截流方案。

末端已做截流的支流暗渠中，主要采用总口截流模式，虽为河道水环境增加了一道防线，但总口截流可能造成雨季污水量过大，超出污水厂处理负荷，且此截流方式本质上是合流制截污，部分合流制污水会进入河道，对河道水环境产生严重影响。

末端未做截流的支流暗渠中，因河道周边工业区较多，工业区内未实现彻底的雨污分流。此阶段的正本清源工程仅在工业区周围预留污水管道接入点，由各工业厂区自行将内部雨污管网进行改造并接入预留口。对于厂区内部尚存合流排水体系的情况，只能在整治范围内将合流管进行末端截流实现污水收集。另外，仍有部分工业区域并未进行截流或进行了重复截流，需仔细排查排放口及暗渠，做到真正的“大分流、小截流”。

典型的截污体系包括“挂管式”截污、“绣花式”截污、“骑墙式”截污、“真空式”截污等。

（1）“挂管式”截污。“挂管式”截污即通过外接“挂管”解决老旧村居截污管网建设的难题。“挂管式”管网由于建设在建筑外墙，对路面和房屋结构无不利影响，但由于保护程度较差，难免降低使用寿命。需结合城市更新，推动地下式污水管修建。

（2）“绣花式”截污。“绣花式”截污主要针对沿河居民污水直排入河且在河道中无法铺设截污管的情况。在沿河房屋的一侧道路设置市政污水管，并将污水连接管布设在居民房屋内，最终将居民原排入河内的生活污水纳入市政污水管网。因污水连接管从河边排污口连接，穿过房屋接驳至市政污水管，管网铺设形状如同刺绣，故称“绣花式”截污。

(3)“骑墙式”截污。“骑墙式”截污通过拆除临河首层商铺及部分乱搭建商铺，为截污管线提供管位，将原涌底管迁改上岸，同时对临街住宅补建化粪池等污水设施。

(4)“真空式”截污。采用真空排水系统进行沿河截污，真空（负压）排水系统不仅可以节省基建费用，而且可以节省运行费，减少管理维护上的麻烦，同时避免了污染地下水和土壤的危险。

5.5.3 截流系统及附属设施建设

对雨污混接直排排污口，采取混接污水截流设置，是雨污分流治理措施的补充和完善。尤其是大口径合流管道、暗渠，仅采取截流管限流显然不够科学，应根据排污口现状和存在的问题，结合新技术、新设备，采用截污限流、防倒灌措施，如限流孔板、水力旋流阀、下开式堰门、泵站、鸭嘴阀等。

5.5.3.1 截流井布置

截流井主要存在两种形式：①将截流井设在合流管接入截流主管道前的末端位置；②将截流井设在截流主管道与合流管交叉的位置。在茅洲河排污口治理中，截流井设置主要采用第一种方式。在相同的截流倍数下，采用第一种方式设置的截流管在雨季对入河污染物的削减能力更强。

5.5.3.2 截流井结构型式

截流井可分为槽式、堰式和槽堰式三种。茅洲河工程中，根据入河排污口尺寸、形状、高程等特征，同步考虑经济成本、施工难度、截流效果等因素，因地制宜选择截流井形式并优化。

5.5.3.3 防倒灌措施

当截流井溢流管管底高程低于河流设计水位时，需设置防倒灌措施。茅洲河属于感潮河流，下游水位受潮位涨落的影响，因此下游入河排污口截流井需要设置防倒灌措施。常规的堰式、槽式截流井配置的鸭嘴阀、拍门等防倒灌措施，均存在启闭不严、易受垃圾异物影响、防倒灌功能失效等问题。鉴于此，茅洲河工程中采取的防倒灌措施包括鸭嘴止回阀、拍门、截流堰、闸门，以及两种及以上设施组合措施。

综合考虑河道感潮排放口的日平均倒灌时长，将排污口依据标高进行分类：对于标高较高的排污口，其倒灌时长短，设备使用和维护管理较少，可采用普通槽式截流井，末端设置拍门；对于标高较低的排污口，由于其倒灌时段较长，可采用特殊截流井，如：水力止回堰门技术（图5.9），即在排口检查井中设置水力止回堰门，堰门依靠自身的浮力和液位差进行旋转，防止水体倒灌。

5.5.3.4 限流措施

现状具有限流作用的截流井存在诸多不完善之处，在截流雨污合流污水过程中，需截流

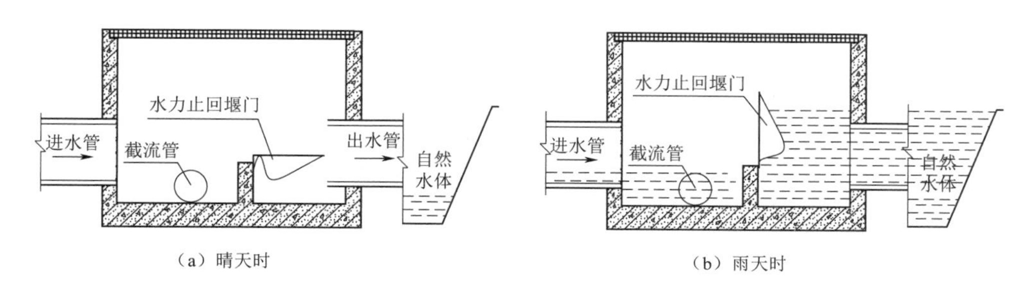

（a）晴天时

（b）雨天时

图 5.9　水力止回堰门技术

全部的旱季污水以及设计截流倍数下的初期雨水，同时保证雨季截流污水量尽可能恒定，以免增加污水厂的处理水量负荷，并保证雨水排泄通畅。因此，为控制设计规模外的初期雨水进入沿河截流管，需对截流井进行限流设计。常用的限流措施包括：①减小截流井污水截流管的管径，降低过水断面面积；②在截流井内设置组合式调节闸板，实现截流控制；③采用旋流限流阀实现截流精确控制；④液动下开式堰门截流技术。茅洲河工程应用了上述限流措施，此处主要介绍后三种限流方式。

1. 限流闸门井

在石岩渠、沙浦西排洪渠、罗田水等河道综合整治工程中，对管径小于 $DN300$ 的排污口，不设置限流设施；对管径大于等于 $DN300$ 的排污口，采用限流闸门井，包括矩形钢筋混凝土井、进水管、出水管、方形闸门、闸门启闭机等结构。

2. 旋流限流阀

在老虎坑水、潭头渠等综合整治工程中，对管径大于等于 $DN1000$ 的较大排污口进行限流设计，在截流井内安装旋流限流阀。旋流限流阀腔体内不含任何活动部件，水流通过切向入水口进入阀腔，当水流较小时，水流在阀腔内以重力流方式通过。旋流限流阀在过流时不存在任何阻力，随着流速的增大，空气通过旋流限流阀的气孔进入阀腔，阻隔水流使水流形成一种轴对称式的旋流，并在阀腔内形成高速的切向速度，同时在阀腔中部形成一个空气柱，减小出口的过水截面面积，阻隔大部分的出水，实现控制截流量的目的。

3. 液动下开式堰门截流

在排放口检查井中设置液动下开式堰门，通过油缸控制堰板上下运动，实现溢流污染控制。同时还有原理相似的旋转式堰门截流技术、定量型水力截流技术等，同样可达到控制溢流污染的目的。

5.6　管网系统衔接工程

5.6.1　片区管网与干管系统的接驳

由于城市管网快速推进的过程中欠缺总体统筹规划意识，导致建成的管网系统存在单独成片、未与干管连接的情况，以宝安片区为例，部分管网未与一级干管连接，且片区内二、三级管网接入情况不明。针对这一系列问题，重点梳理了各片区内二、三级干管分布情况，分阶段提出了接驳计划，保证片区内已完成的管网与主干管顺利连接，片区内需要完善的接入点总计 494 个。根据接入点类型，处理措施分为四大类，分别为按图施工类、积水堵塞类、设计优化类及需要协调类，各情况所占的比例如图 5.10 所示。

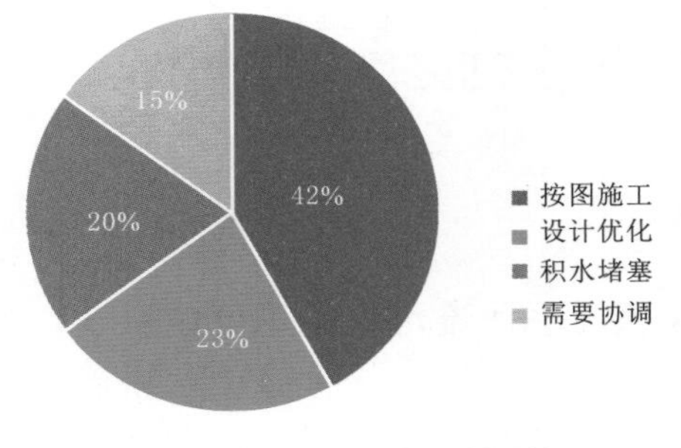

图 5.10　四类处理措施占比情况

其中，按图施工类是指现状检查井（管道）标高、管径等均符合接入要求，可按图施工；积水堵塞类是指现状检查井存在积水或堵塞现象的点，需要采取增设辅助井等措施，待干管清淤修复后再进行贯通，对于堵塞的现状检查井需先进行清淤检测等工作；设计优化类是指由于现状检查井不存在或井底标高不满足接入条件、管道去向不明、施工困难或者拟接入井位（管道）发生变化等情况，需要进行设计优化的接入点；需要协调类是指设计管线需要接入其他拟建工程（包内工程或包外工程），需与承建单位进行设计衔接以及施工协调等工作，以保证干管顺利连接的接入点。

5.6.2　片区管网与沿河截污管的接驳

流域内 2016 年完成沿河截污的管道与市政干管之间的连接共计 97 处，接入污水厂主干管 52 处，接入其他现状干管类 24 处，接入其他拟建污水管 21 处。根据排查结果，共计 34 处接入点存在接入问题，其原因可分为以下四类（图 5.11）。

1. 截污系统错接、漏接

针对截污系统接入雨水系统的情况，截污系统整改为接入污水井内；针对旱季污水直接接入茅洲河截流箱涵的情况，增设一根截污管与分流管道相连接，并做好限流、拦污措施；针对未按雨污分流计算截污量的问题，需重新复核截污管管径，并研究接入点处的接入方式。

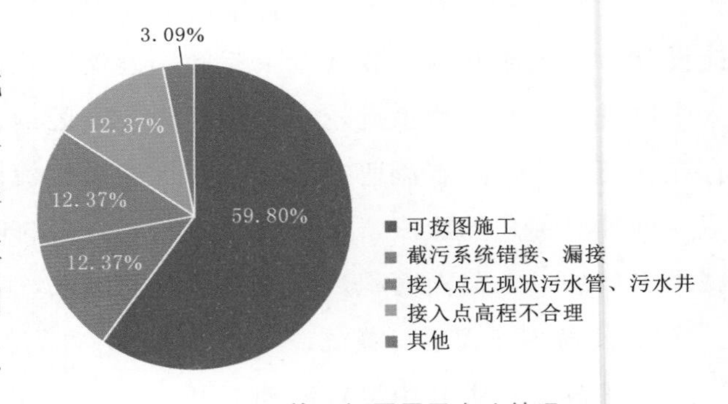

图 5.11　接入问题原因占比情况

2. 接入点无现状污水管、污水井

接入点处未发现可接入的现状污水管，就近接入现状污水井。

3. 接入点高程不合理

接入点处现状井出水管底标高高于接入管，需调整设计。接入井设计高程未明确处，需进一步核实高程情况，根据核实结果确定是否需要调整高程。

4. 其他

接入点处检查井破损、堵塞；泵站未启用导致污水存在滞留风险等问题。

大截排系统中，由于管网缺失、接入点问题等，导致截污系统从河道取水的情况时有发生，通过片区管网与沿河截污管的接驳工作，茅洲河片区沙井水质净化厂、燕川水质净化厂污水收集率提升至56%；进水中COD_{Cr}从原有70～80mg/L提高至300～400mg/L；干管运行水位从原有高水位（12～13m）降低至设计水位（5.0m），实现了污水系统“两高一低”的运行目标。

5.7 排水管材的选择

5.7.1 排水管材的类型

在市政排水工程中常用的管材根据其原材料可分为三类，分别为钢筋混凝土管材、金属管材和塑料管材（HDPE管、UPVC管、玻璃钢夹砂管）。其中，金属管材又包括球墨铸铁管、钢管；塑料管材根据管壁结构、管材质及结构也有更详细的分类。各种管材各有优缺点，本文着重就国内市政排水上常用的玻璃钢夹砂管（RPMP）、高密度聚乙烯（HDPE）管和钢筋混凝土管进行管材的技术经济比较，见表5.3。

表5.3　市政排水工程常用管材性能比较

性　能	钢筋混凝土管材	金属管材	塑料管材
使用寿命	较长	较长	长
抗渗性能	较强	强	较强
防腐能力	较强	差	强
承受外压	可深埋，能承受较大外压	可深埋，能承受较大外压	受外压较差，易变形
施工难易	较难	容易	容易
接口形式	承插式橡胶圈止水	现场焊接刚性接口	电熔环焊接 承插式+密封圈
粗糙度（n值），水头损失	0.013～0.014，水头损失较大	0.013（水泥内衬），水头损失较大	0.008，水头损失较小
重量，管材运输	重量较大，运输较麻烦	重量较大，现场制作	重量较小，运输方便
价格（以DN500为例，万元/km）	便宜（15）	较贵（46.3）	较贵（58.1）
对基础、回填等施工要求	基础要求较高，回填要求较低	基础要求较低，回填要求较低	基础要求较低，回填要求一般

5.7.1.1 技术比较

1. 重量

采用纤维缠绕生产的玻璃钢夹砂管道，其比重介于1.65～2.0，其拉伸强度近似合金钢，强度是合金钢的2～3倍，可设计成满足各类承受内外压力要求的管道。对于相同管径的单重，RPMP管只有混凝土管的1/2左右，HDPE管则介于RPMP管与混凝土管之间。

2. 耐腐蚀性能

RPMP管与HDPE管的耐腐蚀性能均优良，尤其在市政及工业排污中，无须再另外防腐，而混凝土管在输送污水时耐腐蚀性较差，内壁须涂专门防腐剂。另外，混凝土管穿越土壤腐蚀性较强的地方，管道外壁也需特殊防腐处理。

3. 粗糙度

RPMP管与HDPE管粗糙度小，内壁光滑，而混凝土管粗糙度大，内壁易结垢，使用过程中口径缩小、流阻变大、运行费用高且管壁易附着水生衍生物，影响使用。

4. 热性能

RPMP管与HDPE管的热性能优良，是一种相当突出的热绝缘体，也是优良的电绝缘材料。它的耐低温性能好，在低于摄氏零度状态下，具有特殊的抗结冰能力。

5. 输送能力

输送同等流量下，RPMP管所需管径更小，更为经济，见表5.4。

表5.4　输送同等流量RPMP管和混凝土管管径对比（内径）　单位：mm

RPMP管	600	700	800	900	1000	1200	1300	1400	1600	1800
混凝土管	700	800	900	1000	1100	1400	1500	1600	1800	2000

5.7.1.2　经济比较

1. 运输、装卸、安装费用

RPMP管单位管长重量轻于混凝土管和HDPE管，尤其是大口径管道，可有效节省运输油耗和装卸费用。

2. 维护费用比较

RPMP管与HDPE管耐腐蚀性好，使用寿命长，内壁光滑不结垢，使用期间一般不需维修，即使维修也十分简单。混凝土管却因腐蚀、结垢、水生物附着等需定期维修，既增加了费用，又消耗人力，影响管网工作。

3. 运行能耗比较

RPMP管与HDPE管内表面光滑，摩阻小，对于相同口径的管网，RPMP管可节省泵送费用30%～40%。

4. 价格比较

RPMP管与HDPE管价格均高于混凝土管。管径小于$DN800$时，HDPE管有价格优势，管径大于等于$DN800$时，RPMP管更具价格优势。

5.7.1.3　HDPE排水管的比选

市场上常用的HDPE排水管主要有钢塑复合排水管（HDPE中空壁塑钢缠绕管、聚乙烯钢带螺旋波纹管等）和全塑排水管（聚乙烯缠绕结构壁B型管、内肋增强聚乙烯螺旋波纹管等），见表5.5。

综合管材性能及价格因素，在市场中应用较多的HDPE管中，内肋增强聚乙烯（PE）螺旋波纹管性价比优势明显，也是最为常用的HDPE管之一。

表 5.5　　HDPE 排水管性能比较

管材	HDPE 中空壁塑钢缠绕管	聚乙烯钢带螺旋波纹管	聚乙烯缠绕结构壁 B 型管	内肋增强聚乙烯（PE）螺旋波纹管
环刚度/（kN/m^2）	≥8	≥10	≥8	≥10
接口形式	加强型热缩套连接法，密封性较好；F 型承插式橡胶圈柔性连接，密封性较好	电热熔带连接，部分规格可采用承插电热熔连接	承插电热熔连接，密封性最好	承插电热熔连接，密封性最好
产品优点	钢带为增强体，具有抗压、耐冲击好、环刚度高等优点	钢带为增强体，具有抗压、耐冲击好、环刚度高等优点，该管材是钢塑复合排水管中结构最优异的产品	耐腐蚀性能优于钢塑复合管材； 卫生性好，可循环回收使用	耐腐蚀性能优于钢塑复合管材；比表面积较大，与土壤的接触面大，抗冲击性能强；中间有直立内肋，极大提高了波峰的结构稳定性、环刚度的稳定性、抗蠕变性和抗韧性
产品结构缺点	钢与塑的密度、膨胀系数、弹性模量相差巨大，在温度有所变化或受外力时容易开裂或分层；水分子、氧分子可渗透到钢带导致腐蚀	钢与塑的密度、膨胀系数、弹性模量相差巨大，在温度有所变化或受外力时容易开裂或分层；水分子、氧分子可渗透到钢带导致腐蚀	结构壁薄；采用聚丙烯作为辅助支撑管，不同树脂结合降低管材抗冲击性；波纹高度低，波峰间距大，不利于管土共同抗压。抗压性能不如钢带增强的管材	抗压性能不如钢带增强的管材
目前市场材料	较好	较好	一般	好
价格	1.2～1.6	1.0	2.0～3.0	1.4～1.8

5.7.2　管材的选用

污水管的材料必须满足一定要求，才能保证正常的排水功能，管材的选用原则如下：

（1）管材的选用应充分考虑污水水质、水温、地质情况、地下水位、地下水侵蚀性和施工条件等因素。

（2）管材必须具有足够的强度，以承受外部荷载和内部水压。

（3）管材必须具有抵抗污水中杂质冲刷和磨损的作用。也应有抗腐蚀性能，以免在污水或地下水的侵蚀作用下腐烂。

（4）管材必须不透水，以防止污水渗出或地下水渗入，避免污染地下水或腐蚀其他管线和建筑物基础。

（5）管材要有较好的水力性能，内壁应整齐光滑，尽量减小水流阻力。

（6）管材应尽量就地取材，尽量减少运输和施工费用。

（7）选用的管材应符合管网的设计使用年限。

(8) 选用的管材应安装方便快捷，日后维护检修方便。

以深圳茅洲河项目为例，工程处于沿海冲积平原区，地下水位较高，地层透水性强，场地内地下水对混凝土结构具有弱腐蚀性，对钢筋混凝土中的钢筋具有微腐蚀性，对钢结构具有微腐蚀，因此不采用塑钢类管材。

管径 $DN200$～$DN400$、埋深不大于 3m 的雨污水管采用聚乙烯（HDPE）缠绕结构壁管（B 型管），环刚度为 $8kN/m^2$。

管径 $DN200$～$DN400$，采用环刚度为 $8kN/m^2$ 的 HDPE 双壁波纹排水管。

管径 $DN500$ 和 $DN600$，采用环刚度为 $12.5kN/m^2$ 的 HDPE 双壁波纹排水管。

管径 $DN600$（不含）以上的排水管，采用承插式钢筋混凝土排水管或者玻璃纤维增强塑料夹砂排水顶管。

第6章　正本清源——源头雨污分流

织网成片工作完成后，基本上形成了路径完整、接驳顺畅、运转高效的污水收集输送系统，市政道路上均敷设了分流管网系统。然而，排水小区尚存雨污混流、管网错漏接等问题，影响整个系统，需进一步实施正本清源工程，实现源头雨污分流，实现污水系统治理。正本清源指通过对错接乱排的源头排水用户进行整改，不断完善建筑排水小区雨、污水管网和市政管网，建立健全城市雨污两套管网系统，实现雨污分流。正本清源工作主要分为以下几个步骤：污染源调查、排水系统梳理、正本清源调研与改造。

6.1　污染源调查

茅洲河宝安片区污染源调查采用政府部门协调收集资料、沿河水质检测的方式，开展生活污染源调查、工业污染源调查以及河道污染状况分析工作。

污染源调查旨在掌握各类源头污染的种类、数量和分布情况，了解主要污染物的产生、排放和处理情况，建立健全重点污染源档案、污染源信息数据库和污染统计平台，为后续污染单元的正本清源提供依据。污染源调查采用收资与实调相结合的方式，同步实施，对比论证。茅洲河宝安片区污染源调查范围包括沙井、松岗、新桥、燕罗4个街道：其一是通过政府部门协调收集工业污染综合治理范围内所有涉水企业以及环保重点监管企业的基本信息，调查内容包括行业类别、排放体制、污染物种类、员工人数、占地面积等；其二是对工程范围内的支流河道进行沿河布点调查水质，通过水质情况反映相应支流汇水范围内污染情况。

1. 生活污染源调查

茅洲河流域合计210万人，按照人均用水量150L/(人·d)，排放系数取0.9，生活污水量共计为31.5万t/d，按照生活污水水质中COD含量为400mg/L、氨氮含量为40mg/L要求，则COD排放量为126t/d，氨氮排放量为12.6t/d。

2. 工业污染源调查

茅洲河流域集聚了大量的电路板制造、光电子器件制造、金属表面处理及热处理加工等重污染行业企业，特别是近年实施商事登记制度改革以来，部分企业项目存在“未批先建”等问题，客观造成环境污染事实；支流排污口密布，多数河道排污口氨氮、总磷超标达10～50倍。部分排污口还出现氟化物、石油类、硫化物与重金属超标现象，企业废水都没有进入市政分流管网。

3. 河道污染状况分析

工程范围内河道沿线，工业废水偷排入河现象严重，水质情况堪忧。根据《城市黑臭水体整治工作指南》，针对河道、涵渠设定沿河取样点，综合考虑暗涵以及河流大小，沿河布点150个，平均每500m布设监测一个点位。根据检测结果，COD、氨氮、总磷在各个沿河布点中的值均较高，其中COD大于100mg/L、氨氮大于20mg/L的点位非常多，个别点位COD浓度接近300mg/L，氨氮浓度更是超过了60mg/L。工业污染特征明显，并且连续的布点之间，三种污染物经常出现数值的突变情况，说明两个布点中间可能有未经处理或处理不达标的工业废水集中排入。

6.2 排水系统梳理

排水系统梳理主要针对源头工业区、公建以及新村区的雨、污水管网，掌握建筑小区及工业企业内部现有雨、污水管、建筑立管、其他排水管、污水接入口及附近污水干管的情况，对于没有进行雨污分流的进行重点排查，复核前期预留污水接入口以及附近污水干管位置，初步分析区域是否具备雨污分流条件，为后续正本清源过程中排水系统的雨污分流提供条件。

区域正本清源工作开展前，应梳理现状排水管网系统：一方面通过对现状管网破损、混接、管龄、周围环境的综合调研，选取对居民影响最小，改造实施效果好的方案，例如保留原系统，并新建雨水系统，新建污水系统或新建两套管网系统等；另一方面需要了解建筑小区及工业企业周边的情况，复核前期预留污水接入口以及附近污水干管位置，初步分析区域是否具备雨污分流条件。针对正本清源改造过程中原有合流管的保留改造方案及其适用的条件，有以下几种情况。

（1）合流管改造为污水管，新建雨水管网。原则上雨污分流改造工作宜保留现有管网作为污水管，结合现有地形，新建重力流雨水排放系统，特别是合流管线较多且排放口较难排查的情况。新建雨水管渠系统时优先考虑按管道建设，部分区域结合实际情况可考虑建设雨水明渠。具体实施过程中应做好前期调研工作，接驳过程中需现场刨验后确定设计方案。

（2）合流管改造为雨水管，新建污水管网。由于很多城市老城区管网系统平均管龄较长，存在破损情况，若采用保留原合流管为污水管的方案，容易导致污水渗漏，带来收水量少、污染地下水等危险。这种情况下，可以考虑合流管改造为雨水管的方案，由于原有合流管管径较大，保留作为雨水管基本可以满足排涝能力，同时避免了保留做污水管，由于流速过缓导致的淤积问题。但是方案实施前需要进行详细的管网调查工作，老旧城区管网混接情况严重，上游分流，下游混流等分流不彻底的现象频发。因此，本方案一般适用于合流系统中污水排放口较少，且雨水系统较完善的情况。

（3）新建雨、污水两套系统。当改造片区用地条件一般，新建管道沟槽开挖可能破坏现状管线时，可考虑新建雨、污水两套系统。

茅洲河正本清源工作采用将原有合流管作为雨水管的整治方案，将污水管道敷设入工业区以及新村区内部，实现雨污分流。对个别现阶段改造困难、无法实施分流制的区域，可根据实际情况，局部采用截流式合流制。

6.3 正本清源调研

正本清源调研是在污染源调查和现状排水系统梳理的基础上，针对各区域内部开展调查工作。对住宅小区、公共建筑、涉水工业企业等地块内的人数、占地、污水类型、污水量、污水处理（如有）、管网状态（如有）、排放方式进行分类调查，以方便为后续正本清源的有效开展提供详细资料。调查方法是对重点企业采取问卷调查，对一般企业、住宅以及公共建筑采用普查。

结合污染源调查情况及现状排水系统梳理情况，对各区域内部开展调查工作。调查工作循序渐进，多轮开展。首先复核前期预留污水接入口以及附近污水干管位置，初步分析区域是否具备雨污分流条件，随后再将可实施雨污分流管网建设的区域纳入本次正本清源完善的详细调查范围。

6.3.1 工业企业调查

首先，重点调查涉水企业，将企业的人数、规模、用水情况、生产工艺、污水处理情况、污水排放情况以及是否同意进行正本清源完善等情况进行系统调查；其次，对一般企业进行基本信息的调查，包括企业的人数、规模、用水情况以及污水排放情况等，对于相对集中的工业园区采取通过管理部门进行统一调查等方式。

国内存在许多工业园区（聚集区），并不是一般意义上的工业园区（聚集区），而主要是在城市发展过程中工业分布相对集中的工业片区，没有专门配套的污废水管网和处理设施；部分企业内部采用雨水、污水、废水合流制，排水管网及排水去向复杂、不清晰导致大量的污废水混入排水管网系统。此类工业园区主要存在以下问题：

（1）企业分布散乱，工业园区（聚集区）分布在现状或规划的居住用地中间，没有进行系统的规划和功能定位，难以实现集中监管或统一配套污水处理设施。

（2）工业污染严重，以宝安片区为例，共有企业1.2万余家，其中重点污染企业274家，工业用地占总用地面积的43%，工业用水量占总用水量的61%，工业区内集聚了大量的电镀、印刷电路板制造、光电子器件制造、金属表面处理及热处理加工等重污染行业企业，成为茅洲河流域主要的污染源。

（3）污水管网系统形成，但缺乏源头统一管控，管网系统在规划阶段实现了雨污分流及管网全覆盖，封闭式工业园区（聚集区）在其边界外设置了接入口，但企业内部采用雨水、污水、废水合流制，管网及排水去向复杂、不清晰。

宝安区工业企业普查总计 12549 家企业，重点涉水企业 274 家。在对企业类型的普查中发现，工程范围内的企业中，电镀、线路板、表面处理企业尤为突出，这类企业 4175 家，占企业总数的 33.27%。该类企业产生的重金属废水，若不达标排放，对水环境影响极大。

6.3.2 公共建筑区域调查

对于以生活污水为主的公建区调查，需查清建筑规模、污水量以及排放方式等情况，并询问是否愿意进行雨污分流改造。由于医疗卫生机构有其独立的排放标准，一般应单独调查，并将区域规模，污水类型以及水量、排放方式等情况调查清楚，但医疗机构通常需要考虑到病人疗养环境的需求，管网敷设势必会破坏医院内部宁静的环境，故此部分区域的改造协调有一定的难度，也是正本清源工作前期应该重点考虑的。

6.3.3 住宅小区调查

对于 2000 年之后建成的新村住宅区域，因其管理模式相对完善，调查对象主要为物业等管理部门，需要调查住宅区域的面积、人口、是否已进行雨污分流等；对于建设年代相对较久（2000 年之前）的住宅区域，多数没有进行彻底的雨污分流改造，其管理相对落后、资料不完善，调查难度较大。

第一类是成熟住宅小区，多建成于 2000 年左右，高层建筑居多，小区环境良好，路面及周边景观完善，多数有成熟的物业管理，该部分区域的雨污分流建设争议较大、协调困难。前期未进行分流的新村区域多数为集体所有的小产权房，该部分住宅的雨污分流改造工作协调困难，房屋所有人不同意进行改造。

第二类是管理质量不佳或不够完善的住宅小区，在雨污分流建设中，存在居民反对而难以进行施工的情况，例如老城片区内的衙边社区，居民考虑到施工可能影响房屋质量而强烈反对施工。这部分区域若要进行彻底改造，难度巨大。

6.4 正本清源工程

《深圳市正本清源工作技术指南（试行）》将小区分为居住类小区、旧城改造类小区、综合整治类小区、公共建筑类小区、工业仓储类五大类，并根据现状排水系统、是否有条件进行立管改造、是否有条件新建排水管道进行了分类，分别提出整改方案，针对阳台雨水立管等特殊问题提供解决思路。

6.4.1 建筑与小区分类

根据 2017 年 11 月深圳市颁布的《深圳市正本清源工作技术指南（试行）》和小区用地性质及人口居住密集程度，可将小区分为四类，分别为：①居住类小区，包括一、二类用地；

②旧城改造、综合整治类，包括三、四类居住用地（成片宿舍区、城中村区域）；③公共建筑类，包括商业服务设施用地和公共管理与服务设施用地；④工业仓储类，包括普通工业用地、新型产业用地和物流仓储用地。

对于上述小区使用特性及建设条件，结合小区内已建排水建筑，可将其细分为以下五类。

Ⅰ类：只有一套合流排水系统，有条件新建雨水立管且有条件新建一套小区排水管道的建筑与小区。

Ⅱ类：只有一套合流排水系统，无条件新建雨水立管且有条件新建一套小区排水管道的建筑与小区。

Ⅲ类：有雨、污两套排水系统，有条件新建雨水立管的建筑与小区。

Ⅳ类：有雨、污两套排水系统，无条件新建雨水立管的建筑与小区。

Ⅴ类：只有一套合流排水系统，内部无法新建一套排水管道的建筑与小区。

Ⅰ～Ⅴ类的排水建筑与小区分类及界定条件见表6.1。

表6.1　分类排水建筑与小区分类界定条件

排水建筑与小区分类	现状排水系统数量/套	能否进行立管改造	界定条件	能否新建一套小区排水管道	界定条件
Ⅰ类	1	能	小区建筑不高于14层，且建筑外墙有足够的空间可以安装排水立管	能	路面宽度不小于2m，地下空间足够，周边建筑安全情况允许施工
Ⅱ类	1	否	（1）小区建筑高于14层； （2）建筑外墙无空间安装排水立管； （3）居民主观不同意立管改造	能	路面宽度不小于2m，地下空间足够，周边建筑安全情况允许施工
Ⅲ类	2	能	小区建筑不高于14层，且建筑外墙有足够的空间可以安装排水立管		
Ⅳ类	2	否	（1）小区建筑高于14层； （2）建筑外墙无空间安装排水立管； （3）居民主观不同意立管改造		
Ⅴ类	1			否	（1）路面宽度小于2m； （2）地下管线密集，无埋管空间； （3）周边建筑安全情况不允许施工； （4）居民主观不同意施工

6.4.2 建筑排水小区管网建设方案

根据小区分类及建筑特点，分别拟定建筑与小区管网建设方案。Ⅰ～Ⅴ类的排水建筑与小区正本清源改造方案见表 6.2 与图 6.1～图 6.5。

表 6.2 分类排水建筑与小区正本清源改造方案

类 别	改 造 方 案
Ⅰ类	将原有建筑合流系统改为污水系统，直接接入市政污水系统；新建建筑雨水立管及小区内部雨水系统，接入市政雨水系统
Ⅱ类	小区内新建雨水系统接入市政雨水系统，原有建筑合流立管末端设溢流设施接入新建小区雨水系统内；原有小区合流系统作为污水系统
Ⅲ类	将原有合流立管接入小区现状污水系统，新建建筑雨水立管接入小区现状雨水系统
Ⅳ类	原有建筑合流立管接入小区现状污水系统，立管末端设溢流设施接入小区现状雨水系统
Ⅴ类	在小区出户管接入市政管道前设置限流设施进行截污

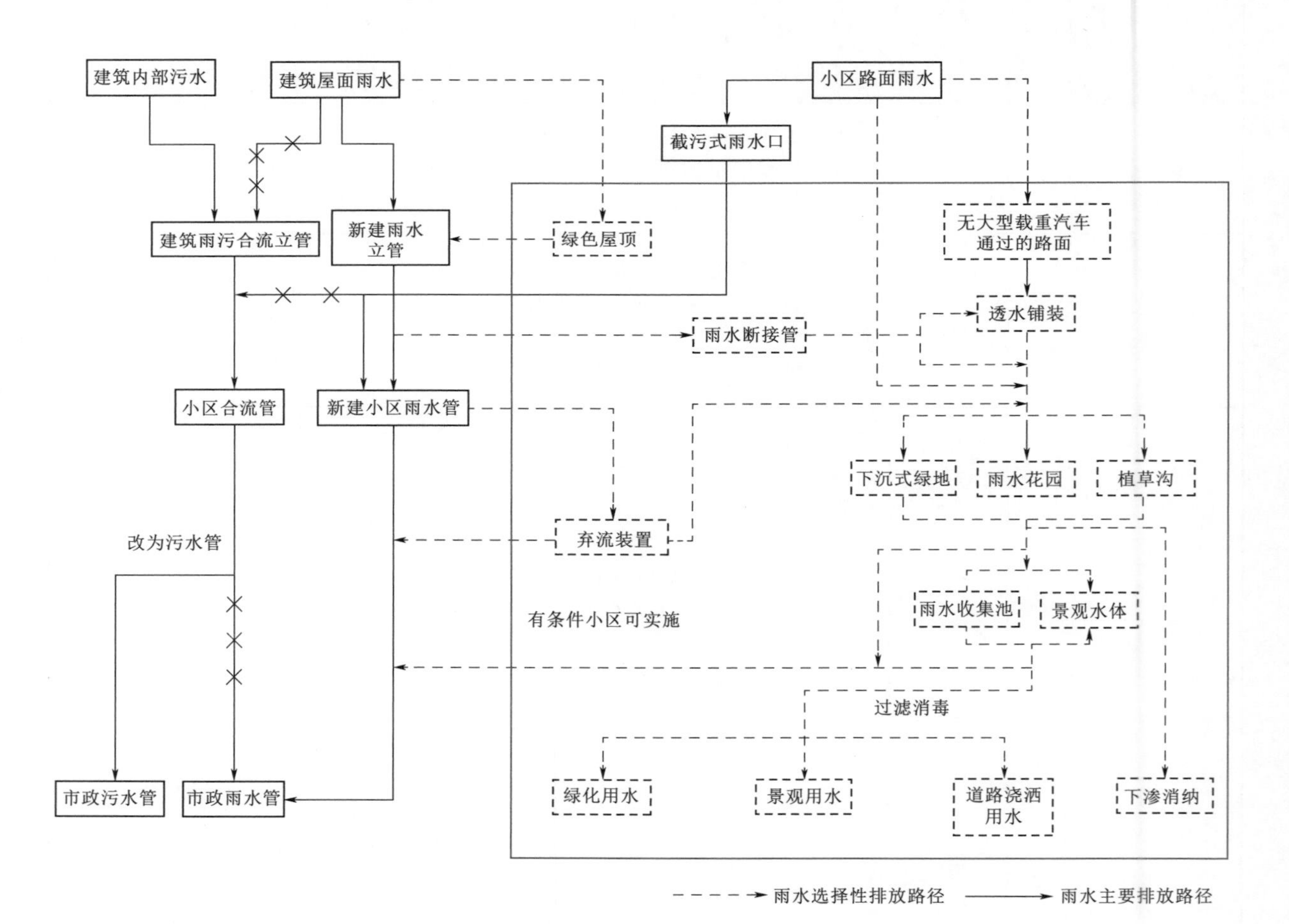

图 6.1 Ⅰ类排水建筑与小区正本清源改造方案

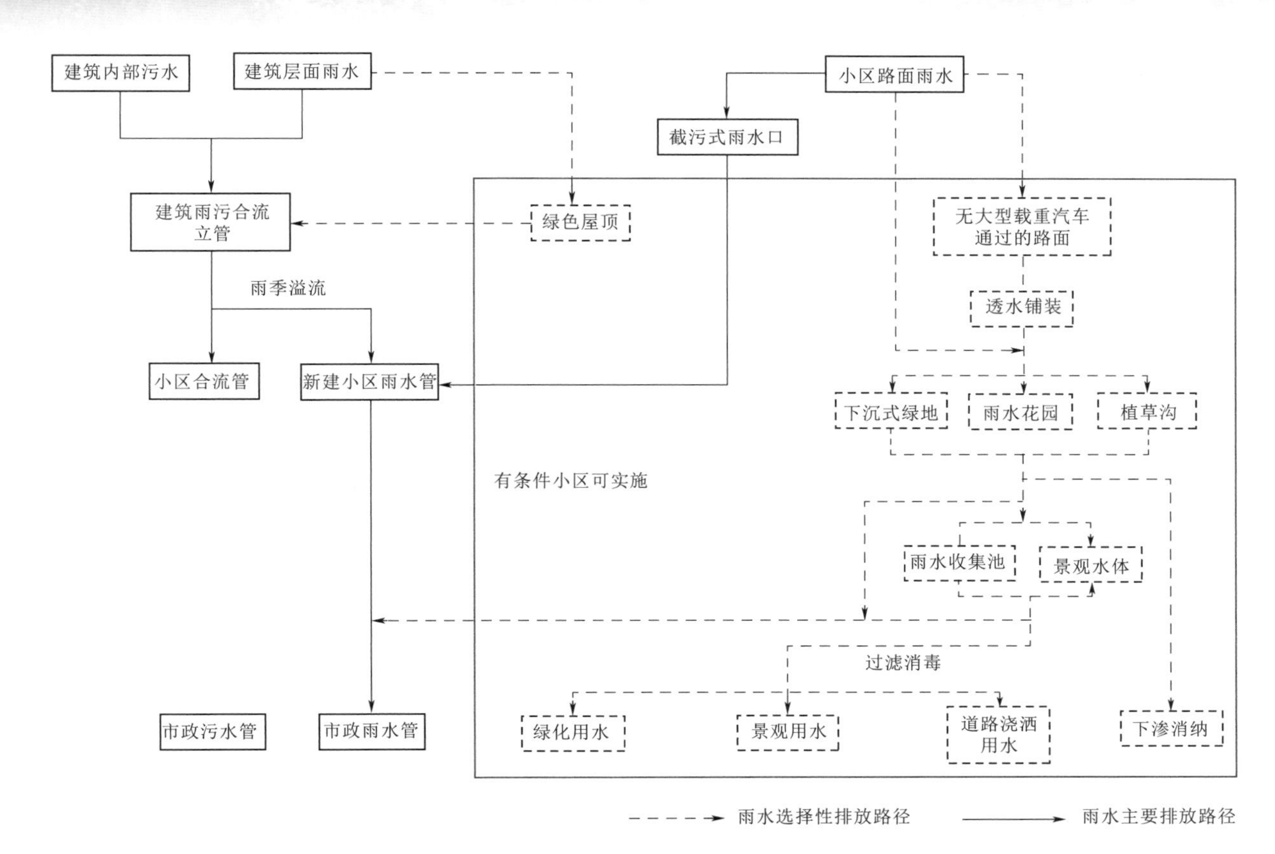

图 6.2 Ⅱ类排水建筑与小区正本清源改造方案

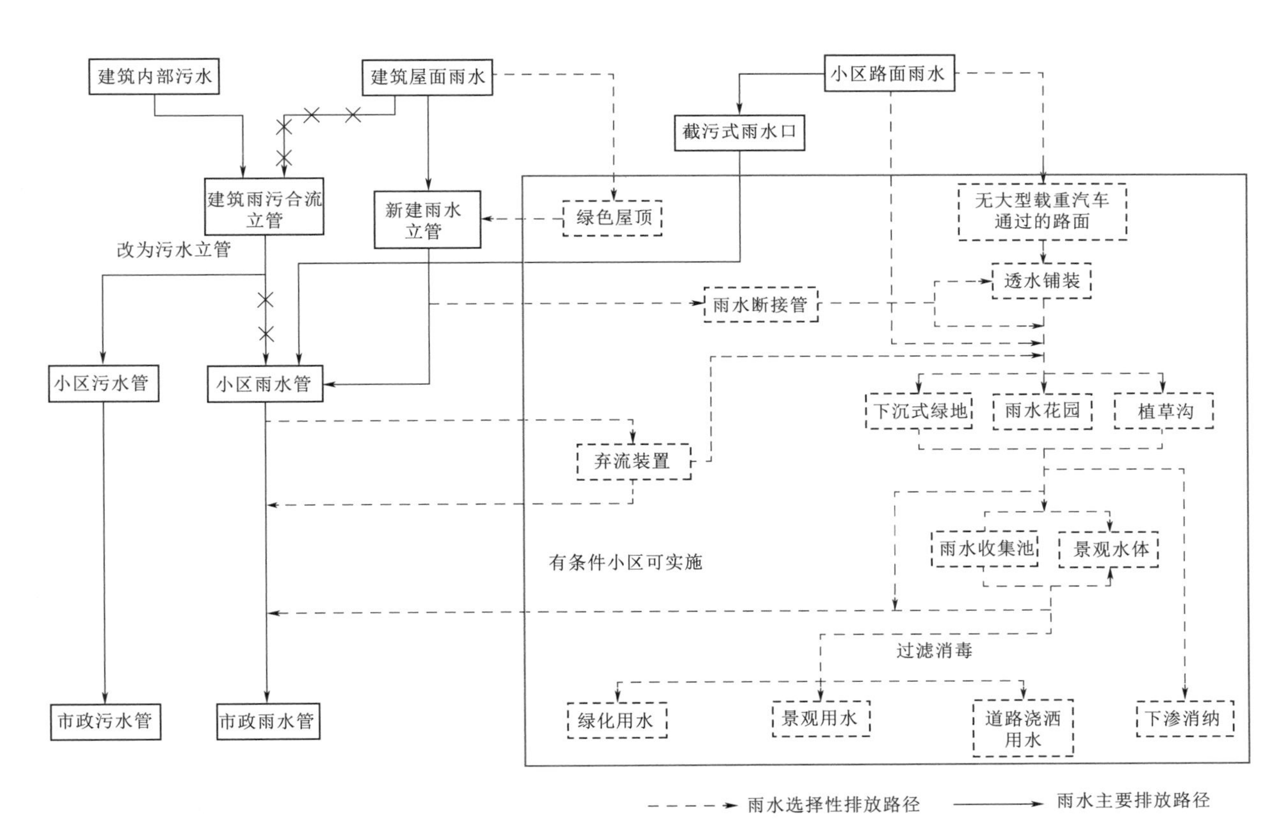

图 6.3 Ⅲ类排水建筑与小区清源改造方案

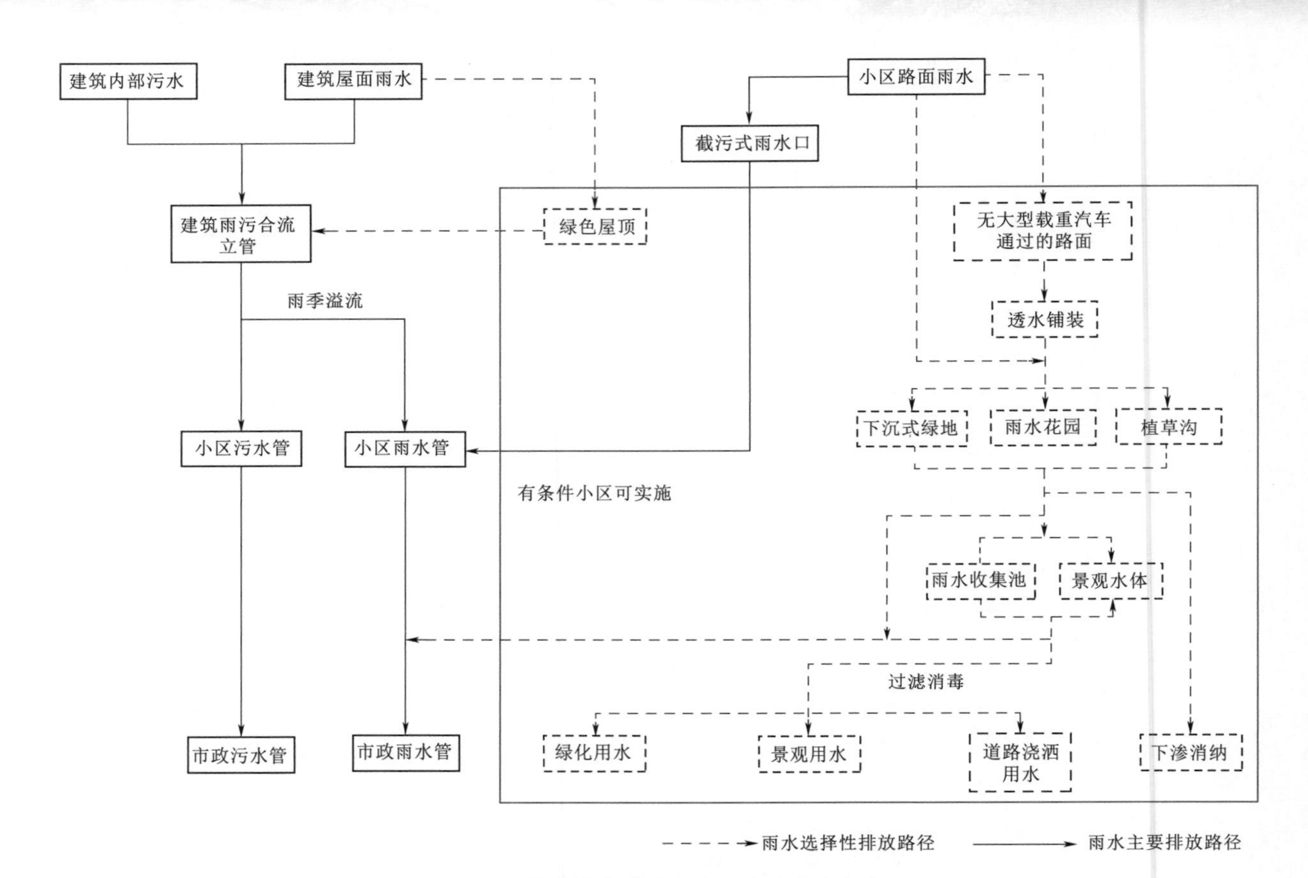

图 6.4　Ⅳ类排水建筑与小区清源改造方案

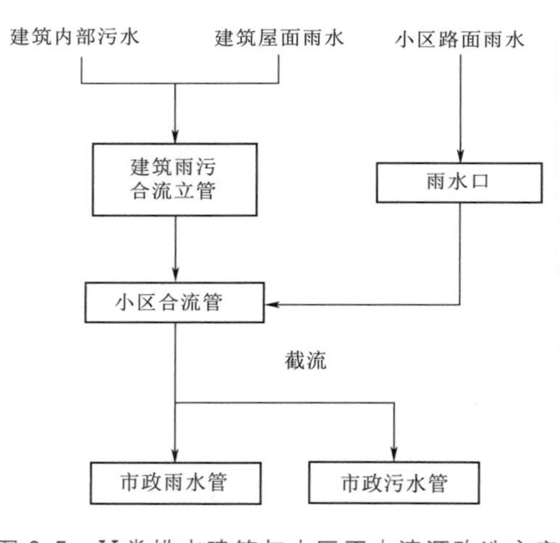

图 6.5　Ⅴ类排水建筑与小区正本清源改造方案

（1）针对工业类排水小区，提出了“雨污分流、污废分流、废水明管、雨水明渠化”的要求（图 6.6）：

1）雨污分流：将企业内部雨水与污水分开收集。

2）污废分流、污污分流：企业内生活污水和工业废水原则上均应进行分流，工业废水应按照废水中污染物类型分开收集，达到“污污分流”，不同类型的污染物采用相应的废水处理工艺预处理后进行集中。

3）雨水明渠化：对于采用雨水管道的所有企业，应将雨水管道明渠化。新建一套雨水明渠，收集地面和雨水立管的雨水，雨水明渠采用雨水篦子覆盖，可通过缝隙观察明渠内水流情况。

4）废水明管对采用埋地设置生产废水管网的重点企业，应新建一套废水明管，并在管道上标明污水流向和污水类型，原有废水管道封堵、报废；企业生活污水管网一般走向简单清晰，且需要接入地下化粪池，不进行明管化改造。

因此，工业废水处理由企业自行改造，处理达标后可接入管网工程预留的管井，由政府

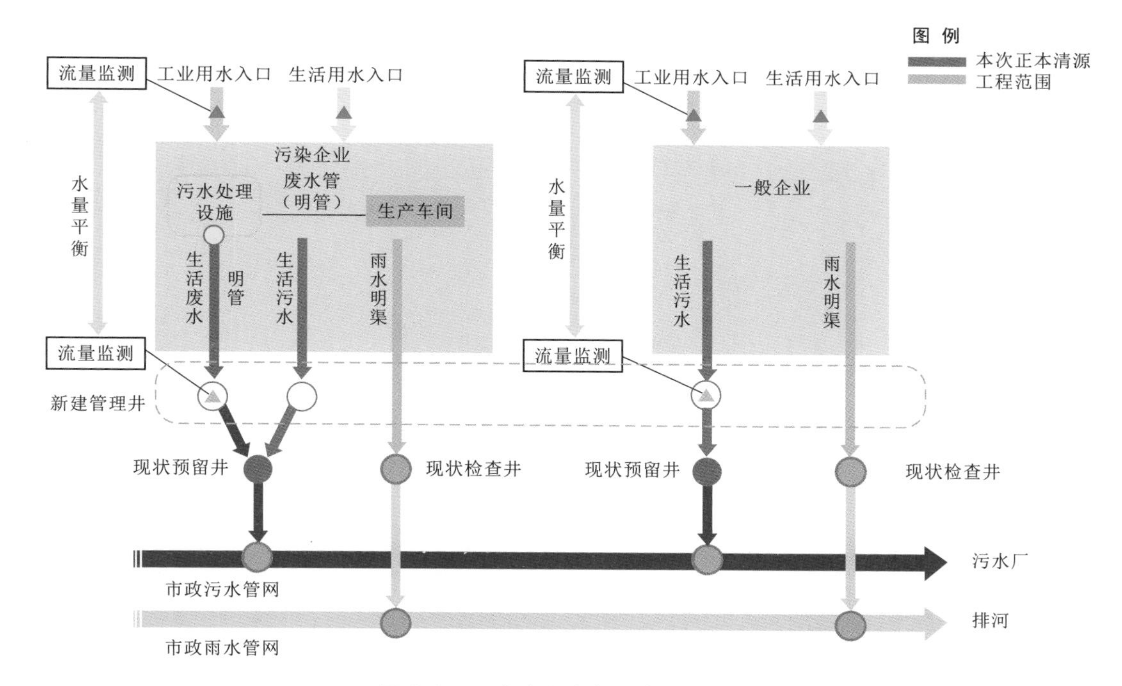

图 6.6　工业企业内部污水排出方式

统一监督。其生活区的正本清源改造主要执行Ⅰ～Ⅲ类清源方案。

（2）正本清源工程范围内公共建筑类排水小区：用地类型主要为商业服务设施用地和公共管理与服务，正本清源主要执行Ⅰ～Ⅳ类清源方案。

（3）正本清源工程范围内居住小区类建筑排水小区：用地类型主要为一、二类居住用地，正本清源主要执行Ⅰ～Ⅳ类清源方案。

（4）本次正本清源工程范围内城中村类建筑排水小区：根据《深圳市城中村综合治理标准指引的通知》（深城提办〔2018〕3 号），城中村的实施需遵循“能分则分，不能分则截”的原则，按照Ⅰ～Ⅴ类清源方案进行雨污分流改造或外围截污：

1）确保具备条件的实施雨污分流。具备雨污分流条件的城中村，楼栋内需有两套雨污排水系统，实现雨污分流排放。房屋立管与巷道支管接驳正确，雨污水总口与市政干管接驳正确。

2）确保不具备条件的实现污水截流或就地收集处理。不具备雨污分流条件的城中村，可建设一体化处理设施，出水水质满足《城镇污水处理厂污染物排放标准》（GB 18918—2002）一级 A 及以上排放标准，无条件建设一体化设施或已纳入城市更新计划（2020 年前确定实施）的，在村内保留合流制、截流制排水体制，将污水排入市政系统，实现旱季污水全收集全处理。

6.4.3　建筑排水小区立管改造方案

6.4.3.1　工业仓储类建筑、公共设施类建筑、居住小区类建筑内部立管改造方案

工业仓储类建筑、公共设施类建筑、居住小区类建筑内部立管改造过程中，按照每栋设置 4 根立管，部分狭长形的工业类小区可设置 6 根立管，一般选用 $DN110$ 的 UPVC 管，立

管连接选择 $DN160$ 的 UPVC 管，立管末端至雨水口处的埋地距离一般设置为 2～3m。立管改造可分为合流立管改造、雨水立管入地改造与雨水立管散排入地 3 种（图 6.7）。

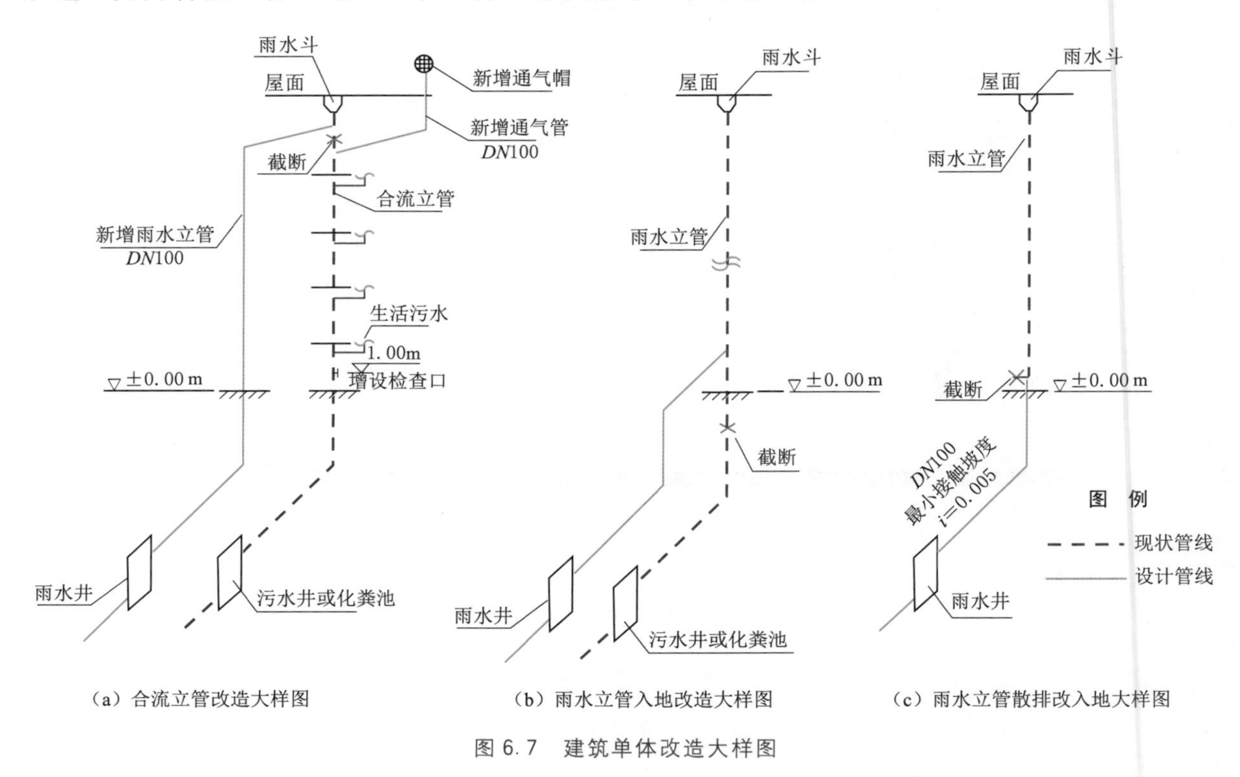

(a) 合流立管改造大样图　　(b) 雨水立管入地改造大样图　　(c) 雨水立管散排改入地大样图

图 6.7　建筑单体改造大样图

6.4.3.2　城中村类排水小区内部立管改造方案

城中村类排水小区建筑物年代较早，缺乏科学合理的规划设计，立管基本为混流立管，主要有两类：①由建筑物屋顶开始自上而下收集各层生活污水，末端入地；②为建筑物楼内穿墙伸出的污水排水管。因此城中村立管改造（图 6.8）对象主要针对上述两类，改造内容则包括新建雨水立管和改造污水立管。

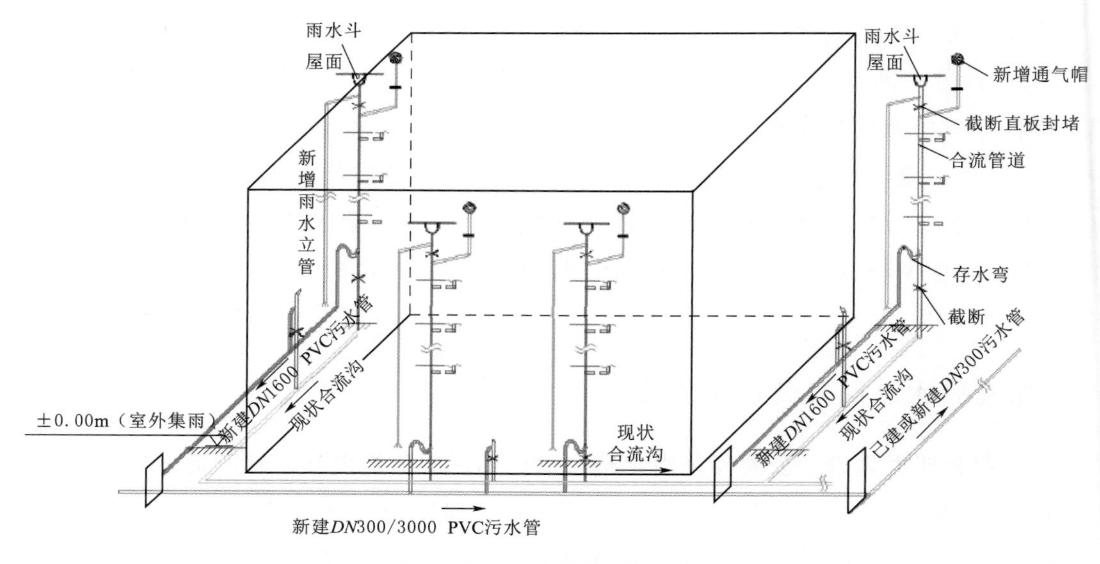

图 6.8　城中村类排水小区立管改造

第一类：污水立管顶部与屋面雨水斗截断，新增通气帽及新建雨水立管，每栋新建4根$DN110$的UPVC雨水立管，接走建筑天面雨水，雨水立管下端散排至地面；污水管底部截断并增设存水弯，接入新建的$DN160$接户污水管、巷道内接户污水管或巷道内$DN200$～$DN300$污水管。

第二类：污水管底部截断并新增存水弯，新建$DN160$接入接户污水管或巷道内接户污水管，或巷道内$DN200$～$DN300$污水管。

6.5 维护与管理

正本清源工程实施之后，可能存在雨污水管“返潮”的新问题。深圳市2016—2018年正本清源改造小区8980个，通过核实发现存在一定的“返潮”现象，核查的915个小区中有299个存在“返潮”现象，详见表6.3，针对该问题提出了定期检测、定期维护的要求，并提出采用管道疏通、定期清掏、管道内窥检查、旧管更换等方式进行维护整改。

表6.3　深圳市正本清源工程后雨污水管“返潮”情况汇总表　单位：个

行　政　区	实际核查项目数量	成效有问题数量	小区分流但市政管网为合流的数量	工程类问题数量	管理类问题数量
宝安区	247	88	7	20	96
光明区	85	31	1	8	47
罗湖区、盐田区	58	21	2	5	75
福田区	124	15	2	1	31
南山区	92	33	1	15	99
龙华区	93	48	12	9	95
龙岗区	152	42	1	2	54
坪山区、大鹏新区	64	21	3	8	95
合计	915	299	29	68	529

正本清源工程维护管理中能够发现雨污混接及设施结构性与功能性缺陷，并采取针对性措施，保证各类设施功能的正常发挥。

维护管理工作的主要内容有定期检测、定期维护等。

（1）定期检测。排水设施应定期巡视和检查。巡视包括晴天雨水接户管排水情况、阳台立管功能改变、雨水口堵塞、井盖和雨水篦缺损、管道错接、管道堵塞、自建污水处理装置运行状况等；检查包括积泥、裂缝、变形、腐蚀、错口、脱节、渗漏等，若巡视发现晴天雨水接户管内有污水排出需追溯源头排水户。

（2）定期维护。排水管道、检查井和雨水口的定期维护频率不应低于表6.4的要求。

表 6.4　　排水管道、检查井和雨水口的定期维护频率

排水管道性质	维护频率/(次/年)					
	排水管道直径				检查井	雨水口
	<600mm	600～1000mm	1000～1500mm	>1500mm		
雨水管道	2	1	0.5	0.3	4	4
污水管道	2	1	0.3	0.2	4	

一般建筑与小区内的排水管道管径均小于 $DN600$，可采用一年 2 次的维护频率。对于在实施清源改造时同步建设海绵设施的排水建筑与小区，也应一并考虑海绵设施的维护。

排水管道维护可采用管道疏通、定期清掏、管道内窥检查、旧管更换等方式。检查井、雨水口维护宜采用定期清掏、井盖及雨水口修复和更换等方式。

第7章　厂网河源——全面消除黑臭

7.1　全面消黑方案

2015—2018年三年间的流域综合整治工作大幅度提高了深圳市污水系统运行能力。截至2018年底，深圳市录入排水GIS系统并纳入设施管理的排水管渠总长15992.02km，其中雨水管（渠）总长7904.27km，污水管（渠）总长6506.03km，截流、合流、混流管渠总长1581.72km。深圳市原有入河排水口约2万个，需要整治的约7800个。2017年消除入河排水口1311个，2018年消除入河排水口6511个。深圳市排水管网密度达到$17.23km/km^2$，这一数据虽然与日本相比还有一定的差距（日本城市平均排水管道密度在$20\sim30km/km^2$，重要地区可达到$50km/km^2$），但较之前的污水系统已经有较为明显的进步。

随着生态文明建设和污染防治攻坚战的工作要求越来越高，国家和省级各类督察越来越严。2018年之后，深圳市为打好攻坚战，相继制定了指导性指南《深圳市小微黑臭水体整治工作指南（征求意见稿）》《深圳市面源污染整治管控技术路线及技术指南（征求意见稿）》《深圳市污染雨水防治技术指南（征求意见稿）》《深圳市全面消除黑臭水体攻坚实施方案2018—2019年》以及《深圳市2019年全面消除黑臭水体工作指引》，通过强化污染雨水控制，理顺雨污分流系统和截污系统间的关系，结合排水管网完善，控制面源污染，完成小微黑臭水体整治，全面消除黑臭水体的目标。

2019年，茅洲河流域管理响应深圳市全面消除黑臭水体的目标，开展了全面消除黑臭水体工程，按照“控源截污”“内源治理”“活水保质”“生态修复”四位一体的总体工作路线，以“厂、网、河、源”为实施主体，共涉及11个子项内容，包括水质净化厂水量调配、老旧管网改造、老旧管网清疏维护、现状污水泵站升级改造、遗漏正本清源小区补充完善、重点区域污染源治理、河道防洪完善及排水口整治、小微水体整治、小湖塘库整治、排涝泵闸维修改造、重点景观生态修复等。

2019年，茅洲河全面消除黑臭整治工作的开展标志着水环境整治工作进入深水区，以“厂、网、河、源”作为四个实施主体，重点解决老旧管网现状问题、点源及面源污染整治、初期雨水弃流调蓄、现状泵闸改造等工作，实现“厂、网、河、源”系统的匹配性，从“系统治理、流域统筹”的角度为茅洲河建立完善长效管护机制，实现“长治久清”（图7.1）。

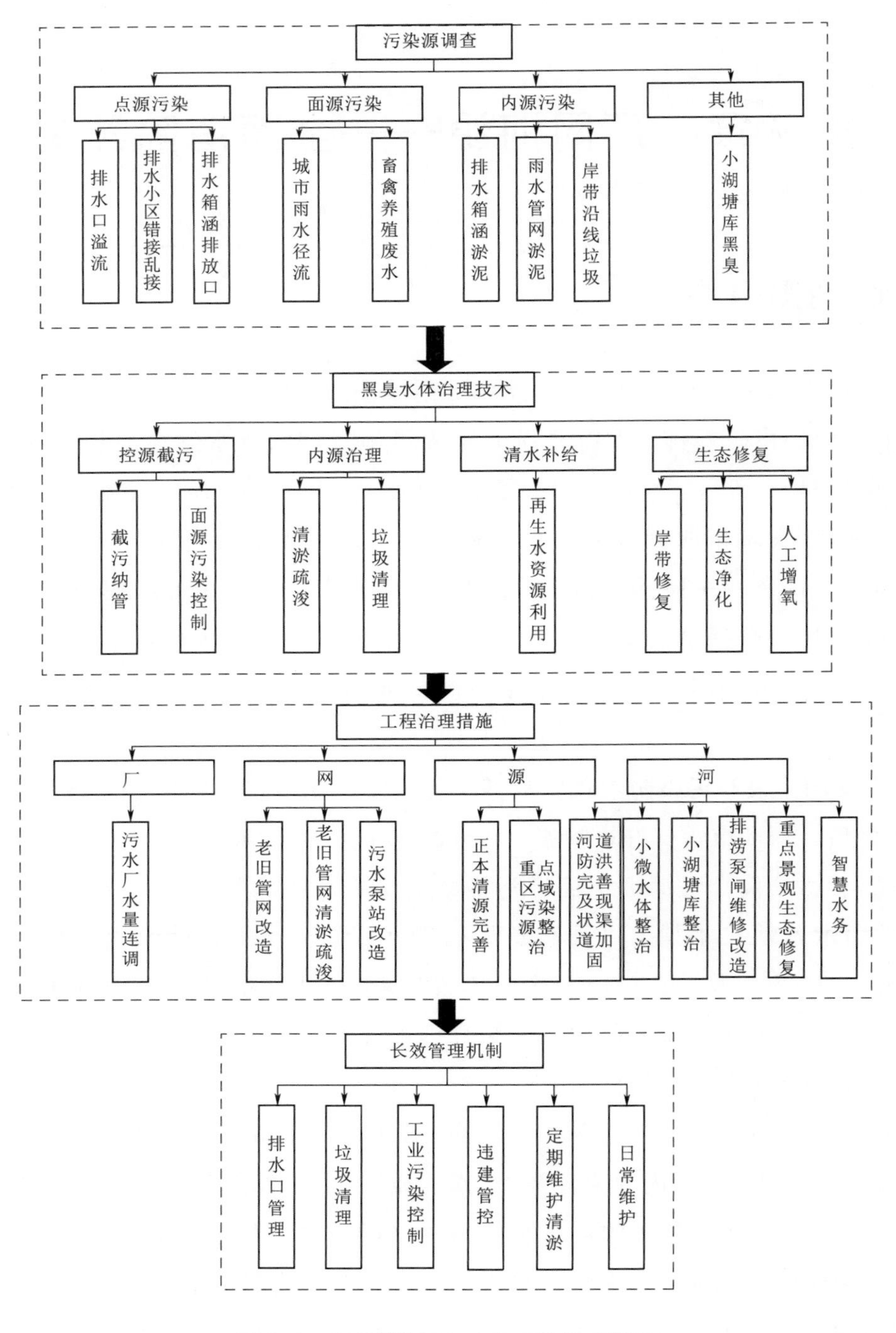

图 7.1　全面消除黑臭水体工程技术路线

7.2　污水厂间调配

实施厂网联合调度，有利于增强污水系统的冗余调度能力。管网方面，合理控制沿河截污工程的溢流风险，增强调蓄能力；厂站方面，对有条件的片区，推进污水系统互联互通，构建污水应急调配通道。具体来说，就是以排水流域为单元，以“就近调配、重力流调配、因地制宜调配、规模匹配调配”为原则，建立应急调配机制，通过泵站和相邻污水系统之间的干管连接，以及雨污剥离后截污管涵的改造，实现污水处理厂互联互通，解决污水处理厂在事故期、检修期及提标改造期间的污水应急出路。以宝安区为例，污水处理系统包括沙井水质净化厂和松岗水质净化厂。

7.2.1 沙井—松岗传输系统

从污水系统及水量分析来看，沙井水质净化厂、松岗水质净化厂已经接近满负荷，当松岗水质净化厂不承担截污箱涵应急工程收集的水量后，松岗水质净化厂水量为23万～26万m^3/d，较设计尚有处理余量。为满足2018年底茅洲河水质达标目标，建设了从松岗2号泵站到松岗污水厂之间的3号线路，基本贯通了从沙井厂到松岗厂站输送污水的线路。其中，还新建了一套松岗2号泵站备用压力管，以保证从沙井污水厂到松岗2号泵站污水转输的可靠性。目前这套系统涉及的3条线路的基本情况如下。

1. 污水厂连通系统

原污水厂连通系统主要依托1号线运行，起点为松明大道与宝安大道交叉口，终点为北环路DN1800干管，管径为DN1600，长度为3013m。

2. 2号线连通系统

松岗2号泵站备用压力管新建方案，管径DN1200，管长3090m，起至松明大道与宝安大道交叉口，终至沙井北环路。

新建2号泵房压力管出水管线，与现状压力管形成双管系统，建设此系统的目的是保障在一根出水管发生故障时，通过调度实现不断水检修，确保2号泵站服务范围内的污水能排至污水厂干管系统，不再溢流入河。

3. 3号线连通系统

2018年11月5日，根据深宝治水指办〔2018〕126号文，宝安治水提质指挥部要求：为加强片区污水有效传输处理，避免旱季污水溢流入河，影响黑臭水体治理工作，会议决定新建一条3号线连通松岗2号污水泵站至松岗水质净化厂的DN1000压力管工程。此段线路起点为2号泵站，终点至松岗水质净化厂，管径DN1000，管长4648m，输水规模8万m^3/d。

7.2.2 松岗—沙井传输系统

污水处理厂转输系统的建成，在短时间内快速解决了沙井服务范围内污水过量无法处理的问题，避免旱季污水溢流入河，也有助于实现污水处理厂“两高一低”，即高收集率、高进水浓度及运行水位低的目标。然而，在2019年以前，该系统仅打通了从沙井厂到松岗厂站输送污水的单向线路，对于整个污水系统联动联调还存在短板。进入2019年的全面消黑阶段后，为增加水质净化厂调度运行的灵活性，实现污水处理厂之间畅通的水量联调，考虑新建松岗水质净化厂——3号线末端线路，反向输水至沙井水质净化厂线路，实现全流域范围内污水连通。反向系统仍可利用3号线系统，同时补全遗漏段。

7.3 老旧管网改造

7.3.1 老旧管网现状及已建工程情况

深圳城市呈现建成度高、地下管网覆盖度高、管网老旧程度高的“三高”特点。以某流域为例，管网基本建设年代较久，污水管管龄为5年的占5.2%，10年的占20.7%，10～15年的占19.3%，15～20年的占33.9%，20年以上的占19.4%。可见，15年以上管龄的污水管占50%以上，老旧程度高，且管网建设历史欠账多，系统性差。

截至全面消黑工程开展之前，茅洲河宝安片区共有1830.51km污水管，其中污水主干管长223.37km，污水次干管长117.29km，污水支管长1490.85km。这些都得益于多年来快速、高效的管网建设工作。宝安片区配套污水干管一期和二期工程建设污水干管系统约160km，形成了污水干管网络系统；片区雨污分流管网工程新建污水支管系统约1014km，形成污水支管网络系统；河道截污工程新建“第二防线”污水管，解决入河污水，对污水主系统进行补充；正本清源工程对小区进行源头雨污分流，新建源头污水收集管网，形成污水收集毛细管系统；接驳完善工程对污水主干管进行清淤检测修复。

虽然污水系统建设工作卓有成效，但现状老旧污水干管及支管网系统由于建设年代久远，管道养护较困难，存在严重淤积、损坏、断头、逆坡、管网缺失等情况，因此有必要针对老旧管网系统进行全面的排查，针对老旧管网采取修复、新建、翻建等措施疏通现状污水管网系统，使之能够畅通运行。

7.3.2 老旧管网的主要问题

茅洲河流域宝安片区现状污水系统主要由老旧管网和近年已建管网组成，经过排查，污水系统仍然存在与规划不符的问题，大致可分为四类：瓶颈管、老旧缺陷管、接驳管、破损管。

（1）瓶颈管。瓶颈管是由于城市发展，人口日益增长，居民生活污水、工业废水量日益增大，另外由于污水管道建设时间久远，且管道缺乏日常维护，导致污水管道内淤积了大量的淤泥，造成了污水管道过流能力不能满足现状污水排放量需求而产生的。瓶颈管主要针对三类管道：①现状污水管道管径不能满足现状排水能力；②现状污水管道管径与规划管道管径不符；③现状市政道路上无污水管道或仅有合流管道。

（2）老旧缺陷管。老旧缺陷管是由于建设年代久远，管道养护较困难，存在严重淤积、损坏的管道。

（3）接驳管。部分现状污水干管及支管网系统由于建设年代久远，养护工作未实施到位，导致管道损坏、接驳不当等问题。接驳管问题主要包括三类：第一类是污水管道与雨水管道混接、错接，导致污水直接排至自然水体，对自然水体产生严重的污染，或大量的雨水排入水质净化厂，增大了水质净化厂负荷，导致水质净化厂高水位运行；第二类是上游管道比下游管道管径大，大管接小管，下游污水管道排水能力不能满足污水排放需要，导致污水管道出现高水位运行；第三类是断头、缺失的管道，导致污水逆流甚至反冒出路面，污水无法正常排放。

（4）破损管。破损管主要指管道存在塌陷、破裂等问题。

7.3.3 老旧管网改造

老旧管网改造工程作为实现2020年全面消除黑臭的关键工程措施，是对配套污水干管工程、片区雨污分流管网工程、正本清源工程、河道综合整治工程、接驳完善工程的进一步推进，主要针对现状管网存在的不同问题，针对性地实施翻建、改造、修复等技术措施，改造管网总长度181.81km，实现了污水系统通畅运行，技术路线如图7.2所示。

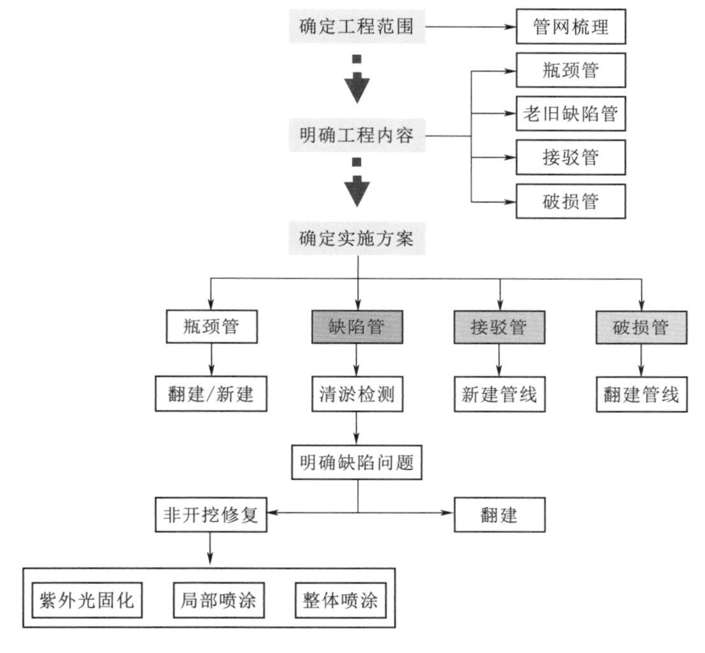

图7.2 老旧管网改造技术路线图

（1）瓶颈管。全面消黑工程针对三类瓶颈管道进行原位或异位扩径改造。针对现状污水管道管径不能满足现状排水能力的问题，例如宝安大道干管与107国道市政污水管道，重新进行水力计算，采用原位或异位扩径翻建改造方案。针对现状污水管道管径与规划管道管径不符的问题，例如燕山北部工业区污水管道，管道规模不满足规划要求，采用原位翻建。针对现状市政道路上无污水管道或仅有合流管道的问题，采用新建管网措施。

（2）老旧缺陷管。老旧缺陷管主要问题是淤积。管道淤积主要由运营管理不当、年久失修、管道破损、逆坡、设计标准较低等原因造成，仅仅对淤积管道进行清疏难以达到长治久清。为从根本上解决管道淤积造成的污水运行系统不畅，在全面消黑工程中，针对上述梳理出来的78.82km管道进行清淤、检测，并根据清淤检测的结果选择非开挖修复或翻建。

（3）接驳管。针对本次管网接驳管道问题，对断头、缺失的管道采取新建管道的措施，对错接、乱接的管道，重新梳理管网系统，通过新建管道疏通整个管网系统，使污水全部能够排入水质净化厂。按“五个优先”的原则优化实施时序，并在新建管网的过程中，同步处理好新旧管网的接驳问题，使新建管道尽早发挥效能。一是优先实施污水收集干管；二是优先实施距离污水处理厂和主管网近的管网；三是优先实施工业企业集聚区管网；四是优先实施社区雨污分流管网与污水主管网的接驳；五是优先将具备条件的原有合流管改造为污水管。

（4）破损管。结合管道破损程度，对破损不严重的污水管道采取修复的措施，对破损严重的污水管道采取原位翻建或异位翻建。

7.4 老旧管网清淤

7.4.1 合流管道淤积现状

在未开展雨污分流、正本清源工作以前，茅洲河宝安片区大部分的市政管网采用合流制，大量污水通过合流管道进行传输，在管道中留下大量淤泥以及固结物。在雨污分流工作中，部分区域采用了新建污水管道，保留原有合流管道作为雨水管的方案。如果要恢复其作为正常雨水管道的功能，需对其进行清淤疏浚。根据现场勘察及实际测量资料，此类管网普遍存在淤堵、缺陷、混接情况，主要表现在以下方面：

（1）管内淤泥厚度大部分在管径一半以上，部分为满管情况，严重影响管道过水能力。

（2）部分干管因乱倒建筑、生活垃圾，淤堵严重，且部分管道内部充填混凝土固结物，清理困难。

（3）检查井是排水管网系统中淤堵最严重的环节之一，特别是由于餐饮垃圾偷倒、泥土车和渣土偷倒现象，造成检查井淤堵，排水流速降低，加速上游管道的淤积。结合管网淤堵调研情况与《深圳市排水管网维护、管理质量标准》，*DN*1000 雨水管、*DN*1000 合流管、*DN*500 雨水管三年平均积泥深度分别在 0.25m、0.30m、0.25m 以上，分别超过对应管径的最大允许积泥深度 0.05m、0.10m、0.13m。

7.4.2 清淤修复工作机制

片区内老旧管网清淤疏浚按照“边清淤、边检测、边修复、边管理、边验收、边移交”的“六边方式”实施。实施时业主、设计监理、设计单位、施工监理、施工单位、权属单位同时到位，以贯彻“六边方式”的实施（图 7.3）。

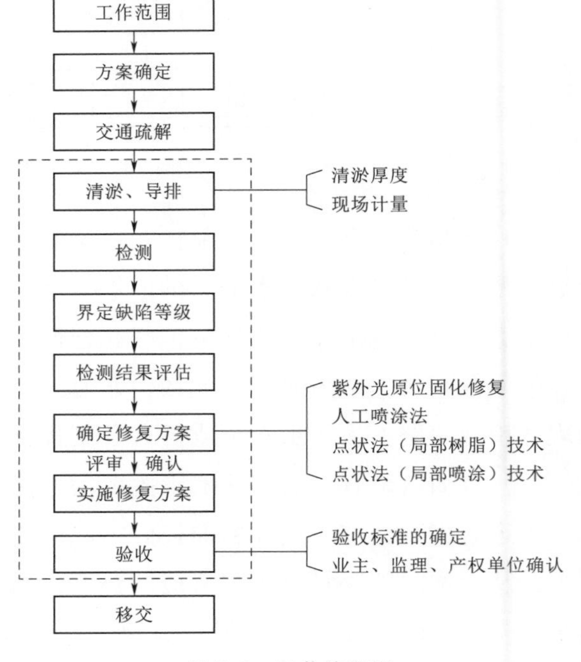

图 7.3　工作流程图

(1) 边清淤：在实施管道清淤之前，各方确认需进行清淤检测的管段，根据管段情况，进行封堵、导排，明确清淤方案，相关工程量以现场确认为准。

(2) 边检测：清淤完成后，立即进行 CCTV 检测，并形成检测报告。设计院根据检测结果，明确修复方案并完成修复施工图设计，各方对电子版图纸进行审查并明确意见。

(3) 边修复：在检测结果基础上，根据设计院编制的修复方案，进行现场修复。业主、设计监理、施工监理、设计、施工单位等各方现场确认。

(4) 边管理：业主、设计监理、施工监理、设计等各方，积极配合现场进展情况，及时赴现场核实导排方案、清淤量、修复方案、修复工程量等内容，并在每周次的监理例会上讨论，形成每周次的会议纪要，并将纪要抄送业主。

(5) 边验收：在管道修复完成的同时，需联合业主方、施工监理方、质检部门，同步进行验收程序。

(6) 边移交：清淤检测修复完成后，验收合格的管道，及时移交至相关管养单位。

7.4.3 主要工程内容

老旧管网清淤疏浚按照“导排、清淤→CCTV 检测→错接混接污水管排查与溯源→确定管道修复方案→管道修复→管道翻建”的工序对老旧雨水管网进行清淤疏浚修复，并对错接混接污水管进行排查与溯源整治，保证雨水管网畅通。

老旧管网清淤疏浚工程的设计对象包括以下几类：①市政道路老旧雨水管道，管径基本在 $DN300 \sim DN1500$ 之间；②高度 $H<1.3$m 的老旧雨水箱涵（市政道路高度 $H \geqslant 1.3$m 的老旧雨水箱涵纳入至小微水体整治中进行处理）；③与雨水检查井相连接的雨水口以及两者之间的雨水连接管；④排水小区内的雨水庭院管涵，包括工厂、居民区内部的小型雨水沟、小管径的雨水管道，以及各封闭小区内部道路上的雨水支管和雨水箱涵。

老旧管网清淤疏浚工程整治思路如图 7.4 所示。

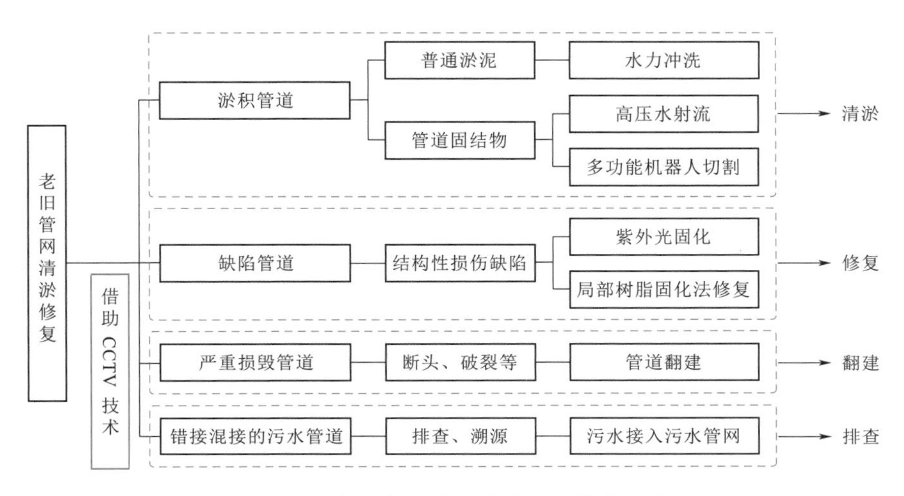

图 7.4 老旧管网清淤疏浚工程整治思路

1. 管道封堵、导排

对于需进行清淤检测的管段，通过对管段情况进行实际调查，摸清管道实际积水量及淤泥量等淤积情况，进行管网清淤。针对存有积水的管段，应先进行导排处理。封堵采用上下游各一处气囊封堵和一道砖砌墙封堵，采用水泵将施工段上游截留污水从检查井内抽出，采用临时设置的管道导排至施工段下游管内或附近污水管道，使得管道能在安全的环境下完成修复。

2. 清除淤泥及固结物

采用人工清淤和机械清淤配合作业对管道内、检查井内污泥、淤泥、砂等杂物进行清淤（图 7.5）。

（1）针对管径小于等于 900mm 的雨水管道及高度 $H\leqslant 900$mm 的雨水箱涵，主要采用机械清理淤泥，用水枪冲洗管内积泥后采用吸污车吸泥，同时采用人工清理管内砂石等杂物。

（2）针对管径大于 900mm 的雨水管道及高度 $H>900$mm 的雨水箱涵，主要采用人工清理管内淤泥、砂石等，装填入袋后采用密闭运输车运走。

（3）对于管内附着的混凝土等固结物以及树根、结垢等障碍物清理，采用人工方法清理，清理后抽出管内积水，再采用高压水进行清洗，确认达到施工要求后方可进行下一工序施工。

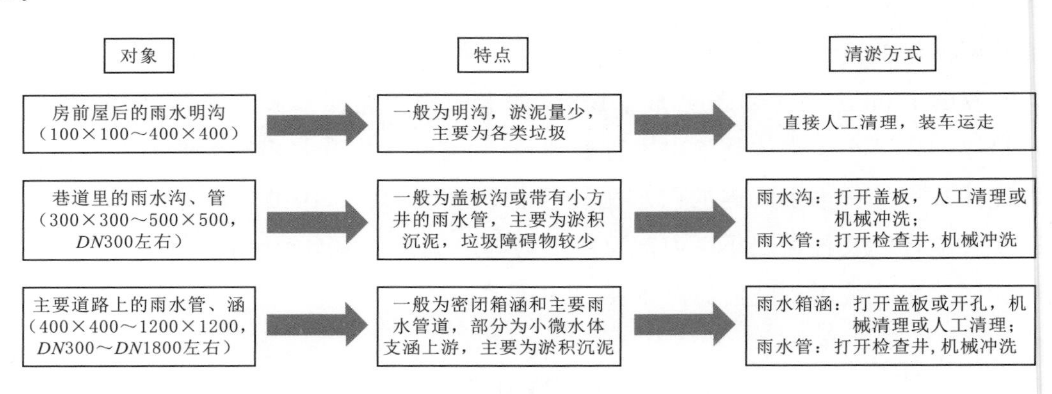

图 7.5　清淤对象、特点及清淤方式

3. CCTV 电视检测

老旧管网清淤疏浚推荐采用排水管渠内部隐患检测法（CCTV 电视检测法），清除淤泥及固结物后，进行 CCTV 电视检测，并依据《城镇排水管检测与评估技术规程》（CJJ 181—2012）有关规定，编制详细管道检测评估报告。检测报告中应包含管段缺陷等级、缺陷数量、缺陷类型等信息，同时包括管段中错接混接污水管的坐标、材质、标高等相关信息。

4. 错接混接污水管的查找与溯源

根据 CCTV 电视检测报告提供的信息，对错接混接污水管道进行查找定位，新建部分连接管道并将其接入附近污水管网系统。针对从排水小区内部错误接入市政雨水管涵的污水管，应进行溯源工作，明确污染点，并通过正本清源工程进行彻底整改。内容包含市政雨水管道和庭院管中错接污水管的查找和溯源。

（1）市政雨水管道错接排口查找。根据CCTV电视检测报告提供的信息，对错接混接污水排口进行查找定位，并进行统计（表7.1）。

针对市政道路错接的污水主管，结合管段附近的管道物探信息，新建部分连接管将错接、混接污水管接入附近污水管网系统，保证老旧雨水管网中不再有其他市政污水混入。

表7.1　错接混接污水排口统计表（示例）

序号	管径（宽×高）/mm	管底标高/m	排口类型	材质	平面坐标X/m	平面坐标Y/m	是否有污水
1	200	2.24	污水口	PE	39645.71	86401.06	是
2	200	1.64	污水口	PVC	39644.22	86477.51	是
3	200	1.79	污水口	PVC	39642.99	86498.51	是
4	200	1.68	污水口	PVC	39641.63	86522.75	是
5	200	1.53	污水口	PVC	39640.30	86549.46	是
6	200	1.19	污水口	PVC	39638.14	86590.80	是
7	200	1.63	污水口	PVC	39635.65	86632.79	是

（2）庭院管错接排口查找、溯源。庭院管由于一般位于小区内部，包含小区内部建筑房前屋后的排水沟、各小区内部道路上的雨水管、涵，部分属于小微水体支涵上游部分。因此其错接排口的查找溯源工作与小微水体和市政雨水管道的清淤、排口排查工作密不可分。针对短期内不排污水的建筑或直排暗渠暗涵的建筑，难以及时发现其错接漏接的情况，因而采用“从排口倒查源头、从源头追查排口”双向排查模式，逐栋逐户，对各类污染源的性质、数量和问题进行查清建档，实施楼栋全覆盖的排查溯源。

利用小微水体和市政雨水管网CCTV检测报告提供的排口分布资料，沿着庭院管向小区内部进行溯源，溯源至污染源点，再采取相关措施进行彻底整改（图7.6）。

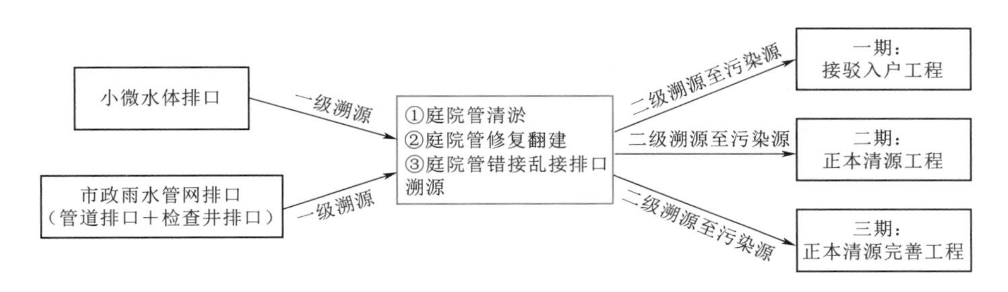

图7.6　庭院管错接排口溯源流程

（3）部分暗渠的特殊情况。在排口的溯源过程中，由于部分暗渠未设置检查口等措施，相关排口不容易查找，因此采用以下措施进行排口溯源和整治：

1）沟改管。

适用条件：污水排口接入多，自身尺寸不大，周围环境有改造条件的暗渠。

改造方式：污染源点截污处理，暗沟本身改为同尺寸雨水管，避免排口再次轻易接入，同时保证雨水管道系统的独立性。

2）暗渠复明施工。

适用条件：尺寸原则上不超过 1m×1m；位于道路路边，没有在路中间（无通行需求）；排口较多，现状污染严重，难以确定其走向的暗渠。

改造方式：拆除现有盖板，明确暗渠走向；对暗渠进行清淤，同时对排口进行溯源整治，打造明渠景观（图 7.7）。

图 7.7 暗渠复明施工后场景

3）暗涵排查。推广应用新技术，采用三维激光扫描和智能暗涵检测系统对暗涵进行排查，掌握暗涵的结构尺寸，暗涵排口的数量、位置、属性以及排口溯源，同时有效降低排查人员安全风险。

（4）末端满水干管道排查方法。采用电法测漏设备对进厂末端满水干管渗漏情况进行普查，确定渗漏点的部位，并采用水下无人潜航器搭载声呐对管道内的错口、缺陷进行全面检查，查明缺陷的类型、尺寸、形态等特征。

5. 确定管道修复方案

根据 CCTV 检测报告提供的管道缺陷程度信息，结合管道使用年龄、发生事故的概率和事故的影响程度，确定管道的修复必要性和优先性（表7.2），最终界定管段修复方式，明确各条管段的非开挖修复方案。国内城镇排水管道整体修复方法有CIPP原位固化（包括水翻、气翻、紫外光固化），喷涂法（水泥砂浆、聚氨酯等高分子有机物），折叠内衬法，穿插法，管片/短管内衬法，裂管法等，不同管径修复方案见表7.3。

表7.2　　修复判定表

修复指数 RI	缺陷参数 F	缺陷密度 S_M	修复建议	备注
$RI \leqslant 1$	—	—	不修复	（1）每段管道中若存在任何一处变形、脱节缺陷等级大于等于3级，采用整体修复 （2）管道翻建需经设计、监理、业主讨论后明确
$1 < RI \leqslant 4$	$F \leqslant 3$	—	不修复	
	$F > 3$	$S_M < 0.1$	局部修复	
		$S_M \geqslant 0.1$	整体修复	
$4 < RI \leqslant 7$	—	$S_M < 0.1$	局部修复	
		$S_M \geqslant 0.1$	整体修复	
$RI > 7$	—	$S_M < 0.1$	局部修复	
		$S_M \geqslant 0.1$	整体修复/翻建	

表7.3　　修复方案表

管　径/mm	局部修复/整体修复	修　复　方　案
<900	局部修复	局部树脂修复技术
900～1200	局部修复	喷涂结构聚氨酯树脂修复技术
>1200	局部修复	喷涂结构聚氨酯树脂修复技术
300～600（不含）	整体修复	热塑固化修复技术
600～1200	整体修复	紫外光固化法修复技术
>1200	整体修复	喷涂结构聚氨酯树脂修复技术/翻建

片区内老旧管网清淤疏浚工程主要针对管道存在的结构性缺陷进行非开挖修复，同时对严重缺陷段管道，诸如严重堵塞无法清淤的管道、严重脱节错口的管道、倒坡段管道进行翻建处理。

6. 修复预处理

根据CCTV检测评估报告，对塌陷管道，采用钢套环预处理；对存在裂隙的管道，采用化学注浆对周围土体进行固化。同时对管道内部的尖锐毛刺等进行处理，对修复工作面外形损坏部分，采用砂浆找平层处理、过渡面处理，保证原有管道待修复部位及其前后0.5m范围内管道内表面洁净、无附着物、尖锐毛刺和突起，从而保证管道后续的修复质量和修复效果。

7. 管段修复

根据管道修复方案，对需修复的管段进行非开挖修复，包括局部树脂修复、喷涂结构聚氨酯修复、紫外光固化法修复、原位热塑固化修复等。针对“倒虹吸”式过河管，存在修复难度大、施工面狭小等困难，主要采用非开挖修管和换管技术对过河管进行修复。

8. 缺陷严重段翻建

对于部分存在严重缺陷的管段，如严重变形、破裂、错口等，导致管道塌陷、周围石块或土体大量挤入管道、管道过流能力受到严重影响或彻底丧失过流能力等，需进行翻建处理，使之实现正常过流。片区内现状管道大部分位于城市主干道或次干道上，车流量较大，考虑到用地规划、交通疏解等因素，对于现状埋地管，优先采用原位翻建方式。

7.5 小微水体治理

7.5.1 定义及特点

2018年7月10日，深圳市治水提质指挥部办公室发布《深圳市治水提质指挥部办公室关于全面排查133条清单外的黑臭水体的通知》（深治水办〔2018〕126号）提出“要拉网式把深圳市所有大大小小的黑臭水体再摸排一次，全部纳入整治范围，一个不漏”的要求，全面排查整治133条黑臭水体清单外的小微水体，即不在深圳市河流、水库（湖）名录的、流域面积小于1km^2“湖、沟、涵、渠、塘”等的水体，全面根治黑臭水体。

小湖库塘也称小微水体，通常是指流域面积较小的明渠、坑塘、小河汊、小支涌等微型水体，在我国水系相对发达的南方城市比较常见，城市建设早期主要承担着雨水排水、调蓄等功能，随着城镇化的扩张和人口规模的扩大，越来越多的小微水体除了上述功能外还承接了大量人类活动产生的污染物，导致水质恶化。

小湖库塘整治主要借鉴黑臭河道治理经验，但与河道相比，小湖库塘水体又有如下特点：

（1）生态基流量小。从汇水面积和流域规模的角度来讲，小湖库塘远小于一般城市河道，并且有相当数量的小湖库塘为人工渠道或坑塘，在旱季几乎无生态基流量，自净能力差，水环境容量低。

（2）数量多且分布广。小湖库塘一般为河道上一级的排水通道，尺寸通常大于雨水管道。作为衔接管网与河道的排水通道，既具有河道的特点，又具有分布广而散的特点。

（3）缺乏规划控制线。城市中的河道一般具有规划的河道蓝线，蓝线对于指导水务部门建设和管理河道具有重要作用，但小湖库塘通常没有明确的蓝线，受建筑侵占和填堵的影响，给水务部门建设和管理带来较大难度。

（4）污水直排现象较严重。小湖库塘相较于河道，通常距离居住区更近，受污水直排的影响更大，对周边居民的影响更严重。

7.5.2 治理思路

小湖库塘根据水质情况可分为三类：一般型、藻类暴发型和黑臭型。一般型水质较好，氨氮、总磷指标低，但普遍透明度偏低；藻类暴发型水质感官较差，透明度低，白天溶解氧高，水体COD高；黑臭型水质感官极差，各项指标超标严重。

基于宝安区污染治理相关工程的逐步完善，小湖库塘水质恶化趋势得到有效抑制。以片区点源污染治理完善为前提，遵循治水客观规律，综合采取“控源截污、清淤疏浚、垃圾清理、生态修复”等措施，分类整治、精准施策，扎实开展小湖库塘黑臭水体整治。提出治理思路如下。

1. 控源截污

通过前期对小湖库塘开展排水口的排查及整治，优先全力开展正本清源等工程，截污纳管，实现雨污分流，确保每个小湖库塘无点源污染汇入。

2. 城中村排水沟改造

岸上城中村排水改造本着“污水能收尽收，雨水有序排放”的原则，最大限度将污水收集到管道中。根据两岸巷道宽度条件，排水沟改造分为三类：

(1) 对于巷道宽度小于1m且两侧均有污水排放的区段，沿原排水线路，在排水沟底部敷设污水管道（图7.8）。

(2) 对于巷道大于1m且巷道有污水排出的情况，拆除原有排水沟，在原排水沟槽底部敷设污水管道，在巷道一侧新建与原尺寸相同的排水沟收集路面雨水，天面雨水通过立管断接管排入雨水沟（图7.9）。

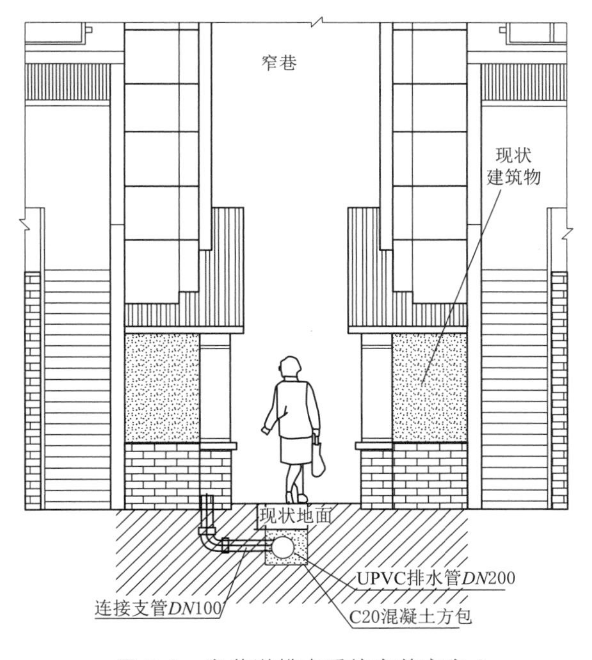

图7.8 窄巷道排水系统完善方案1

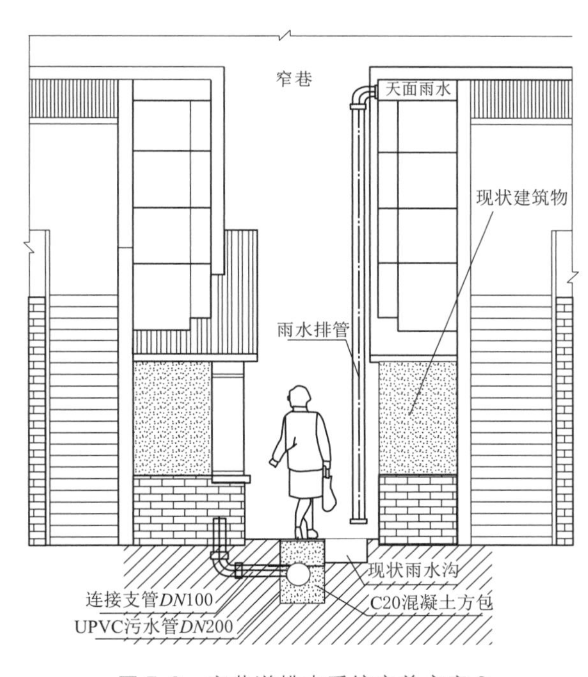

图7.9 窄巷道排水系统完善方案2

(3) 对于巷道宽度小于1m且一层无污水排出的极窄巷道，由于几乎没有管道埋地条件，利用管卡将污水管道固定在建筑一侧，采用明管方式将污水引向下游（图7.10）。

3. 清淤疏浚

同步对小湖库塘的淤泥污染情况进行调查，对小湖库塘黑臭水体，尤其是重度黑臭水体淤泥进行清理，快速降低黑臭水体的内源污染负荷。合理控制清淤深度和清淤范围。根据气候和降雨特质，合理选择淤泥清理时间，充分考虑淤泥堆放和运输风险，按规定采取安全处理处置方式。

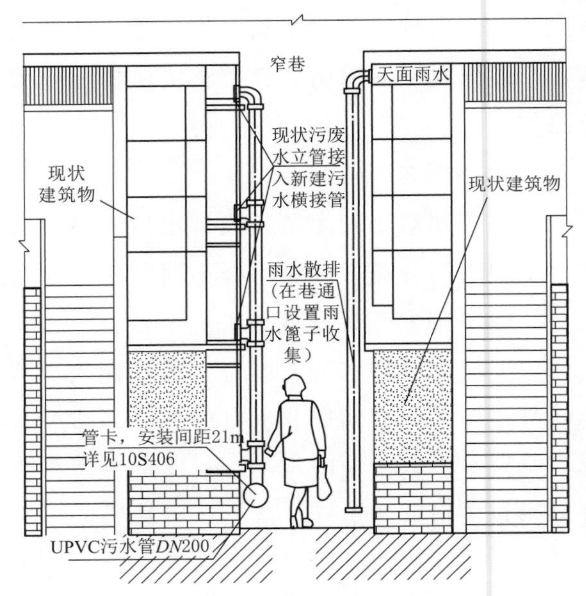

图 7.10　窄巷道排水系统完善方案 3

小湖库塘不适合大型设备疏浚作业，同时在进行底泥疏浚作业时应尽量选择工期短、清淤效率高的工艺设备。因此各小湖库塘采用小型挖掘机清淤为主，配合人工清淤及局部干式清淤为辅的清淤工艺。

为避免对周边环境造成二次影响，需对底泥进行“无害化、稳定化、减量化、资源化”处理处置。因此茅洲河项目设计过程中不设临时堆场，将清疏出的底泥直接由封闭式自卸车转运至茅洲河 1 号底泥厂进行处理。

4. 垃圾清理

对小湖库塘水体内的垃圾和漂浮物进行清捞，并妥善处理处置，严禁将清理的垃圾和漂浮物作为水体治理工程的回填材料。建立健全垃圾收集（打捞）转运体系，将垃圾清理打捞费纳入财政预算，配备打捞人员，及时清理转运垃圾，做好垃圾收集转运记录，确保实现无害化处理处置。

5. 生态修复

生态修复需在控源截污、清淤疏浚、垃圾清理工程完善的基础上开展，构建以沉水植物为核心的生态型水体，同时辅以固定生物循环床、原位曝气增氧、生态浮床等措施，营造多样性生物生存环境，恢复和增强小湖库塘水体的自净能力。

固定生物循环床通过人工构建微生物载体（生存空间），采用低功率水泵实现封闭或有外源污染的水体与固定生物循环床之间的交换，达到污染物降解及藻类控制的目的，提升水质、恢复生物多样性。基于上述原理，针对不同环境区位及功能措施，主要有两种治理模式：①“固定生物循环床＋草型生态塘”模式（图 7.11）；②“固定生物循环床＋鱼池型生态塘”。

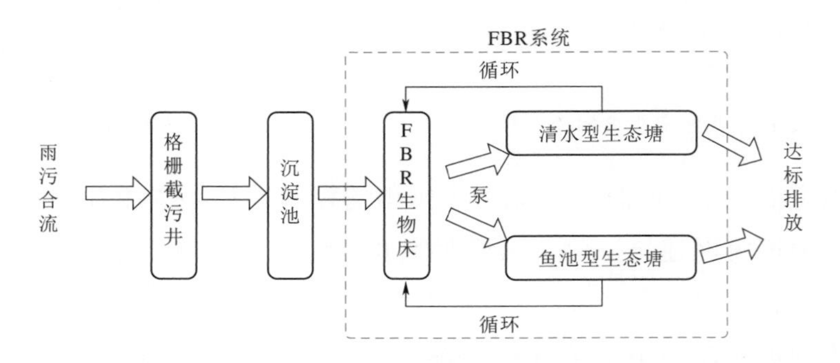

图 7.11　“固定生物循环床＋草型生态塘”流程图

(1)“固定生物循环床＋草型生态塘”模式（图 7.12）。

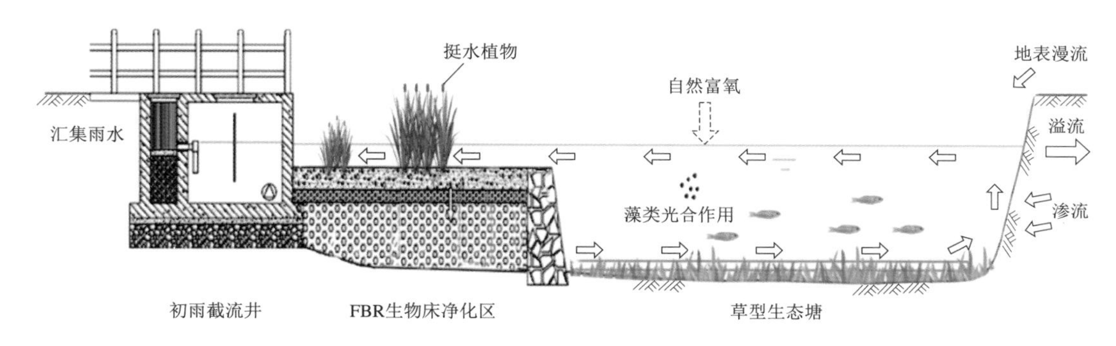

图 7.12 “固定生物循环床＋草型生态塘”模式流程图

1）小湖库塘的外源污染物通过地表径流、地下渗入及地表漫流进入小湖库塘。

2）在小湖库塘内部或侧岸设置一定面积比例的固定生物循环床，固定生物循环床内置低扬程循环泵，定期开启循环，达到水体与生物床之间的交换。

3）固定生物循环床填料（基质）的供氧源于小湖库塘自然复氧、藻类和沉水植物光合作用产氧结合水循环带入，可使固定生物循环床基质由上至下呈现好氧、兼氧、缺氧状态，每个状态层上有相应类型的微生物繁殖。

4）小湖库塘内的污染物，通过固定生物循环床内不同性质的生物膜进行削减。

5）污水不溶性有机物通过基质的过滤作用被截留进而被分解或利用，可溶性有机物通过植物根系生物膜的吸附、吸收及微生物代谢降解过程而被分解去除。

（2）“固定生物循环床＋鱼池型生态塘”模式。此模式由于池内有丰富的生物营养物质，可促进藻类等饵料生物生长，通过放养鲤鱼、罗非鱼等鱼类觅食水体内的藻类，以消解污染物。通过增加曝气装置，使表层水体与底部水体交换，新鲜的氧气被输入湖底，在湖底形成富氧水层，消化分解底部沉积污染物，底层低温水被输送到表层后，调节表层水温，改善微生态环境，进一步强化水体自净能力（图 7.13）。

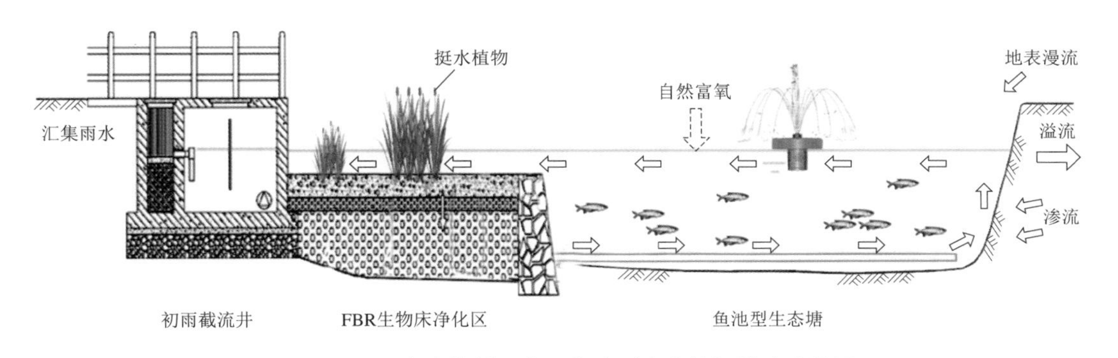

图 7.13 “固定生物循环床＋鱼池型生态塘”模式流程图

6. 再生水补水

补水主要考虑在旱季时维持一定的景观水位，采用景观换水法确定补水量。根据已有工程经验，换水周期定为 5 天。计算公式如下：

$$Q_{换}=V/m$$

式中：Q 为日均自净所需换水量，m^3/d；V 为根据河道断面、水深确定容积，m^3；m 为设计换水频次，d/次。

以宝安区某坑塘为例，在保持景观水位 0.5m 的情况下，再生水补给规模为 $1000m^3/d$；补水主要在 11 月到次年 3 月的旱季进行。

7.6 箱涵治理

随着城市化进程加快，许多城市河道的空间不断被侵占、挤压，部分河道被改造为暗涵。同时地上建筑物往往偷排污水至暗涵内，因暗涵长期处于黑暗、密闭的空间，极易产生厌氧发酵、淤泥沉积，河道变成死河。针对暗涵型河道最有效的方式是对暗涵实施“打开复明”，让河流重现生机；如果暗涵上覆建筑，难以恢复明河，应对暗涵型河道进行截污、清淤等措施进行改造，以减少暗涵型河道对河道生态不利的影响。理水梳岸阶段针对暗渠排口仅进行了末端排口截污，并未真正做到溯源排查、针对性整治，不能称作是实际意义上的“打开”治理，在全面消黑阶段，针对暗涵进行了全面的污染源排查工作，并提出了系统的整治方案。

7.6.1 整治思路

（1）污染源排查。采用三维激光扫描技术对 $B\times H\geqslant 1.5m\times 1.5m$ 的暗涵进行摸排，排查出隐藏的排口。

（2）排水口整治。隐藏点源污染摸排清楚后，针对排查出的排污口，分别提出相应治理措施，包括封堵、保留及归并等。

（3）初雨面源控制。针对面源污染较为严重的区域，在最终进入渠涵处设置弃流井或者调蓄池削减初雨污染。

（4）现状截流井改造及已建沿河截污管改造。根据现有沿河截污管的类型，分别采取不同措施进行改造。并依据截流井改造原则，将管径大于等于 $DN600$ 排放口配套的现有截流井改造为弃流井，提升限流截污工作的可操作性，达到减少污水排放、削减河道污染的目的。

（5）渠道改管。对 $B\times H<3.0m\times 3.0m$ 的明渠和 $1.0m\times 1.0m<B\times H\leqslant 1.5m\times 1.5m$ 的暗渠进行渠道改管，方便后期维护管理。

（6）箱涵清淤。根据实际情况进行工程清淤，工程结束后维护清淤责任主体为街道（图7.14）。

7.6.2 污染源排查

排查工作采用潜水员携带三维激光扫描系统、光学摄像设备、水下测量工具等对暗涵水上部分进行三维数字信息采集，能够精确定量统计暗涵本体尺寸、渠涵检查井空间分布情况，

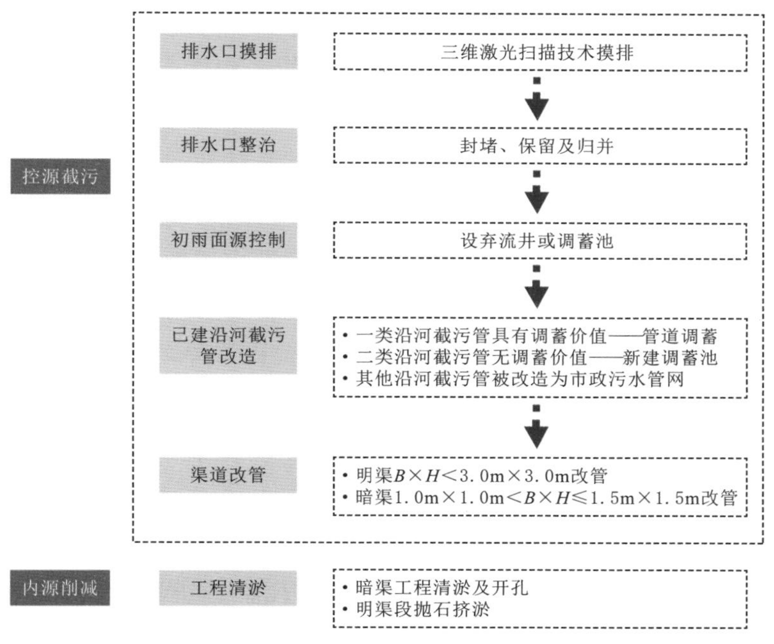

图 7.14　箱涵溯源整治思路

以及排放口的探查与统计。其中排放口的探查与统计信息包括了排放口的空间位置、管底标高、直径、材质及实测时是否有污水等信息。同时，各标段测量专员联合使用实时差分定位设备（RTK）、全站仪完成渠涵定位控制点坐标的测量工作，实现渠涵探查成果统一至绝对坐标系。

1. 三维激光扫描技术

三维激光扫描技术是集光、电和计算机技术于一体的高新尖技术，主要对物体的空间外形和结构进行扫描，以获得物体表面的空间坐标，其将实体的立体信息转换为可直接处理的数字信号，是对传统测量方法的革命性创新，极大提高了生产效率。该技术已广泛应用于文物保护、工业应用、工程变形监测与测量等领域，尤其是隧道工程的三维模型、横纵断面分析、超欠挖分析、完工质量探查等。利用三维激光形成探查目标的三维模型，并在三维模型的基础上进行监测、检测、调查等相关数据分析。

图 7.15　三维激光扫描仪

2. 潜水员水下探查技术

潜水员水下探查辅助开展渠涵探查。潜水员携带三维激光扫描设备（图 7.15）、光学摄像设备、水下测量工具等在暗涵内进行渠涵探查。为了保障形成的暗涵探查成果均为统一的坐标系，在正式开展渠涵探查工作前，联合采用实时差分定位设备（RTK）、全站仪测距技术将绝对定位坐标系引入渠涵内，并作为暗涵探查成果的空间坐标框架，具体工作流程如下：

（1）开工前准备。首先开展作业前的现场踏勘工作，初步收集待探查暗涵的走向、内截面尺寸、预估长度、大致走向、起止位置、涵内水深及其变化情况、涵内淤泥厚度、箱涵孔数、检查井位置等信息。

开工前，对涵内作业人员开展技术交底工作，明确涵内作业内容、作业范围、作业计划，并对投入使用的仪器设备开展作业前常规探查，确保仪器设备处于最佳工作状态。

（2）涵内初步探查。派遣经验丰富的潜水长进行涵内作业环境初查，查清有无可能造成涵内安全作业的隐患因素，作业范围内水深、水流及淤积情况，确保潜水员携带暗涵探查设备在涵内作业的安全。

（3）暗涵现场探查。潜水员携带三维激光扫描系统对暗涵（水上部分）进行全覆盖三维数字信息采集，通过完成实测数据的预处理、处理与分析，完成渠涵本体尺寸特征调查、渠涵检查井空间分布情况，以及排放口的检查与统计。同时，潜水员在涵内作业过程中携带光学摄像设备、测量工具、照明工具等，对暗涵重点部位抵近进行观察，形成光学摄像资料，辅助三维数字实测数据的分析与统计。

每个工作日现场探查结束后，及时对实测数据进行预处理、处理与分析，次日提交暗涵本体尺寸特征调查、渠涵检查井空间分布情况以及排放口的探查与统计中间成果数据资料，完成整条渠涵探查工作后，提交该渠涵成果报告及配套资料。

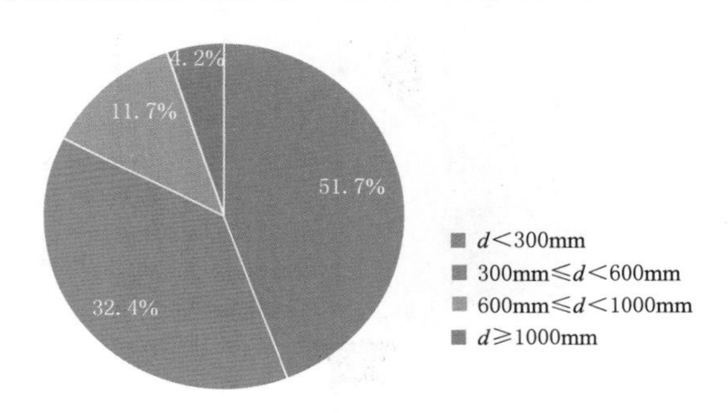

图 7.16　不同管径排口占比图

对 168 条小微水体进行排查（渠涵），包括汊流 38 条（小汊流、小支涌），渠涵［排洪（污）渠、明暗交替渠］130 条，各类排口 6752 个，其中管径小于 *DN*300 的排口共 3488 个，管径介于 *DN*300（含）～*DN*600 的排口共 2191 个，管径介于 *DN*600（含）～*DN*1000 的排口共 791 个，管径大于等于 *DN*1000 的排口共 282 个（图 7.16）。

7.6.3　暗涵截污

1. 标准段截污

当暗涵内侧壁仍有大量污水汇入时，为了防止污水直排入河，在暗涵内部两侧新建截污挡墙。截污挡墙之间形成河水过河通道，截污挡墙与暗涵侧壁之间为污水通道，并进行水力校核。截污挡墙不影响河道行洪要求，同时满足截流全部污水的功能。当断面宽度较小时，将暗涵改为“双层河道”，底部为污水通道，上部为雨水通道。

2. 合流管截污

对于暗涵内有合流暗渠汇入的，仍采用截污挡墙，并通过水量测量及计算。旱季污水通过截污挡墙截留，降雨期间来水增大，雨水越过截污挡墙排至暗涵的河道中。

3. 纵向截污

当暗涵内出现的沉降不均匀时，根据水力计算，虽然沉降的高差对河道洪水位线影响一般不大，但从后期暗涵内部的维护考虑，对沉降过大的暗涵段采用C30防水混凝土进行浇筑。由于截污挡墙内侧也存在沉降不均匀的问题，容易造成截留污水的沉积、发臭，按顺水流方向设置坡降，对截污挡墙内侧采用C30防水混凝土浇筑。

4. 末端截污

将截污挡墙内侧污水导出至现有或新建污水管，当暗涵末端内底标高低于污水管道管底标高，无法通过重力流汇入时，应通过纵断面内部浇筑，提高截污挡墙内侧底部标高，使暗涵污水顺利排入污水管。

7.6.4 渠道改管

小微水体现状渠涵内污染严重，明渠内大多有固体垃圾，暗渠内偷排严重，维护困难，可将现有渠涵改为管道，以便于后期维护管理。

1. 明渠

对于明渠，将$B \times H < 3.0\text{m} \times 3.0\text{m}$且满足实施要求的明渠进行渠道改管，方便后期维护管理；$B \times H > 3.0\text{m} \times 3.0\text{m}$的明渠可予以保留。其中，尺寸在$1.0\text{m} \times 1.0\text{m} \leqslant B \times H < 2.0\text{m} \times 2.0\text{m}$的小微水体（明渠）改管对应管径$DN1500$；尺寸在$2.0\text{m} \times 2.0\text{m} \leqslant B \times H < 3.0\text{m} \times 3.0\text{m}$的小微水体（明渠）改管对应管径为$DN2400$。

2. 暗渠

对于暗渠，将$1.0\text{m} \times 1.0\text{m} < B \times H \leqslant 1.5\text{m} \times 1.5\text{m}$且满足实施要求的暗渠进行改管，可改造为$DN1200$管，方便后期维护管理；$B \times H > 1.5\text{m} \times 1.5\text{m}$的暗渠可予以保留；$1.0\text{m} \times 1.0\text{m} \leqslant B \times H < 1.5\text{m} \times 1.5\text{m}$的小微水体（明渠）改管对应管径$DN1200$。

7.6.5 排口整治

据调查，暗渠排口共计6752个，采用排口封堵、排口归并及保留方案。其中，直接封堵排口数量为1907个，归并排口为2466个，最终保留的排口为920个。

7.6.5.1 排口封堵措施

由于小微水体（渠涵）的黑臭主要由于污水的偷排漏排、市政管网建设滞后等原因造成，按照深圳市有关入河排口治理的相关条例，水达标区建成后，对入河排口晴天有水流出的情况，可采用上游沿线排水户及管网改善方案，如是雨水管，提出保留截污/雨污分流措施，如是污水管，则可考虑封堵。

管道封堵应采用专业潜水人员对管道实施封堵，封堵前应进行管壁清理，彻底清除作业范围内的管壁所附着污垢及底部所积淤泥、垃圾，确保封堵墙（或气囊）及内壁连接牢固。对$DN300$以上污水管道一般用砌筑封头。封堵头部时，设置两根引流管，确保管内水流畅通，保证地区不积水，缓解水流对封堵墙的顶压、冲击，放置引流管时，壁与墙壁之间需用黏混泥抹好。

对于管径小于$DN300$的污水直排口，由于多为暗渠旁商户或居民私自埋设的排污口，管径较小，故可针对性地进行封堵，并在正本清源工程中对商户或居民等私排污水进行收集。部分管径小于$DN300$的雨水排口通过正本清源工程进行有组织收集后排入市政雨水系统，部分通过小微水体整治归并后统一排放。

7.6.5.2 排口归并及保留措施

对于多个排水口的归并，通过新建管道，串联排水口，考虑水流从两边往中间收集，根据各个排水口管网流向、流域面积，计算出归并后的排水口管径，被归并的排水口可作封堵处理。

根据小微水体排水口排查成果，结合物探及正本清源工程，查清排水口的性质、管网情况、流域面积等。若排水口可作纯雨水口，且与邻近排水口性质相同，则考虑将邻近的排水口归并。原则上对管径$DN300$～$DN600$的排水口进行归并，$DN600$以上的大口径排口视情况予以保留。排水口归并方案如下：

（1）相邻的不同管径排水口归并时，可将小管径的排水口归并入大管径的排水口。具体措施为：新建雨水管道，将小管径的雨水截至大管径管网中，统一通过大管径排水口排入河，原小管径排水口可做封堵。

（2）相邻的相同管径排水口归并时，需考虑各个排水口管网流向及流域面积，通过雨水量和管网设计计算公式，计算出归并后的排水口管径；再结合排水口和管网实际情况，新建雨水管网，将归并的雨水截至新排水口中统一排入河，原排水口可封堵。

7.6.6 箱涵清淤

7.6.6.1 明渠清淤技术

对于明渠段（$B\times H\geqslant 1.0\text{m}\times 1.0\text{m}$），部分需进行抛石挤淤，清淤前可在河道内放入0.5m厚的抛石，将明渠中底泥挤出，再进行清淤，清淤厚度0.5m。

（1）为尽量减少对周边居民的影响，避免施工期对明渠水质影响，拟采用抛石挤淤方式对明渠进行清淤，清淤后的底泥可采用板框压滤脱水。

（2）清淤量计算方法：根据每条明渠长度、平均宽度，清淤厚度取0.5m，计算清淤量。

7.6.6.2 暗涵清淤技术

对于暗涵段（$B\times H\geqslant 1.5\text{m}\times 1.5\text{m}$），部分实施清淤，减少内源污染，并在暗涵顶端开清淤孔和检修人孔，便于后期管理。开孔间距为30～40m。其中清淤孔用于进出设备清淤，检修人孔用于日常检修。

（1）为减少清淤工程对周边居民的影响，避免施工期对暗渠水质影响，采用人工清淤，清淤后的底泥可采用板框压滤脱水。

（2）清淤方式选择：通过对比原位覆盖、开孔清淤和机器人清淤三种技术，暗涵清淤选择移动式吸泥泵＋人工方式进行开孔清淤。为方便今后管道的长期运行维护，工程中对各小微水体（渠涵）暗渠段进行开孔设计，清淤孔应开大孔，用于清淤设备进出；人孔用于检修使用；大孔（清淤孔）和人孔设置间距均为120m，二者相距60m交错均匀布置，根据箱涵情况可适当加密开孔数量。

1）开大孔：即清淤孔，用于设备清淤用。

2）开人孔：用于检修使用。

3）孔间距设置原则：大孔（清淤孔）间距均为120m左右，通风及检修人孔为30～40m。

168条小微水体（渠涵）共开孔1991个，其中人孔996个、清淤孔995个。暗渠段清淤量为135139m^3，其中包括暗渠固结物清除6757m^3和淤泥量128382m^3；明渠段清淤量为91873m^3，抛石挤淤量为19668m^3，暗涵清淤方式对比见表7.4。

表7.4　　暗涵清淤方式对比

措施	原位覆盖	开孔清淤	机器人清淤
优点	阻止污染物向上覆水的释放；稳固底泥防止再悬浮或迁移	底泥清除较为彻底；组织灵活	底泥清除较为彻底；避免施工人员安全问题
缺点	降低河道行洪能力；水流较快时覆盖材料易发生变动，影响覆盖效果	开孔易导致暗涵上盖塌陷；施工人员存在安全隐患	机器人行进过程中遇到大型建筑垃圾可能会发生损坏或减缓作业进度
实施难度	需要施工人员乘坐船多次进出暗涵进行原位覆盖	工程区内建筑密度大，开孔困难	需大型设备进场将机器人下放到河道中

第 8 章　外水排查——污水提质增效

8.1　提质增效实施回顾

2019 年 4 月 29 日，住房和城乡建设部、生态环境部和发展改革委三部委印发的《城镇污水处理提质增效三年行动方案（2019—2021 年）》（建城〔2019〕52 号），指出："持续推进城中村、老旧城区、城乡接合区的污水管网建设，基本消除生活污水收集处理设施空白区。鼓励和支持再生水管网建设。推进建成区污水管网全覆盖和生活污水全收集、全处理，努力提高污水处理厂的进水浓度。城市污水处理厂进水生化需氧量（BOD）浓度长期低于 100mg/L 的，要围绕服务片区管网规划与建设制定'一厂一策'系统化治理方案，明确治理目标和具体措施。""到 2021 年底，全省设市城市污水收集率达到 50%或三年提高 5 个百分点，全省设市城市污水厂进水生化需氧量（BOD）浓度达到 100mg/L 以上或三年提高 10%，污水处理厂进水生化需氧量（BOD）浓度超过 100mg/L 时保持稳定运行。其中，地级及以上城市污水集中收集率达到 70%或三年提高 10 个百分点，地级及以上污水厂进水生化需氧量（BOD）浓度低于 100mg/L 的污水处理厂提升至大于或等于 100mg/L 的规模占比不低于 30%。县级城市污水集中收集率达到 40%或三年提高 5 个百分点。"

深圳市水污染治理指挥部办公室《关于印发深圳市污水处理提质增效行动实施方案（2020 年—2021 年）的通知》（深水污治指〔2020〕1 号）中明确要求："2020 年底，基本消除生活污水收集处理设施空白区，建立完善的排水管网排查修复改造机制，基本完成一轮排水管网修复改造，雨污分流率达到 90%以上。""全市水质净化厂进水生化需氧量（BOD）平均浓度超过 115mg/L，2018 年低于 100mg/L 的，需达到 100mg/L 或至少提高 10%，2018 年高于 100mg/L 的，保持稳中有升。"

2018 年，全市污水处理量为 17.62 亿 m^3，日均处理量为 482.74 万 m^3；各流域 COD 进厂浓度全年平均值为 131.97～450.13mg/L，BOD 进厂浓度平均值为 49.35～152.64mg/L。进厂污染物浓度雨季普遍低于旱季，其主要原因包括：①雨污分流不彻底，管网错接混接、清污混流；②管道缺陷，地下水入渗；③沿河湖截污系统水体倒灌；④清洁基流未释放，清洁水入流；⑤源头分流、末端合流，总口截流多。

污水厂、网"提质增效"是一个系统工程，需要从治理目标到工程运维、从工程目标到工程内容、从单纯的污水厂扩展到"厂、网、河、源"一体化全盘系统考虑，从"厂、网、河、源"四个维度，针对水质净化厂进水浓度低、管道错混接、外水入侵、渠涵污水直排等现状问题，采用物探和调查等手段，全面排查市政管网及地块管网（包括城中村和小区）、河道渠涵排口等，排查出“厂、网、河、源”存在的根源问题清单，提出解决措施建议方案，对实施效果进行预测，同时提出长效管理措施方案，实施系统化治理，“厂、网、河、源”系统治理技术路线如图8.1所示。

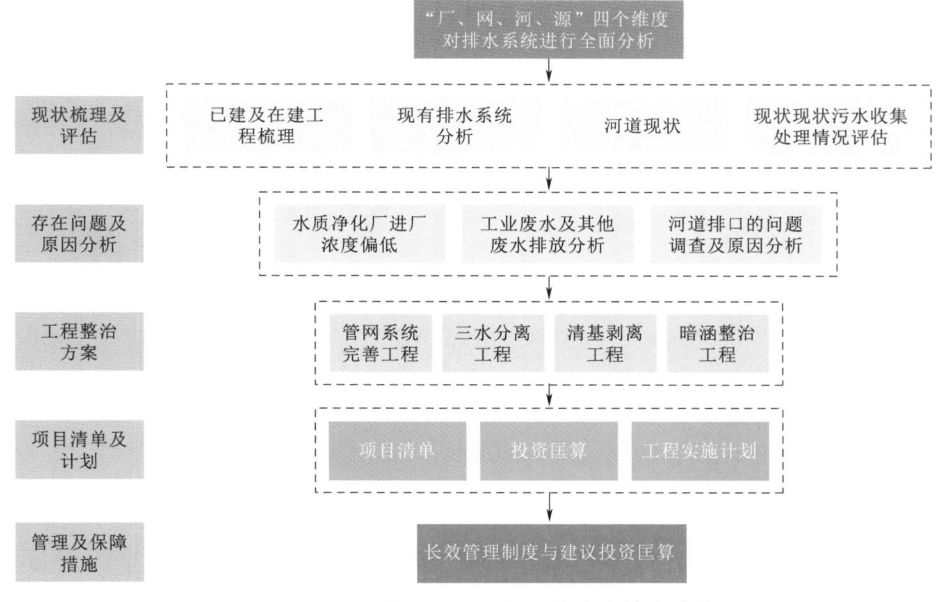

图8.1 “厂、网、河、源”系统治理技术路线

8.2 水质净化厂

8.2.1 实际处理负荷率分析方法

为系统评估茅洲河流域水质净化厂的运行情况，本节对其厂站运行及主要河流达标情况进行分析，综合评价流域内各厂站运行情况，具体包括以下两个部分。

1. 流域概况

在统计流域面积、建成区面积和流域内实际管理服务人口数量后，按照水资源公报数据，估算流域内管理人口的用水量及相应的污水量，作为生活污水收集率的评价基础。

2. 流域污水收集率与水质净化厂运行负荷

基于流域概况解析，分析各流域水质净化厂的现状建设运行情况，包括流域厂站全年处理量及旱雨季平均负荷、旱雨季进厂浓度变化等，基于此评价流域内各厂站旱雨季生活污水收集率：

$$生活污水收集率=\frac{流域水质净化厂服务人口}{流域管理人口}\times 100\%$$

$$流域水质净化厂服务人口=\frac{水质净化厂收集的生活污染物总量}{人均日生活污染物排放量}$$

$$=\frac{水质净化厂进水水量\times 水质净化厂进厂的污染物浓度}{人均生活污染物排放量}$$

茅洲河流域、深圳河流域、深圳湾流域、观澜河流域、龙岗河流域水质净化厂全年平均负荷率超过80%，其中深圳湾流域负荷率最高，达到100.60%，处于满负荷运行状态。珠江口流域、坪山河流域、大鹏湾流域、大亚湾流域全年平均负荷率低于80%，需完善污水收集管网。净化厂负荷率（图8.2）雨季普遍高于旱季，雨水截排对净化厂运行影响大。

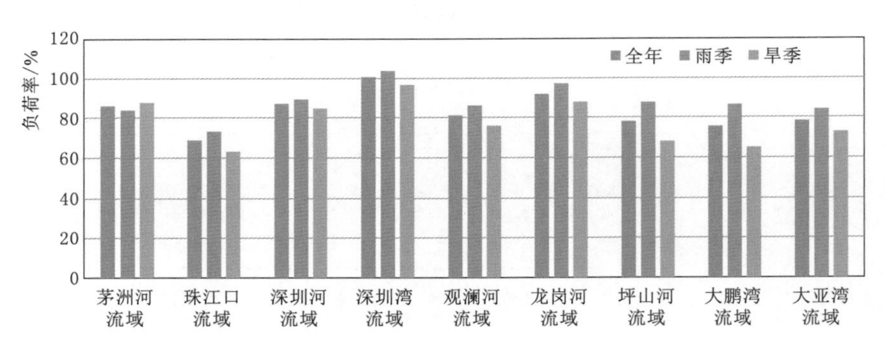

图8.2 各流域水质净化厂负荷率

8.2.2 雨污水量分析

雨污水量的分析分为两类：针对已截污的流域分区，雨污水量为旱季污水量与雨水截排量之和；针对合流制区域及截流式合流地区，雨污水量为雨季污水量。

8.2.2.1 旱季污水量

根据2018年水质净化厂运行数据，以现状运行规模及旱季负荷率计算旱季污水量。

茅洲河流域现状水质净化厂运行规模为105万m^3/d，按污水厂站旱季负荷率计算，旱季污水量为91.56万m^3/d（表8.1）。

表8.1 茅洲河流域水质净化厂规模及旱季污水量

项目	现状运行规模/(万m^3/d)	旱季负荷率/%	旱季污水量/(万m^3/d)
光明水质净化厂	15	89.02	13.35
松岗水质净化厂	30	99.16	29.75
沙井水质净化厂	50	82.98	41.49
公明水质净化厂	10	69.67	6.97
洋涌水质净化厂	—	—	—
总计	105	—	91.56

8.2.2.2 雨水截排量

对于已完成沿河截污系统的河道，各流域截排雨水量即为箱涵截排污水量，结合汇水范围，以7mm为标准设计，计算雨水截排量。

茅洲河干流及支流已完成了截污工作，根据其所涉截污面积，按7mm的初雨调蓄规模，推算雨水截排量为120.73万m^3/d。

8.2.2.3 调蓄处理规模

现状调蓄处理规模主要分为污水厂站处理量、分散式污水处理设施及雨污调蓄池规模。

基于上述考虑，结合各流域厂站现状运行情况、现状排水体制及截排箱涵分布特点，确定流域现状污水及截排雨水量；并分析各流域现状污水厂站处理量、分散式污水处理设施及雨污调蓄池规模，在此基础上提出近期建设建议。

2018年茅洲河流域现状污水厂站规模为105万 m^3/d，分散式处理设施能力为33.2万 m^3/d，另有雨污调蓄池容积为18.5万 m^3/d，总计调蓄处理规模为156.7万 m^3/d（图8.3）。

8.2.3 水质净化厂建设情况

截至2018年底，深圳市流域内建成水质净化厂7座，水质净化厂总规模120万 m^3/d，实际运行规模105万 m^3/d。除松岗水质净化厂二期和光明水质净化厂二期出水标准为地表水准Ⅳ类外，其他水质净化厂排放标准均为一级A标准。

8.2.4 水质净化厂运行情况

茅洲河流域2018年全年处理量为2.74亿 m^3，全年平均负荷率为86.34%（表8.2）。

表8.2 流域内污水处理量与负荷率情况

时　　段	处理量/万 m^3	平均负荷率/%	最大负荷率/%	最小负荷率/%
全年	27437.94	86.34	130.10	54.84
1月1日至4月19日	5264.01	88.62	110.1	70.88
4月19日至6月30日	5190.01	79.00	101.00	54.84
7月1日至12月31日	16983.93	87.90	130.10	64.78

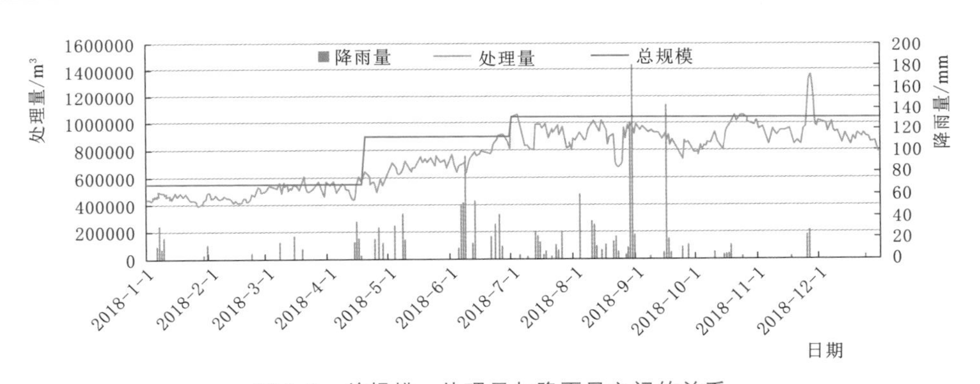

图8.3 总规模、处理量与降雨量之间的关系

BOD全年收集量1.94万 m^3，平均日收集量53.24m^3，其中雨季收集量9792.06m^3，平均日收集量53.87m^3；旱季收集量9640.00万 m^3，平均日收集量52.97万 m^3，全年COD、BOD波动趋势较为明显（表8.3与图8.4）。

表8.3 全年COD、BOD进厂浓度情况　　单位：mg/L

污染物种类	全年平均浓度	雨季平均浓度	旱季平均浓度	全年最大浓度	全年最小浓度
COD	220.97	215.65	226.32	923.73	92.46
BOD	73.03	69.29	76.80	193.06	21.88

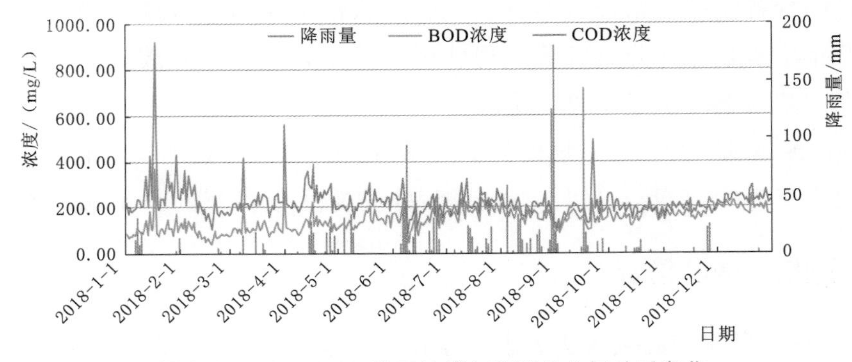

图 8.4　COD、BOD 进厂浓度与降雨量之间关系变化

按照人均 BOD 产生量 45g/d 计算，水质净化厂全年服务人口为 118.31 万人，按照流域管理服务人口 285.92 万人计算，生活污水收集率 41.38%。其中雨季平均服务人口 118.91 万人，收集率 41.59%；旱季平均服务人口为 117.70 万人，收集率 41.17%（图 8.5 与图 8.6）。

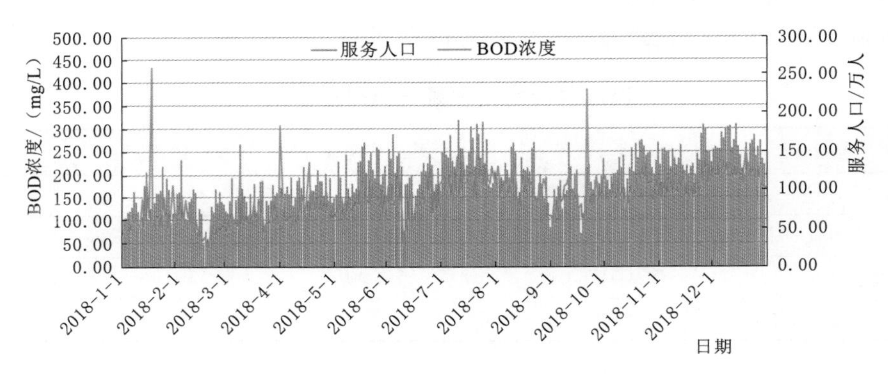

图 8.5　服务人口与 BOD 对应关系变化

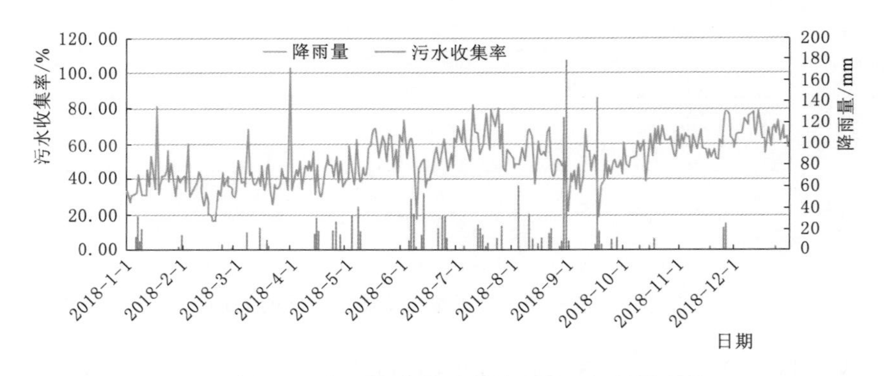

图 8.6　2018 年污水收集率与降雨量之间关系变化

8.3　外水排查及治理工程

8.3.1　区域概况

现以流域内某水质净化厂为例，重点介绍外水排查及治理工程。该水质净化厂设计规模

5 万 m^3/d，服务人口 8.81 万人。服务范围内共有 2 条河道，流域面积共 $12.9km^2$。2019 年，研究区内水质净化厂平均进水 BOD 浓度为 68mg/L，全年日均进水 BOD 达 100mg/L 的天数为 13 天，服务范围内城镇生活污水集中收集率不足 75%（图 8.7）。

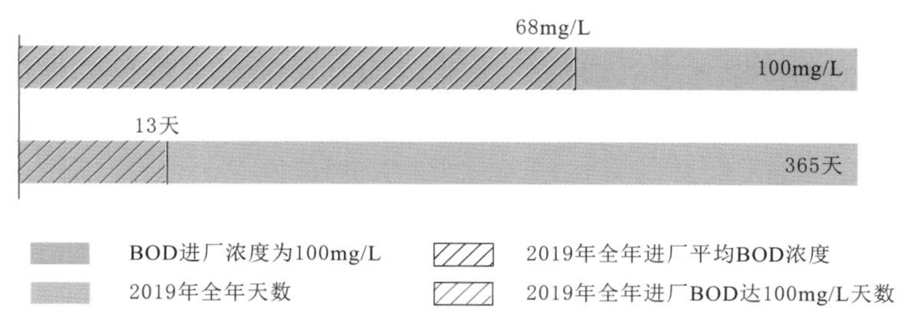

图 8.7 研究区内水质净化厂 2019 年浓度达标情况

通过排水系统提质增效系统化整治，确保 2020 年底水质净化厂进水浓度达到 100mg/L（以 BOD 含量计），雨污分流率达到 90%以上。

8.3.2 水质水量分析

通过水质水量分析（图 8.8）确定外水情况，掌握水质净化厂服务范围内污水系统水质水量本底数据，初步确定外水入网调查的重点区域，估算区域内河水、清洁基流、地下水和雨水等外水进入管网的大致接入点和进入量，为污水系统提质增效“一厂一策”方案提供数据支撑和总体指导。

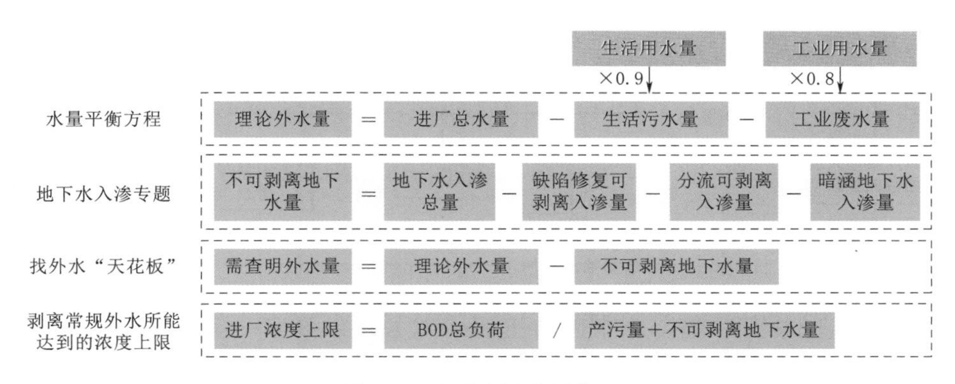

图 8.8 水质水量分析方法

8.3.2.1 外水水量计算

采用水量平衡计算法计算外水水量：

$$Q_{污水}+Q_{外水}=Q_{进厂}$$

1. 污水本底值

基于研究区 95 个生活类化粪池出水确定的城中村、居住小区、商业公建三种类型生活污水本底值，按三种类型用水量加权平均，核算生活污水本底值为 169.87mg/L。

根据 243 家工业企业水质水量监测成果，工业废水按水量加权平均，BOD_5 浓度为 140.4mg/L。

2. 外水本底值

根据采样结果，发现研究区内河水、地下水水质整体较为清洁。但考虑到河水水质易受溢流污染影响导致波动大，故清水本底值以地下水平均值计，BOD浓度取1.5mg/L。

3. 理论进厂浓度本底值

在污水全部收集、不考虑外水入渗的情况下，认为片区污水经化粪池降解及管道沿程降解后浓度为进厂浓度上限，研究区水质净化厂理论进厂BOD浓度为121.6～130.1mg/L（表8.4）。

表8.4　理论进厂浓度本底值

浓度本底值	工业废水量/(万m^3/d)	生活污水量/(万m^3/d)	总污水量/(万m^3/d)	化粪池降解率/%	沿程降解比例/%	理论进厂BOD浓度/(mg/L)
旱季平均值(10月至次年3月)	1.29	1.49	2.78	18	6.96～13.05	121.6～130.1
雨季平均值(4—9月)	1.69	1.94	3.63	18	6.96～13.05	121.9～130.4
全年平均	1.58	1.80	3.38	18	6.96～13.05	121.6～130.1

根据水量平衡法计算理论外水水量（表8.5），研究区内水质净化厂旱、雨季进厂的理论外水量分别为1.90万m^3/d及3.26万m^3/d。

表8.5　理论外水量计算表

序号	类型	旱季			雨季		
		水量/(万m^3/d)	BOD浓度/(mg/L)	BOD负荷/(kg/d)	水量/(万m^3/d)	BOD浓度/(mg/L)	BOD负荷/(kg/d)
1	供水量	3.82	—	—	4.25	—	—
2	理论产污量	3.25	—	—	3.62	—	—
2.1	生活污水量	1.72	169	566.83	1.95	169	1049.87
2.2	工业废水量	1.53	140.4	358.40	1.67	140.4	577.35
3	净化厂处理水量	5.02	74.61	3742.06	6.23	47.70	2969.56
4	河流补水量	0.29	91.07	264.10	0.81	66.36	537.52
5	客水水量	0.16	5.40	8.55	0.16	5.40	8.55
6	总处理水量	5.31	75.51	4006.17	7.04	49.85	3507.08
7	理论外水量	1.90	1.53	29.03	3.26	1.53	49.84

进厂水可分为原生污水和清洁外水。根据区域内生活污水、工业废水及清洁外水浓度本底值，用水量数据和进厂水质水量数据，基于以下水质水量平衡耦合方程，求解清洁外水量（表8.6）。

$$\begin{cases} Q_{污水}+Q_{外水}-Q_{溢流直排}=Q_{进厂} \\ Q_{污水}C_{污水}+Q_{外水}C_{外水}-Q_{溢流直排}C_{溢流直排}=Q_{进厂}C_{进厂} \end{cases} \tag{8.1}$$

表 8.6　　　　　　　　水质净化厂进厂外水量分析（水质水量平衡计算）

工　况	污水本底 BOD 浓度 /(mg/L)	进厂污水量 /(万 m^3/d)	实际进厂污水量 /(万 m^3/d)	实际进厂 BOD 浓度 /(mg/L)	外水量 /(万 m^3/d)	溢流和直排污水量 /(万 m^3/d)
旱季(2019 年 10 月至 2020 年 1 月)	130.1	2.78	4.15	75.34	1.79	0.42
雨季(2019 年 7—9 月、2020 年 4—6 月)	130.4	3.63	6.54	60.99	4.20	1.29

8.3.2.2　目标可达性分析

为实现进厂 BOD 浓度达 100mg/L 的目标，旱季需挤外水 1.32 万 m^3/d，雨季需挤外水 3.59 万 m^3/d（2020 年目标），见表 8.7。

表 8.7　　　　　　　　　　　需挤外水量计算

工　况	进厂污水量 /(万 m^3/d)	进厂 BOD 浓度 /(mg/L)	2020 年	
			目标进厂 BOD 浓度 /(mg/L)	需剥离的外水量 /(万 m^3/d)
旱季	5.31	75.51	100	1.32
雨季	7.04	49.85	100	3.59

8.3.3　外水排查技术路线

8.3.3.1　逆向溯源排查

首先，明确红线范围及边界条件，尤其是区域边界上的河道截流总口可能存在河水倒灌现象以及区域内截流排口、截流井以及污水系统接入口等位置需要重点关注；其次，对污水主干管上每隔一段适当的距离以及与主干管接驳的支管处采集水样，对污水中的 COD、氨氮的浓度进行检测，绘制管网污染物浓度变化色阶图（图 8.9），分析区域内整个污水管网系统

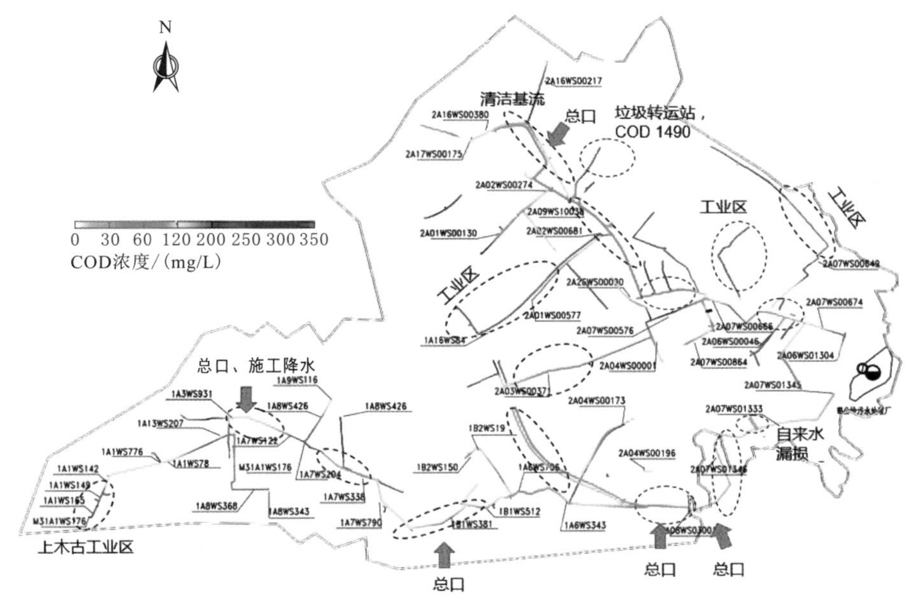

图 8.9　污水系统 COD 色阶图

水质特征。通过对区域内污水中COD、氨氮浓度较低的管段继续进行溯源，对水质再次进行检测，若上游浓度比下游管段的浓度低，说明上游处存在外水进入，在一定程度上稀释了污水浓度，继续往上溯源一般可找到源头；若上游污水浓度比下游高，说明下游污水浓度较低的管段处存在外水混入的情况，稀释了污水浓度，而下游一般可能是河道截流总口河水倒灌或截流井雨污混合导致。

8.3.3.2 正向排查

正向排查主要是对区域内山体、绿地板块附近的雨、污水排水去向进行侦查，侦查主要包含四条路线。第一侦查线：调查流域内水质净化厂范围内公园、山体、小湖库塘、水库泄水通道、河流沟汊、截洪沟等，统计排查区域内的绿斑及水文地貌，并在地形图上绘制；第二侦查线：对绿斑周围50～100m范围内的污水管线进行排查，重点排查检查井等节点处是否存在雨水等清洁基流接入；第三侦查线：对绿斑附近存在污水浓度低的小区展开排查，检查山体或者绿地中清洁基流去向，查明是否汇流至小区的污水系统中稀释了污水浓度；第四侦查线：对绿斑周围市政道路上的污水管线的污水进行采样分析其浓度，对污水浓度变化异常管段进行分析，查明原因。

8.3.4 五道防线

对于外水主要包括以下几种情况：清洁基流、河水、施工降水、地下水入渗、雨水错混接入。对于实现污水管网系统提质增效，必须对水质净化厂服务范围彻查上述外水来源，将“外水”挤出污水系统，以保障污水进厂浓度达到相关标准。现以流域内某一水质净化厂服务范围内的污水系统为案例进行介绍。

8.3.4.1 彻查清洁基流

根据排查，流域内一水质净化厂服务范围内发现7处清洁基流进入污水管道。清洁基流排查时现场采用多普勒仪测定进入污水管的流量，并用快检试纸现场测定水质，测算清洁基流总量；对于重要节点采用快检+实验室检测的方式，判断基流入管情况。

对于清污混接情况严重的总口，向上游溯源测定清水水质水量。对于沿途渗入型小基流或难以测定水质水量的其他情况，根据污水本底值折算清水量。进入污水管的清水量测算采用流量平衡方程和水质平衡方程联立求解，清水浓度可按地表水Ⅲ类标准取值，其外水COD浓度$C_{外水浓度}$取20mg/L，污水COD浓度$C_{污水}$取片区污染物浓度本底值215mg/L，若现场测定水质COD浓度低于20mg/L，则清水量等于总水量。根据测定结果，在水质净化厂服务范围内，监测期进入污水管道的清洁基流总量为200m^3/d。

8.3.4.2 彻查河水入流

根据排查，流域内的某水质净化厂服务范围内发现4处河道或支流总口。截流总口排查与彻查清源基流相同。

对于清污混接情况严重的截流总口，向上游溯源测定清水水质水量。对于沿途渗入型小基流或难以测定水质水量的其他情况，根据污水本底值折算截流总口的清水量，方法与上一节相同。根据测定结果，在水质净化厂服务范围内，监测期通过截流总口进入污水管道的河水量为0.262万m^3/d。

8.3.4.3 彻查施工降水

对水质净化厂服务范围内正在施工的地点进行摸排。排查发现10处工地：有2处工地排查期间基坑降水接入雨水管后，经过错混接点进入污水系统；其余8处工地为施工降水接入雨水系统排河或现场无施工降水。施工排水水量为35m^3/d，为低浓度基坑排水。水质净化厂旱季进水水量均值在4.06万m^3/d，施工排水占比0.09%，对整个水质净化厂污水稀释效应较小。

8.3.4.4 彻查雨水混接入污水

雨污混接现象表现形式多种多样，包括污水管道接入雨水管道，造成污水通过雨水管道直接排入水体，污染环境；雨水管道接入污水管道，雨水挤占污水管道的输送能力，造成上游污水溢流。

水质净化厂片区范围内开展雨污混接地调查，主要包括：①市政污水管道接入市政雨水管道，市政雨水管道接入市政污水管道，小区等雨水管道接入市政污水管道，小区等污水管道接入市政雨水管道等；②纠正雨污混接、错接、暗接、漏接现象，避免“内分外合，内分外混”，为实现“雨污分流”全覆盖提供基础资料；③排查污染总量与污染源，掌握工程范围内污水量情况。

调查结果分析总结如下：

（1）雨水管接入污水管情况。通过排查及梳理污水管网系统的拓扑关系，发现水质净化厂服务范围内的混接点共有2165个，其中雨水管接入污水管883处（市政路上的雨水管接入污水管174处），占总混接点的41%。

（2）混接程度。混接程度可通过混接密度确定，计算公式如下：

$$M=n/N\times 100\%$$

式中：M为污水管网中雨水混接密度；n为污水管网中雨水混接点数；N为节点总数，是指两通（含两通）以上的明接点和暗接点总数。

通过排查成果分析及计算可知，水质净化厂服务范围内污水管节点总数为15431个。水质净化厂服务范围内雨水接入污水系统混接密度为6%，混接程度为中度（2级）。

8.3.4.5 彻查地下水渗入污水系统

1. 地下水入渗一般规律

通常情况下地下水位越高，渗入到污水管道的地下水水量越大，但因地下条件情况复杂，相关量化测定工作的开展极具复杂性。根据《室外排水设计规范》（GB 50014—2021）中管径为1000～1350mm的新铺钢筋混凝土管测定入渗地下水量可知，单位长度管道入渗量与高程差见表8.8。

绘制曲线图后发现地下水入渗量与高程差近似存在指数关系，见图8.10。

表 8.8　　　　规范中实测的地下水入渗量与高程差

入渗量 Q/[m^3/(km·d)]	地下水位与管底高程差 ΔH/m	入渗量 Q/[m^3/(km·d)]	地下水位与管底高程差 ΔH/m
94	3.2	800	6
196	4.2	1850	6.9

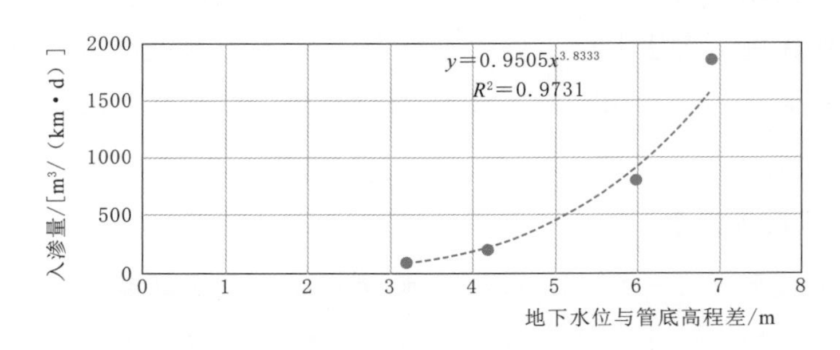

图 8.10　水位高程差与管道入渗量关系图

基于这种指数关系，对入渗量取对数，与高程差进行线性回归分析，见表 8.9 与图 8.11。

表 8.9　　　　入渗量对数与高程差关系表

ln（入渗量）	地下水位与管底高程差 ΔH/m	ln（入渗量）	地下水位与管底高程差 ΔH/m
4.54	3.2	6.68	6
5.28	4.2	7.52	6.9

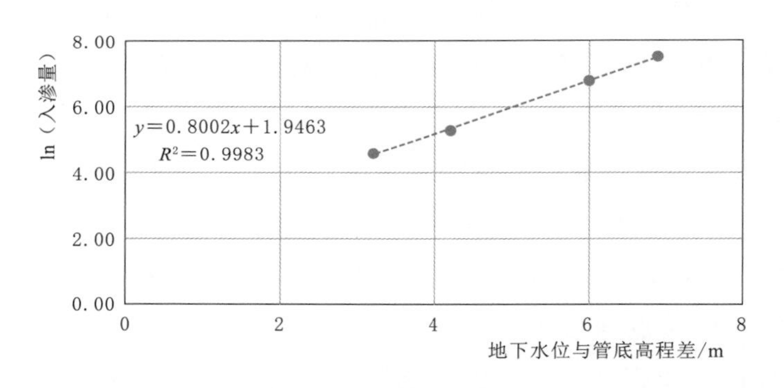

图 8.11　水位高程差与管道入渗量对数线性回归分析图

根据规范实测数据，发现水位差与管道的地下水入渗量存在极强相关性，回归系数 $R^2=0.9983$，回归方程为 $y=0.8002x+1.9463$。由此算出在排水规范中实验条件下地下管道入渗量 $Q_{入渗}$ [m^3/(km·d)] 与水位差 ΔH (m) 关系为

$$Q_{入渗}=e^{0.8002\Delta H+1.9463}$$

由此可见，地下管道入渗量受水位差影响是极其显著的，对于地下水位高的区域，即便新建成的无缺陷管道也会存在明显地下水入渗情况。本水质净化厂区域内地下水位较高，地下水深度一般在 2m 左右，临河、临库区域的污水管道埋设过深时，地下水入渗更甚。

2. CCTV检测管段的确定

地下水入渗点位，通过CCTV检测管段缺陷及渗漏情况。CCTV检测原则如下：

(1) 根据市政干管确定CCTV管段。市政污水干管是片区重要的污水转输通道，故全段进行CCTV检测，以确定管道内部缺陷，为管网修复提供基础资料及修复建议，为管网地下水入渗情况分析提供依据。

(2) 根据水质水量检测结果确定CCTV管段。若直接对水质净化厂汇水区所有管道进行人工排查效率太低，全面采取CCTV检测的措施成本又太高，借助监测手段，通过管网诊断分析，可以对污水管网外来水入流入渗的问题进行定量化诊断，通过多监测点数据缩小或定位缺陷区域，指导后续CCTV检测或人工排查工作，提出管网维护改造建议，大大降低人力和财力成本。

在一阶段水质水量成果的基础上，确定问题区域，布置水质快检点位，通过COD、氨氮水质快速检测及结合其他手段，排查分区范围内的外水来源，逐步缩小疑似外水入侵管段范围，筛选重点区域，为后续精准排查低浓度外水进入点提供基础依据。

根据市政管线成果，在排查分区范围内污水干管上的所有接入排口上按顺序布置快检点位，针对COD和氨氮浓度偏低的管段，按照相同原则继续布点向上溯至外水源头，最终找到问题管段，并进行CCTV检测。

3. 干管缺陷情况及修复地下水入渗目标分析

面对流域内水质净化厂地下水位较高的客观事实，实现地下水入渗100%剥离的难度较大。综合考虑地下管道缺陷修复的经济成本与挤外水效果时，需考虑一部分“合理存在”的地下水入渗，集中资金重点解决主干管、次支干管的缺陷修复。《室外排水设计规范》(GB 50014—2006) 提出，地下水位较高的地区，城镇污水设计流量应考虑入渗地下水量，其量宜根据测定资料确定。地下水入渗管道受管材、管径、管道接驳方式、地质条件、地下水位变化等多种因素影响，区域级的测定复杂且成本不低。规范中推荐了几种考虑方法，在污水厂规模论证中广泛被采用的为“按平均日综合生活污水和工业废水总量的10%～15%计”，但对于南方地区而言，地下水入渗量10%～15%过于理想，实际入渗量常常大于规范推荐值，即便对于德国、日本这样的发达国家，实际地下水入渗量达20%～30%也是常见的状态。日本《下水道设施设计指南与解说》(日本下水道协会，2001年) 直接规定地下水入渗量按日最大综合污水量的10%～20%计。根据刘旭辉等在《深圳市排水系统地下水渗入量初步研究》中对福田区安托山、深康片区的地下水入渗研究，采用节点流量衡算法和水质电导率测定的方法，计算出片区地下水占污水量比例为33%。考虑到水质净化厂片区地下水充沛，合理地下水入渗量宜按污水量的20%考虑。监测期测定的1.92万m^3/d外水量中，有3840 m^3/d水量为合理状态下的地下水入渗量。

第9章 灰绿结合——径流污染控制

9.1 径流污染控制概述

纵观茅洲河流域水环境治理历程，经历了针对合流制管网的大截排系统，针对城区主干道的雨污分流，针对错接乱排的小区源头雨污分流，针对老旧管网、小微水体及箱涵的“厂、网、河、源”系统治理，针对污水厂的提质增效等策略，建设完成雨污分流管网超1000km，完成沙井、新桥、松岗、燕罗4个街道22个片区正本清源工作，点源污染基本得以控制。然而，在管网错接乱接、沿河截污系统溢流、高密度建成区分散等因素的影响下，雨季流域内形成有别于工业废水、生活废水这类点源污染的大范围面源污染。虽然在前期治理策略中局部考虑了初期雨水控制及调蓄，并通过设置海绵措施实现源头减污，但尚未针对雨水径流污染开展系统治理。因此，面源污染已成为制约水环境改善的主因之一。

发达国家摒弃了传统的单独考虑水患、水污染控制的思路，从仅仅关注管道末端快速排除雨水，转向将防止洪涝灾害与城市生态、环境保护、水资源利用统筹考虑的综合管控思路，尽可能减少城市雨水系统对受纳水体的影响，例如美国的最佳管理措施（BMPS)、低影响开发（LID)、绿色基础设施（GI）和绿色雨水基础设施（GSI)，英国的可持续城市排水系统(SUDS)，新加坡的ABC水计划等。国内对于城市降雨径流污染控制方面的研究起步较晚。2014年11月，住房和建乡建设部颁布的《海绵城市建设技术指南——低影响开发技术雨水系统构建》，总体上对海绵城市建设提供技术指导；至2016年4月，全国评选了两批30多个城市开展“海绵城市”试点，进行海绵城市改造，有效促进了该领域的理论研究发展及工程实践应用。

然而，以海绵措施为主的径流污染控制仍具有单一性，而单一模式治理具有治理不彻底、截流系统效能发挥不足等诸多问题。因此，需综合考虑区域现状、排水体制、治理进程等，结合各个城市情况，提出综合治理模式，即在一座城市建成区范围内，根据不同的城市建设情况、排水体制、下垫面情况等，因地制宜采用不同径流污染控制的方式方法进行空间上的组合应用，才能有效解决不同环节面临的问题。

以深圳市为例，针对不同区域，实施不同径流污染控制方法，形成综合管控模式（图9.1)：

(1) 生态区：尽量避免大规模的开发，开展生态廊道构建工作，包括河道曲线化、增加生境异质性、河道护岸生态改造、完善区域水系连通、河道滨岸植被系统修复构建、入海口、生态湿地、重要湖库等廊道重要生态节点保护措施，以构建生态安全格局为主要目标。

(2) 分流区海绵消纳区：对于建成区未开发或正开发的地段，应系统梳理海绵方案，充分利用规划绿地建设海绵措施，推进源头控污。

(3) 分流区非海绵消纳区：可通过设置沿河截流管对初期雨水进行截流调蓄，对受污染严重的下垫面如美食街、洗车店等实施小型截流调蓄。

(4) 截流区：对于近期无法实施雨污分流的城市建成区，采用完善的截流式合流制。

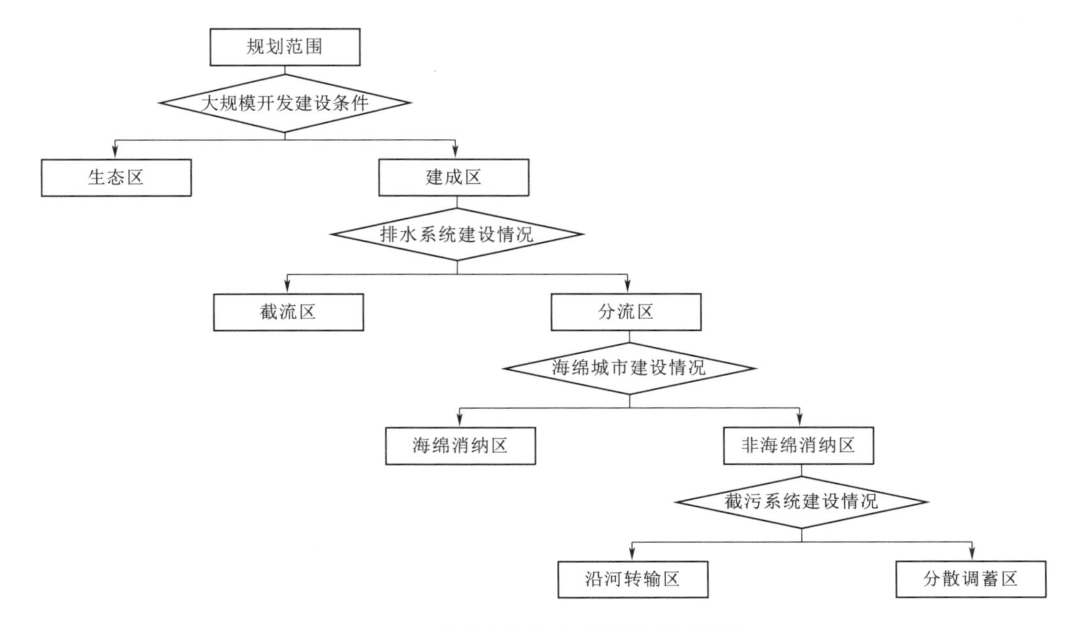

图 9.1　径流污染综合控制模式思路图

9.2　径流污染监测

通常情况下，城市地表径流污染的特征包括三个方面：①具有面源和点源的双重性，污染物晴天时在城市地表累积，降雨时则随地表径流而排放，具有面源间歇式排放特征；污染物自城市地表经由排水系统进入受纳水体，又具有集中排放的特征。②具有随机性，影响城市地表径流污染的因素很多，且许多为随机性因素，在地表污染物的累积和冲刷两个主要环节中都有随机性因素起作用，如两场降雨之间的间隔时间、降雨历时、降雨强度等。③污染负荷时空变化幅度大，由于随机性的存在，城市地表径流的污染负荷并不是稳定不变的，不同的城市功能区，人类活动的方式与强弱不同，地表沉积物的数量和性质也不同，产生的径流污染负荷差异也较大。城市地表径流污染负荷在时间上也存在明显的初期效应，即在一场降雨过程中，占总径流 20%或 25%的初期径流，冲刷排放了 50%的污染物。

针对径流污染，深圳市多年来进行了多轮监测，主要摘取了三次典型时间段、典型区域的监测分析成果。其中，2008 年，在位于深圳市中部的福田河、白芒河、新洲河流域设置采样点，共监测 30 场降雨（351 个样品、1935 个指标）。检测数据（表 9.1）表明：①深圳市雨水径流污染严重，其水质指标常超出地表Ⅴ类水标准数十倍以上，由地表径流带来的污染不容忽视。②深圳市地表径流存在明显的初期效应，即前期浓度较高，30min 左右存在一个浓度陡降的趋势，中后期缓慢下降。各项指标中，COD、SS、BOD 的初期效应尤为明显，氨氮、总磷有初期效应，但后期常存在波动。③前期高浓度污染物径流对应的累计流量通常不大，占总流量的比例通常不超过30%。

表9.1　2007—2008年深圳市11场降雨形成的地表径流污染浓度表

采样点	COD_{Cr} /(mg/L)	SS /(mg/L)	BOD_5/(mg/L)	氨氮 /(mg/L)	TP /(mg/L)	pH值
福田河流域	6.7～1540	2～11206	40～600	0.05～15.7	0.03～2.05	5.7～7.0
白芒河流域	13.3～2791	4～4546	53～115	0.10～11.6	0.08～2.26	6.2～8.5
新洲河流域	6.7～1550	40～8048	30.9～163	0.63～15.43	0.03～1.10	6.3～7.0

经综合分析，将研究区内27～38min（自排水渠出现径流起）范围内径流量形成的对应降雨量确定为初期雨水，约为每场降雨前10mm的累计雨量。

2011—2012年，深圳市规划和国土资源委员会组织开展了“深圳市初期雨水处置规划研究”工作，对南山区不同功能分区的草地、旧村、市政道路、商业区、工业区、居住区等进行了径流污染监测，主要结论如下：

(1) 在雨水口之前的阶段，30%～40%初期雨水中携带污染负荷占总降雨径流污染负荷的50%～65%；在小流域出流阶段，30%～40%初期雨水中携带污染负荷占总降雨径流污染负荷的40%～60%。因此对30%～40%的初期雨量进行收集处理，对污染物的削减有较高的效率。统计2mm以上的降雨，与之相对应的降雨量一般为5.0～6.7mm。

(2) 当降雨历时达到20～30min后，SS和COD_{Cr}的浓度基本趋于稳定，该时段相应的降雨量一般为5.5～8.5mm。

(3) 综合考量经济性和未来城市管理水平，推荐深圳市初期雨水量标准为5～6.5mm，汇流时间不超过30min。

针对茅洲河流域，选取工业区、居民区、商业区、公建区等四个具有代表性的功能区在2017年进行雨水径流特征研究，并在宝安区内排涝河和衙边涌两条河道的上中下游设置6个监测断面，分别采集雨前和雨后的河道水质进行分析。以沙井街道工业区为例，统计降雨量累计率和相应的SS和COD质量累计率，得到SS和COD累积曲线，均位于对角线之上。30%～40%雨水径流中携带了总降雨径流污染负荷的55%～70%，说明研究区监测点初期雨水具有显著的初期效应。

降雨前后的河道水质变化表明，降雨前所有监测指标（COD、NH_3-N、TP、SS）均超过地表水质Ⅴ类标准，属于劣Ⅴ类水体；降雨后河道水质更加恶化，所有监测指标的数值均超过了降雨前水质指标值。污染物指标中增幅较为明显的是NH_3-N、SS和COD。

9.3　保护山水林田湖草

9.3.1　山水林田湖草现状

深圳市共有山体面积1078km²，包括低山和丘陵面积，占比达到55.2%；水体面积

110km²，占比达到 5.6%；林地面积 579km²，占比达到 29.6%；耕地面积 38km²，包括水田、水浇地和旱地，面积占比达到 1.9%；草地面积 24km²。

深圳市是国内最早划定生态控制线、蓝线、绿线并制定管理办法的城市之一，生态控制线内保护面积约占全市总面积的 50%，蓝线保护面积占全市面积的 10%以上，实现了良好的生态保护，控制了城市的增长边界（图 9.2）。

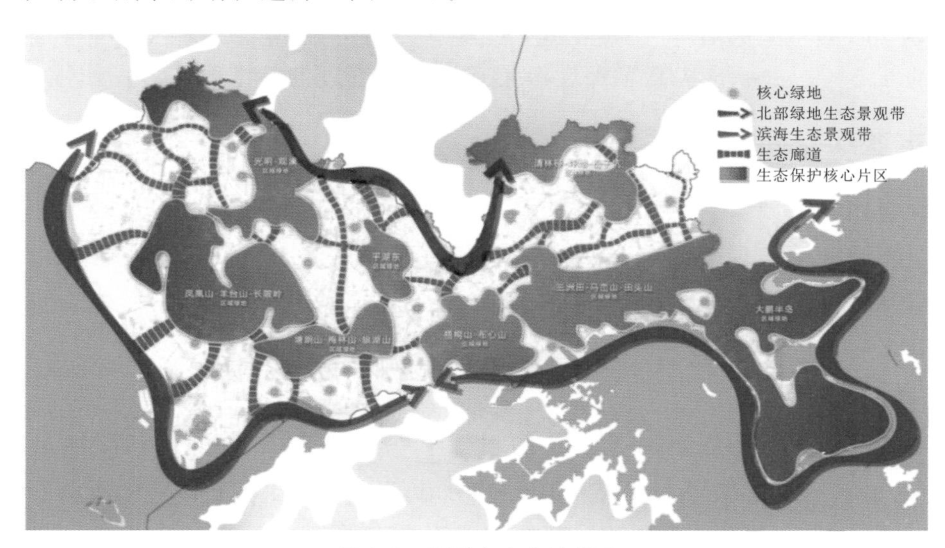

图 9.2　深圳市生态控制图

9.3.2　基本生态控制线划定范围与管理

划定基本生态控制线是为了加强生态保护，防止城市建设无序蔓延危及城市生态系统安全，促进城市建设可持续发展。根据有关法律、法规，并结合城市发展实际，划定生态保护范围界线的主要作用是限制开发或引导有条件开发。

9.3.2.1　基本生态控制线划定范围

基本生态控制线的划定范围包括：一级水源保护区、风景名胜区、自然保护区、集中成片的基本农田保护区、森林及郊野公园；坡度大于 25%的山地、林地以及特区内海拔超过 50m、特区外海拔超过 80m 的高地；主干河流、水库及湿地；维护生态系统完整性的生态廊道和绿地；岛屿和具有生态保护价值的海滨陆域；其他需要进行基本生态控制的区域。

9.3.2.2　基本生态控制线的管理

2005 年，深圳市政府颁布《深圳市基本生态控制线管理规定》（市政府令第 145 号），划定深圳市基本生态控制线。这是全国首次对基本生态控制线管理进行规范的地方性政府规章，是建设和谐深圳、效益深圳的重要举措，对加强深圳市生态资源保护，建设生态城市，实现可持续发展具有重要意义。深圳市基本生态控制线范围内的土地面积为 974km²，占全市陆地面积的 49.9%。

2007 年，深圳市政府发布《深圳市人民政府关于执行〈深圳市基本生态控制线管理规定〉的实施意见》（深府〔2007〕48 号），根据对生态影响的程度，将各类已建成的住宅与生产经营性建筑分别采用不同的管理方法：留用对生态环境友好的建设；对不符合环保政策的设施，要求其发展产业转型直至与生态环境保护要求相符；明确提出资源友好型的产业发展方向。

2013 年，在保持生态控制线总面积不变的前提下，深圳市依据《深圳市基本生态控制线管理规定》和相关法定规划，对基本生态线进行了局部优化调整，调入生态线用地约 15km^2，主要为山体林地和公园绿地，占生态线范围内总用地的 1.5%；调出生态线用地约 15km^2，主要为基本生态控制线划定前已建成的工业区、公益性及市重大项目建设用地，也占生态线范围内总用地的 1.5%，进一步提高了深圳市生态控制线管理的精细度和可操作性。

9.3.3 城市蓝绿空间

城市蓝绿空间中的“蓝”指水体，“绿”指绿地，是指由河湖水系构成的蓝色空间和绿地系统构成的绿色空间。实现蓝绿空间高占比，有助于优化生态环境，是实现城市宜居、提高市民生活质量和提升城市形象的重要前提，同时也是保障城市环境容量，提高防洪和抗冲击能力的重要因素。

9.3.3.1 深圳市规划蓝线

深圳市现状蓝线规划的划定对象包括河道、水库（湖泊）、滞洪区和湿地（包括公园绿地）、大型排水渠、原水管渠等 5 大类。其中，河道蓝线划定对象主要指全市所有流域汇水面积大于 10km^2 的河流。水库（含湖泊）蓝线划定对象包括现状、在建和拟建大型水库、中型水库、小（1）型水库。滞洪区与湿地蓝线划定对象包括现状与规划湿地和公园湿地。大型排水渠蓝线划定对象包括由自然河流或河段暗渠化形成的排水渠。原水管渠蓝线划定对象包括两大境外引水工程的市域部分。

随着深圳城市的建设发展，深圳市地面硬化占比不断提高，与 1980 年相比，2013 年城市综合径流系数增加 24%，地表径流量增加约 40%，汇流时间缩短，峰值流量增大。雨洪调蓄空间萎缩，与 1980 年相比，水面率从 13%下降到 2013 年的 4.61%，减少 65%，远低于规范要求的城市适宜水面率下限值 8%和《广东省人民政府关于加快推进城市基础设施建设的实施意见》要求的 10%。

9.3.3.2 深圳市城市绿线

深圳市城市绿线，是指深圳行政辖区范围内各类城市绿地范围的控制线。城市绿地包括公园绿地、生产绿地、防护绿地、附属绿地和其他绿地五类。其中，附属绿地不进行边界控制，实行性质控制和指标控制，即实行与用地性质相对应的绿地率控制。据统计，深圳市绿化覆盖率水平在 2016 年达到 50.12%，建成区绿化覆盖率为 45.1%。

9.4 海绵城市措施

9.4.1 深圳市海绵城市建设概况

9.4.1.1 发展历程

深圳市是国内较早引入海绵城市建设理念的城市之一。随着深圳市海绵城市建设近 15 年的探索与发展，海绵措施对于面源污染控制的功效日益彰显。相比于传统灰色设施的局限，海绵绿色措施对于面源污染控制的重要性不容小觑。海绵措施是构建“灰—绿”结合的径流污染控制体系的主要手段之一。

2004年起，深圳市开始引入低影响开发的理念，在政府投资项目中广泛推广。先后在大运中心、东部华侨城、水土保持科技示范园、万科中心、建科大楼、南山商业文化中心、光明门户区市政道路等示范项目中，因地制宜采用了绿色屋顶、可渗透路面、生物滞留池、雨水花园、植被草沟及自然排水系统等低影响开发雨水综合利用设施，取得了良好的环境、生态及节水效益。

2009年12月，深圳市政府决定全面加强低影响开发雨水综合利用工作，要求各相关部门完善配套政策、规划和技术标准，严格按照相关规划加强对各类建设项目的管理，并以光明区为示范区域，积极开展实践。2010年，在住房和城乡建设部的支持下，深圳市正式启动面积达150km^2的光明区低影响开发雨水综合利用示范区创建工作，进一步探索城市规划建设的新模式。

通过低影响开发“示范工程、标准制定、应用机制、监测评估”等方面的工作，深圳市在“十二五”期末初步形成了适应南方气候特点的海绵城市应用机制，并在城市规划领域率先转型，将生态保护、海绵城市建设要点纳入《深圳市城市规划标准与准则》（2014年版），出台了《深圳市低影响开发雨水综合利用技术规范》（SZDB/Z 145—2015），奠定了海绵城市建设全面推广的基础。

2016年，深圳市获批第二批国家海绵城市建设试点城市，试点区域为光明区凤凰城。同年，《深圳市推进海绵城市建设工作实施方案》（深海绵办〔2016〕3号）发布，随后成立市级海绵城市建设工作领导小组。自此，深圳市海绵城市工作进入全方位推进的轨道。深圳市初步形成了以“法制化、标准化、常态化、社会化”为原则的稳步推进态势。

2019年，在财政部、住房和城乡建设部、水利部三部委联合组织开展的国家海绵城市建设试点绩效评价中，深圳市在同批14个试点城市中脱颖而出，取得全国第一名的好成绩（图9.3）。

纵观深圳市海绵城市建设历程，海绵城市建设正在以每5年一个台阶的速度发展。第一阶段是在雨洪利用、绿色建筑、再生水利用等绿色理念下进行的绿色设施配套建设初步尝试；第二阶段是以光明区公共建筑、市政道路、公园绿地等政府投资项目为主，结合在建项目开展低影响开发设施建设的探索，这一阶段的海绵城市建设突显低影响开发理念，综合考虑了洪涝灾害防控，城市面源污染控制、雨水资源化利用的有机结合，取得了多重效益；第三阶段是经过10年的积累与探索，深圳市立足于最大可能地形成“生态系统修复宜居、排水防涝系统达标、防洪系统完善、低影响开发全面展开”的海绵城市规划建设整体格局，以光明区凤凰城作为海绵城市试点区域，开展大规模的试点建设，以期构建一套“可复制、可推广”的规划、设计、建设、运营维护机制；第四阶段是通过完善海绵城市建设机制，以市级海绵城市建设工作领导小组为组织协调机构，为全市海绵城市建设提供多层面的支持，实现海绵

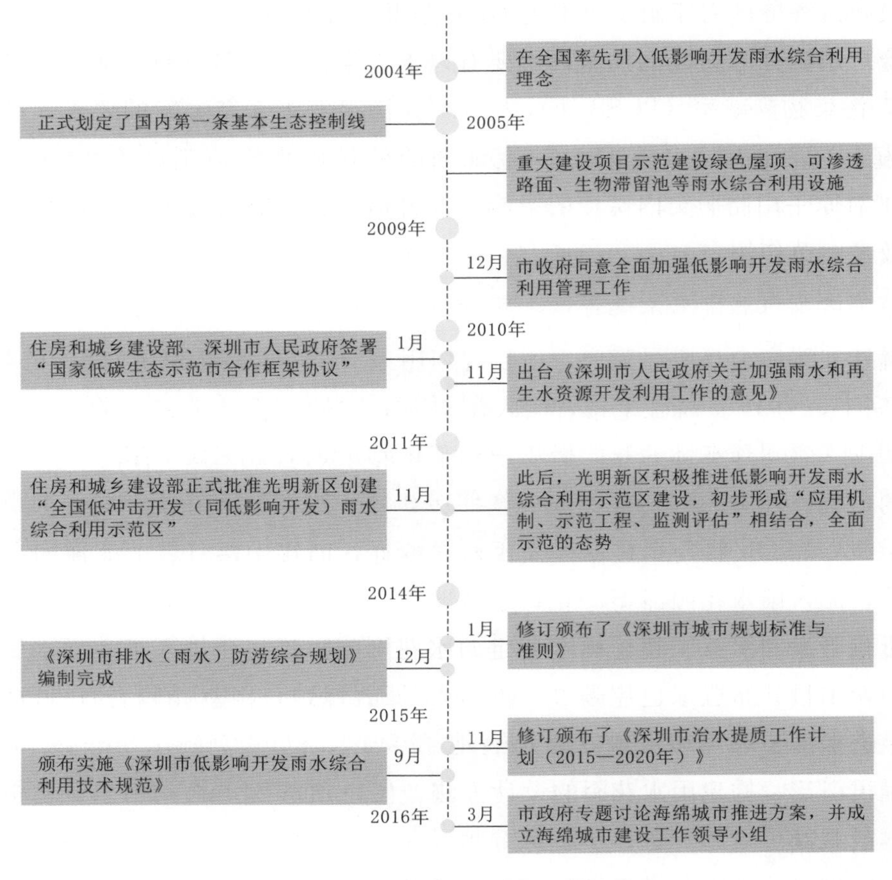

图 9.3　深圳市海绵城市建设工作大事记

城市建设工作的高效、常态化运转。

9.4.1.2　建设概况

深圳市以国家海绵城市试点城市建设为契机，在全市将海绵城市建设与"治水""治城"相融合，通过"制度机制保障、规划融合指导、技术体系支撑、以点带面推进"等举措，探索建立了法制化、标准化、常态化、社会化的实施机制。

1. 制度机制保障

近年来，深圳市以《深圳市推进海绵城市建设工作实施方案》为纲领，一是明确各部门海绵城市建设工作职责，动员各部门主动作为，结合自身职能细化编制各自工作方案，将海绵城市建设切实融入部门各项日常工作中；二是围绕核心目标，每年制定年度任务分工（2017—2020 年共确定 376 项海绵城市建设任务），并加以量化考核；三是做实市、区海绵办两级统筹协调平台，通过采购第三方服务充实人员及技术力量，采取分组督导、联络员制、月报制、领导小组会议制等方式做细工作。

从 2017 年起，深圳市就将政府各部门海绵城市建设年度任务分工纳入政府绩效考核和生态文明考核中，并组织各行业专家、社会公众参与考核结果评定。一方面对考评结果划分为四个等级全市通报，另一方面设置 20%的奖励分，充分发挥社会各界的监督职能，确保考核结果客观、公正，同时进一步加强海绵城市的共建共享共治。

2018 年深圳市政府印发了规范性文件《深圳市海绵城市建设管理暂行办法》，对建设项目海绵城市设施的规划、建设、运维、管理做了全面的规定。

2. 规划融合指导

针对海绵城市建设任务多样、建设条件差异大的情况，深圳市加强顶层设计，重视规划体系的融合建构：①谋划了"市、区、重点片区"三级共计 26 项的海绵城市规划；②修订了 5 项现行城市规划编制技术规定，使得各类规划在编制时能主动落实海绵城市建设要求；③注重规划成果运用，深圳市已将海绵城市专项规划成果纳入"多规合一"平台，纳入国土空间规划、生态示范市规划等 10 余项规划，实现了规划的"一以贯之"。

3. 技术体系支撑

通过光明区国家海绵城市试点城市的探索，深圳市充分认识到需要通过强有力的技术体系支撑才能将海绵城市要求楔入城市规划、建设、管理的方方面面，做到久久为功。深圳市结合工程建设各阶段特点及各行业需求，制定和修订了 34 部地方相关标准、指南及要点，为各行业在项目建设全流程中开展海绵城市建设提供了有力的指导。

另外，深圳市以科技为依托，基于海绵城市的建设经验及技术应用，加强技术经验交流，大力培养本地技术力量：①成立了由清华大学、北京大学等 13 家科研机构组成的海绵城市技术联盟，充分发挥社会智囊团作用；②加强专业技术能力提升，各专业部门、行业协会主动与市海绵办合作，累计培训超 9500 人次；③重视采用智慧化、智能化提升海绵城市建设的管理水平。全市智慧海绵管理系统已于 2019 年 12 月上线运行。该系统包括全市总览、项目统筹管理、项目督查管理、项目模型评估、部门日常业务管理、绩效考核管理、公众参与互动、海绵学院等不同模块。通过智慧海绵管理系统，实现市、区海绵办、市直部门、区相关各部门对海绵城市建设全过程的电子化实时监督管理。

4. 以点带面推进

深圳市海绵城市建设按照"建设项目全类型管控，片区（流域）统筹推进，流域整体达标"的思路进行推进：①项目建设层面，对全市海绵城市建设项目进行统筹管理，通过建立海绵城市项目库及管理台账，对海绵城市建设项目进行管控，确保建设项目达到海绵城市建设要求或服务于片区的整体达标；②片区实施层面，以三级排水分区为基本单元，在建设项目全方位管控及达标的基础上，统筹解决片区内内涝点、黑臭水体等问题，实现片区海绵指标及绩效达标；③流域层面，在片区达标的基础上，全面梳理流域涉水问题，针对具体问题提出针对性措施。开展自然生态格局管控、水环境治理、源头减排等指标的评估，查漏补缺，实现流域整体绩效达标（图 9.4）。

9.4.2 国家海绵城市试点区域实践

9.4.2.1 试点区域概况

国家海绵城市试点区域——光明区凤凰城位于茅洲河流域上游，面积 24.6km²，其中城

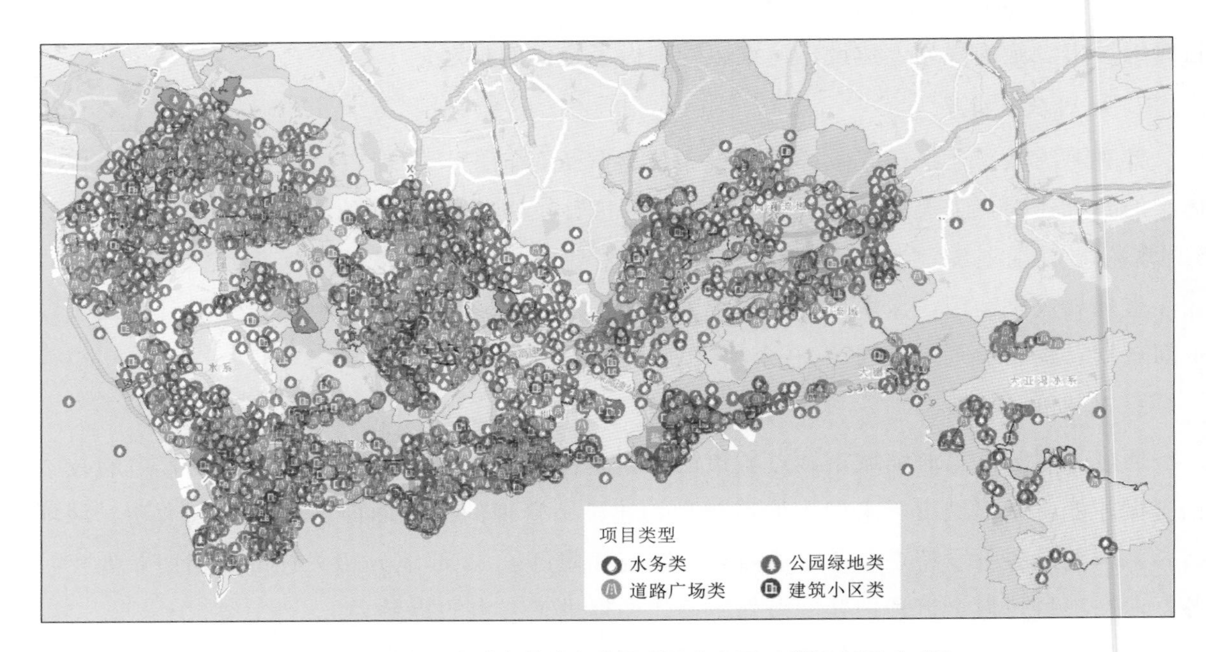

图 9.4　深圳市已完成海绵城市建设项目分布图（截至 2019 年底）

市建设区面积 16.4km^2，主要为东坑水和鹅颈水两条河道的汇水范围，为典型的新旧结合的片区。试点申报前（2016 年之前），试点区域存在鹅颈水黑臭和 6 个内涝点、排水系统不完善等问题。

根据地形地貌、等高线等，将试点区域划分为鹅颈水流域和东坑水流域；根据试点区域排水管网、城市竖向等因素，将试点区域划分为 19 个排水分区（图 9.5）；根据项目排水管网、径流组织等，将试点区域划分为 131 个项目服务区。

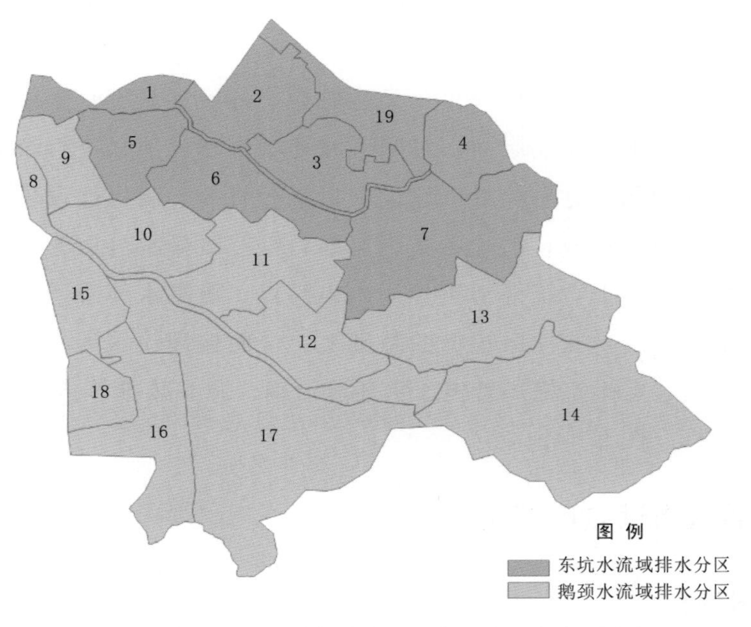

图 9.5　光明区凤凰城海绵城市试点区域排水分区划分图

试点前绿地（含生态控制线内绿地和城市绿地）面积为 11.2km^2，占试点区域总面积的 45.5%；鹅颈水和东坑水流域不透水下垫面分别占流域面积的 53%和 37%（图 9.6）。

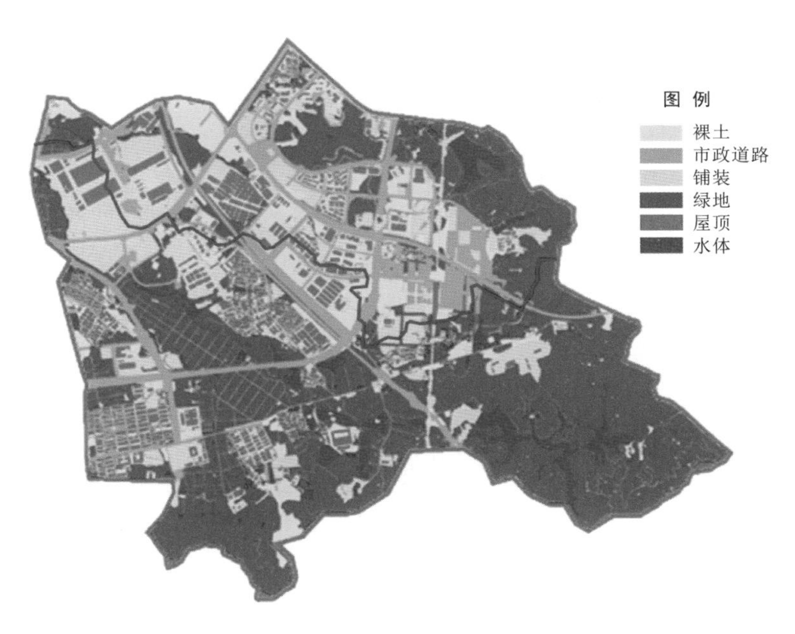

图 9.6 试点区域下垫面分析图（2016 年年初）

9.4.2.2 海绵城市建设需求与目标

1. 海绵城市建设需求

（1）消除黑臭水体，实现“水清、岸绿、河畅、景美”。试点区域普遍存在河道点源污染、底泥淤积、水体流动性差等问题，通过控源截污、过程治理和水系综合整治等措施，尽快消除黑臭，实现试点期末水体水质稳定达标。

（2）提升内涝防治标准，实现“小雨不积水、大雨不内涝”。针对排水管网不完善、建设标准低、运维管养不足等引发的内涝问题，通过完善排水管网、建设行泄通道、开展源头海绵设施建设等，消除积水内涝点，灰—绿结合高标准构建排水防涝系统。

（3）恢复自然水文循环，构建良好生态格局。运用生态手段恢复河道自然生态岸线，控制城市不透水面积比例，最大限度地减少城市开发建设对原有水生态环境的破坏，引导城市空间合理布局，防止城市空间无序蔓延。

2. 海绵城市建设目标

根据试点区域现有水体黑臭、内涝等问题和新建区域规划管控的需求等，综合评价海绵城市建设本底条件，经方案比选最终确定试点区域海绵城市建设目标。按照中央财政支持海绵城市试点批复要求，至试点期末，试点区域应实现“小雨不积水、大雨不内涝、水体不黑臭、热岛有缓解”的绩效目标，包含共计 10 项具体指标，见表 9.2。

9.4.2.3 海绵系统方案

海绵系统方案，即指导试点区域海绵城市建设项目设计的系统化实施方案。海绵系统方

表 9.2　　深圳市中央财政支持海绵城市建设试点指标值

类　别	指　　标	指　标　值
一、水生态	年径流总量控制率	70%
	生态岸线恢复比例	100%
	天然水域面积保持度	不得低于试点前值（4.46%）
二、水环境	水环境质量	不黑不臭
	初雨污染控制（以 SS 计）	60%
三、水安全	防洪标准	防洪标准 50 年一遇
	城市暴雨内涝灾害防治	50 年一遇
	防洪堤达标率	100%
四、水资源	雨水资源利用率	不小于 3%
五、显示度	连片示范效应和居民认知度	60%以上的海绵城市建设区域达到海绵城市建设要求，形成整体效应。 试点区域实现“小雨不积水、大雨不内涝、水体不黑臭、热岛有缓解”

注　深圳市年平均降雨量大于 1000mm、地下水埋深变化指标不参与考核。

案以小流域为单位分别编制了鹅颈水流域及东坑水流域的海绵系统方案。在试点区域海绵系统方案的指导下，以排水分区整体绩效达标为目标，按照“源头减排、过程控制、系统治理”的要求实施，新建项目按照《深圳市国家海绵城市试点区域海绵城市建设详细规划》及海绵系统方案确定的目标进行规划、设计、施工、验收和运维等全过程管理；对于城市内涝问题和水体黑臭问题，紧扣问题成因，按照从源头到末端的系统理念实施治理，试点区域已建设海绵城市项目分布见图 9.7。

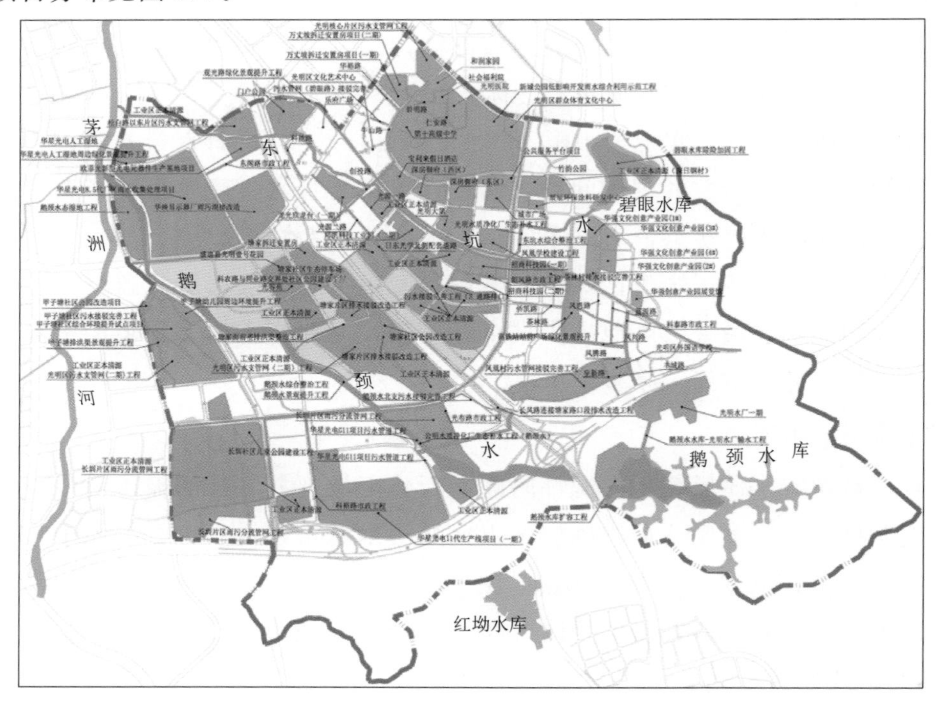

图 9.7　试点区域已建设海绵城市项目分布图

1. 开明公园

开明公园东邻观光路，南临光明大道，西临龙大高速，总用地面积 106103m²，地形南高北低。

开明公园采用海绵城市理念进行设计，建设有雨水花园、植草沟、透水砖人行道、透水沥青混凝土车行道、植草砖停车场等海绵设施（图 9.8）。雨天时，雨水在雨水花园、植草沟、透水路面中直接下渗，有效控制初期雨水污染；硬质屋面、不透水路面的雨水通过竖向控制导流入附近的植草沟、雨水花园；超量雨水通过雨水口溢流进入市政管道，排入附近的东坑水。

（a）植草沟

（b）雨水花园

图 9.8 开明公园

项目将“渗、滞、蓄、净、用、排”的海绵理念充分融入景观设计中，展现出良好的生态效益和环境效益。根据 EPA－SWMM 模型评估，开明公园的雨水年径流总量控制率超过 80%；通过海绵城市技术设施增强雨水的入渗、蒸发和净化作用，有效降低了径流总量和污染物负荷。

2. 欧菲光新型光电元器件生产基地

欧菲光科技股份有限公司是一家开发和生产精密光学光电子薄膜元器件的高科技企业，位于深圳市光明区凤归路以西，东阁路以北，东坑水以南，项目绿化面积 3859m²、植草砖停车场 1310m²、绿色屋顶 8494m²、大门主景 635m²、绿化面积 9680.5m²。项目建设用地面积 30451m²，绿化率 31.97%（图 9.9）。

项目围绕海绵城市建设将设计分为 3 个版块：

（1）地面景观版块：地面景观以海绵城市理念进行打造，通过“渗、滞、蓄、净、用、排”等多种技术，提高对雨水径流的渗透、净化、调蓄、利用和排放。主要设计内容包括雨水花园、植草沟以及生态停车场。

（2）绿色屋顶版块：将屋顶花园的生态性作为主要设计目标，通过大面积的楼顶绿色植被覆盖，并配以给排水设施，使屋面具有隔热保温、雨水滞蓄的功能。此外，通过雨落管断接的方式将雨水排放至周边的绿化中消纳。

（3）地下版块：通过建设 PP 蓄水模块，将部分场地雨水进行收集处理后再回用，蓄水模

图 9.9　欧菲光新型光电元器件生产基地海绵城市设施建成效果图

块可储存雨水的体积为 $80m^3$。

项目充分挖掘场地空间，综合采用多种海绵城市技术，主要有以下效果：①雨水就地下渗，补充地下水；②滞蓄雨水，降低市政雨水管道压力；③根据 EPA－SWMM 模型模拟结果，项目年径流总量控制率在 70%左右，年径流污染物（以 SS 计）削减 50%，有效降低了径流总量和径流污染物。

3. 深圳实验学校光明部

深圳实验学校光明部位于光明区行政配套北片区，东面和南面为新城公园，西南面为光明区公安局，西北面为万丈坡拆迁安置房。项目总用地面积 $90493m^2$，包含教学楼、食堂、宿舍楼、体育馆、图书馆、行政办公楼等，总投资 44046 万元，海绵设施投资 880 万元（图 9.10）。

图 9.10　深圳实验学校光明部海绵城市设施建成效果图

项目容积率为 1.08，建筑覆盖率 32%，硬化屋面面积 $27902m^2$，绿化屋面 $319.44m^2$，绿地面积 $40061m^2$，硬质地面面积 $15435m^2$，透水铺装地面 $6094.8m^2$。项目遵循“高水高排、低水低排”的原则，通过在项目北侧和南侧各建设一条 600mm×600mm 截洪沟，将新城公园旱溪溢流口雨水安全排入牛山路市政雨水管，降低山洪对项目的影响。项目分为三个汇水分区，其中，1 号分区建设有转输植被草沟、雨水花园、多级雨水花园等设施，用于滞蓄雨水；2 号分区采用透水铺装、雨水收集回用池；3 号分区建设有下沉式绿地、雨水花园、透水铺装等海绵设施。各分区溢流雨水分别由 $D800$ 管排入牛山路。

项目综合采用多种海绵城市技术，主要有以下效果：①根据模型评估，年径流总量控制率约 70.3%，污染物削减率（以 SS 计）为 58%，满足海绵系统方案的要求，径流总量削减分区贡献率为 11.2%；②3 年一遇设计重现期的外排雨水峰值削减率为 18%，峰值延后 8min，减缓了对原牛山路历史内涝点的影响；③开展“校园处处见海绵”宣传，对在校学生起到良好的教育示范作用。

4. 万丈坡拆迁安置房

万丈坡拆迁安置房为政府保障房，项目规划用地 $50563m^2$，总建筑面积 $199425m^2$。一期工程 2017 年完工，为 1～5 栋住宅楼，已入住 90%；二期工程已于 2019 年 5 月竣工，为 6～11 栋。项目共划分为 3 个汇水分区，1 号分区排至光明大道的 $D1350$ 管，2 号分区、3 号分区排至华裕路的 $D1200$ 管。

在径流组织方面，塔楼与裙楼的屋面雨水主要通过断接雨落管、消能池的方式就近通过植草沟的转输，流入雨水花园滞蓄净化；小区路面、广场的雨水则通过竖向调整，优先汇入下沉式绿地进行下渗和滞蓄。超标雨水通过雨水花园的溢流口，进入市政雨水管网。在海绵设施布置方面，项目共布置绿色屋顶 $2632m^2$，下凹式绿地，雨水花园合计 $3058m^2$，生态停车场 $450m^2$，透水铺装 $5944m^2$。中央公园占地 $4300m^2$，覆土 1.0～1.5m，采取 80%的绿地下沉，利用旱溪引流，构建雨水花园的设计方法，使之具备 $516m^3$ 的雨水调蓄能力；同时打造雨水汀步等景观娱乐设施，进一步提升绿地品位。在暴雨条件下，利用中央公园对超标雨水进行滞蓄，实现径流削峰和错峰排放。

项目主要有以下效果：①年径流总量控制率 78.4%，污染物削减率（以 SS 计）为 52.1%，雨水排水系统重现期由 3 年一遇提升至 5 年一遇；②总调蓄容积 $2210m^3$，径流控制贡献率 12.2%，污染削减贡献率 14.2%；③作为政府保障项目，万丈坡安置小区海绵投资 2010 万元，实现了海绵利民、育民、乐民，是海绵城市积极落实惠民思路的小区典范（图 9.11）。

图 9.11　万丈坡拆迁安置房海绵城市设施建成效果图

9.4.2.4　海绵建设成效

在试点区域海绵系统方案的指导下，紧扣问题和目标，推进东坑水流域和鹅颈水流域各项建设任务。经过3年多的试点建设，通过工程措施和管理措施的结合，海绵城市效果逐步展现：

（1）积极开展内涝整治工作，提高了城市的排水防涝能力，降低内涝风险。试点区域原来的6个内涝点已经消除，防涝能力达到50年一遇；试点区域10年一遇以上的雨水管网比例提升至90%。近3年视频及三防平台数据显示，试点区域未新增内涝点。东坑水和鹅颈水两条河道通过综合整治，防洪标准提升至50年一遇，防洪堤达标率100%。

（2）试点前为黑臭水体的鹅颈水已于2017年底消除黑臭，顺利通过2018年5月中央环保黑臭水体督察。从监测评估效果来看，鹅颈水已稳定实现不黑不臭，部分河段水质已优于Ⅴ类，水环境质量达到批复指标要求。

（3）东坑水和鹅颈水在水环境治理的过程中，同步对“三面光”河道进行岸线改造，恢复岸线生态功能，防洪标准、防洪堤达标率、生态岸线恢复比例满足批复指标要求。

（4）通过对试点区域采用EPA-SWMM模型分析，试点区域年径流总量控制率达到72%，达到批复的指标。通过源头减排、过程控制、末端综合治理的系统实施，试点区域雨水年径流污染物削减率（以SS计）达62%，达到批复的不小于60%的目标。试点区域水面率达到5.4%，较试点申报前的4.46%有所提升。

（5）区域内生态区和城市建设区年雨水利用量164.5万m^3（年均用水量的7.4%），雨水资源化利用率达到试点批复指标。污水再生利用量达到31.2万m^3/d，污水再生利用率达到100%。

9.4.3 海绵智慧管控系统

9.4.3.1 平台概述

深圳市光明区智慧海绵平台在海绵城市建设目标与相关背景指导下，综合运用物联网、大数据、模型云计算、地理信息系统等先进信息化技术，实现规划与建设相结合，规范标准与验收相统一，监测体系与模型运用相协调，建设成果长效管理。

9.4.3.2 功能设计

按照功能组织，该平台划分为三大支撑系统和四大应用系统：大数据中心、数据挖掘与模型系统、海绵城市3D展示系统，海绵城市项目全生命周期管理系统、海绵城市考核评估系统、黑臭水体监管系统、防洪排涝管理系统。每个系统平台又包含若干子系统（图9.12）。

1. 大数据中心

大数据中心是支撑系统的核心部分，汇集各类在线监测和人工监测数据、业务数据、空间数据等，包含数据清洗、甄别、修补、分析筛选等功能，支撑各类数据的查询、展示、处理及存储，并为其他应用提供数据服务。

根据深圳市海绵城市建设方案和城市建设条件，项目在试点区针对119个监测对象，布设了160多个在线监测点位，2018—2019年累计跟踪监测了204场有效降雨，人工采样4000多个，在线监测采集了1200万余条有效数据。开展了针对典型地块、排水分区和试点区域等

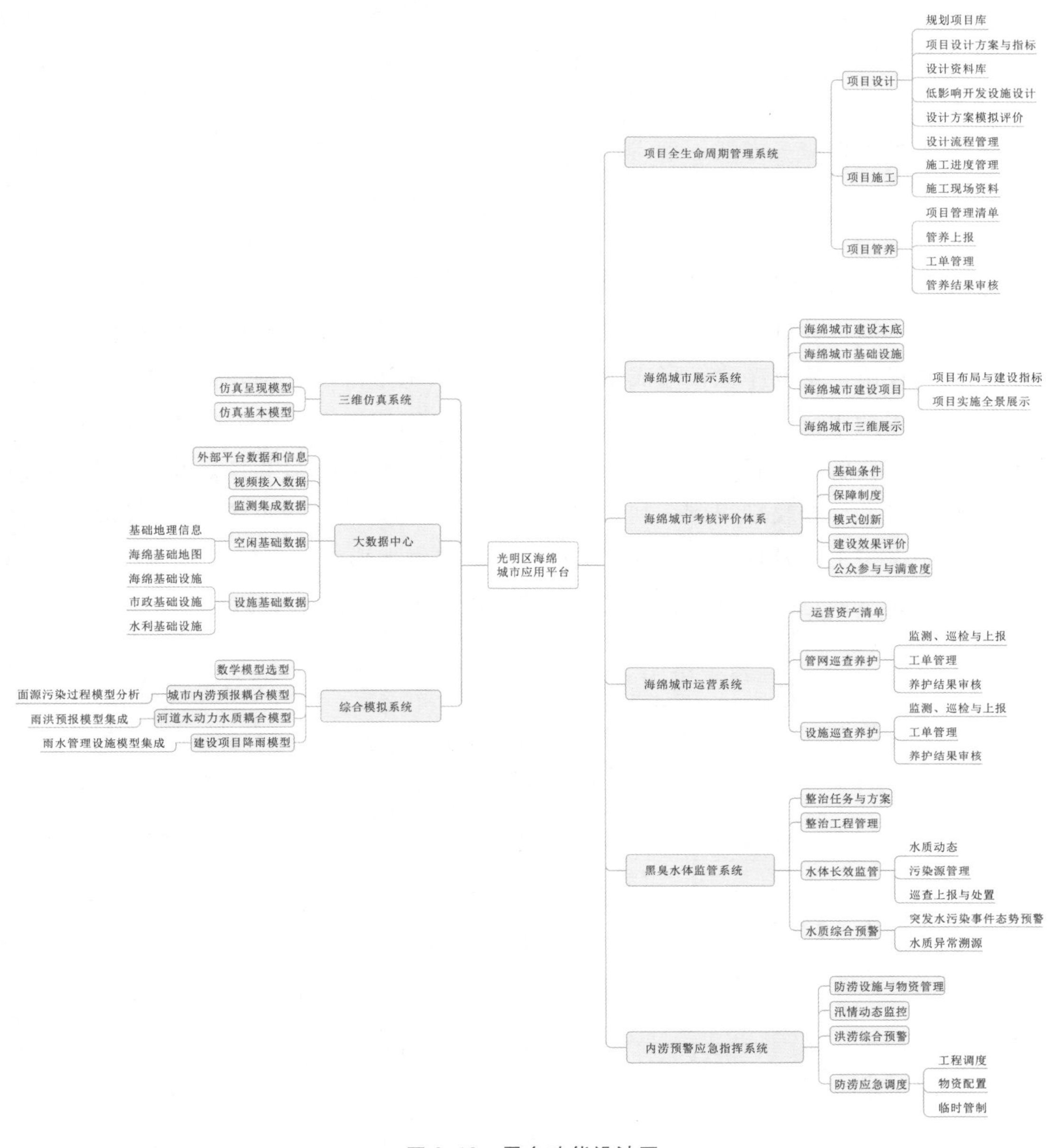

图 9.12　平台功能设计图

建设效果的实测和模拟，分析了试点区排水分区年径流总量控制率、项目实施有效性、雨水管网排水能力、城市内涝防治能力等指标，综合评估了深圳市光明区海绵城市建设实施效果。

针对在线监测设备运行过程中遇到的数据缺失，极大、极小、波动、孤立干扰、累加错误、随机清零等数据异常和设备离线等问题构建了数据处理系统及预警运维系统，可形成问题预警、工单派发、档案入库完整闭环。

2. 数据挖掘与模型系统

数据挖掘与模型系统作为平台的关键技术支撑，依据平台获取的监测数据和其他基础数据，为平台提供各类模型运算，支撑平台模拟预测等智慧化业务功能。

光明区海绵模型以贵仁模型云为支撑提供专业计算服务；模型云以软件即服务（SaaS）

的方式对外提供服务，内含贵仁模型体系及第三方模型体系；贵仁模型体系包括完全自主开发的分布式水文模型、一维水动力模型、管网水动力模型、二维水动力模型、一级生态动力学模型、富营养化模型及可调控水工建筑模型等。

基于模型云的模型服务方式，使得用户了解、使用、发布模型更便捷，系统集成专业数学模型更简单，模型计算更快、规模更容易扩展，有需要时，可以深度定制模型来满足不同使用场景的模拟和预测需求。

海绵城市模型的构建流程包含下垫面概化、管网概化、河道水系概化、海绵设施概化、二维地形概化等，即构建针对试点区水循环的数字孪生，实现从降雨到地面，经过截留、下渗、蒸发、海绵设施调蓄及净化，形成雨水径流，汇入地下雨水管网，并与地面实时交互最终汇入河道全过程的水量及水质的定量模拟。其中下垫面使用高精度影像图（0.6m×0.6m）及地形图进行数字化解析，管网根据雨水管网规划图、管养管网分布图、物探结果、道路施工竣工图及现场踏勘综合整理得到；河道水系主要通过施工图、竣工图提取；海绵设施主要通过项目施工图、竣工图及现场测量获取基础数据；二维地形基于高精度DEM及1∶1000地形图获取高程及建筑信息，通过剖分斜底三角网格模拟地形（图9.13）。

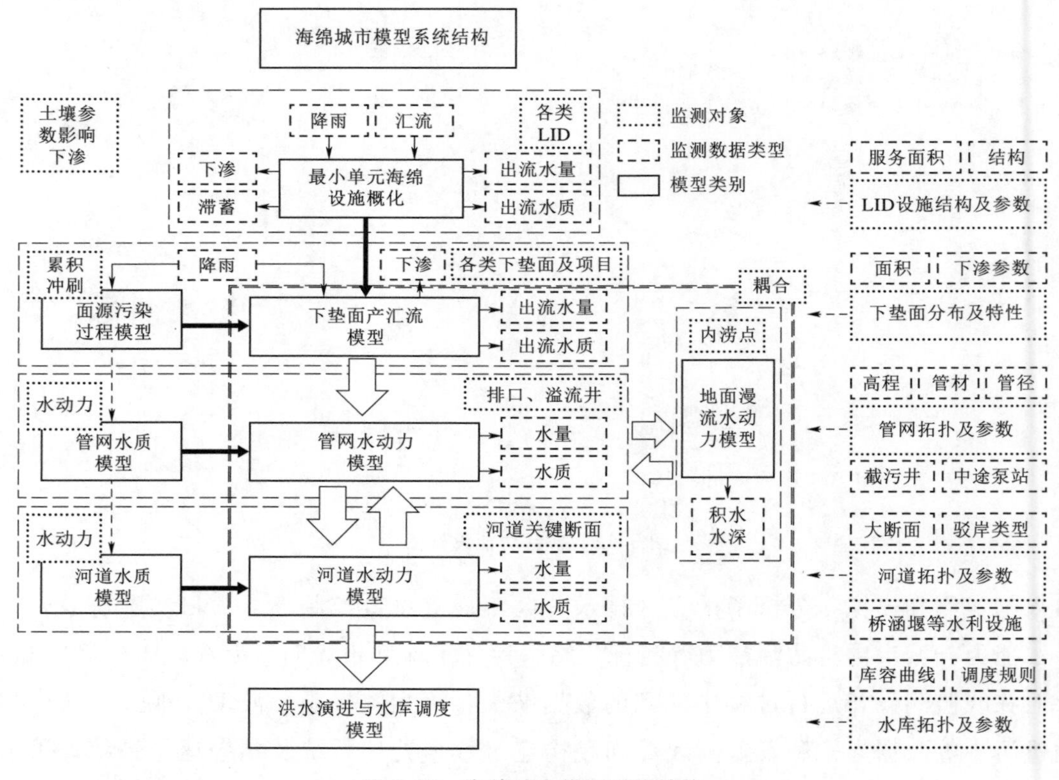

图9.13 海绵城市模型系统结构

模型需经过率定后投入使用，以保证模型分析结果的可靠性。模型参数率定分典型下垫面及设施、典型项目、排水分区三个层级进行，共计20个对象，包含水量及4种水质指标，每个对象2场降雨率定，2场降雨验证，率定纳什系数均超过0.5，符合《海绵城市建设评价标准》中的相关要求。

业务系统在模型云技术支持下，融合构建及率定的模型方案，即可模拟过去、未来真实或虚拟设定的场景，实现洪水、内涝、水质等问题分析、方案优化、风险预警预报等业务。

3. 海绵城市3D展示系统

借助航飞获取的海绵试点区部分区域的三维数据，结合人工建模，展现海绵城市典型项目的运转情况、海绵设施结构及工作原理等，在三维的场景里融入了不同情景下模型分析计算结果，旨在向公众提供可以了解海绵城市运行机制和试点建设基本情况的宣传系统。

4. 海绵城市项目全生命周期管理系统

海绵城市建设项目的管理可划分为立项、设计、施工、验收、管养5个阶段。平台需要实现对每个海绵城市项目的建设进展、建成效果和运营情况全生命周期信息监管。功能包括海绵城市规划、设计阶段的成果录入、审核和评估、海绵城市工程建设、监理与工程验收过程的全流程电子化、精细化监管，海绵城市设施（包括雨污管网、泵站、调蓄设施等）日常维护与管养的信息化管理，项目空间位置、基本建设信息、建设单位等信息台账的动态维护等；同时支持政府对海绵项目的设计审批、建设方案比选等功能。

5. 海绵城市考核评估系统

海绵城市考核评估系统是依据国家和深圳市海绵城市建设的相关考核要求，分解各考核指标，针对试点面积、水生态、水环境、水安全、水资源等，通过监测数据计算结合模型评估等方式，实现试点分区达标率、年径流总量控制率、SS削减率、水质达标率、生态岸线占比、管网排水能力、内涝风险等多项考核指标计算及动态评估。

经综合分析，光明区开展海绵城市建设后，试点区雨水滞蓄能力大幅提升，排洪防涝能力明显提高，城市水环境质量有效改善，试点区域海绵城市建设成效显著，各项指标达到了预期目标。

6. 黑臭水体监管系统

黑臭水体监管是海绵城市建设的具体应用业务。通过对试点区内东坑水和鹅颈水水质实测数据、定期人工水质采样数据的分析，及时感知水质变化动态，总体评价水质达标情况。同时通过对黑臭水体整治工程建设监控，掌握整治工程对水质的影响和治理黑臭效果，为整治工程调整决策提供参考依据。在该模块中也嵌入了突发水污染事件分析功能，可在线设定污染源、污染事件及不同的应急措施，对比分析方案效果。

7. 防洪排涝管理系统

防洪排涝管理系统，通过对河流水位、内涝积水监测数据的分析，结合接入的气象预报数据，在模型系统服务支持下，模拟各种降雨场景下的河流水位分布，以及试点区内积水动态变化，从而对洪水和内涝的安全性做出预测，实现洪涝灾情预判和辅助防洪排涝决策功能。

9.5 重点区域面源治理

正本清源工程实施后，基本上所有排水小区均已进行雨污分流和正本清源工程改造，但部分排水小区内包含一些面源污染较严重区域，比如农贸市场类、垃圾中转站类、汽修/洗车类、餐饮一条街类等，这些区域地面污染非常严重，降雨时雨水径流裹挟各类垃圾、灰土等进入城市水系统，造成大量面源污染。因此，需在这些重点区域设置径流污染面源控制措施。

9.5.1 初雨面源控制总体方案

重点区域污染源治理分级主要依据《低影响开发雨水综合利用技术规范》(SZDB/Z 145—2015)、《深圳市面源污染整治管控技术路线及技术指南（试行）》，根据通常下垫面类型划分流域内各地块面源污染等级（表 9.3）。

表 9.3 面源污染等级划分标准

等级	平均 COD_{Cr} /(mg/L)	通常下垫面类型
A	＜100	非城市建设用地、公园绿地等
B	100～200	高档居住小区、公共建筑、科技园区等
C	200～300	普通商业区、普通居住小区、管理较好的工厂或工业区、市政道路等
D	＞300	农贸市场、家禽畜养殖屠宰场、垃圾转运站、餐饮食街、汽车修理厂、城中村、村办工业区等

注 1. 汽车修理厂包括汽车 4S 店、修配厂、洗车场。
2. 村办工业区指内部零乱、卫生管理较差的工业区或工厂。
3. 平均值为降雨初期 7mm 厚度内。

以宝安区为例，根据面源污染的情况共分为 A、B、C、D 4 个等级。总流域面积为 66.38km^2，A 等级面积为 8.66km^2，B 等级面积为 9.02km^2，C 等级面积为 34.27km^2，D 等级面积为 14.43km^2，其中 D 等级为重点面源污染控制区域，主要为城中村、村办工业区、垃圾转运站、农贸市场等人口密度高，面源污染严重的区域（图 9.14）。

在雨水系统流经区域为 D 类型的排放口设置弃流井或调蓄池。其中，弃流井的设置原则为：针对管径大于等于 DN600 的排口；调蓄池的设置原则为：管径较大的排口以及难以进行排查的暗渠。

9.5.2 重点区域污染源

重点区域的面源污染源包括以下几种类型：

(1) 农贸市场类污染源。农贸市场一般仅有一套合流系统，因市场内人员杂乱，商贩人为倾倒垃圾等现象较为严重，降雨时雨水径流裹挟各类垃圾、倾倒物等进入雨水系统，造成面源污染。

(2) 垃圾中转站类污染源。此类区域地面因为垃圾收集、转运时残留大量垃圾及附着物，冲洗车辆及下雨时，地面雨流水裹挟各类垃圾、灰土等进入雨水系统，造成面源污染。

(3) 餐饮一条街类污染源。深圳市的餐饮一条街遍布大街小巷，这些露天餐饮店多位于大街或者马路两旁临街一层，还有部分属于流动式的摊贩，夜间夜宵摊遍地营业。其所产生

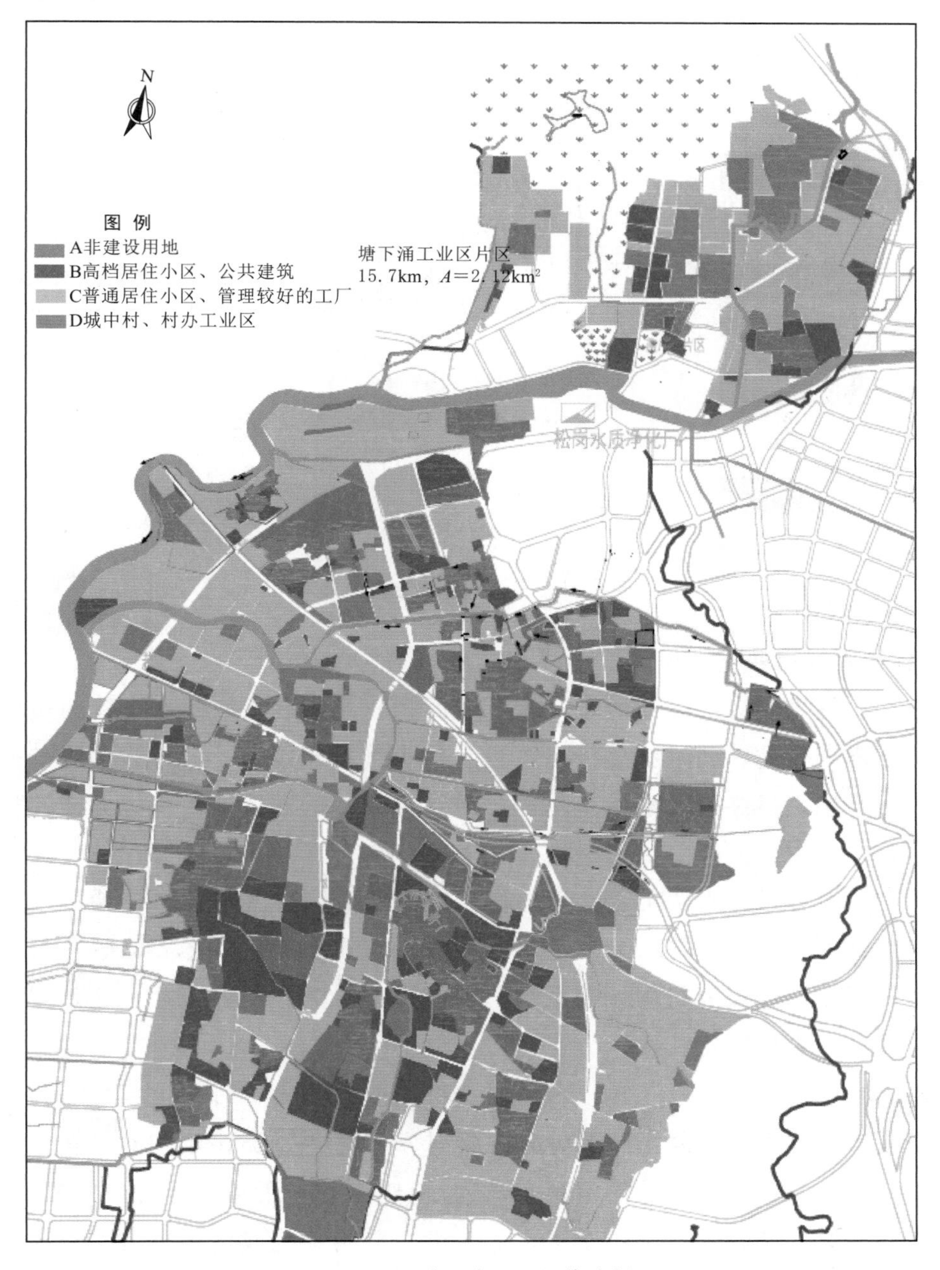

图 9.14 河道周边面源污染分析图

的污水大多随意排放至路面，同时在地面留下大量的油污和垃圾，降雨冲刷后，造成严重的面源污染。

(4) 汽修/洗车店类污染源。汽修厂的主要业务是焊接、喷漆、装配以及机油更换等，含有大量油污和油漆。洗车店在洗车过程中排出的废水含有大量洗洁剂等。此类企业点多面广，运营者环保意识不强，通常自行将废水直接接入雨水口或者雨水检查井。

9.5.3 工程实施思路

针对重点区域的污染源，根据其污染情况制定专门的解决方案。重点污染源治理方案如

图 9.15 所示。

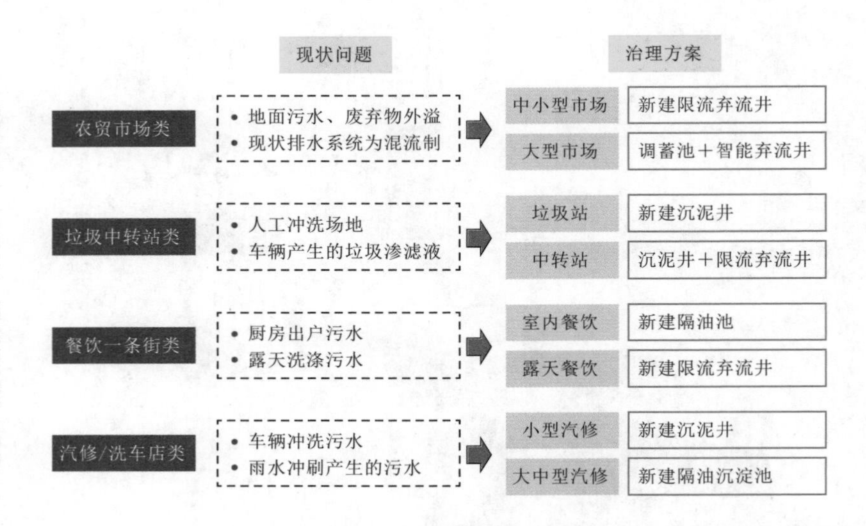

图 9.15　重点污染源治理方案

9.5.3.1　设置初雨弃流井

对于上述面源污染相对严重的区域，若区域面积较小，在相应雨水支管与市政雨水干管的相接处设置初雨弃流井，同时新建接出管道与污水管道相接。污染较为严重的初期雨水经弃流井流入污水系统，最终进入水质净化厂。中雨及大雨后期清洁雨水经弃流井溢流进入雨水系统排入河道。

工程设置的弃流井可分为两类：①弃流管收集初雨最终排入雨污分流系统的弃流井，为Ⅰ类弃流井，此部分初雨通过雨污分流系统直接进入水质净化厂；②弃流管收集初雨最终排入沿河截污系统（后期将作为初雨调蓄系统）的弃流井，为Ⅱ类弃流井，此部分初雨可通过调蓄系统分时段进入水质净化厂。

1. Ⅰ类弃流井设置方案

根据污染迁移过程中各流经小区下垫面性质划分，流经 D 类污染相对严重区域，且最终进入渠涵的排口（含归并雨水口、保留雨水口），原则上管径大于等于 *DN*600，需考虑在入渠涵处设弃流井，弃流管收集管道初期雨水进入沿河截污系统或雨污分流系统内。管径小于 *DN*600 以下因管道水量较小，考虑经济性及效益型情况下，可不设置弃流井。

对于断面小于 1.5m×1.5m 的暗渠，因不满足三维扫描排查条件，流经 D 类污染相对严重区域最终进入渠涵的排口，在此段进入渠涵末端处可设置弃流井。

2. Ⅱ类弃流井设置方案

Ⅱ类弃流井设置条件同Ⅰ类弃流井，但末端沿河截污管或调蓄池等调蓄系统通过收集区域内初雨面源污染，分时段错峰排入水质净化厂。

浮球式弃流井（图 9.16）由井体、浮箱、密封球、滑轮组件、手动闸门、浮动挡板等主要部件组成，采用水力自动控制启闭，通过浮筒的浮力带动密封球升降，从而启闭弃流口，无须人力或电力，且可对初雨的弃流比例进行精确调控。

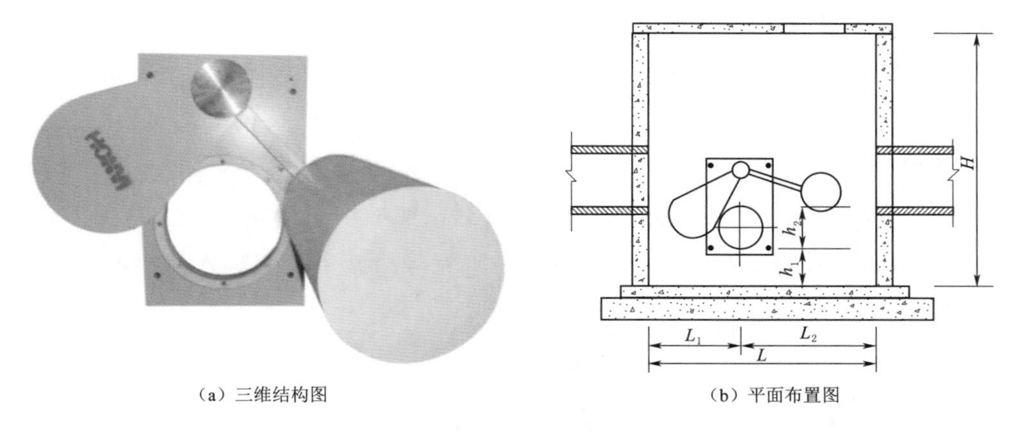

（a）三维结构图　　（b）平面布置图

图 9.16　浮球式弃流井示意图

晴天时，弃流井里的浮球未落下，管道内混进的部分污水通过弃流井内弃流管流向污水管道，做到晴天时污水“零直排”。

降雨时，初期的地面雨水污染物浓度高，如果进入河道会对水体造成污染。通过浮球停靠位置判断降雨量的大小，让初期雨水进入污水管；降雨中后期的雨水相对比较干净，浮球降落关闭弃流口闸门，雨水进入河道内。由于浮球堵住弃流通道，此时雨水会在浮球室内聚集，当浮球室内水位升高至出水管处时，雨水从出水管排出，此时雨水已变得较为干净，达到了预处理的效果。

降雨结束后，浮箱室的水通过旱流出水口经弃流管排出，浮箱下降到最低位置，浮球悬起，弃流井复位。

3. 现状截流井改造为弃流井

将现状沿河截污系统中的污水截流井进行统计，并将管径大于等于 $DN600$ 的排放口旁的截流井改造为初雨弃流井，达到减少污染入河的目的，截流井改造示意如图 9.17 所示。

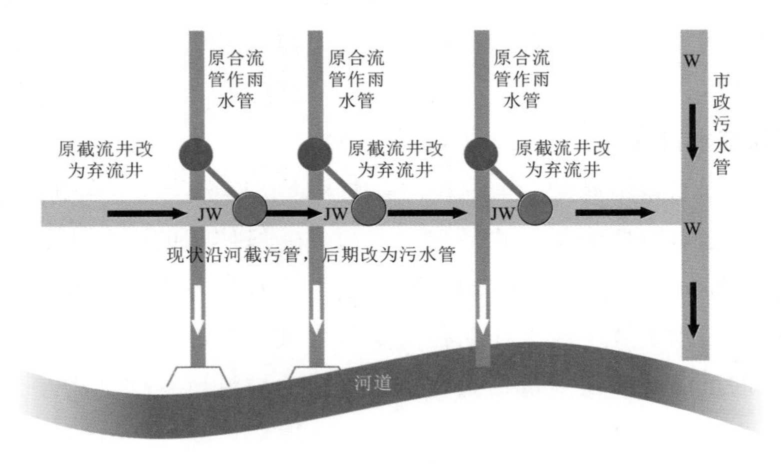

图 9.17　截流井改造示意图
JW—截污管；W—污水管

9.5.3.2　设置调蓄池

流经 D 类污染相对严重区域，最终进入渠涵的排口、不满足排查条件的暗渠等，雨水水量较大，需在迁移过程或末端设置调蓄池。根据调蓄池设置位置的不同主要分为两类：一类在流经区域污染比较严重，且无法排查的小尺寸渠涵进入小微水体前；另一类在沿河截污管下游，截污管道进入市政污水管前。

1. 第一类调蓄池

该工程对于面源污染较重的区域进行重点控制，如城中村，村办工业区等，需在最终进入河道的现有渠、涵旁增设调蓄池，通过溢流、限流等措施来控制进入河道的面源污染水量，从而减少河道的污染（图 9.18）。

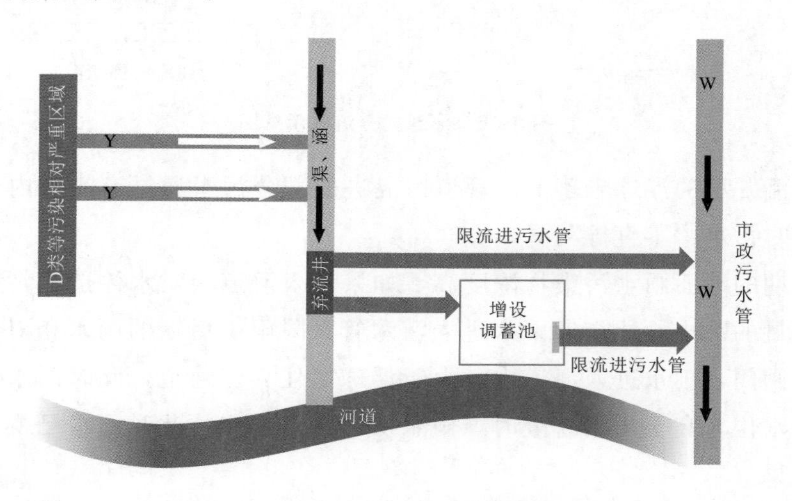

图 9.18 污染严重区域增设调蓄池示意图

Y—雨水管；W—污水管

2. 第二类调蓄池

沿河截污管在旱季时收集漏排污水进入市政污水管道，降雨时会有大量雨水进入市政污水管道，对污水管网和下游污水厂造成较大冲击。沿河截污管本身无调蓄空间但现场有调蓄条件的，可在沿河截污管下游增设调蓄池和溢流、限流等设施对漏排污水和初雨水进行调蓄（图 9.19）。

9.5.3.3 改造环保雨水口

流域内原有普通雨水口不能截流大颗粒污染物，下雨时各类垃圾等进入会造成管道堵塞，因此，考虑将原有雨水口改造为截污式环保雨水口，一般使用的设施为滤水桶雨水口。其工作原理为：雨水流经雨水篦，大的固体垃圾被拦截在雨水口外面，雨水进入滤水桶后通过滤水孔进入雨水口内，雨水中大于滤水孔孔径的颗粒物被拦截在滤水桶内，同时雨水中的一些粗颗粒沉积到井体的沉淀区。在雨量很大时，滤水桶的溢流口可保证雨水口正常工作，防止路面形成积水。

通过设置环保雨水口（图 9.20），可以有效拦截进入雨水口的漂浮物和颗粒物，也可方便地从雨水口中取出滤水桶及时清理，防止异味溢出。

9.5.3.4 新建隔油池

流域内存在大量无证经营的餐饮店，这些店铺通常无隔油池或者原隔油池已基本丧失功

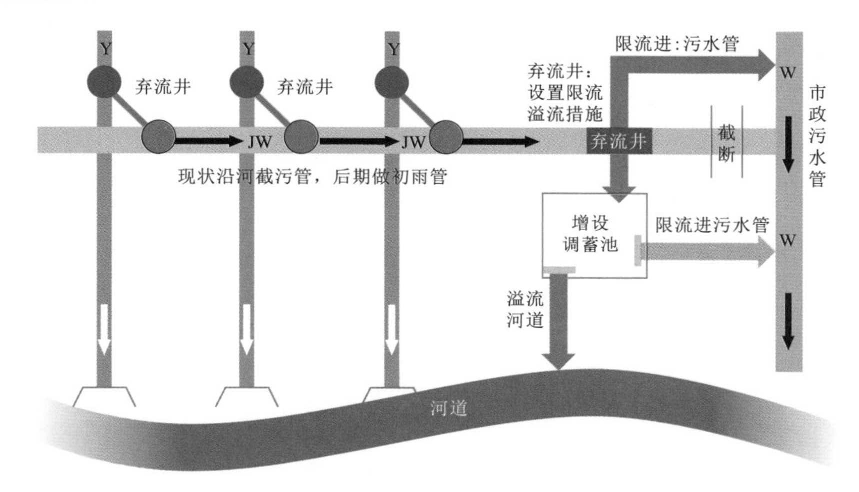

图 9.19　沿河截污管旁增设调蓄池示意图

Y—雨水管；JW—截污管；W—污水管

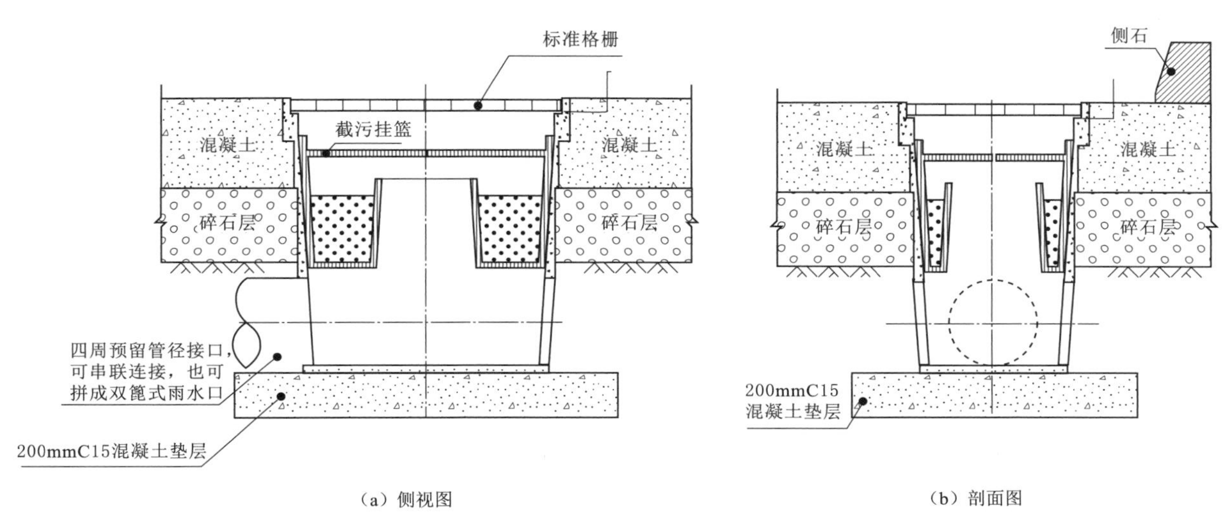

图 9.20　环保雨水口大样图

能，导致大量浮油和垃圾直接进入检查井，造成检查井堵塞，严重影响市政管道的正常运行。

针对无证餐饮店，超过 300 个餐位数的排水出口位置，设置隔油池，具体分为两种型号：餐位数大于等于 300 时，选用Ⅰ型隔油池（详见 04S519，GC－1S）；餐位数大于等于 500 时，选用Ⅱ型隔油池（详见 04S519，GC－2S）。

9.5.3.5　新建洗车隔油沉淀池

针对汽修洗车店，超过 4 个洗车位的排水出口位置，设置洗车隔油沉淀池，具体分为两种型号：车位介于 3（含）～6 之间时，选用Ⅰ型沉淀池（详见 04S519，GC－1SQ）；车位大于等于 7 时，选用Ⅱ型沉淀池（详见 04S519，GC－2SQ）。

9.5.4　工程实施方案

9.5.4.1　农贸市场类

农贸市场根据现场实际情况，可大体分为露天市场和封闭市场两类。

1. 第一类：露天市场

(1) 定义：市场本身处于若干小建筑群体内。

(2) 特点：市场面源污染通过现状雨水沟或雨水篦进入雨水系统。由于市场内部条件所限，缺乏施工面，故无法新建排水系统。

(3) 设计方案：

1) 针对区域较小，无条件新建调蓄池的区域，设计方案为在该类区域现状混流排水系统末端设置沉泥井，沉泥后接入限流弃流井，弃流的初雨面源污染流进市政污水系统，雨水溢流进市政雨水系统。

2) 针对区域较大，有条件新建调蓄池的区域，设计方案为在该类区域现状混流排水系统末端设置沉泥井，沉泥后接入智能弃流井，雨水溢流进市政雨水系统，弃流的初雨面源污染弃流进调蓄池。污水来量较大时将暂时储存在调蓄池中，在污水厂污水处理高峰期后分时段排入市政污水系统。

2. 第二类：封闭市场

(1) 定义：市场处于建筑体内或者有大型顶棚。

(2) 特点：市场自身有一套排水沟，且雨水不会通过散排混入市场内部的排水系统。处于大型建筑物中或大型顶棚之下，现状排水系统多为混流制。但是建筑体可能会有天面雨水及二层污水立管影响整个市场的排水系统。

(3) 设计方案：针对此类区域，在该类区域现状混流排水系统末端设置限流弃流井，弃流的初雨面源污染弃流进市政污水系统，雨水溢流进市政雨水系统。若区域仍存在立管未分流现象，须进行立管分流改造。

9.5.4.2 垃圾中转站类

该类治理对象为有固定区域的垃圾站。按实际情况，垃圾中转站类污染源可按有无压缩处理设施分为垃圾站、垃圾中转站两类。

1. 垃圾站

(1) 定义：收集点占地范围小，仅有垃圾收集功能，为垃圾房或垃圾池。

(2) 设计方案：针对此类区域，设置环绕或半环绕式钢格栅盖板排水沟，收集人工冲洗场地、车辆产生的垃圾渗滤液（汇水范围内）；排水沟末端设置沉泥井，接入市政污水系统内。

2. 垃圾中转站

(1) 定义：一般设置有垃圾压缩处理设施，占地面积较大，以二层建筑物或天棚式场地分布在城市之中。

(2) 设计方案：针对此类区域，设置环绕或半环绕式钢格栅盖板排水沟用以收集人工冲洗场地、车辆产生的垃圾渗滤液（汇水范围内），同时方便车辆通行；排水沟末端设置沉泥井，接入限流弃流井，弃流的初雨面源污染弃流进市政污水系统，雨水溢流进市政雨水系统。压缩机渗滤液由垃圾中转站自行处理，处理后由具有环保资质的单位集中收集处理。

9.5.4.3 餐饮一条街类

该类治理对象为餐位数超过200个的单个大型餐饮店或3家以上连续的中小型餐饮区域。200个以下餐位的餐饮类点位可由经营户自行设置小型隔油器，不纳入实施范围。按实际情况，餐饮一条街类污染源可分为室内餐饮类和露天餐饮类。

1. 室内餐饮类

(1) 定义：厨房设施较俱全，但排口不规范的室内餐饮。

(2) 设计方案：

1) 无露天洗涤现象的室内餐饮店，在每家餐饮店经营户设置的小型隔油器后用污水管串接，串接3家及以上餐饮店小型隔油器后，用 *DN*160 污水管直接收集厨房出户管污水，通过新建 *DN*200 或 *DN*300 污水管接入隔油池内，经隔油池处理后排入市政污水系统。

2) 存在露天洗涤现象的室内餐饮店，相关职能部门须加强管理，杜绝此类现象发生。针对此类现象，可在室内餐饮店内部预留接口，预留埋地连接管管径为 *DN*160，通过新建 *DN*200 或 *DN*300 污水管接入隔油池内，经隔油池处理后排入市政污水系统；同时需相关部门责令其整改，自行接入设计预留接口。

2. 露天餐饮类

(1) 定义：既需收集厨房出户管、露天洗涤污水外，还需重点解决面源污染问题。

(2) 设计方案：

1) 针对区域较小，无条件新建调蓄池的区域，设置串联雨水口收集区域初期雨水，接入限流弃流井，弃流的初雨面源污染弃流进市政污水系统，雨水溢流进市政雨水系统。

2) 针对区域较大，有条件新建调蓄池的大型露天餐饮一条街类，设置串联雨水口收集区域初期雨水，接入智能弃流井，雨水溢流进市政雨水系统，弃流的初雨进入调蓄池暂存，在污水厂污水处理高峰期后分时段排入市政污水系统。

9.5.4.4 汽修/洗车店类

该类治理对象为有洗车车位的汽修/洗车店。按实际情况，汽修/洗车店类污染源可按洗车车位分为小型和大中型汽修/洗车店类。

1. 小型汽修/洗车店类

(1) 定义：同时洗车车位少于3个，无空间设置汽车洗车隔油沉淀池。

(2) 设计方案：针对此类区域，设置环绕或半环绕式钢格栅盖板排水沟，收集洗车废水(汇水范围内)；排水沟末端设置沉泥井，接入市政污水系统内。含有喷漆作业的汽修/洗车场(有洗车车位)，按环保部门要求自行设置水处理设施，水质达标后方可排入市政管网。

2. 大中型汽修/洗车店类

(1) 定义：大中型汽修洗车厂配有3个及以上的洗车车位。

(2) 设计方案：针对此类区域，设计方案为设置环绕或半环绕式钢格栅盖板排水沟用以收集洗车废水（汇水范围内）；排水沟末端设置汽车洗车隔油沉淀池，处理后接入市政污水系统内。含有喷漆作业的汽修/洗车场（有洗车车位），按环保部门要求自行设置水处理设施，水质达标后方可排入市政管网。

9.6 已建沿河截污管改造

流域内河道配套建设的现状沿河截污管主要可分为两类：一类截污管为有调蓄价值的截污管，可利用其作为管涵调蓄，增设溢流、限流措施，对初期雨水进行收集和错峰排放；二类调蓄管为无调蓄价值的截污管，针对此类沿河截污管，可根据沿河截污管所服务区域下垫面面源污染等级情况，在截污管旁增设调蓄池和溢流、限流等设施达到对初期雨水进行调蓄的目的。

9.6.1 一类沿河截污管

一类沿河截污管具有调蓄价值，可将其作为调蓄管道加以利用。管涵调蓄运行状况为，在降雨初期，初期雨水经过自清洗格栅流入调蓄管涵；进入降雨中后期，管道调蓄池充满，此时管道调蓄处理能力达到饱和，后期雨水不再进入调蓄管道，直接排入河道；降雨结束后，晴天时，避开早、中、晚高峰用水时段，将调蓄管涵由初期雨水错峰排放，管涵调蓄示意如图 9.21 所示。

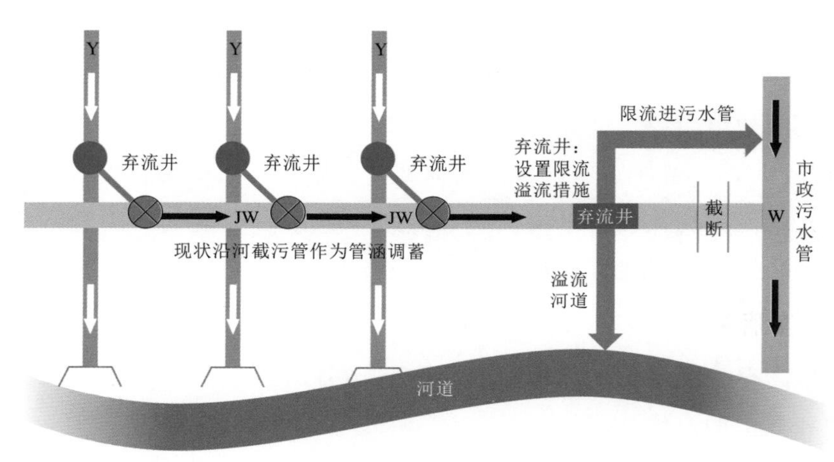

图 9.21 管涵调蓄示意图

JW—截污管；W—污水管

进水工况（图 9.22）：①降雨时雨水经过弃流井前端的自清洗格栅拦渣后进入井内；②降雨初期，电动闸门 1 关闭，电动闸门 2 开启，雨水进入调蓄管涵；③管涵水满之后，关闭电动闸门 2，打开电动闸门 1，雨水排入自然水体。

排水工况（图 9.23）：①冲洗，管涵调蓄池冲洗可分段每隔一定距离建闸门井，在调蓄管涵排水时，以此打开闸门，可起到对管涵冲洗的作用；②雨停后，避开早、中、晚高峰用水时段排水，各管涵调蓄池在用水量较少时段错开分别排水，采用自流限流或采用水泵提升将管涵内存水排至市政污水管，最终输送至污水厂。

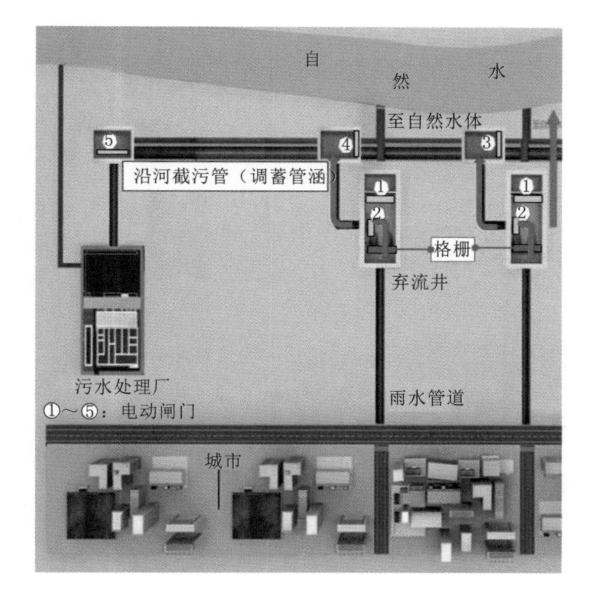

图 9.22 管涵调蓄进水工况示意图

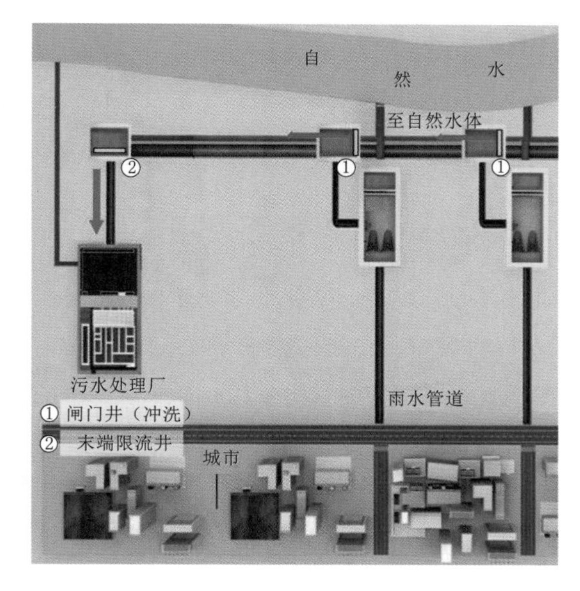

图 9.23 管涵调蓄排水工况示意图

9.6.2 二类沿河截污管

二类沿河截污管无调蓄功能，需在河道及截污管旁增设调蓄池、溢流、限流等设施来实现调蓄功能。增加末端调蓄是一般截流管网比较常规的改造提升形式，利用截流管道传输，并增设调蓄池、溢流、限流措施，减少雨季溢流污染。

9.6.3 其他沿河截污管

除一类、二类之外的其他沿河截污管被改造为市政污水管网。针对个别河道，附近没有市政污水管，但又承担了片区污水收集的沿河截污管，对原有截流井封堵或改造为弃流井，增设限流措施，将短管改为市政污水管。

国内很多地区的截流系统在设计伊始就是按照解决面源污染的“小截流系统”进行设计的，截流管的设计尺寸很小，这些地区的截流管实际上并没有很好地发挥控制面源的作用，大多数都是作为沿河的最后一道污水防线，但是在远期，随着城市建设的不断进步，这些系统终将扮演“小截流系统”的角色。

9.7 深层隧道应用探索

9.7.1 实施背景

铁岗、石岩水库西部毗邻宝安国际机场，南部眺望前海深港合作区，地势优越，是深圳西部片区最主要的饮用水水源地，承担着宝安和光明 2 个行政区，15 个街道，700 多万人的饮用水保障任务。其中，铁岗水库总库容 9950 万 m^3，控制流域面积 $64km^2$，水面面积 $5.95km^2$；石岩水库总库容 3200 万 m^3，控制流域面积 $45km^2$，水面面积 $2.68km^2$（图 9.24）。

图 9.24 铁岗水库和石岩水库服务范围

铁岗水库年自产水量为 5760 万 m^3，石岩水库年自产水量为 3694 万 m^3，而服务区内年需水量约 72130 万 m^3，现阶段自产水仅占需水总量的 11%～12%，远不满足供水要求。因此，铁岗水库和石岩水库为"都市型""水缸型"水库，作为东部引水工程和东深供水工程传输路径上的调节器，主要承担"中继"功能，其水质保障对区域水安全及经济发展至关重要（图 9.25）。

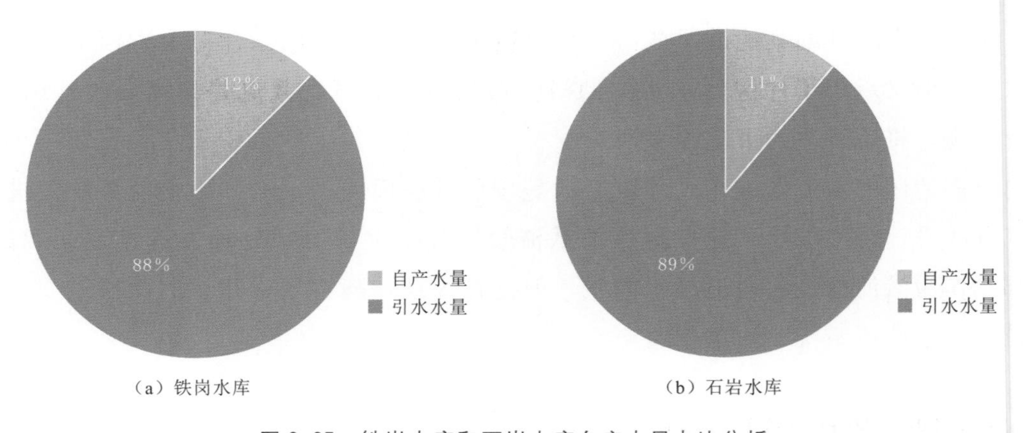

图 9.25 铁岗水库和石岩水库自产水量占比分析

9.7.2 实施的必要性

受城市发展的影响，水库保护区内大量土地已成为建成区，尤其是二级保护区范围内，常住人口 54.59 万人，居民建筑 10174 栋，企业 3690 余家（包括 2623 家工业企业），工业产值 1346.53 亿元，占宝安区的 22.3%，已显著影响水库水质的稳定性（图 9.27）。根据水库保护区的相关政策法规，若全部拆除二级保护区范围内建筑将面临巨大的财政补偿压力，同时损失大量就业岗位，增加社会的不稳定因素。流域内支流已完成的雨污分流、沿河截污等措施仍无法保障水库水质的稳定性。根据 2014—2017 年铁岗水库和石岩水库连续 41 个月取水口水质监测资料，铁岗水库水质总体在地表水Ⅱ类与地表水Ⅲ类之间，石岩水库水质在地表水Ⅱ类与地表水Ⅳ类之间，总体表现为不稳定，难以保障供水安全，需进一步减小入库污染（图 9.26），因此，需采取更为有效的、高效的深层隧道技术彻底阻断入库污水。

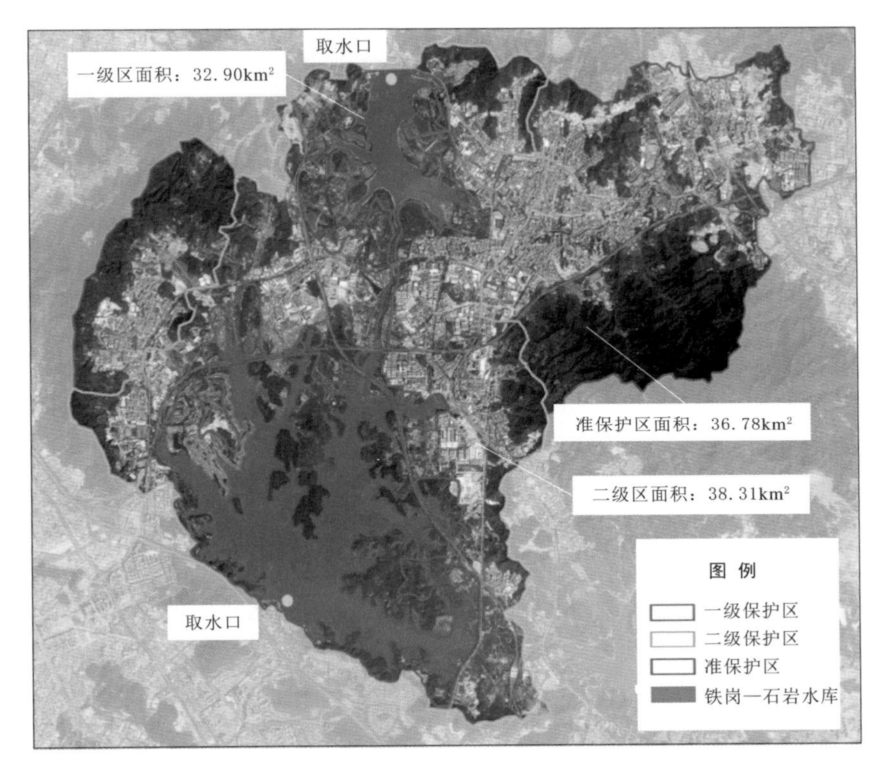

图 9.26　铁岗水库和石岩水库保护区范围

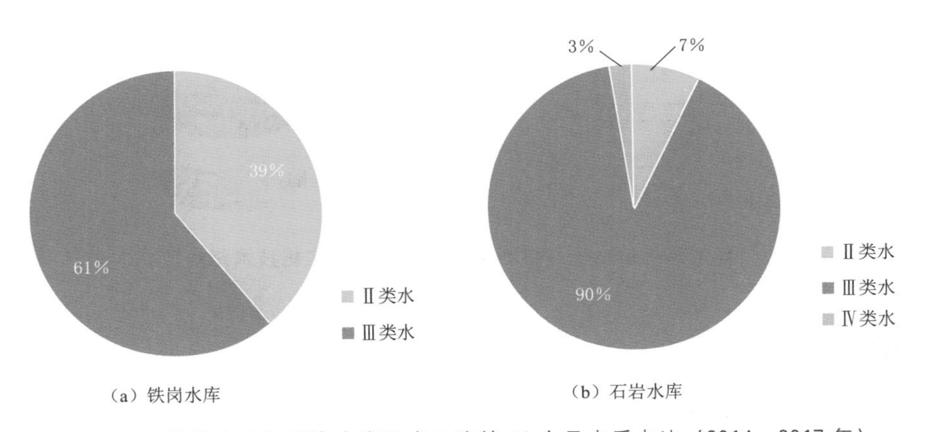

图 9.27　铁岗水库和石岩水库取水口连续 41 个月水质占比（2014—2017 年）

9.7.3 技术方案

2019 年底，铁岗—石岩水库水质保障工程（二期）正式启动，致力于保障水源质量，维护生态和谐，打造活力城市型碧道公园，为城市发展增添新的活力。铁岗—石岩水库水质保障工程（二期）总体遵循“三库三湿地，联通联排线”的总体思路，以应人石河、九围河、石岩入库河流域为治理对象，划定流域生态区和建成区。对于流域生态区，在生态区外围设置清水截流沟，避免清洁雨水进入建成区而受到污染，截流清水直接进入库区。对于流域建成区，根据降雨级别分类治理（图 9.28 与图 9.29）：

（1）小于 7mm 的降雨径流，通过沿河截流输送至污水处理厂处理。

（2）大于 7mm、小于 50 年一遇的降雨径流沿河进入河口生态库，利用湿地净化，并通过生态库下游侧的生态堤挡住这一部分水体进入水库，进一步利用深层隧道输送生态库内水体：石岩河输送至茅洲河；应人石河先由深层隧道输送至九围河生态库，再由九围河输送至西乡河。生态库内净化后的部分水体可通过引水泵站及沿河输水管线对河道进行生态补水，实现水资源循环利用。

（3）大于 50 年一遇的降雨径流可漫过生态堤进入水库。因此，通过沿河截流、生态库、生态堤、深层隧道等措施，不仅降低了污染径流进入库区，而且保障了清洁径流仍能进入库区，减少外部引水总量。

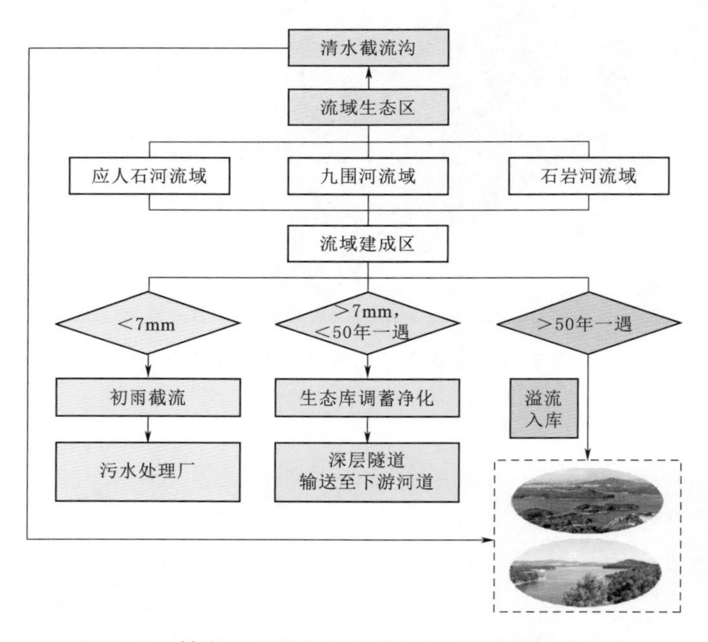

图 9.28 铁岗—石岩水库水质保障工程实施技术路线

9.7.4 实施效果

9.7.4.1 净水润城：创新理念

工程实施后，有效阻止雨后河水进入饮用水水源水库，入库面源污染初步得到控制，水

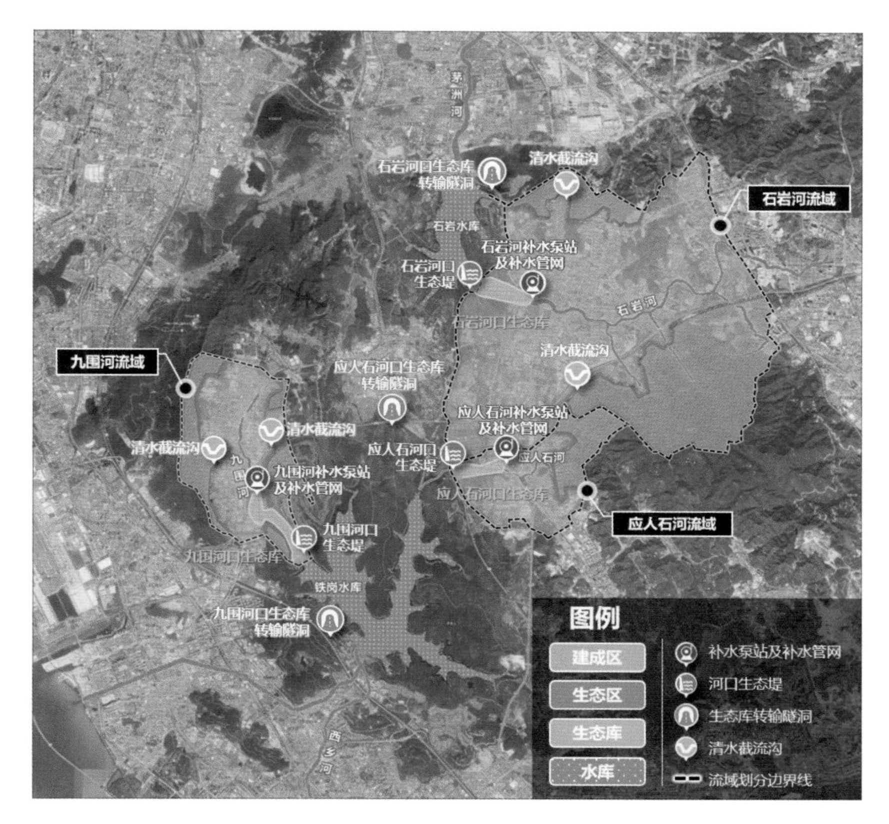

图 9.29 铁岗—石岩水库水质保障工程总体布置

库水质逐步好转。铁岗、石岩水库水质进一步提升，长期稳定在Ⅱ类水。生态库水质稳定在Ⅳ类水，可以作为流域补水的重要水源，促进流域生态水环境提升。

通过生态库的建设，打造库区内山水相融格局，结合广东万里碧道建设总体规划，铁岗—石岩二期工程匠心独运，以“蒹葭萋萋、多情应人”为特色，将应人石河口生态库打造为郊野型碧道，以“疏林密草、繁花四季”为主题，将九围河口生态库打造为城市活力型碧道，是市民提供休闲娱乐的好去处，为城市发展增添新的活力。

宝安区有龙舟赛的传统，其中“松岗赛龙舟”更是省级非物质文化遗产保护项目，该工程九围河口生态库库区东西宽约 160m，南北宽约 1200m，水质良好，举办 1000m 级国际龙舟赛、皮划艇赛等具有得天独厚的自然条件优势，远期可根据政府规划打造为宝安国际水上运动中心，举办国内外各大赛事等。

9.7.4.2 攻坚破壁：五个首创

首次通过建设生态堤切断不达标水体与水库的水力联系。工程实施前，应人石河、九围河河道整治工程中，通过沿河截污系统实现了对旱季污水 100%的截流并排至市政污水系统，但是雨污分流、沿河截污等工程措施还不能解决问题，水库周边存在较多工业企业等潜在突发事件风险源，没有完善可靠的缓冲应急设施。

铁岗—石岩二期工程创造性地提出，在应人石河及九围河入铁岗水库的两处库尾，通过新建生态堤切断不达标水体与水库的水力联系，在建成区与饮用水水库之间形成物理隔离，避免不达标水体进入饮用水水库。

首次在生态库内新建人工湿地，将山地初雨及建成区入河雨水引入湿地净化后进入生态库进行调蓄。创造性地提出在应人石河口新建垂直潜流人工湿地（现由改造后的塘头湿地替代其功能），在九围河口新建浅表流人工湿地，处理7～10mm初小雨水，净化后进入生态库调蓄。7mm以上、50年一遇以下降雨进入生态库调蓄后转输，不进饮用水源主库。生态库水体水质可基本定位为准Ⅴ类水。

首次采用50年一遇降雨标准设计建设生态库。根据《铁岗—石岩水库水质保障工程水质保障策略研究》成果，120mm降雨标准溢流入库水体瞬时浓度满足一级水源保护区地表水Ⅲ类水质标准。将“地表水Ⅲ类水质标准下的降雨标准”和“片区入库河流防洪标准”作为两个标准控制因素，并取其中高值作为设计标准的原则，确定项目主要截流、调蓄、转输构筑物的设计标准为50年一遇。实施更高标准的水库水质保障工程措施，保证入库水体水质达标。

首次采用“隧洞＋生态库”理念将不满足入库标准的水体调蓄净化并排入西乡河进行生态补水。采用新建生态库，并通过深层隧洞转输调蓄洪水的创新理念解决饮用水水库水质及水环境问题，在深圳乃至全国水环境深层隧道领域尚属首次，具有积极引领和示范作用。同时为满足合同工期要求，创造性提出了“盾构＋矿山法”综合施工工艺，减少了盾构吊出、拼装和调试时间，能压缩关键线路工期1年，极大地缓解了工期压力。

首次以一项工程同时统筹解决水源地保护和黑臭水体治理问题。作为深圳市重要供水水源，水库水质受到周边建成区威胁，沿库截污工程成效不足，污水入库现状亟待解决。铁岗—石岩水库二期发挥“流域统筹、区域共治、系统治理”的先进技术理念，在水源地保护工程中充分考虑了城市黑臭水体治理，采取了“物理隔离、生态净化、连通联排”的一系列工程措施，达到了预期效果。

通过合理安排工期，采用优质施工机械、加强水质监测，做好应急预案、三道拦污带，进行兜底保障有效降低施工期铁岗—石岩水库二期建设对铁岗水库的水质影响，保障饮用水库水质安全。

第 10 章　清源去污——底泥清淤处置

10.1　危害及成因

10.1.1　流域内沉积物类别及分类处置

1. 沉积物来源分析

茅洲河流域内沉积物主要包括河湖底泥、通沟污泥、水质净化厂污泥、化粪池粪渣和工程建设泥浆五类（图 10.1 与表 10.1）。由于水质净化厂污泥的处置权责与运营主体绑定，因此流域内 8 座水质净化厂的污泥不纳入处置范围。

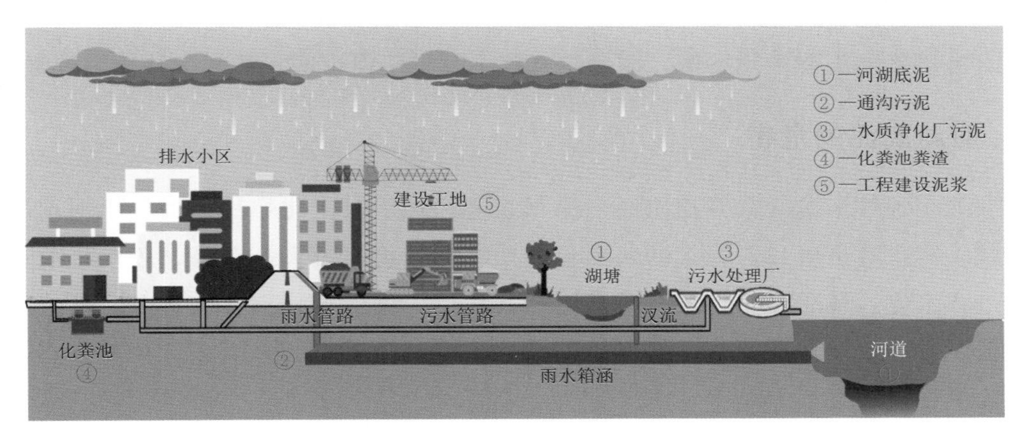

图 10.1　茅洲河流域内沉积物的来源

表 10.1　茅洲河流域内各类沉积物的主要性质及产量

沉积物的来源	主　要　性　质	产量 /(万 m^3/a)	备　　注
河湖底泥	天然含水率 103%，平均砂砾含量 37.1%；营养盐、重金属污染严重，热值较低	400	本次流域河道清淤工程量
通沟污泥	以泥沙等无机物为主，垃圾杂物较多，平均有机质含量 20.1%，热值较低	42	以 2019 年底泥处置厂接收量计（进厂含水率约 90%）
化粪池粪渣	固形物以未完全矿化的有机物为主，环境污染风险高，热值高	58	理论数据（含水率 96%）
工程建设泥浆	固形物以泥沙、碎石等无机物为主，污染程度较低，热值低	23	以 2019 年底泥处置厂接收量计（进厂含水率约 60%）

2. 沉积物分类处置

(1) 工程建设泥浆处置。茅洲河流域水环境综合治理工程的施工泥浆主要来自雨污分流管网工程，施工前需严格做好详细地勘和雨季排水工作，从源头减量泥浆产生。对于所产泥浆采取“旋流泥浆分离机＋沉淀池”的就地减量方式。分离出的泥浆利用全封闭罐式运输车送至新建的茅洲河底泥处置厂深度处理，厂内分离出的砂砾资源化回用于建设工程。

（2）化粪池粪渣处置。流域内化粪池数量多、分布广，采用“就地减量＋深度处理＋资源利用”的处置思路，主要利用一体化粪污处理车，其内置的药剂调理池、化学处理池和固液分离等单元可将吸取的粪污处理为含水率40%的粪渣和余水。余水直接排入市政污水系统，粪渣则送往打包车间深度处理，进一步脱水至35%含水率，之后送至焚烧车间直接焚烧发电，实现资源利用。

（3）管道沉积物处置。管道沉积物清理按照“三步路线”推进，采取“六边模式”进行。“三步路线”是指项目采用“试点→总结→推广”的策略推进；“六边模式”则是指采用边清淤、边检测、边设计、边修复、边验收、边移交的创新工作模式。管道沉积物清理主要采用水力冲淤方式，利用吸污车吸出管内污水、淤泥和砂石。较大的垃圾杂物采用人工方式从检查井内清出，作为市政垃圾处理；暗涵清淤则主要采用机器人作业。沉积物全部封闭转运至底泥处置厂集中处置。

（4）河道底泥处置。河道底泥的清淤处置为茅洲河沉积物治理的主要内容，对于重污染底泥，缺乏可借鉴的工程治理案例。因此，本章主要讨论河道底泥的污染分析及处置。

10.1.2 河湖底泥的危害

河湖底泥是各种来源的营养物质经一系列物理、化学及生化作用，沉积于河湖底部，形成的疏松状、富含有机质和营养盐的灰黑色物质。污染物通过大气沉降、废水排放、雨水淋溶与冲刷进入水体，最后沉积到底泥中并逐渐富集。污染底泥具有含水量高，黏土颗粒含量多、强度低、成分复杂且具有明显的层序结构，重金属含量高，有明显臭味等特点，并产生多种危害，主要包括以下方面：

（1）防洪能力降低。河湖底泥淤积将侵占行洪断面，尤其是局部河段因淤积形成瓶颈段，导致行洪能力降低，水位抬高，威胁城市安全。

（2）河道黑臭。水体中大量污染物通过沉淀、吸附作用累积在底泥中。受污染的底泥在物理、化学和生物等一系列作用下，通过吸附污染物与孔隙水的交换，将污染物释放进水体，造成二次污染，引起水体“黑臭”。另外，大量的底泥也为微生物提供了繁殖的温床，其中放线菌和蓝藻均能引起水体的“黑臭”。因此，对于污染较严重的河道，污染底泥如不进行治理，即使控制了外来污染物的输入，“黑臭”水体也得不到彻底治理。

（3）重金属污染。重金属已被众多国家列为环境优先污染物，我国列入环境优先污染物黑名单的重金属元素有铜（Cu）、锌（Zn）、铬（Cr）、镉（Cd）、铅（Pb）、镍（Ni）、汞（Hg）、砷（As）等。当水环境理化条件变化时，底泥中部分重金属可从沉积物重返水相，对水体的影响具有持久性。底泥中的重金属主要通过两种途径对生物产生危害：①重金属进入间隙水，通过扩散进入上覆水体，其中游离分子与简单络离子可被生物体吸收，并在生物体内产生积累和危害；②由于水体底泥是底栖生物的栖息场所和食物来源，底栖无脊椎动物直接取食沉积物，并通过食物链向鱼体富集。这两种途径最终都会危害到人体健康。

（4）持久性有机物污染。底泥具有很大的吸附容量，容易富集持久性有机污染物，并转移至生物体内积累，从而对生物体产生较强的毒害作用。这些污染物还能够通过水—泥界面的迁移转化作用重新进入水体，并通过复杂的污染生态化学过程，在气—水—生物—底泥等多介质环境体系中迁移、转化，最终在人和动物体内大量累积，影响人和动物的生殖系统健康，威胁人类未来的生存发展。

10.1.3 河湖底泥淤积的成因

1. 底泥淤积情况

茅洲河上游段多低山丘陵，中游为低丘盆地与平原，下游为滨海冲积平原，河床平均比降为0.071%。茅洲河中下游河道为感潮河段，河床遵循“洪冲枯淤”的变化规律。茅洲河周边区域经济开发强度逐渐增大，河道受人类活动影响明显，河床处于逐年淤积的状态。根据1992年、1993年、2004年、2006年和2010年的河道断面测量资料分析，1992—2006年，茅洲河感潮河段（洋涌河闸下游河段）淤积强度由河口向上游逐渐减弱，平均淤积率约为25cm/a；2006年之后，淤积强度减小，淤积率约为10cm/a；非感潮河段以冲刷为主，冲刷率约为20cm/a。根据2010年实测数据，洋涌河闸下游河段，河床淤积非常严重，两岸淤滩、河心洲分布密集，其现状淤积宽度在18～50m之间，占河底总宽的65%～80%，占行洪断面宽度的10%～25%；入海口区域淤积最为严重，淤积深度在0.5～3.0m之间。

2. 底泥淤积产生的原因

感潮河段总体表现为淤积，非感潮河段总体表现为冲刷。这是因为非感潮河段主要受径流作用，水流挟沙能力强，导致河床冲刷；感潮河段受潮流和径流相互作用，潮流顶托使得径流挟沙力减小，泥沙落淤，引起河床淤积，而且越往下游，潮流作用越明显，淤积率越大。

径流与潮流相互作用导致水流挟沙力变化是引起河床冲刷或淤积的内在机理，而引起这一内在机理变化的则是人为活动的影响，主要表现在以下几方面：

（1）土地开发加剧水土流失。为满足城市化发展需要，茅洲河流域内开发强度逐渐增大，造成地表裸露，导致水土流失。尤其在雨季，短时间里若出现较大降雨时，裸露地表的大量悬浮物质随径流进入河道，从而使得上游来沙量增大，引起下游河床淤积。

（2）地表硬化引起径流增大。城市化发展引起流域内水文条件发生变化，雨季河道内流量增大、水动力增强，因而河流的挟沙力增大，引起床面冲刷，床面受冲刷后：一方面使河道的过流能力增加，促使流量增大；另一方面使床面高程降低，导致坡度增大，而坡度增大又能够促使水动力增强，进一步加剧上游河床侵蚀，下游河床淤积（图10.2）。

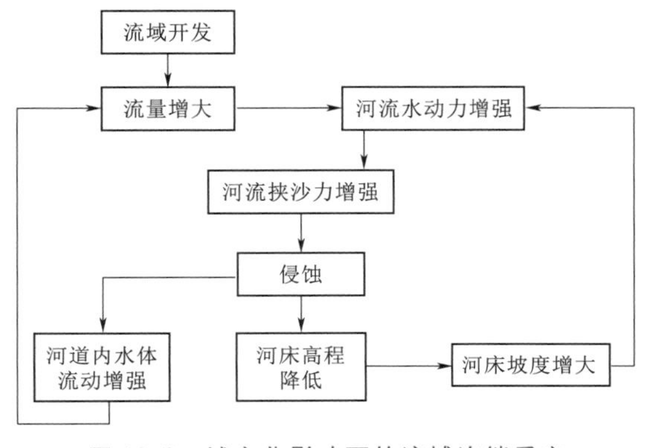

图10.2 城市化影响下的流域连锁反应

(3) 施工倾倒。在工程建设过程中，部分施工单位为减小成本、谋取更大的经济利益，往往忽视水土保持措施，且时常将建筑垃圾或弃土就近偷倒入河，造成河道淤积。

(4) 污水排放。由于茅洲河干支流河道两岸存在大量漏排或错接乱排的污水排放口，污水直排入河，导致沉积物直接进入河道，同时，流域内污水管网、各类暗涵、汊流、沟渠也存在不同程度的存量淤积，雨季"零存整取"冲刷入河，成为底泥的重要来源。

10.2 性状分析

10.2.1 底泥有机质及营养盐污染分析

10.2.1.1 底泥采样

1. 底泥采样厚度

在垂向上，底泥污染物浓度随深度的增加而减小，表层底泥污染物含量最大。因此，若只研究底泥的受污染程度，一般可只取表层底泥进行分析，取样厚度可为 10cm、20cm、60cm；若想掌握污染物的垂向分布特性、量化清淤深度，则需进行柱状取样，取样深度根据河流现状淤积情况确定。

2. 取样工作

2016 年 7—8 月，开展了茅洲河与沙井河的底泥钻孔柱状采样。为便于分析，将茅洲河和沙井河划分为三个河段，即河段 A（洋涌河闸至茅洲河—沙井河交汇处）、河段 B（潭头渠—潭头河交汇处至茅洲河—沙井河交汇处）和河段 C（茅洲河—沙井河交汇处至珠江口）。各河段纵向上每隔 300～400m 设置一个勘测断面；横向上，河宽小于 200m 的断面设置 1～2 个取样点，河宽大于 200m 的断面设置 2～3 个取样点，局部地形变化较大处、入海口处或水污染较严重水域加密取样点。根据上述原则，三个河段内共设置 46 个断面，86 个底泥测点，其中河段 A 包含测点 28 个，河段 B 包含测点 22 个，河段 C 包含测点 36 个，测点布置如图 10.3 所示。

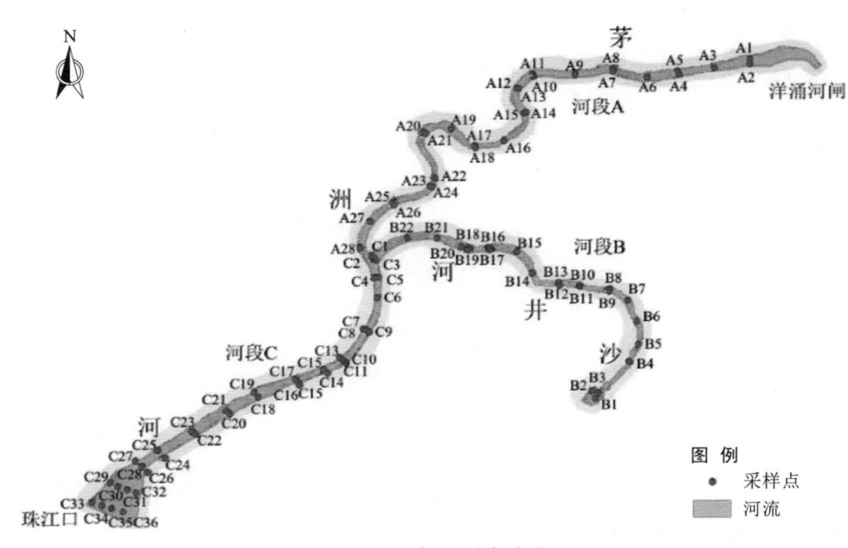

图 10.3 底泥测点布置

相关研究表明，茅洲河底泥污染厚度往往在1～2m之间，因而为保证采样深度能够包含整个底泥污染层，勘探孔钻进深度一般达到4m。由于底泥取样涉及的空间跨度较大，测点平面位置利用全球定位系统（GPS）精确控制。为分析柱状样不同深度的底泥受污染程度，采用人工与机械相结合的方式进行河道内底泥取样。首先由工程钻机进行河道内污染底泥的柱状样采集；然后打开柱状样，人为将底泥柱状样垂向分为四层，即Ⅰ层（0～1m）、Ⅱ层（1～2m）、Ⅲ层（2～3m）和Ⅳ层（>3m），其中0m处为河床表面。

10.2.1.2 有机质污染特征分析

有机质是反映底泥有机营养化程度的重要标志，常用于评价湖泊、河流等水体底泥肥力状况及富营养化潜力。反映有机质污染的综合指标有总有机碳（TOC）、COD、BOD等。其中，TOC是以碳的含量表示有机质总量的综合指标，沉积物中有机碳的含量代表了湖泊沉积过程中没有被矿化分解的那部分有机质中的碳总量。根据TOC总量计算有机质总量，其计算公式如下：

$$有机质(OM)=有机碳(TOC)\times 1.724 \tag{10.1}$$

式中：OM、TOC分别为有机质含量和有机碳含量，mg/kg。

1. 有机质平均含量

河段A、河段B和河段C的平均有机质含量如图10.4所示，其中误差棒为标准差。河段B有机质平均含量最高，均值为39526mg/kg，根据实测数据最大值可达211679mg/kg；河段C有机质平均含量次之，均值为27213mg/kg，最大值达161631mg/kg；河段A有机质平均含量最小，均值为24417mg/kg，最大值达211697mg/kg。因此，河段B有机污染最为严重。

2. 有机质垂向分布

茅洲河与沙井河Ⅰ～Ⅳ层底泥平均有机质含量如图10.5所示，误差棒为标准差。总体而言，底泥有机质含量随着深度的增加而逐渐减小。Ⅰ层有机质含量最大，其中河段A、河段B和河段C的平均值分别为30528.11mg/kg、46389mg/kg和29708mg/kg；Ⅱ层有机质含量与Ⅰ层接近；Ⅲ、Ⅳ层有机质含量较Ⅰ、Ⅱ层减小明显。因此，有机质主要集中在Ⅰ、Ⅱ层内。

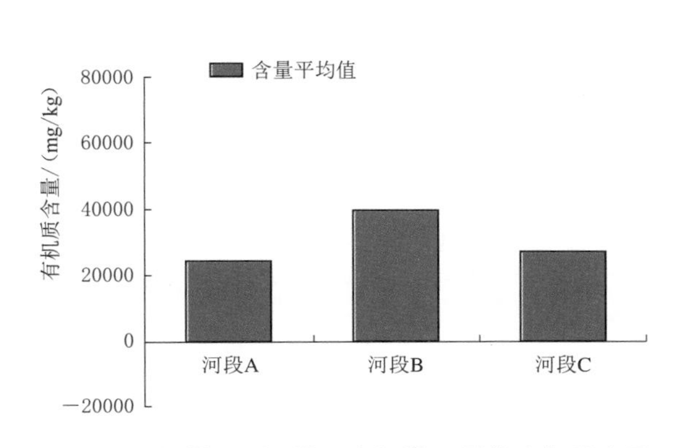

图10.4 河段A、河段B和河段C平均有机质含量

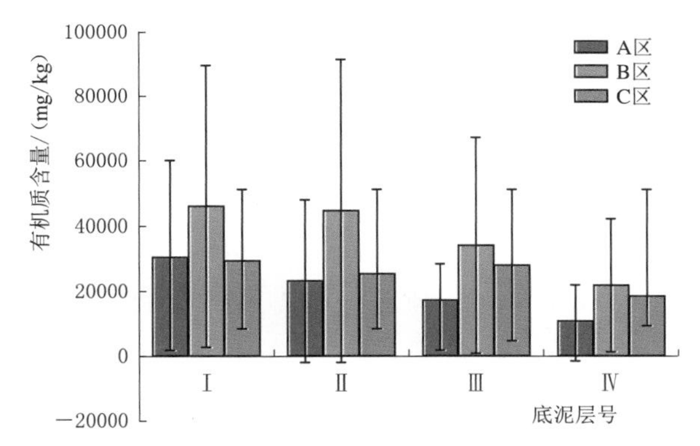

图10.5 茅洲河与沙井河Ⅰ～Ⅳ层底泥有机质含量

3. 有机质污染评价

有机质污染指数不仅考虑总氮、总磷，而且考虑有机质总量（OM）指标，具有较好的应用效果，计算公式如下：

$$OI = OC \times ON \tag{10.2}$$

$$ON = TN（\%）\times 0.95 \tag{10.3}$$

$$OC = \frac{OM（\%）}{1.724} \tag{10.4}$$

式中：OI 为有机污染指数；OC 为有机碳含量占比，%；ON 为有机氮含量占比，%；TN 为总氮含量；OM 为有机质含量。

在确定有机污染指数后，可根据表 10.2 评价有机物污染程度。

表 10.2　　底泥有机污染指数评价标准

指数类别	<0.05	0.05～0.2	0.2～0.5	≥0.5
污染等级	Ⅰ	Ⅱ	Ⅲ	Ⅳ
污染程度	清洁	较清洁	尚清洁	有机污染

各河段Ⅰ～Ⅳ层有机污染指数如图 10.6 所示。河段 A 的Ⅰ、Ⅱ层和河段 B 的Ⅰ层，有机污染指数分别为 0.91、0.61 和 0.60，均属有机物污染级别；其余各层有机污染指数均小于 0.5，属于清洁～尚清洁级别。

10.2.1.3　总氮污染特征分析

1. 总氮分布特征

茅洲河底泥总氮平均含量为 1781.20mg/kg，最低值为 0.03mg/kg，最高可达 9277.51mg/kg，变异系数为 90%，见表 10.3。3m 厚度以上部分底泥氮污染较为严重，总氮含量平均超过 1000mg/kg，特别是表层 1m 厚度以内的底泥总氮含量最高。茅洲河作为浅水河流，底泥中的氮与上覆水交换较为强烈，受风浪扰动和人为活动影响，底泥中的氮易释放到上覆水中，从而引起上覆水高度富营养化。

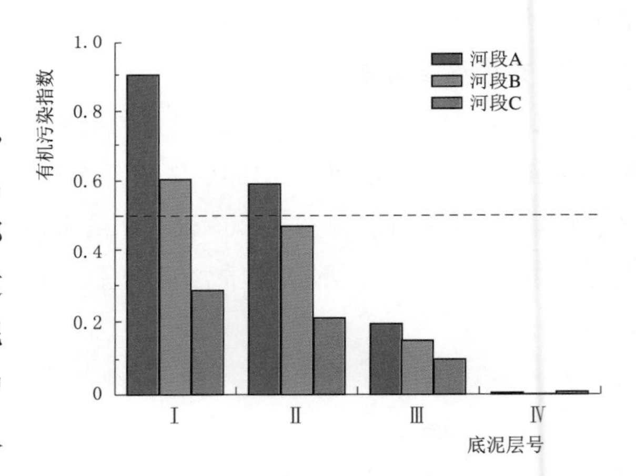

图 10.6　各河段Ⅰ～Ⅳ层底泥有机污染指数

底泥总氮平均含量最高（2353.71mg/kg）为 B 区，其次是 C 区（1754.49mg/kg），最低（1407.93mg/kg）为 A 区，见表 10.4。与总氮变化趋势一致，从底泥整个剖面总氮含量来看，氮污染最严重的是 B 区，其次是 C 区，最低为 A 区。这主要是因为 B 区靠近城区，人口密集，周边工业较多，沿岸分布有大量的排污口，河水流速较慢，且底泥受扰动较少，污染物容易沉积，因而底泥氮污染最严重。

表 10.3　　底泥总氮垂向分布特征

厚　度/cm	总氮含量/(mg/kg)				变异系数/%
	平均值	最高值	最低值	标准差	
<100	2103.55	8246.47	0.42	1730.45	82
100～200	1793.61	9227.51	0.26	1808.28	100
200～300	1376.60	5395.94	0.03	115.56	8
>300	1644.35	5280.30	760.13	1623.86	99
垂向平均	1781.20	9277.51	0.03	1643.40	90

表 10.4　　底泥总氮水平分布特征

分　区	总氮含量/(mg/kg)				变异系数/%
	平均值	最高值	最低值	标准差	
A区	1407.93	5377.05	50.41	1194.27	85
B区	2353.71	9027.10	0.03	2410.62	102
C区	1754.49	9227.51	51.16	1385.09	80

2. 总氮污染评价

根据有关文献，沉积物中具有最低级别生态效应的总氮含量为550mg/kg，具有严重级别生态效应的总氮含量为4800mg/kg。结合茅洲河底泥污染情况，本研究确定总氮的评价基数为800mg/kg，据此计算总氮污染指数。

$$S_i = \frac{C_i}{C_0} \tag{10.5}$$

$$S_{TN} = \frac{1}{n}\sum_{i=1}^{n} S_i \tag{10.6}$$

式中：S_i 为单项污染指数；C_i 为污染物浓度，mg/kg；C_0 为污染物基准值，mg/kg；S_{TN} 为综合污染指数；n 为参与评价的污染物项目数。

茅洲河底泥总氮污染指数均值为2.23，底泥总氮属于重度污染。其中，最大值为11.53，最小值为0。A区 S_{TN} 均值为1.92，属于中度污染；B区总氮污染严重，潜在生态风险较高，总氮标准指数（S_{TN}）均值为2.94；C区 S_{TN} 均值为2.21，属于重度污染（表10.5）。

表 10.5　　总氮污染评价表

等级划分	S_{TN}	等　级	等级划分	S_{TN}	等　级
1	$S_{TN}<1.0$	清洁	3	$1.5<S_{TN}\leqslant 2.0$	中度污染
2	$1.0\leqslant S_{TN}\leqslant 1.5$	轻度污染	4	$S_{TN}>2.0$	重度污染

10.2.1.4 总磷污染特征分析

1. 总磷分布特征

茅洲河底泥总磷平均含量为 1256.55mg/kg，最低值为 5.79mg/kg，最高值可达 9203.73mg/kg，变异系数为 153%，见表 10.6。3m 厚度以上部分底泥磷污染较为严重，含量均超过 1000mg/kg，特别是表层 1m 厚度以内的底泥总磷含量最高。底泥的磷释放也是引起上覆水富营养化的主因之一。

总体来看，茅洲河总磷含量远高于我国大辽河、秦淮河和三峡库区湖北段等河流底泥总磷含量。由此可以看出，茅洲河底泥磷污染严重，对于河流生态系统安全具有重要影响，很有必要进行底泥疏浚和清淤。

表 10.6　　茅洲河底泥总磷含量整体特征

厚　度/cm	总磷/(mg/kg)				变异系数/%
	平均值	最高值	最低值	标准差	
<100	1412.78	7014.71	105.49	1777.46	79
100～200	1152.21	9203.73	5.79	1850.02	62
200～300	1035.75	6852.04	38.58	1566.43	66
>300	883.28	4521.34	211.86	1472.26	60
平均	1256.55	9203.73	5.79	1930.03	153

B 区底泥总磷平均含量最高（1834.67mg/kg）；其次是 C 区（1184.69mg/kg），A 区最低（750.64mg/kg），见表 10.7。整体与总氮分布相似，B 区磷污染最严重，其次是 C 区，A 区底泥磷污染最低。

表 10.7　　茅洲河底泥总磷含量整体特征

分　区	总磷/(mg/kg)				变异系数/%
	平均值	最高值	最低值	标准差	
A 区	750.65	6220.71	5.79	1314.25	175
B 区	1834.67	7666.26	23.44	2383.67	130
C 区	1184.69	9203.73	57.39	1828.23	154

2. 总磷污染评价

总磷污染指数根据下式计算：

$$S_{TP}=\frac{1}{n}\sum_{i=1}^{n}S_i \tag{10.7}$$

式中：S_i 为单项污染指数；S_{TP} 为综合污染指数；n 为参与评价的污染物项目数。

采用单项因子标准指数法对底泥总磷进行污染评价，标准值取 600mg/kg。总磷污染评价表明，全区总磷标准指数均值为 1.92，底泥总磷属于重度污染。其中，最大值为 10.54，最小值为 0.02。A 区 S_{TP} 均值为 1.51，B 区 S_{TP} 均值为 2.54，C 区 S_{TP} 均值为 1.81，均属于中度污染，且 B 区总磷污染最为严重。

10.2.1.5 氮磷吸附解吸特性

本书通过氮磷吸附、解吸实验，探讨底泥对总磷和总氮的吸附/解吸特征。分别在 A、B、C 三区选取三个断面，依据吸附解吸平衡浓度初步了解底泥—水界面上的营养盐交换情况。通过吸附解吸求出底泥的吸附—解吸平衡点，建立总磷和总氮含量与平衡点之间的回归方程，根据工程区水质等级要求（如不劣于Ⅴ类）或水体功能区划，计算出水体达到相应地表水质标准（如不劣于Ⅴ类）或水体功能区划所要求水质时底泥中氮、磷含量，进而为确定茅洲河总磷和总氮污染底泥环保疏浚控制值和底泥环保疏浚深度提供参考数据。同时为茅洲河底泥疏浚工程提供理论指导和技术支撑，以实现深圳茅洲河污染治理与生境修复。

1. 试验数据

为了计算底泥的平均吸附解吸能力及预测其行为，在 A 区 6 个断面处选择 A9、A14、A16、A20、A24 和 A28 等柱状样，在 B 区 4 个断面处选择 B5、B8、B15 和 B19 等柱状样，在 C 区 6 个断面处选择 C5、C11、C13、C15、C21 和 C34 等柱状样；根据不同断面位置，将每个柱状样分成 4～8 层不等，研究分析不同点位与不同深度底泥的吸附解吸特征。

2. 总氮吸附解吸特性

（1）总氮吸附解吸曲线。当总磷溶液初始浓度 $C_0<0.8$mg/L 时，发现总氮吸附量与 C_0 之间呈现较好的线性关系。在上覆水体中初始氮浓度较低时，茅洲河底泥表现出解吸氮的特征；当上覆水体中初始氮浓度较高时，底泥表现出吸附氮的特征。但是当达到某个平衡点时，底泥对总氮吸附量为 0。此时，底泥中总氮吸附量与解吸量达到动态平衡，上覆水体中氮浓度不变。

以 A 区为例：在上覆水体中总氮浓度大于等于 2.0mg/L 时，吸附量为负值，柱状样的浅层（0～1m）对总氮都表现出解吸的特征，如图 10.7 所示。

（2）底泥总氮平衡浓度。通过等温吸附曲线推算柱状样不同深度的总氮平衡浓度（E_{C_0}）。将柱状样按 0～1m、1～2m 和 2～3m 进行分层，分析 A 区、B 区与 C 区底泥对总氮的吸附解吸特征。C 区平衡浓度平均值最小，为 1.85mg/L；其次为 A 区，平衡浓度平均值为 2.91mg/L；B 区平衡浓度平均值最大，为 4.37mg/L。从深度来看，Ⅰ层的底泥平衡浓度最高，其次为Ⅱ层，Ⅲ层深度的底泥平衡浓度最低。

（3）底泥本底吸附态总氮。本底吸附态氮越高的地区，越容易向上覆水体释放出氮，从而成为水体中的氮“源”。B 区的本底吸附氮量最大，因此 B 区比 A 区、C 区更容易向上覆水体中释放氮而成为氮“源”。从垂向分布而言，Ⅰ层的本底吸附态氮平均含量最大，较Ⅱ层、Ⅲ层更容易向上覆水体中释放氮，成为氮“源”。

3. 总磷吸附解吸特性

（1）总磷吸附解吸曲线。与总氮吸附解吸特性相似，当总磷溶液初始浓度 $C_0<0.8$mg/L

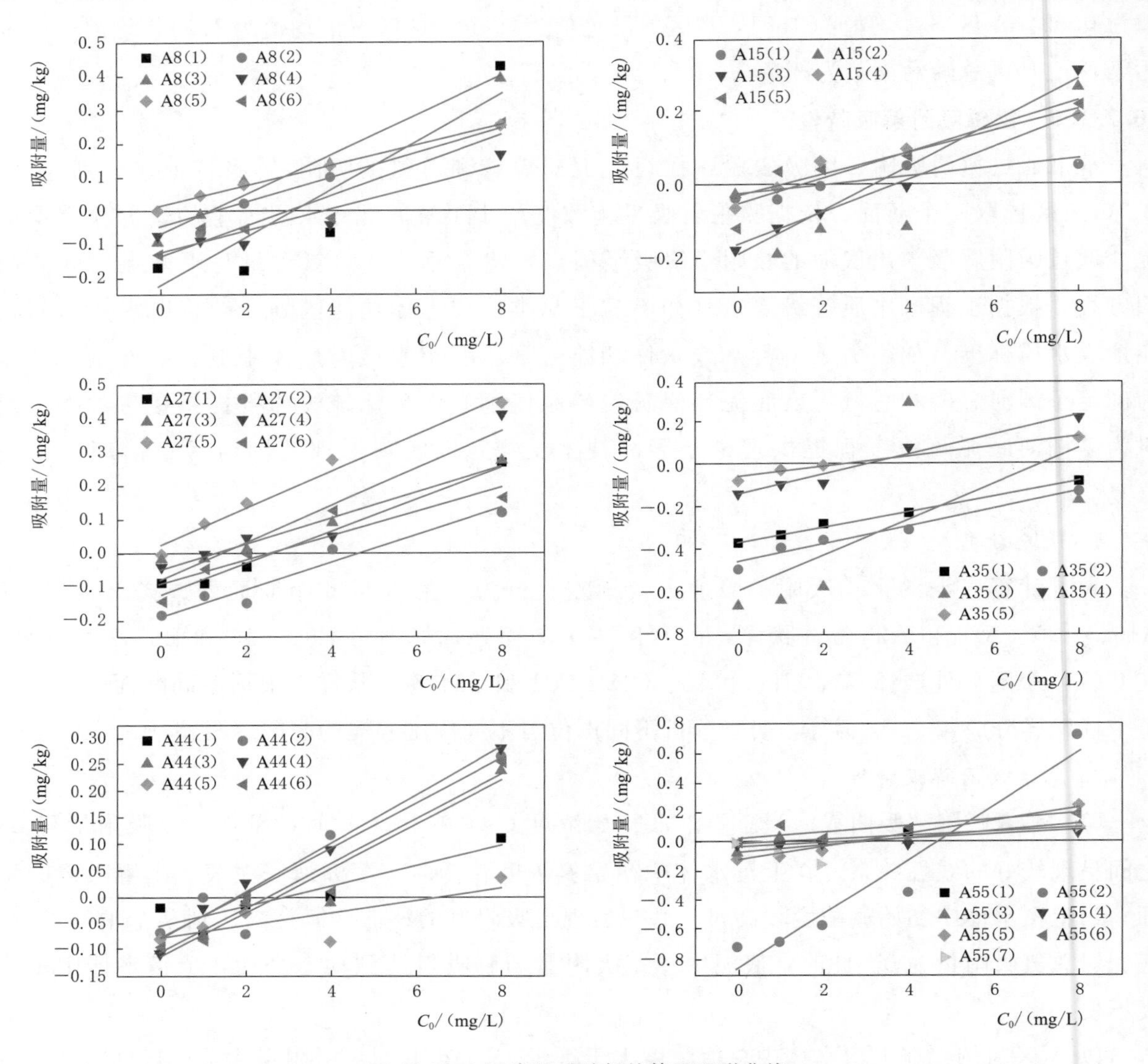

图 10.7　A 区底泥对总氮的等温吸附曲线

时，A、B、C 三区实验所得吸附量与 C_0 之间呈现较好的线性关系。

仍以 A9 和 A14 为例，当上覆水体中总磷浓度低于 0.4mg/L 时，吸附量为负值，底泥对总磷表现为解吸特征，见图 10.8。

(2) 总磷吸附解吸平衡浓度。通过等温吸附曲线推算柱状样不同深度的总磷平衡浓度(E_{C_0})。A 区与 B 区平衡浓度平均值都比较小，分别为 0.25mg/L 和 0.26mg/L，C 区平衡浓度平均值较大，为 0.43mg/L。A 区平衡浓度从表层到底层呈逐渐减少趋势；B 区和 C 区平衡浓度最小平均值均出现在 1～2m；A 区Ⅰ层与 C 区Ⅰ层以及Ⅲ层平衡浓度平均值均大于地表水Ⅴ类水总磷标准 (0.4mg/L)。

(3) 底泥本底吸附态总磷。C 区的本底吸附磷量最大，平均值为 29.5mg/kg；其次为 B 区，平均值为 28.7mg/kg；A 区最小，平均值为 19.6mg/kg。因此，C 区比 A 区、B 区更容易向上覆水体中释放磷成为水体中的磷“源”。总体上Ⅰ层底泥的本底吸附态磷平均含量最大，

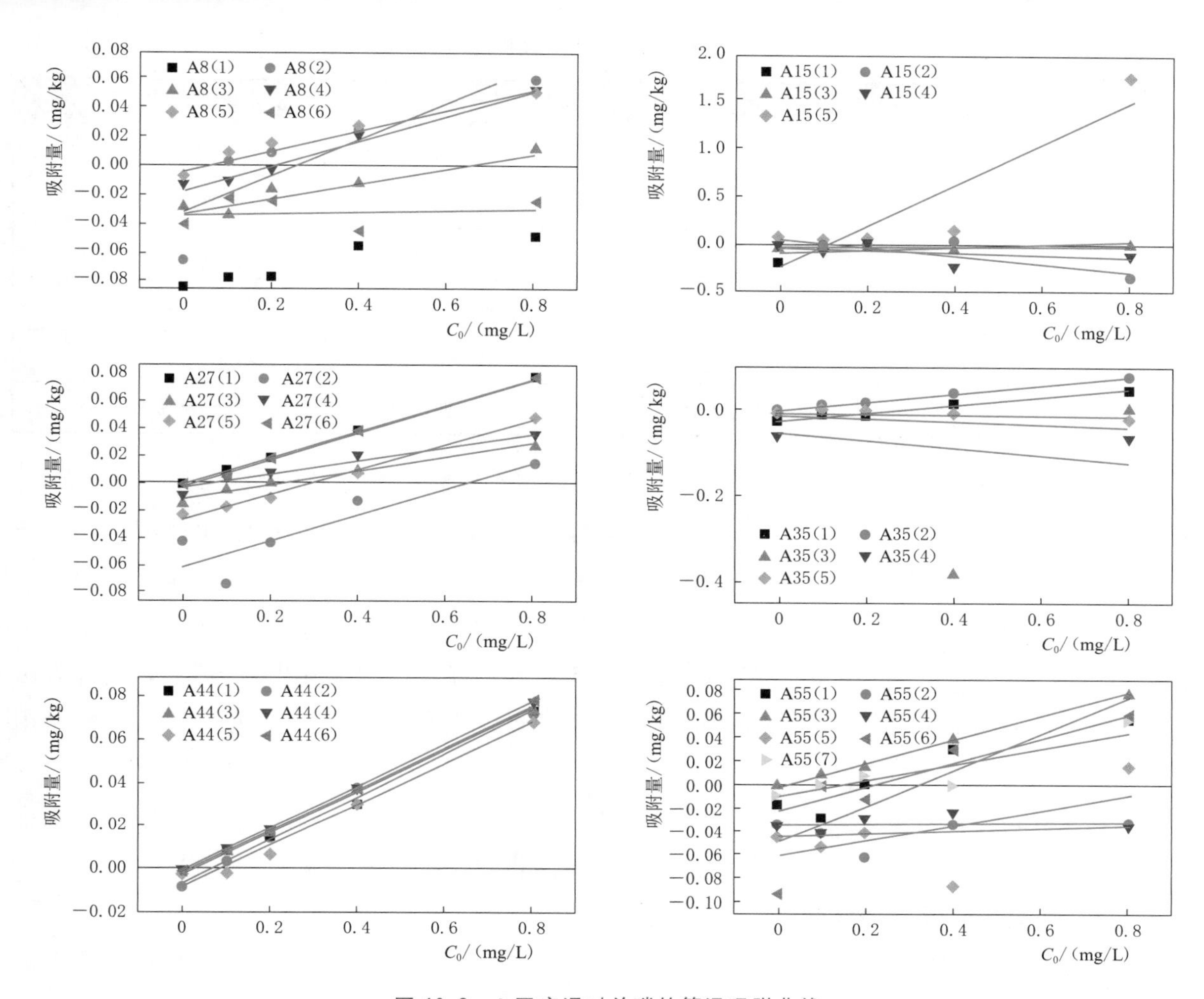

图 10.8　A 区底泥对总磷的等温吸附曲线

其次为Ⅱ、Ⅲ层，因而表层比深层更容易成为上覆水体中的磷“源”。

10.2.2　底泥重金属污染分析

10.2.2.1　重金属分析指标

重金属特征分析是底泥受污染程度分析的必要内容。根据《湖泊河流环保疏浚工程技术指南》，用来表征底泥重金属污染的元素宜为 8 类，各元素分别为铜（Cu）、锌（Zn）、铬（Cr）、镉（Cd）、铅（Pb）、镍（Ni）、汞（Hg）和砷（As）。根据茅洲河底泥重金属含量研究的相关文献，重金属元素种类主要以铜（Cu）、锌（Zn）、铬（Cr）、镉（Cd）、铅（Pb）、镍（Ni）六类为主。因此，本文分析也以六类重金属元素为主，便于年际对比分析。

10.2.2.2　重金属评价方法

重金属评价的目的在于衡量重金属的污染程度和生物有效性。底泥重金属污染生态评价有单项重金属指数法、均值指数法、内梅罗综合污染指数法、潜在生态风险指数法等。总体而言，重金属评价方法基本可分为两类：一类属于单因子评价，另一类属于多因子综合评价。各评价方法对比分析见表 10.8。

表 10.8　　各评价方法对比分析

类　别	评　价　方　法	优　缺　点
单因子	单项重金属指数	指标单一
	地累积指数	考虑自然成岩作用的影响；指标单一
多因子	均值指数	均一化处理，未反映毒性较大重金属的污染贡献率
	内梅罗综合污染指数	灵敏性差，未能反映不同底泥的污染程度差别
	潜在生态风险指数	反映环境对重金属的敏感度
	Tomlinson 负荷污染指数	均一化处理，反映重金属元素的污染贡献率

根据《湖泊河流环保疏浚工程技术指南》，潜在生态风险指数是基于铜（Cu）、锌（Zn）、铬（Cr）、镉（Cd）、铅（Pb）、镍（Ni）、汞（Hg）和砷（As）8 类元素的计算结果；而在 Hakanson 的文献里，潜在生态风险指数是基于铜（Cu）、锌（Zn）、铬（Cr）、镉（Cd）、铅（Pb）、汞（Hg）和砷（As）7 类元素的计算结果，两者差异在于镍（Ni）元素。因此，对于受污染严重的河流，若缺项部分元素，其潜在生态风险仍能达到"极强生态风险"，则该方法仍可采用；若缺项部分元素，其潜在生态风险低于"极强生态风险"，则应考虑该方法的适用性，建议采用其他方法。

综上分析，为分析重金属单项污染程度以及对生态环境的综合影响，本文采用地累积指数法评价单项重金属的污染程度，采用潜在生态风险指数法评价重金属的污染程度。

10.2.2.3　底泥重金属总体概况

根据 2016 年底泥柱状样统计分析，茅洲河底泥中重金属元素含量的标准差与均值接近甚至大于均值，表明重金属年内变化幅度较大，见表 10.9。各重金属元素中，Cu 含量最高，均值为 802mg/kg；Zn 含量次之，均值为 384mg/kg；Cd 含量最低，均值为 0.44mg/kg，且有如下关系：Cu>Zn>Cr>Ni>Pb>Cd。茅洲河底泥受重金属污染严重，这与茅洲河两岸工业密集和人类活动频繁有关。

表 10.9　　底泥重金属平均含量　　单位：mg/kg

重金属	均值	标准差	最大值	重金属	均值	标准差	最大值
Cu	802	463	2473	Ni	223	614	2558
Zn	384	365	1832	Pb	56	26	144
Cr	289	1576	7352	Cd	0.44	0.65	3.78

10.2.2.4　底泥重金属年际变化

搜集 1996—2016 年已有的检测数据，分别采用地累积指数法和潜在生态风险指数法分析茅洲河重金属的变化趋势，见表 10.10。深圳土壤元素环境背景值分别为：Cu，11.10mg/kg；Zn，78.70mg/kg；Cr，30.97mg/kg；Ni，17.80mg/kg；Pb，40.90mg/kg；Cd，0.09mg/kg。

表 10.10　　1996—2016 年各重金属实测含量

年　份	重金属含量/(mg/kg)					
	Cu	Zn	Cr	Ni	Pb	Cd
1996	28.79	105.66	29.81	—	33.57	0.05
1997	19.26	60.27	33.54	—	22.77	0.12
1998	50.82	94.57	48.76	—	38.83	0.10
1999	106.70	182.69	81.45	—	40.48	0.15
2000	253.78	462.48	196.42	—	53.41	0.20
2001	56.79	177.69	131.39	—	62.64	0.13
2002	12.88	46.96	58.39	—	25.09	0.13
2003	53.35	122.21	90.37	—	41.90	0.10
2004	327.98	485.48	289.57	—	62.21	0.10
2005	514.65	1138.76	250.34	—	51.23	1.12
2006	277.71	485.48	103.81	—	48.13	0.90
2007	38.79	107.13	91.63	—	32.88	0.14
2008	676	906	279	192	74	2
2014	1212	961	609	370	60	1.17
2016	802	384	289	223	56	0.44

1. 地累积指数评价

1996—2007 年，茅洲河各元素的地累积指数的大小为 Cu>Zn>Cr>Cd>Pb，如图 10.9 所示。Cu 元素污染最为严重，地累积指数在－0.37～4.95 之间，因此，污染程度在无污染与强污染之间均有分布，大致在中等与强污染之间，最大可达强—极强污染；除 Ni 和 Pb 外，其他元素地累积指数在－1.43～3.27 之间，污染程度在无污染与中等—强污染之间均有分布，基本在轻—中等与中等—强污染之间；Pb 元素污染最小，地累积指数均小于 0，基本为无污染。由于 Ni 元素检测数据缺乏，不再讨论。

2008—2016 年，茅洲河各元素的地累积指数的大小为 Cu>Cr>Ni>Zn>Cd>Pb，各元素的污染程度均有所增大。Cu 元素在 2007 年、2014 年和 2016 年地累积指数分别为 5.3、6.2 和 5.6，达到极强污染；其余元素地累积指数亦有所增大，除 Pb 元素外，其他元素地累积指数在 1.7～3.9 之间；Pb 元素地累积指数在－0.03～0.27 之间，基本为无污染。

根据 2008—2016 年重金属检测数据的趋势线分析，各元素地累积指数均呈现逐渐上升的趋势，表明底泥重金属污染在逐渐加剧。由于 Ni 元素数据较少，故未进行趋势线分析。

2. 潜在生态风险指数（*RI*）

采用潜在生态风险指数法评价重金属的污染程度，如图 10.10 所示。1996—2007 年，2005 年、2006 年 *RI* 分别为 654.56 和 455.09，属于中等生态风险和强生态风险；其余 *RI* 均

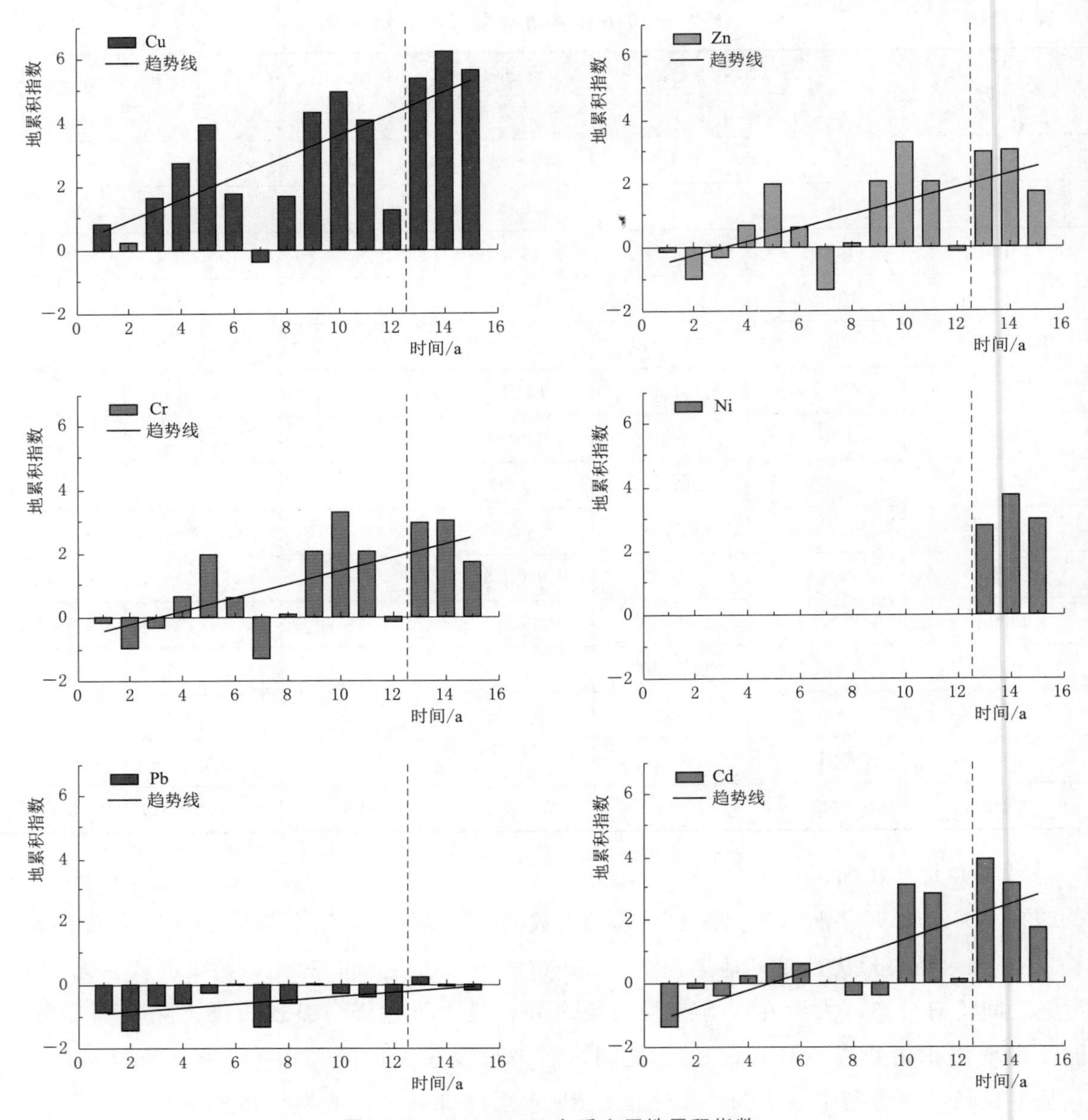

图 10.9 1996—2016 年重金属地累积指数

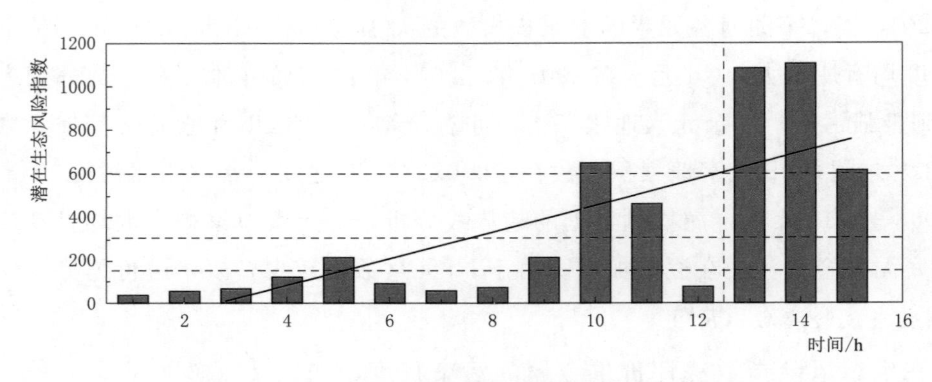

图 10.10 1996—2016 年重金属地累积指数

小于 300，为轻生态风险。2008—2016 年，*RI* 分别为 1086.7、1112.2 和 606.0，均属于极强生态风险。

总体而言，2007—2016 年，潜在生态风险指数呈现逐渐增大的趋势，表明底泥重金属的污染程度逐渐增大。这与地累积指数变化趋势一致。因此，清源去污工程对于减轻茅洲河底泥重金属污染意义重大。

10.2.2.5 底泥重金属空间变化

对分区底泥重金属含量，支流沙井河（B 区）底泥重金属污染最为严重，茅洲河干流下游（C 区）底泥重金属含量次之，茅洲河干流上游（A 区）底泥重金属含量最低。以 Cu 为例，B 区 Cu 平均含量高达 1401mg/kg，C 区 Cu 平均含量约为 770mg/kg，A 区 Cu 平均含量为 422mg/kg。

10.2.2.6 底泥重金属垂向分布

根据 2016 年的柱状样分析结果，河段 A、河段 B 和河段 C 内Ⅰ～Ⅳ层重金属垂向平均浓度如图 10.11 所示。水平方向上，Ⅰ～Ⅳ层中河段 B 的污染物浓度均高于河段 A 和河段 C。垂向上，Ⅰ层重金属含量最高，随着底泥深度的增大，重金属含量逐渐减小。

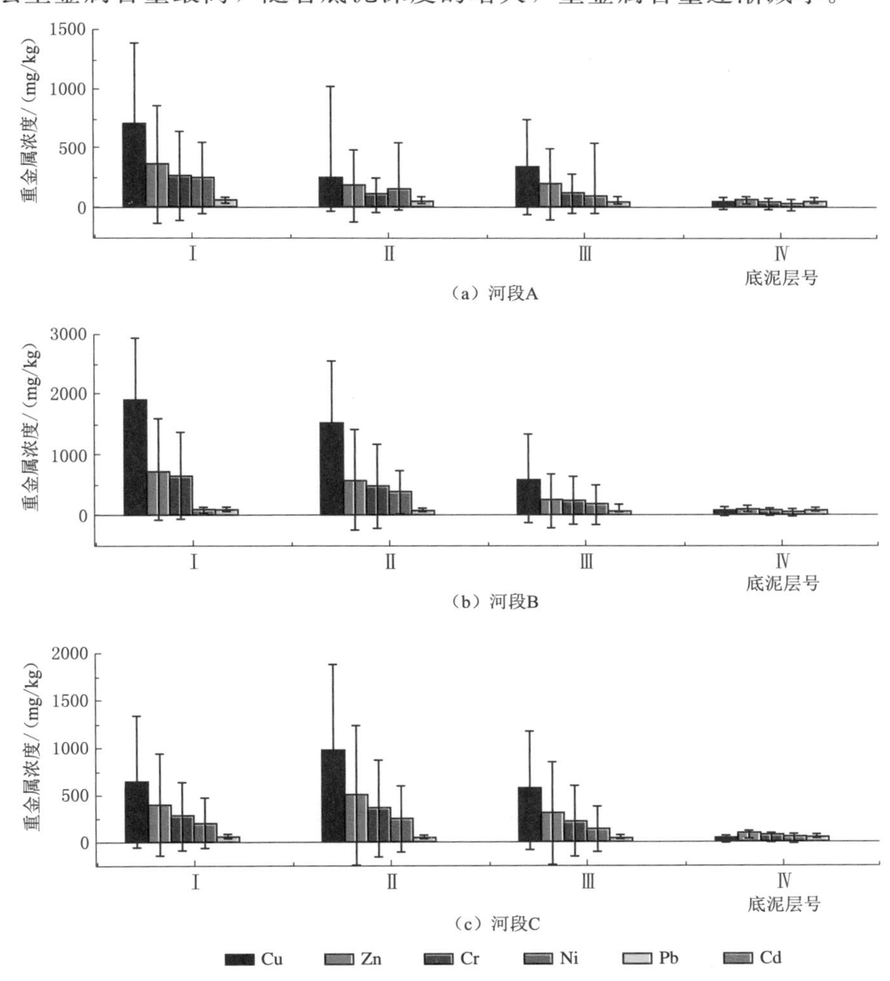

图 10.11 各河段Ⅰ～Ⅳ层底泥重金属垂向平均浓度

10.2.2.7 重金属污染评价

采用潜在生态风险指数法综合评价底泥的污染程度。Ⅰ～Ⅳ层重金属潜在生态风险指数法评价结果如图10.12所示，结果表明：Ⅰ、Ⅱ、Ⅲ层底泥，河段B和河段C的受污染程度均在强风险级以上，其中河段B可达到很强风险级；河段A除Ⅰ层底泥为中风险级外，Ⅱ、Ⅲ层底泥均为轻风险级；Ⅳ层底泥，河段A、河段B和河段C均为轻风险级，受污染较小。

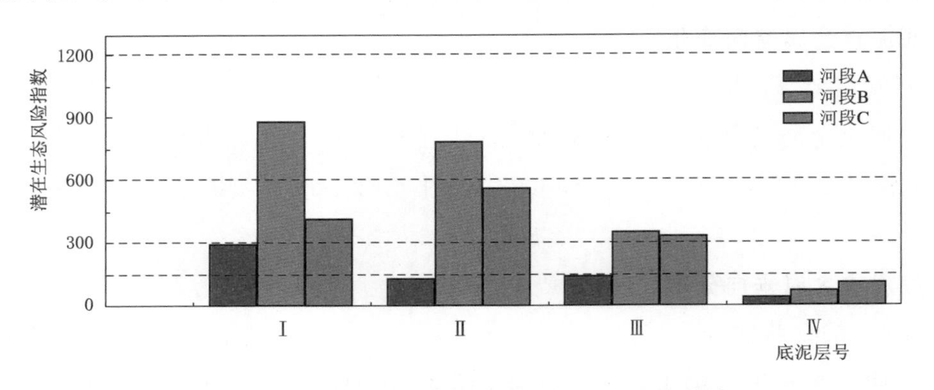

图10.12 各河段Ⅰ～Ⅳ层底泥潜在生态风险指数

基于潜在生态风险指数法的评价结果，Cd贡献度达到32%，而基于地累积指数法的Cd贡献度仅为12%，两者差异明显。这是因为潜在生态风险指数法中Cd的毒性加权系数高于其他重金属元素。

10.2.3 有毒有害物质

根据《湖泊河流环保疏浚工程技术指南》，底泥有毒有害物质主要包括有机磷农药、有机氯农药、PAHs（多环芳烃）和PCBs（多氯联苯）。这些物质对人类身体健康及生态环境安全均造成严重的威胁。本文主要通过柱状样分析茅洲河底泥中PAHs的污染状况。

10.2.3.1 底泥PAHs空间分布

根据测点的实测数据分析，各河段表层（<50cm）沉积物中检测到6类PAHs物质。不同测点PAHs含量及组成如图10.13所示。A区和B区均为C区的上游河段。A区、B区和C区的6类PAHs浓度范围分别在38.56～49.71μg/kg、575.1～817.1μg/kg和262.3～576.7μg/kg。河段B的6类PAHs浓度为A区的15.6倍，且为C区的1.56倍。由此可见，C区的PAHs主要来自B区的输入。

10.2.3.2 底泥PAHs浓度垂向分布

以间隔50cm检测分析底泥柱状样的PAHs，分析其垂向分布特性，如图10.14所示。总体而言，A区垂向变化范围不大，6类PAHs总浓度在38.3～49.7μg/kg之间，且均未超过50μg/kg，远小于B区和C区的浓度。这是因为A区沿岸工业区相对较少，塑料制品消耗较少。B区测点50～100cm和100～150cm的污染物浓度接近于甚至大于0～50cm的浓度，这是因为B区沿岸工业区密集，人为排入的PAHs较多，底泥污染物沉积较多。C区测点50～100cm的污染物浓度接近于甚至大于0～50cm的浓度，100～150cm的污染物浓度基本小于

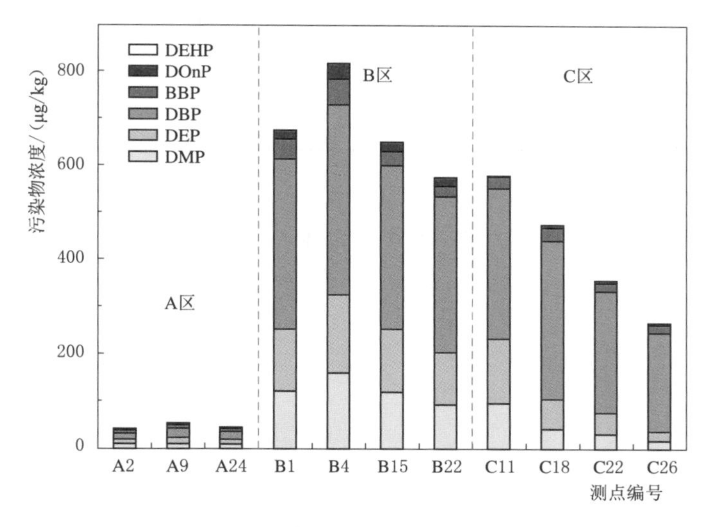

图 10.13　不同测点表层沉积物中 PAHs 浓度分布

50μg/kg，显著小于上覆底泥的浓度。另外，C 区上游测点（C40 和 C46）污染物浓度大于下游测点（C54 和 C68），这是因为河段 PAHs 浓度除了受自身沿岸工业区影响外，还受到上游河段（主要为 B 区）的影响。

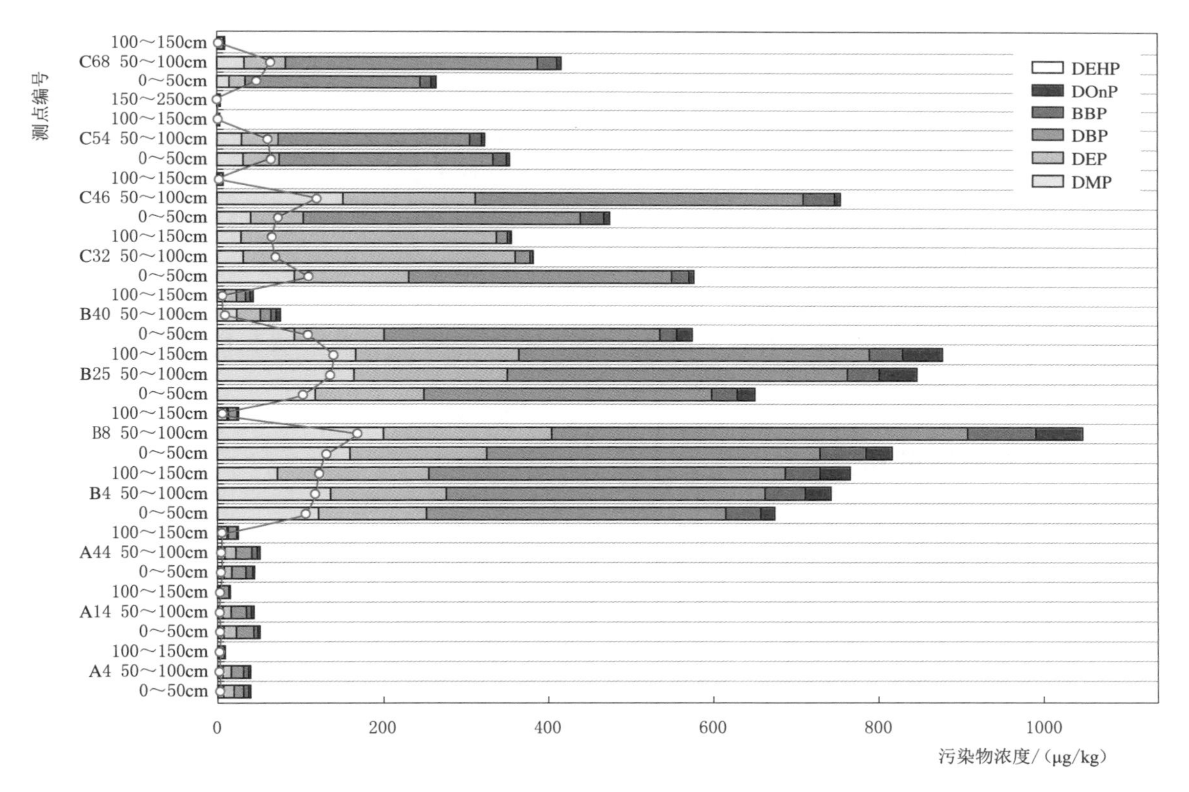

图 10.14　底泥 PAHs 浓度垂向分布

10.2.3.3　PAHs 污染评价

采用 Mallszewska 体系评价土壤 PAHs 污染程度。根据 PAHs 化合物浓度，污染等级可分为 4 级，见表 10.11。

表 10.11　　　　　　　　　　　　土壤 PAHs 污染程度分级标准

浓度/(μg/kg)	<200	200～600	600～1000	>1000
污染程度	无污染	轻污染	中等污染	重污染

各河段Ⅰ～Ⅳ层底泥 PAHs 污染浓度如图 10.15 所示。河段 A 各层 PAHs 浓度均小于 200μg/kg，属于无污染。河段 B 和河段 C 的Ⅰ层 PAHs 浓度较高，其中河段 B 为中等污染，河段 C 为轻污染；其余各层 PAHs 浓度均小于 200μg/kg，均属于无污染。

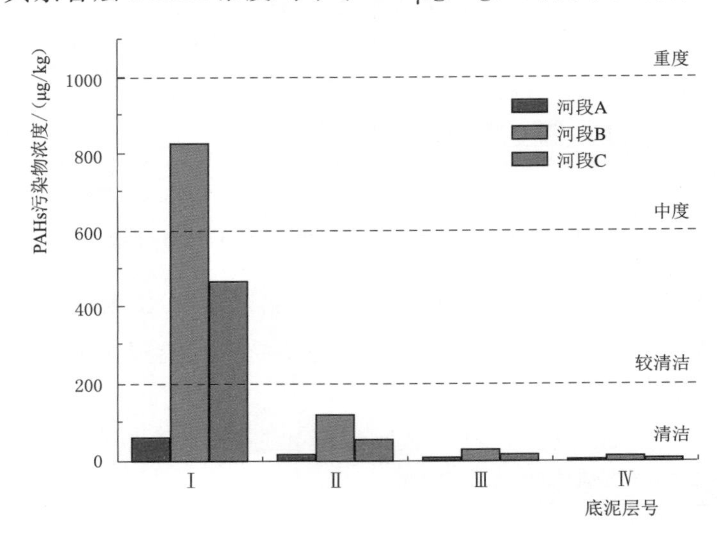

图 10.15　各河段Ⅰ～Ⅳ层底泥 PAHs 污染物浓度

10.3　清淤工程

茅洲河底泥清淤需考虑清淤规模、输送方案、回淤分析、工程影响分析、通航保障措施等关键性技术。

10.3.1　清淤规模分析

结合各测点重金属生态风险综合评价指数、底泥营养盐污染指数、碳氮有机物污染指数及多环芳烃污染指数，以“重金属生态风险等级为低污染”“营养盐污染指数等于 1”“碳氮有机物污染指数为较清洁”“多环芳烃污染指数为轻度污染”作为衡量标准，例如营养盐污染指数小于等于 1 的底泥可不清理，而营养盐污染指数大于 1 的底泥需清理，初步确定各测点的清淤深度。

由于同一层底泥中可能包含受污染和未受污染的部分，因而需进一步根据该层底泥的颜色、塑性等，确定具体的清淤深度。通常情况下，底泥可分为污染区、过渡区和清洁区。污染区底泥颜色为黑色至深黑色，呈稀浆状或流塑状，有臭味；过渡层为污染层与清洁层的渐变层，颜色多为灰黑色，软塑—塑状，较污染层密实；清洁层底泥颜色保持未被污染的当地土质正常颜色，一般无异味，质地较密实。根据以上原则，河段 A 最小清淤深度为 0.6m，最大清淤深度为3.3m；河段B最小清淤深度为1.2m，最大清淤深度为3.4m；河段C最小清淤深度为1.65m，最大清淤深度为3.4m。在确定各测点的清淤深度之后，利用反向距离插值法获得整个河段的清淤深度，如图10.16所示。本次设计为综合考虑河道天然纵坡及避免对河床形态改变过大，清淤厚度控制为0.80～1.5m。根据上述底泥的清淤深度估算茅洲河清淤总量达417.74万m^3。

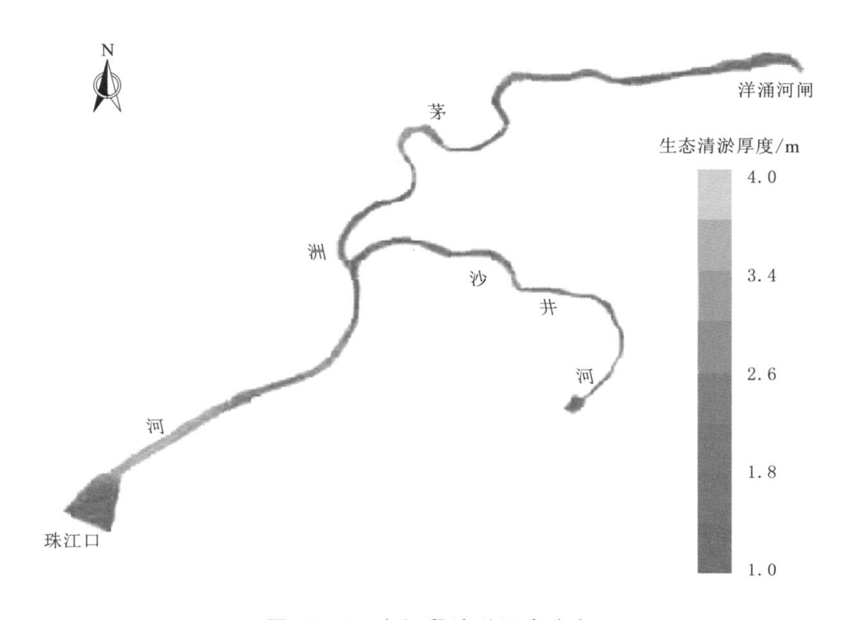

图10.16　各河段清淤深度分布

10.3.2　底泥清淤及输送方案

底泥清淤及输送技术类别多样，其中清淤技术包括排干清淤、水下抓斗式、水下斗轮式、普通绞吸式、环保绞吸式等，输送技术包括泥驳输运、输泥管输运、皮带输运、自卸汽车输运等。流域内各河道状况差异较大，茅洲河界河和沙井河是Ⅳ级通航河道，其余河道宽窄不一，部分河道的部分河段是明渠，部分河段是暗渠。因此，针对不同河道特点，需因地制宜选择清淤及输送方式。

1. 茅洲河界河和沙井河清淤及输送

茅洲河界河为城市型通航河道，两侧居民区较多，施工用地紧张，采用抓斗式挖泥船+泥驳方案。抓斗清出的底泥由泥驳转运至底泥固化点附近的临时码头，再输送至底泥固化点。采用抓斗式挖泥船的优点是可最大程度降低泥浆含水率，可降低疏浚量及处理量，对底泥处理较为有利。

2. 支流明渠河段清淤及输送

支流明渠河段中，除排涝河外，其余支流疏浚量少，河道宽度较窄，水深小，采用水陆两用绞吸泵+输泥管方案，疏浚底泥泵送至就近底泥固化点。

3. 暗渠清淤及输送

流域内河道暗渠比率较高，仅宝安片区19条河段中暗渠支流达11条，最长的暗渠达

2km。由于暗渠内充满了各种有毒气体，清淤难度大、危险系数高，为尽量减少人工作业时间，采用水下机器人＋输泥管方案。水下机器人清淤通过回收装置将淤泥集中到吸泥口，利用吸泥泵将淤泥吸入，通过输泥管输送至固化点，具有可移动、可远程操控、可视化的特点。

10.3.3 底泥回淤分析

10.3.3.1 研究方法

平面二维河流数学模型基于河流动力学、河床演变学、流体力学、紊流力学和计算流体力学等学科的成果，主要考虑水泥沙特征量沿平面分布性而忽略或不直接考虑计算其沿垂向的分布。它克服了一维模型只能给出水力、泥沙因子等沿河道纵向的平均值而不能计算河流细部变化的困难，又避免了三维模型复杂且计算工作量大的缺点，从而有利于在河流、水库湖泊和河口等河床演变定量预测中广泛应用。

10.3.3.2 冲淤分析

模型边界位置如图10.17所示，其中茅洲河河口为下游潮位边界，采用广东舢舨洲潮位站2016年的潮汐预报数据。茅洲河上游和沙井河上游采用流量数据，分别取平均流量为15.33m^3/s和14.64m^3/s。

茅洲河干流网格设置为200×12，支流设置为40×5。水流计算时间步长取为4s，河床粗糙高度k_s取为100mm，糙率n取为0.026～0.030，涡黏系数C_e为1.0。泥沙模拟的初始条件为原有实测地形全段开挖10m。采用均匀沙悬移质输移方程计算，泥沙中植粒径分别取0.01mm和0.05mm。开边界泥沙平均含量为0.27kg/m^3。泥沙计算步长为12s。水流挟沙力的K、m系数分别取0.07和1.0。泥沙扩散系数取为k_1=5.93，k_t=0.15。泥沙恢复饱和系数，冲刷时取α_k=1.0，淤积时α_k=0.25。模拟时长为2016年全年。

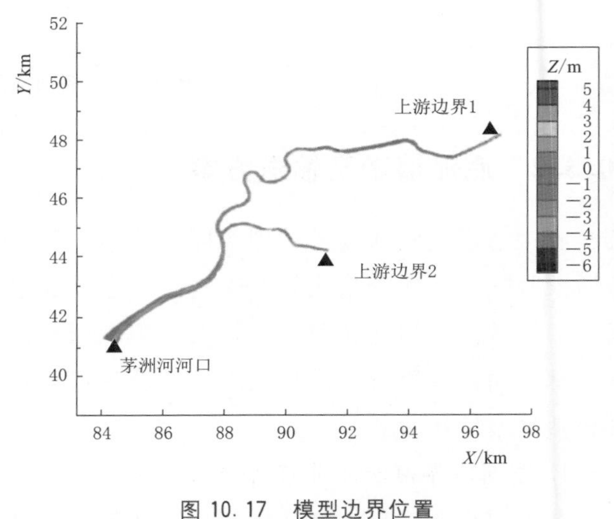

图10.17 模型边界位置

数值计算结果表明，泥沙中值粒径分别取0.01mm和0.05mm时，河段自上游向下游冲刷强度递减，淤积程度逐渐增大，河口区淤积较为严重。当中值粒径为0.01mm时，全河段平均冲刷0.037m，河口区仍以冲刷为主，如图10.18所示；当中值粒径为0.05mm时，全河段平均冲刷0.013m，而河口区局部淤积达0.44m，如图10.19所示。

综上所述，若该河段开挖1m后，河段以冲刷为主，自上而下淤积越来越多，河口淤积较明显。若泥沙中值粒径为0.05mm，则河口区淤积量在0.1m以上，最大可达0.44m。

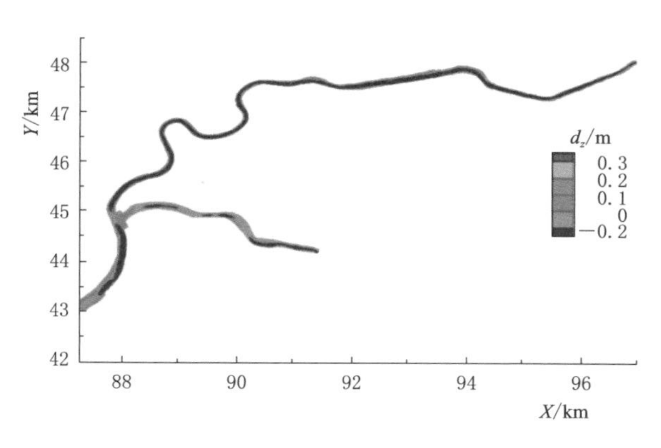

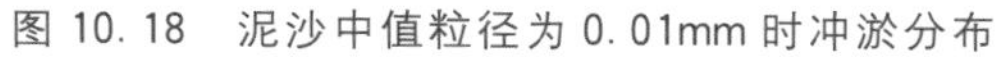
图 10.18　泥沙中值粒径为 0.01mm 时冲淤分布

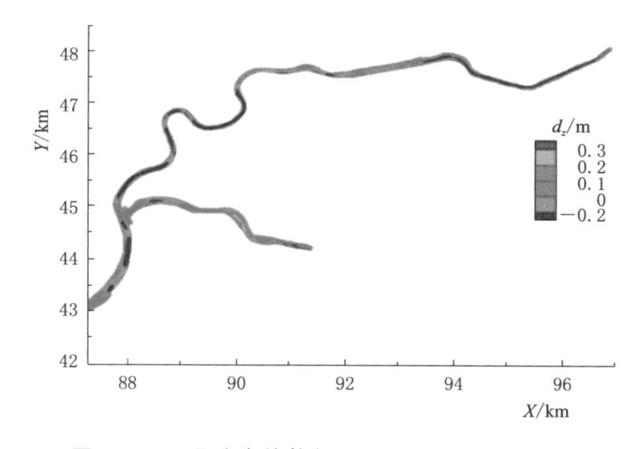

图 10.19　泥沙中值粒径为 0.05mm 时冲淤分布

10.3.4　清淤工程影响分析

10.3.4.1　对茅洲河干流的影响

1. 对茅洲河干流纵剖面的影响

茅洲河清淤前洋涌河水闸下游河底高程大约为－0.90m（最深），茅洲河河口河底高程大约为－3.10m（最深），河道长度约 14km，河道天然纵坡约为 0.158‰。清淤后洋涌河水闸下游河底高程大约为－2.00m，茅洲河河口河底高程大约为－4.00m，河道天然纵坡为 0.143‰，清淤前后整体纵坡改变不大，见表 10.12。茅洲河河口段为感潮河段，回淤速度相对较快，且清淤后河道纵坡低于设计河道底高程，对河道行洪影响小。

表 10.12　　　　茅洲河清淤前后河道纵坡改变表

位　置	现状底高程/m	清淤后底高程/m	河道长度/km	河道天然纵坡/‰	清淤后河道纵坡/‰
茅洲河河口	－3.10	－4.00	14	0.158	0.143
洋涌河水闸	－0.90	－2.00			

2. 对茅洲河河道横断面的影响

根据《茅洲河流域（宝安片区）水环境综合整治项目（环保清淤量专题研究）》，茅洲河干流达标清除厚度为 0.75～2.50m，实施过程中清淤厚度控制为 0.80～1.5m。茅洲河清淤前河床平顺，呈 U 形。本次清淤将某些河段清淤至统一河底高程，两边放坡，河床呈倒梯形，经水流往复冲刷后，将重构 U 形河道。

3. 对茅洲河河道堤防的影响

由于茅洲河综合整治工程需拓宽河道，清淤断面小于设计河道宽度，且经过安全计算，对现状堤防整体的稳定性无影响。

10.3.4.2　对沙井河的影响

沙井河在 2008 年进行了河道综合整治，设计河底高程为－1.06～－2.35m，现状河底高程为－0.90～－1.60m，越靠下游淤积越严重。根据《茅洲河流域（宝安片区）水环境综合整治项目（环保清淤量专题研究）》，沙井河达标清除厚度为1.23～2.70m，实施过程中清淤厚度控制为1.20～2.70m。由于沙井河污染较为严重，达标清淤深度较深，最深处低于设计河底标高约1.60m，对河床形态改变较大，且经核算清淤厚2.70m河段堤防稳定不满足规范要求，堤防整体抗滑稳定为0.80，不满足规范要求。

为保证施工期的安全，清淤作业时按300m分为一个单元，两侧堤脚插打U形板桩，长度为8～18m（根据地勘进行调整），永临结合，进行施工期支护及作为永久堤防的一部分。环保疏浚清淤验收合格后，回填装土编织袋至设计河底高程。

10.3.4.3　对穿河构筑物的影响

茅洲河干流、沙井河上存在桥梁、船闸、箱涵、水闸等构筑物，为保护上述构筑物，本工程在构筑物范围内采用小型设备进行清淤，且桥墩或其他构筑物2.5m范围内不开展清淤，以免对其造成影响。

10.4　处置工程

10.4.1　总体布置

茅洲河清淤底泥主要去向包括1号、2号和光明底泥处置厂，其中1号、2号底泥处置厂为临时性的，光明底泥处置厂为永久性的（表10.13）。

表10.13　　茅洲河流域底泥处置厂基本情况

名　称	位　置	占地面积 /万 m^2	处理规模（水下自然方）/(m^3/d)
1号底泥处置厂	沙浦西排洪渠与茅洲河交界处	3.12	3644.22
2号底泥处置厂	东宝河大桥	6.41	6073.69
光明底泥处置厂	长凤路与东长路交接处南侧	0.78	966.38

1. 1号底泥处置厂

1号底泥处置厂采用“泥沙分离池＋固液分离池”预处理方案，底泥脱水采用板框压滤机械脱水法，余水处理采用磁分离技术，建成后预计处理底泥总量为158.34万m^3。1号底泥处置厂主要由泥沙分离系统、洗砂系统、固液分离系统、改性拌和系统、均化调理系统、脱水成固系统、余水深度处理系统以及堆场等部分组成，总占地面积约3.12万m^2（图10.20）。

2. 2号底泥处置厂

与1号底泥处置厂相同，2号底泥处置厂采用“泥沙分离池＋固液分离池”预处理方案，底泥脱水采用板框压滤机械脱水法，余水处理采用磁分离技术，建成后主要接受茅洲河界河底泥，预计处置底泥总量为161.95万m^3；另外，预留东莞7条支流底泥的处理能力，东莞7条支流底泥总量为24.10万m^3。2号底泥处置厂总处理能力为186.05万m^3。2号底泥处置厂主要由泥沙分离系统、洗砂系统、固液分离系统、改性拌和系统、均化调理系统、脱水成固系统、余水深度处理系统以及堆场等部分组成，总占地面积约 6.41 万 m^2（图 10.21）。

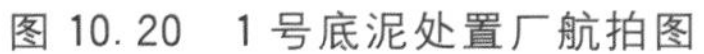
图 10.20　1 号底泥处置厂航拍图

图 10.21　2 号底泥处置厂航拍图

3. 光明底泥处置厂

光明底泥处置厂为全国第一座永久性、全封闭式底泥处置厂（图 10.22 和图 10.23）。光明底泥处置厂采用“沉砂池＋杂物分离一体机＋沉砂池”预处理方案，底泥脱水采用板框压滤机械脱水，余水处理采用 RPIR 生物反应器（图 10.24）。光明底泥处置厂在项目前期处理项目内河道底泥，后期主要处理光明区市政淤泥。工程总占地面积为 7811m^2。

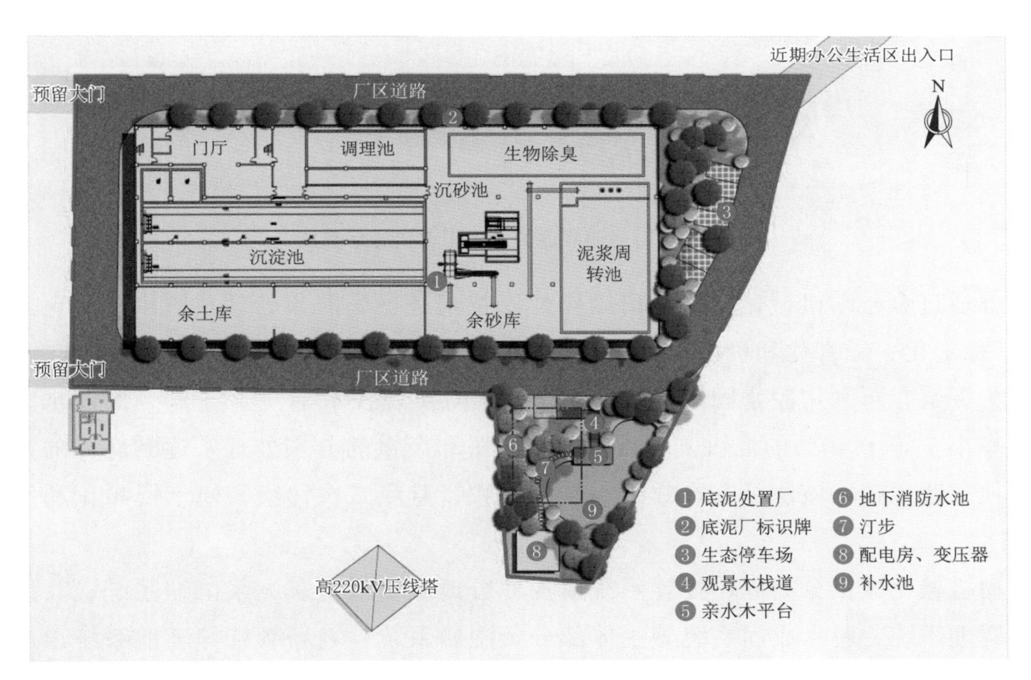

图 10.22　光明底泥处置厂平面示意图

10.4.2　工艺流程及主要建构筑物

10.4.2.1　工艺流程

以 1 号底泥处置厂为例，对底泥处置工艺流程、配置建筑物及各个处理环节进行介绍。

图 10.23 光明底泥处置厂航拍图

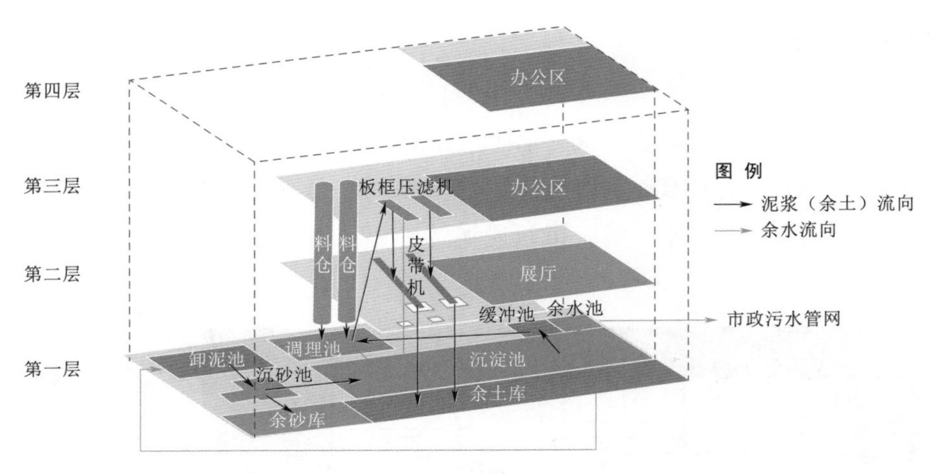

图 10.24 光明底泥处置厂工艺流程示意图

本工程通过全自动机械化减量分离固化处置技术进行底泥预处理及脱水，实现黑臭底泥"减量化、稳定化、无害化和资源化"。首先，减量化和稳定化是将疏浚泥水通过泥沙分离池、浓缩转化为泥浆，再利用脱水固结转化为泥饼，从而实现含水率90%～95%的泥水分离为余水和含水率小于等于40%的泥饼。然后，通过泥饼和余水的分别处理，达到底泥的无害化目的。与其他方法比较，该法具有有效减小淤泥体积、避免二次污染、便于资源化利用等优势（图 10.25）。

全自动机械化减量分离固化处置系统由泥沙分离减量系统、泥浆浓缩系统、改性拌和系统、均化调理系统、脱水成固系统等主体部分及洗砂系统、堆场系统等辅助系统组成。清淤泥浆经处理后，主要产物包括河道垃圾、余砂、余土和余水。其中余土进一步处理后可土地利用或制作建筑材料，从而实现污染底泥的工业化处理与资源化利用，如图 10.26 所示。

10.4.2.2 主要建筑物与设备

1. 主要建筑物

（1）泥沙分离池。泥沙分离池布置在底泥处置厂最北侧，泥沙分离池尺寸为 54m×6m×2.0m（长×宽×深），在洗砂设备处设置储砂坑，泥沙分离池分为 2 级，第一级泥沙分离池

图 10.25　茅洲河底泥厂工艺流程概况

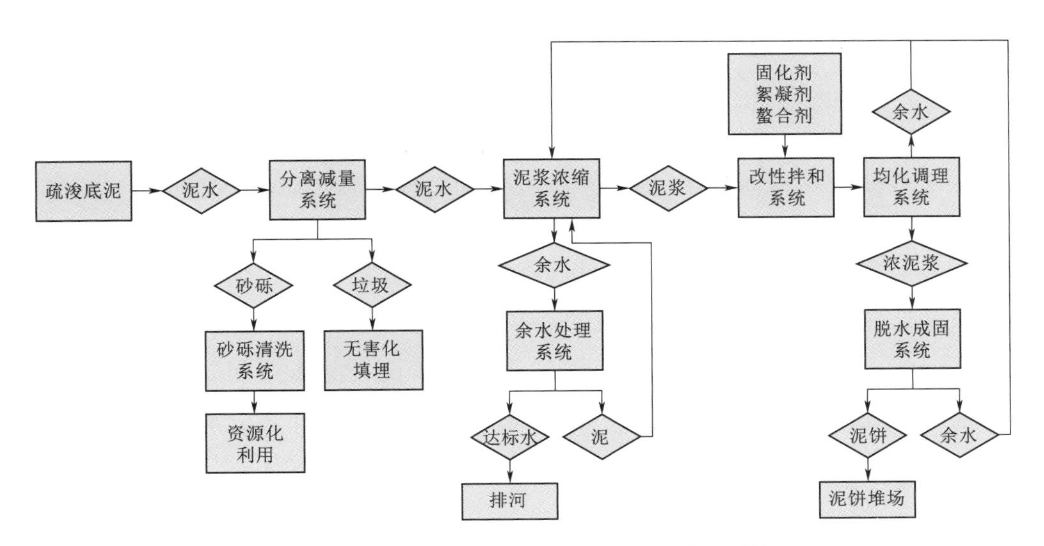

图 10.26　全自动机械化减量分离固化处置系统

主要沉淀大颗粒砂砾；第二级泥沙分离池主要沉淀较大颗粒砂砾。

(2) 均化调理池。均化调理池布置在底泥处置厂最西侧，总占地面积为 306m^2。

2. 主要设备

(1) 板框压滤机。处置厂脱水固化系统布置在场地中间，主要为 4 台板框压滤设备，厂房全部采用钢结构，板框压滤机采用 600m^2 的板框压滤机。

(2) 磁分离设备。1 号底泥处置厂余水处理采用超磁分离技术，布置 20000m^3/d 两套。

3. 生产能力

1 号底泥处置厂每天生产能力折合成水下自然方为 2708.12m^3。

10.4.3 分离减量系统

分离减量系统主要包括垃圾分选再生系统和余砂再生系统。

(1) 垃圾分选再生系统。疏浚泥水在进入分离减量系统之后，先经底泥垃圾分选再生系统去除垃圾，对污染底泥实行减量处理，便于进行无害化处理。该系统通过双格栅分选装置。将污染底泥分选出可再生利用的轻质生活垃圾和有机垃圾，用于催化制气和发电，实现生活垃圾和建筑垃圾分类，如图 10.27 所示。

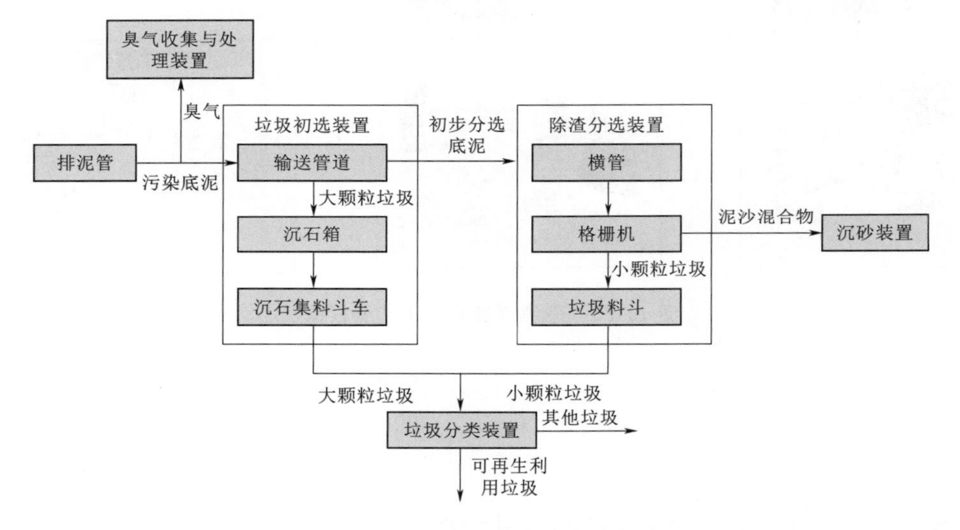

图 10.27 垃圾分选再生系统

(2) 余砂再生系统。余砂再生系统由沉砂池和泥沙分离系统、余水再生系统组成。经底泥垃圾初选系统处理后的泥水进入沉砂池和泥沙分离系统，经过多级自然沉淀，将 0.1mm 以上颗粒的砂砾沉淀下来，并将沉砂输送至洗砂机进行清洗去除重金属，清洗后的余砂经皮带机输送至沙堆场堆放，进行资源化利用。沉砂池和泥沙分离系统是分离减量系统的核心，其通过多级沉砂池设计，实现沙、泥有效分离。

10.4.4 泥浆浓缩系统

除渣之后的泥水进入泥浆浓缩系统，利用管道浓缩装置实现泥水分离，进一步降低泥水含水率成为泥浆；上清液入余水再生系统进行处理，达标清水排入河道，泥渣回入浓缩系统循环处理。管道浓缩装置利用螺旋结构实现泥水分离，明显降低泥水含水量。

10.4.5 改性拌和系统

改性拌和系统的主要功能是让固化剂、絮凝剂、螯合剂与泥浆充分拌和，发挥添加剂的高效作用。

1. 固化剂

该工程选用3～4种固化剂，能杀灭淤泥中的细菌，并能有效钝化疏浚泥浆中的重金属，使之形成矿物并稳定，不易溶出。计划掺量为所处理淤泥干物质质量的10%～16%之间，根据污染物浓度等进行调节。为了进一步提升固化效果，再加入纳微米改性胶凝材料，能够更有效地降低底泥中有机物和重金属的浓度。

2. 絮凝剂

该工程选用PAC（聚合氯化铝）及PAM作为絮凝剂。PAC及PAM为高分子絮凝剂，其成分有铝矾土、稀盐酸或铝酸盐、铝酸钙粉末和高压融合功率制成，该絮凝剂具有较强絮凝效果，对水体的净化效果远高于传统意义上的硫酸铝铁等无机盐类混凝剂。在废水处理的研究中明显优于传统意义上的絮凝剂，对水体中有毒有害物质的絮凝和去除效果显著，其中COD去除率高达78%。该工程中絮凝剂掺量为河水淤泥干物质质量的0.2%～1%，具体掺量应根据污染物浓度而定。

3. 螯合剂

重金属捕捉剂具有强大的螯合力，能有效地与重金属发生化学反应生成不溶物，与废液中的Cu^{2+}、Cd^{2+}、Hg^{2+}、Pb^{2+}、Ni^{2+}、Zn^{2+}、Cr^{3+}等各种重金属离子进行化学反应，并在短时间内迅速生成不溶性、低含水量、容易过滤去除的絮状沉淀，从而达到从污水中去除重金属离子的作用。由于上述固化剂具有钝化泥浆中重金属的作用，故重金属捕捉剂掺量可视情况添加，添加范围为泥浆体积的0.01%～0.1%。

10.4.6 均化调理系统

泥浆搅拌均匀后，自行流入多功能泥浆调理池，通过反吹、放气实现对调理池泥浆的搅拌，从而加速所添加材料中有效成分的释放，并保证有效成分与泥浆的充分反应，实现对泥浆的调理调质及均化。

为了进一步改善泥浆的理化性质，该工程采用新的调理调质复合材料，进一步降低底泥中有机质和重金属的含量。

10.4.7 脱水成固系统

当泥浆完成均化调理后，将其通过管道输送到泥—水分离系统进行脱水处理。该分离系统主要构成为滤板、滤框、滤室、高效匀速板框压滤机。滤板表面有凹凸槽。用以凹凸部分支撑滤布。在滤板和滤框上打孔，拼接组装成为一个完整路径，使其可以穿过悬浮液，洗涤剂和引出滤液。而在滤板和滤框左右两侧各安装2枚支托，用于压紧装置。滤板和滤框间的滤布也起到了密封垫片的作用。随后，利用高压泵将淤泥悬浮液压入滤室，滤渣逐渐附着在滤布中，直到将滤室填满。当滤液通过滤布沿滤板沟槽流至板框边角通道，集中排出。最后，加入清水将滤渣润洗，还可加入压缩空气将其污渍洗涤。对上述过程进行重复即可开始下一工作循环。

高效匀速板框压滤机的优势在于利用多个拉板小车单项运动的过程中拉动滤板组中的滤板，实现对泥饼的高效、匀速卸料，同时减小卸料空间，缩短板框压滤机的长度，减少占地面积，且避免了多块泥饼同时卸料存在的瞬时速度过大，对设备造成瞬时冲击荷载大的技术问题。

10.4.8 余水处置系统

余水处理的方法一般有物理法、化学法和生物法等。物理法是利用物理作用来分离污水中的悬浮物；化学法是利用化学反应的作用来处理污水中的溶解物质或胶体物质；生物法是利用微生物的作用来去除污水中的胶体和溶解的有机物质。

强化一级处理工艺分为化学絮凝强化一级处理工艺、生物絮凝强化一级处理工艺、化学生物联合絮凝强化一级处理工艺。相比于后两者，化学絮凝强化一级处理工艺无后续二级、三级处理设施。因此，该工程根据进水水质情况和出水水质要求，采用化学絮凝强化一级处理工艺。常用的一级处理方法有混凝沉淀、滤布滤池、高效絮凝沉淀超速水处理一体机技术、超磁分离水体净化技术，下面对这四种工艺进行简要介绍，并对四种工艺的投资、运行、维护等方面进行总体比较。

高效絮凝沉淀超速水处理一体机技术、超磁分离技术与传统混凝沉淀和滤布滤池相比较具有明显的优势（表10.14），因此，该工程生产性试验阶段采用高效絮凝沉淀超速水处理一体机技术、超磁分离技术两种结合，分别查看处理效果。经过生产性试验阶段的比较，从处理效果、成本、处理能力等方面比较，超磁分离技术有较大的优势，该工程最终选用超磁分离技术。

表10.14　　四种一级强化处理工艺技术比较

项　目	混凝沉淀	滤布滤池	高效絮凝沉淀超速水处理一体机技术	超磁分离
水力停留时间	长	长	短	短
占地面积	大	大	小	小
耐冲击负荷能力	较强	一般	较强	较强
自动化程度	低	低	高	高
日常维护	维护量小	维护复杂	维护量小	维护量小
施工周期	长	长	短	短

结合超磁分离技术，该工程研发余水再生系统。沉淀池的上清液以及清洗余砂的污水进入余水再生系统，通过多级净化装置生产清水；该清水一部分排入河道，另一部分用作余砂

清洗用水，清洗废水抽排至沉淀池，实现余水的循环利用。余水多级净化装置包括自然沉降去除颗粒物的一级沉降池、截留去除余水中颗粒物的二级沉淀池以及吸附余水悬浊物的三级磁滤净化装置。该系统逐级对余水进行杂质滤除、无害化处理，降低河道水体污染物浓度，且系统可以处理浊度更高的污水，余水处理率高。

10.5 处理消纳标准

10.5.1 底泥处置标准

1. 压滤后泥饼物理力学指标

压滤后泥饼含水率（水比总质量）不高于40%，无二次泥化，无须养护，可直接资源化利用。

2. 底泥处置标准

根据深圳市地方标准《河湖污泥处理厂产出物处置技术规范》（SZDB/Z 236—2017）进入指定的消纳场所，脱水泥饼可在工程内部进行消纳。

10.5.2 资源化利用

疏浚底泥经过底泥预处理、机械脱水后，产物为余水、垃圾、砂砾、泥饼4种（表10.15），余水处理达标后还河；垃圾运至垃圾填埋场进行填埋处理；较粗颗粒（砂石料）清洗后就近资源化利用；固化后泥饼按照不同用途可用于筑堤、造地等，部分泥饼可烧陶、制砖后用于水生态修复工程、补水工程的景观铺砖和湿地，其余泥饼检测符合《危险废物鉴别标准　浸出毒性鉴别》（GB 5085.3—2007）规定的浓度限值，进入建设单位指定的消纳场所或用于造地、填埋、管沟回填等。

表10.15　疏浚底泥处理后产物分类及工程量表

项　目	工程量/（万 m^3/a）	备　注
疏浚底泥	417.74	水下自然方
分离垃圾	16.59	根据生产性试验暂定4%（体积比）
分离砂料	41.80	砂砾平均为37.1%（质量比）
脱水泥饼	135.88	根据含固量相等的原则，扣除分离的垃圾、砂砾等，2.65m^3水下自然方压滤成1m^3泥饼
余水	4005.90	1m^3水下自然方经处理后约产生9.6m^3余水

10.5.3 泥饼制陶粒应用

陶粒具有质量轻、强度高等优点，是一种应用领域广泛的材料。目前，有企业尝试以生物污泥或河湖泊涌污染底泥作为主要原材料制备陶粒，制备可用作建筑填充料的底泥陶粒。

然而，现有的底泥陶粒，由于原料和制备方法的限制，得到的底泥陶粒孔隙率往往偏低、质量相对较重，难以作为轻质建材使用。此外，河湖泊涌污染底泥中的 Cu、Ni、Pb、Zn、Cd 等重金属不能得到有效固化，容易造成二次污染，从而限制了陶粒的进一步应用。

因制备得到的陶粒孔隙率低、质量较重、重金属不能有效固化的问题经研究出一种炭化陶粒制备工艺，工艺流程如图 10.28 所示。河湖泊涌底泥泥饼、干燥剂、膨化剂等按配方称取各组分，进行一次搅拌处理，得到混合物料；在混合物料干燥后，依次进行陈化、二次搅拌、制粒处理，得到陶粒预制品；将陶粒预制品依次进行预热、炭化处理，经冷却、筛分后得到炭化陶粒。同时，该工程针对制陶粒过程中释放的尾气，研发出多级净化处理系统。

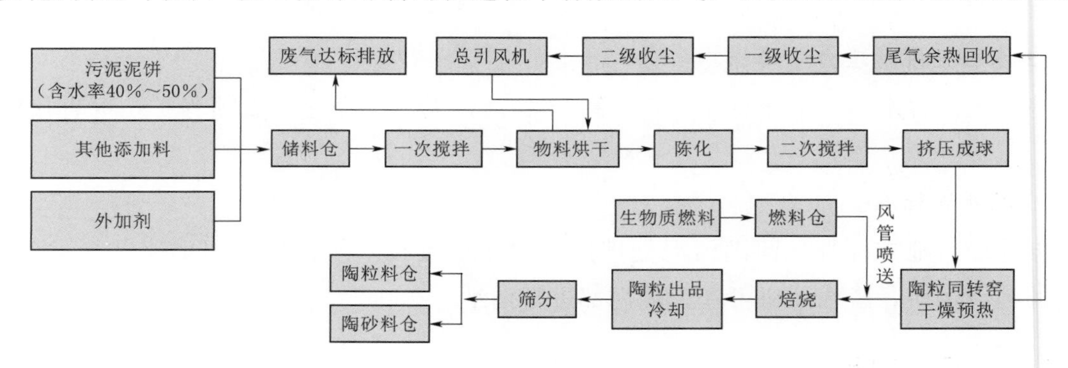

图 10.28　底泥制陶粒工艺流程

陶粒应用范围较广，其中常见的用途之一是制备透水砖。陶粒生态透水砖具有强度较高、透水性强、防滑性及耐磨性好、铺设成本低、样式美观等多种优点，被广泛运用在园林景观、市政、装饰等多类工程中。为了促进陶粒资源化利用，重点对陶粒生态透水砖吸收及释放热量、水分的性能进行研究，使陶粒生态透水砖更好地调节地表局部空间的温湿度、调节城市小气候、缓解城市热岛效应。

陶粒、水泥、透水剂胶结料等原料按配方称取各组分，经过搅拌处理，得到混合物料，经过砖块成型机挤压成型，成型的砖块预制品经过彩色面料布料装置上色后通过运输机送到养护地点进行静养，达到强度后的成品即可应用于工程。经初步分析，陶粒制砖可消纳 $10640m^3$ 泥饼，制备生态透水砖 $30000m^2$。

第11章　寻水溯源——补水扩容增净

11.1　生态水量分析

河道生态水量是保护水生态栖息地、维持水体自净能力的重要指标，健康的城市河道需要维持一定的水环境流量，因此，在污染控制的基础上，为了维护河流特定生态系统的结构和功能，满足景观活水的需求，需要保证河道生态水量。考虑到茅洲河流域内存在以下问题：

（1）水系虽然为鱼骨形，但上游光明区域内均是山溪性河流，下游宝安是平原型河流，流域水系呈现雨源性河流特点，80%的降雨都集中在每年4—9月的丰水期，导致茅洲河流域水系呈现本地天然径流有限、水环境容量小的特点，支流季节性断流现象普遍，无法保障维持良好生态环境的天然河道基流的同时，本地水环境容量及纳污能力不足。

（2）茅洲河流域从20世纪90年代起居住人口开始爆发式增长。茅洲河流域常住人口逾400万人，沿河工业企业达到3万多家，大量的人口、工业产业增长导致茅洲河流域水资源需求持续增大，而本地水资源开发利用程度高达80%，现状河道基本无多余水资源补充，污染负荷增大的同时却无法增加有效河道水环境容量。

（3）茅洲河及其支流均受到严重污染，根据2014年水质监测数据，5处考核断面均为地表水劣Ⅴ类；现状主要水质指标COD_{Cr}、BOD_5、氨氮和总磷全河段严重超标，平均浓度分别为48.10mg/L、16.70mg/L、15.01mg/L、2.34mg/L。目前茅洲河水环境综合整治已经开展了一系列的污染负荷控制工程，污水收集系统也逐步开始发挥作用，但是雨水径流带来的面源污染仍比较严重，短时间内茅洲河干流、支流水质无法快速消黑消臭。

因此，采用补水措施打造茅洲河补水增净系统非常必要，打造以污水处理厂再生水补水为主、湖库水补水为辅的河道多源补水系统，通过再生水补水活水，可有效缓解茅洲河天然生态基流不足的问题，同时以稀释污染负荷及迁移，提高水动力条件，提高水体自净能力。远期结合广东省的水资源配置工程，实现西江跨流域调水，可置换出流域内雨洪资源，进一步为茅洲河提供生态基流。

11.2　生态补水方案

补水扩容增净是加强污染物扩散与输出、改善流域水动力条件、建立流域治理长效机制的重要手段。鉴于茅洲河流域水资源本身相对匮乏，需要从水资源产、供、用、耗、排多角度，分汛期、非汛期，系统梳理流域可利用水资源量。通过水量、水质、工程建设条件、时效性、经济性等对比分析，以此规划出可行的补水方案。

11.2.1 需求分析

城市河道同天然河道不同，受人为活动干扰明显。流量不具有天然河道变化的特性，也受人为活动影响明显，因此，天然河道的分析方法不再适用。此时，需根据侧重的目标，选用合适的方法：若采用宽河道窄河槽或薄层流河道的打造方法，则以主河槽流量法计算；以水质达标为目标，需水量应以稀释污染物为主，即水质平衡法，也可称污染物稀释法；若以景观改善为目标，生态需水应以景观需水量为主，即景观需水法。常用的三种方法详细对比见表11.1。

表11.1　城市河道生态、环境需水方法对比表

方　法	方　法　原　理	适用条件分析
主河槽流量法	考虑到城市河道断面通常经过河道工程后形成人工设计的河道河槽特征，以此通过研究并选择利于环境、生态的河道水力参数，如形成薄层流的最小水深及最小流速等水力参数，以此利用水力学算法计算得到符合城市生态、环境要求的生态环境流量	该方法需要明确河道设计参数，如湿周、水面宽度、设计横断面面积等，同时需要收集满足生态河流的流量、水深优化参数方面的数据，适用于宽河道窄河槽、薄层流设计河道
污染物稀释法	从污染物稀释及纳污能力扩容的关系直接入手，判断水质达标对补水流量的需求，建立补水水量水质与河道目标水质的关系，计算得到满足不同河道目标水质要求的需水水量	该方法通常采用多水质模型计算，计算方法选择较多，可根据水体特征及水质达标要求选择简单的零维混合、一维、二维甚至三维。对于普通河段采用零维、一维均匀混合水质计算公式即可，使用率较高，适用于水质提升目标要求河道
景观需水法	考虑到城市河道较多为景观用水功能，以此根据城市河道设计中景观用水水动力流速、水深要求，结合河道参数，以此利用水力学算法计算得到满足城市景观需求的生态环境需水量等	该方法在明确河流设计水力参数基础上，根据城市河道景观要求确定河流景观需求的流速、水深或换水周期等参数数据，适用于景观功能需求及定位的河道

11.2.1.1 主河槽流量

主河槽流量法是不同于前文通过流量资料确定生态流量的方法。该方法的流量计算主要基于河道设计、工程经验，通过确定河道最小平均流速和最小有效水深来计算生态流量，同时营造流态多样、水清见底的薄层流河道。主河槽流量法既适用于山区河道生态水系构建，也适用于城市亲水性河道构建。

此处，最小流速与生态流速不同，最小流速旨在营造水体的基本流动形态，不至于形成

死水，可取0.1m/s，也可借鉴已有的成功案例选取，如中国深圳福田河、韩国清溪川、新加坡加冷河；生态流速也称为适宜流速，主要以适宜河流内某种指示性物种生长为目标而确定的流速，通常大于0.3m/s。

最小水深旨在构建薄层流河道，一方面增大河道的自净能力，另一方面便于营造多样流态，也有利于增加亲水性。薄层流常见于河道生物膜治污方面，水深越小，通过河床生物膜表面的水量越小，河道自净效果越好。因此，薄层流法的基本做法是在来流不变的情况下，通过增大河道宽度、减小河道水深，使河道内形成数厘米至数十厘米不等的薄层流，增大河道净化能力。如河宽增大至原河道的2倍，水深变为原河道的1/2，净化能力就为原河道的2倍。

因此，采用薄层流理论，通过设置较小的水深，保证河道自净能力充分地发挥。最小水深具体值可借鉴已有案例，如韩国清溪川最小水深为0.4m，一般湿地、湖泊最小水深可为0.5m，深圳福田河最小有效水深约为0.3m，新加坡加冷河最小有效水深约为0.3m。因此，若上游补水量充沛，最小有效水深可取0.5m，否则可取0.3m。在确定最小平均流速和最小有效水深后，根据河道设计断面和河床坡度，采用明渠流公式计算所需生态水量，该法适用于水文资料缺乏或北方河流常年干涸的情况：

$$Q=AV=\frac{1}{n}A^{5/3}P^{-2/3}S^{1/2} \tag{11.1}$$

式中：Q为流量；n为糙率；A为过水断面面积；V为断面平均流速；S为水面比降；P为湿周。

河道从上游到下游，河流断面、河床坡度、河道糙率不可能是统一的，因此，另一关键问题在于如何保证整河段的最小流速和最小有效水深均能满足要求。在具体计算时需选取整河段内河底宽度最大、河床坡度最大、糙率最大的断面，分别利用式（11.1）计算各断面在最小平均流速和最小有效水深时的流量，取三者中的最大值作为最终的生态流量。

11.2.1.2 污染物稀释补水量

污染物稀释补水量通过水质平衡法或均匀混合水质模型法计算，以河道多年水质、河道内各污染源、污染物产生量等数据为基础，立足于流域内截污管网建设完成后，理论上绝大部分污水均由管网截走，仅有5%～15%的未预见污水进入河道，依据水环境容量计算的基本原则，按照水质目标来进行约束性计算，作为满足河道水质要求的最小流量值。

1. 有污水排口流量

忽略自净作用的前提下，污染物稀释净化需水量为

$$\frac{C_{污}Q_{污}+C_{现}Q_{现}+Q_{需}C_{调}}{Q_{污}+Q_{现}+Q_{需}}\leqslant C_{控} \tag{11.2}$$

将式（11.2）进行转化后为

$$Q_{需}=(C_{污}Q_{污}+C_{现}Q_{现}-C_{控}Q_{污}-C_{控}Q_{现})/(C_{控}-C_{调}) \tag{11.3}$$

式中：$C_{污}$为入河污染物浓度；$Q_{污}$ 为入河污水流量；$C_{现}$为进入河道水体污染物浓度；$Q_{现}$ 为进入河道流量；$C_{调}$ 为引水的污染物浓度；$C_{控}$ 为河道水质控制目标。

2. 无污水排口流量

无污水排口流量时，$C_{污}=0$，$Q_{污}=0$，污染物稀释净化需水量为

$$Q_{需}=(C_{现}Q_{现}-C_{控}Q_{现})/(C_{控}-C_{调}) \tag{11.4}$$

例如福田河，按照截污量达到85%以上推算，约5000m³/d的剩余污水需要稀释，需要补充水量约为30000m³/d，这一补水水源主要来自滨河污水厂。污水厂每天可向福田河补水38000m³以维持水质稳定达标。

根据计算结果及其他工程经验，该方法计算得出的补水量较小，可以适应城区内及周边水资源紧缺的情况；同时，将该计算结果与Tennant法中多年平均流量的10%做比较，两个流量相差不大。

11.2.1.3 景观补水量

从增强河流水动力、保证水质达标同时打造河口水景观的角度，同时根据以往项目的经验，景观需水量一般大于稀释水量，可以在满足河道内污染物稀释需求的同时，营造河口河段水景观，增强观赏性和游览性，更加适宜居民区集中的城市河道。工程实施后，景观河道将呈现“水清、水满、水流动”的效果。

景观需水法根据补水水深，河道宽度、交换次数计算生态需水量，其具体公式如下：

$$Q=B\cdot H\cdot L\cdot n+F\cdot E_z \tag{11.5}$$

式中：Q 为河道内生态环境需水量，m^3/d；B 为河道宽度，m；H 为补水深度，m；L 为补水点到河口处长度，m；n 为每日交换次数（如换水周期为2天，取0.5）；F 为水面积，km^2；E_z 为水面蒸发量，mm。

该方法较为关键的是确定河道的景观水深和换水周期。根据研究表明，景观平均水深可取0.5～2.5m。景观水深确定后，换水周期直接影响河道的生态需水量，换水周期越大，生态需水量越小；反之越大。

目前，再生水已广泛应用于景观、河道生态补水。再生水主要是针对水质净化厂尾水进一步脱氮处理或深度处理后进行回用。污水厂尾水经过深度处理后可达到《地表水环境质量标准》（GB 3838—2002）Ⅴ类水体。

再生水进行河道补水时，通过实验研究表明，通过调节换水周期比调节水动力（增大流速）抑制藻类生长效果更佳；最大换水周期应为9天，此时能够实现藻类数量最少、叶绿素含量最低、NH_4—N含量最小的目标；推荐换水周期介于7～9天。通过5个尺寸相同的人工景观水池来模拟换水周期对藻类的影响。春季，总生态需水量中再生水比例控制在25%，换水周期最大为10天；夏季，再生水比例控制在25%，换水周期为2天；秋季，再生水比例可提高至50%，换水周期为10天；冬季，再生水比例可提高至50%，换水周期

为 20 天。

综上研究，换水周期可根据再生水比例相应进行调整。若提高再生水比例至 75%，则春、秋、冬季节的换水周期应按比例适当调整，如春、秋、冬季分别调整为 3 天、5 天和 15 天；夏季由于藻类繁殖快，易发生富营养化，再生水比例应小于 50%，换水周期控制在 2 天。

11.2.2 流域补水水源分析

11.2.2.1 雨洪资源

茅洲河流域多年平均降雨量为 1700mm，但降水量年内丰枯变化明显，枯水期（10 月至翌年 3 月）降水量约占年降水总量的 23%；多年平均径流量为 850mm，枯水期径流量约占全年径流量的 20%。茅洲河流域面积为 344km^2，其中流域内兴建水库共 28 座，控制流域面积 125.62km^2。据不完全统计，总库容为 9857 万 m^3，正常库容为 5159 万 m^3。其中中型水库 2 座，控制流域面积 64km^2；小（1）型水库 11 座，控制流域面积 46.74km^2；小（2）型水库 15 座，控制流域面积 14.88km^2。

1. 新建蓄水设施

茅洲河流域经济发展迅速，淡水资源匮乏。经了解，区域内现有淡水资源，基本都用来作为供水水源，供水水库除洪水期外，基本无水量下泄，无法补充支流河道的生态需水；上游光明区治污实施的截流箱涵措施将部分支流枯水期径流直接截入污水系统，减少了枯水期河道的径流量，这些都减少了进入茅洲河干流的水量。山区河道有建库条件的流域基本都已开发，不具备新建蓄水工程的可能。

2. 已有水库优化利用

茅洲河流域内有水库 28 座，总库容大于 10 万 m^3 的水库 25 座（不含正在扩建的公明水库）中，中型水库 2 座（不含正在扩建的鹅颈水库），分别为位于石岩街道的石岩水库和位于松岗街道的罗田水库；25 座水库的总库容为 980 万 m^3，兴利库容为 6116 万 m^3，在流域内供水、防洪等方面发挥了重要作用。

根据《深圳市水库功能优化调整工作方案》，水库可根据功能分为三类：①以供水为主兼顾防洪功能的水库；②以防洪为主兼顾供水保障、景观休闲或生态补水功能的水库；③以景观休闲或生态补水功能为主兼顾防洪功能的水库。随着东部供水水源工程和东深供水工程两大境外水源工程的建成，茅洲河流域内一类及二类水库作为境外水源工程配套的调节水库仍承担供水功能；调整后的三类水库则可为河道实施生态补水。

根据《深圳市水库功能优化调整工作方案》，属于第三类的水库有碧眼、石狗公、横坑、后底坑、大凼、红坳等 6 座水库，正常库容合计为 495.6 万 m^3，多年平均年径流量为 722.5 万 m^3，详见表 11.2。由表 11.2 可知，6 座水库总集水面积为 8.5km^2。经调查，横坑水库和后底坑水库现状没有向河道补水的相应设施，需要改造增加放水设施；其他 4 座水库现状均有供水任务，在 2025 年之前，仍要承担各自的供水功能。

表 11.2　　茅洲河流域可用于补水的水库特性表

水库名称	集水面积/km^2	年径流量/万 m^3	正常库容/万 m^3	总库容/万 m^3	类型	功　能
碧眼水库	0.95	80.75	66	83.55	小（2）型	以农业灌溉为主，改革开放后，逐渐变为以供水为主，目前与禾槎涧水库、鹅颈水库联合运行
石狗公水库	2.57	218.45	190	247.88	小（1）型	以农业灌溉为主，兼有防洪削峰作用，现已成为光明区的重要供水水源之一，向姜下水厂供水，水厂规模为 1 万 t/d
横坑水库	0.3	25.5	10	13.9	小（2）型	灌溉农田
后底坑水库	1.12	95.2	48.6	75.6	小（2）型	灌溉农田
大凼水库	2.45	208.25	110	192.8	小（1）型	农业灌溉小水库，1993 年改为塘尾村居民生活供水水库
红坳水库	1.11	94.35	71	87.32	小（2）型	建库为发展农业灌溉，现已改为以乡镇生活供水为主的供水水库
合计	8.5	722.5	495.6	701.1		

3. 扩建已有蓄水设施

在此背景下，为保障城市河道用水，考虑对流域内已有的蓄水工程进行挖潜扩建，以此利用本地径流为流域内河道进行补水。经区域踏勘及调查了解，具备扩建条件的水库主要有楼村水库及洪田村采石坑水库。

（1）楼村水库具备扩建的条件，可以通过坝体加高增加水库库容；通过泵站抽取新陂头河和茅洲河干流的丰水期水量进行蓄水，经水库调蓄后为河道补水。

（2）洪田村采石坑水库为原规划的水库，可以利用原有矿坑形成的库容，丰水期引石岩水库上游水量入库，枯水期进行河道补水。

综上，可以考虑通过扩建楼村水库形成光明湖，利用已有洪田村采石坑形成宝安湖，即扩建“两湖”利用雨洪本地径流资源增加水库调蓄库容，引水入库后为河道补水。

4. 海绵城市

结合湿地、生态处理塘等低影响开发可以存蓄部分水量，但这部分水量在径流分析计算中已经结合产汇流系数有所考虑，不再重复计算。雨洪的另一利用形式为利用储水罐、蓄水池等储存雨水，在枯水期为河道配水。这部分设施的主要功能是减轻城市排水排涝压力，需要与海绵城市建设及排水规划对接，主要是依托海绵城市建设工程。

11.2.2.2　中水资源

中水资源可根据水质净化厂尾水处理深度的不同分为中水再生资源及中水尾水资源，其中中水再生水资源则是通过处理后水质较好的中水通过置换新鲜水用于满足替换部分生产、生活用水，达到节约供水水资源用于天然河道补水；中水尾水资源则是通过提标改造后的净水厂将污水处理至地表水准Ⅳ类水质后直接输送至河道进行河道补水。

1. 中水再生水资源

城市再生水利用分为农、林、牧、副、渔业用水，以及城市杂用水、工业用水、环境用水等。各部分需求量不仅与当地城市的水环境、产业结构、居民生活水平等密切相关，而且受到当地的政策和经济能力的制约。

茅洲河流域再生水的利用以改善水环境为主，在本次区域水环境改善所需配水量计算时已经考虑了这部分水量。如果将再生水用于对水质要求不高的工业用水及城市杂用水，置换出的新鲜水用于河道配水，效果会更好一些。要实现这一置换，需要配套建设相应的再生水供水管网，对现有供水体系有重大影响，工程实施有一定难度，也需要时间。故本次暂不考虑该部分水量，但在中水补水工程实施时预留工业及市政杂用水接口。

2. 中水尾水资源

根据茅洲河流域环境综合整治规划，沙井水质净化厂、松岗水质净化厂在2017年均要完成扩建提标工程。光明区的光明水质净化厂、公明水质净化厂在2020年均要完成扩建提标工程。中水具有水量稳定的特点，将会有155万m^3/d、水质为一级A至地表水准Ⅳ类的中水进入河道，可作为河道补水水源。

11.2.2.3 地下水资源

根据《2015年深圳市水资源公报》，地下水资源量为38360.20万m^3，同比减少6683.90万m^3，较常年减少18139.80万m^3。用水量中，宝安区地下水年用水量为141.96万m^3，光明区地下水年用水量为61.00万m^3。由于地下水分布较分散，可开采量较小，很难形成规模。为避免过度开采地下水造成“漏斗”或地面沉降，宝安区除少数企业自行打井作应急备用水源外，均不利用地下水。故不再考虑利用。

11.2.2.4 外流域引水资源

深圳市境外引水水源主要来自东江，涉及工程主要有东深供水工程和东部供水水源工程，分配给深圳的总水量为15.93亿m^3/a。

1. 东江水

东深供水工程是广东省兴建和管理的供水工程，建成于1965年3月，是向香港、深圳以及工程沿线东莞市城镇提供东江原水的跨流域大型调水工程。经4期扩建后，目前供深圳水量为8.73亿m^3/a。

深圳市东部供水水源工程是深圳市独立兴建和管理的引水工程，于1996年11月动工，2000年5月投入运行。目前批准供深圳水量为7.2亿m^3/a。

上述2项引水工程分配给深圳的水量为15.93亿m^3/a，尚不能满足深圳市城市用水需要，近期无多余水量用于河道配水。

2. 西江水

远期（2040年），西江引水规划分配给深圳水量为7亿m^3/a，这部分水量考虑了部分区域生态用水，但工程实施时间未定，按规划要到2040年以后。因此，本次设计暂不考虑通过外流域引水给河道补水。

茅洲河流域水资源匮乏，本地水资源开发利用程度高达80%。尤其是枯水期河道几乎无天然径流量补给，不利于河道水环境功能改善及水体自净能力的恢复。远期随着西江引水工程的实施及区域公明水库等大型蓄水工程的竣工，能缓解区域供水紧张的局面，也为区域一些规模较小的供水水库功能转变创造条件。届时，可以将其功能转变为以河道补水为主，增加河道新鲜水量的补给。

11.2.2.5 海水资源

茅洲河中下游大部分河道均为感潮河段。塘下涌以下干流，衙边涌、排涝河、潭头河、松岗河及沙井河等支流均受潮水顶托的影响。现状上述河道水环境堪忧。因上述河道本就受咸淡水交替作用的影响，可利用海水配水，增加河道纳污能力，改善水质。

海水资源丰富、水质较好。同时人为影响因素相对较少，对污水收集、截污率、水质净化厂建设进程依赖程度较弱，不存在预测方面的重大误差，可确定性较强。但海水配水会增加配水区域的氯离子含量，对陆生植被、土壤含盐度及地下水等产生影响，需要考虑采取海水初步处理措施，通过水环境影响评价，对其可行性进行综合评估。

11.2.3 流域补水水源方案分析

补水增净是加强污染物扩散与输出，改善流域水动力条件，建立流域治理长效机制的重要手段，鉴于茅洲河流域水资源本身相对匮乏，需要进一步深入挖掘各类型水资源补水的可能性。经梳理分析，茅洲河流域可利用多种资源进行河道补水，包括：①通过城市节水置换出余量水资源进行补水；②通过新建水库、优化水库利用、扩改建已有蓄水设施、海绵城市措施等充分利用本地雨洪资源进行补水；③通过中水再生水利用置换水资源、净水厂尾水直接利用等方式补水；④地下水开发利用进行补水；⑤东江、西江外部流域引水置换水资源补水；⑥珠江口海水引水补水等几大途径进行补水。

从水资源产、供、用、耗、排多角度，系统梳理流域可利用水资源水量、水质、工程建设条件、时效性、经济性等，以此进行规划流域可能的补水方案分析，详细水源分析见表11.3。通过分析可知，本次茅洲河流域推荐可行的补水水源主要有以下方面：

(1) 本地径流“两湖”(通过扩建已有楼村水库形成光明湖及利用已有矿坑形成宝安湖调蓄补水)。光明湖、宝安湖补水方案能充分利用茅洲河流域内的雨洪水资源，调蓄后枯水期为河道补水，技术条件可行且成本可控。

(2) 净水厂中水“四水”：利用光明、沙井、松岗及公明四个污水厂中水补水。该方案具有工程建设投资小、水量稳定、成本低等优点。

(3) 海水“一湾”：通过下游珠江口海水补水。该方案具有水质好、水源充足的优点，但考虑亚海水补水可能对该河段两岸的陆生植被、土壤含盐度产生影响，需要经过预处理且对其可行性进行综合评估。

同时，考虑到茅洲河入海口为“凹”形海湾，外海地形条件导致该处水动力条件较弱，排海污水不能及时扩散，与珠江口其他外源污染物在该处形成污水团，涨潮时污水团随涌潮进入内河，并沿河上溯，循环往复，使得补水增净系统无法发挥良好效益。在此背景下，考虑在茅洲河口修建挡潮闸，实现高潮挡污，低潮配合“两湖四水一湾”补水系统联合调度提高水体的流动性，使河口原来的往复流变为单向流，冲净茅洲河，改善内河水质。因此，综合分析补水方案效果，形成了“两湖一湾、四水一闸”的补水水源方案。

表 11.3　　补水水源方案分析表

水源		水量保障	水质条件	工程建设条件		经济性	时效性	结论
类型	分类			外部条件	技术可行性			
节水资源	节水资源置换	区域节水水平较高，节水能力有限	水质好	节约水量通过减少供水，可置换为补水功能	强化节水措施	不经济	推广时间较长	本次不考虑
雨洪资源	新建水库利用	未开发利用山丘区面积仅 7.9km²，多年平均径流量 671 万 m³，水量有限	水质好	能进行水库新建及水资源开发利用				不考虑
	已有水库优化利用	水库调节能力很高，几乎没有弃水空间；短期内功能调整水库可用水量少	水质好	已建设大、中、小型水库 23 座，平均库容系数 0.63，且大部分为供水型水库				本次不考虑
	已有水库扩建蓄水	宝安湖可利用汛期水量 1075 万 m³，光明湖汛期可利用水量 1287 万 m³	水质好	涉及建设征地问题	建设引水、补水系统工程	较为经济	建设时间较短	推荐
	海绵城市蓄水	海绵城市建设可存蓄雨水有限	前期水质不佳，后期水质尚可	须与海绵城市规划对接	需要配合海绵城市建设进行		建设时间较长	本次不考虑
中水资源	再生水置换补水	设计再生水率达到 10%情况下仅为 15.5 万 m³，水量较少	水质好	需要结合水务规划开展再生水相关规划及设计内容	建设再生水处理设施、再生水供水系统	不经济	建设时间较长	本次不考虑
	尾水补水	流域内尾水 155 万 m³，可补充至河道	准Ⅳ类，满足河道要求	各个水质净化厂已开始提标改造工作	开展提标改造工程的同时进行补水管道系统建设	较为经济	建设周期短，2020 年可完成	推荐
地下水资源	地下水补水	开采量小，难以形成补水规模	浅层水质不佳	地下水开采过度引起诸多沉降、海水入侵的问题，认可度不高	开展地下水开采及管道补水工程建设	不经济	建设周期较长	不考虑

续表

水源		水量保障	水质条件	工程建设条件		经济性	时效性	结论
类型	分类			外部条件	技术可行性			
外流域水资源	东江水	东江水开发利用程度偏高，增加东江供水水量方案不实际						不考虑
外流域水资源	西江水	水量充足；西江引水工程完成后，可置换出 2.45 亿 m^3 生态用水量	水质较好	珠江三角洲水资源配置工程为国家 172 项重大水利工程之一，外部条件较成熟	目前西江引调水已经完成可行性研究，技术可行	西江引水原水折合 1.9 元/m^3，补水较不经济	建设周期较长，预估 5 年	本次不考虑
海水水资源	海水补水	水量充足	近海 3km 区域外水质较好，盐度较大，可进行预处理	项目建议书已经通过发展改革委批准，但具体考虑影响的可行性需要进一步分析	需建设海水引水及补水系统，海水预处理系统	较为经济	建设周期短，约 18 个月	考虑

11.2.4 规划补水工况

根据对各补水水源水量、水质、经济性及建设条件的分析，形成了“两湖一库、四水一闸”的补水格局，增净驱动系统。

在 2020 年茅洲河流域水环境综合整治项目实施后，根据流域内水质净化厂（站）的处理规模和出水水质，测算入河污染负荷总量，拟定不同补水工况，并采用 CJK3D7 环境数值模拟系统建立水环境数值模型，对拟定工况进行模拟，分析补水方案效果，形成了“两湖一库、四水一闸”的补水增净驱动系统。在此基础上，进行中水补水相关工程规划设计工作。

拟定不同工况进行补水效果分析。综合评定补水效果，分析满足水质目标的可行补水方案。在现状茅洲河水质、污染入河量计算分析的基础上，为了定量化分析黑臭水体治理中补水对水质的影响，本次研究采用南京科学研究院开发的三维水动力-水质 CJK3D 模型，对茅洲河流域水环境状况进行模拟分析。结合水质分析可知，考虑氨氮为主要超标污染因子，故采用氨氮指标进行模拟。

结合茅洲河流域片区和干支流汇入关系，对流域水环境进行概化。在一定的污染负荷和水文条件下，逐步增加环境补水量，使茅洲河宝安片区的燕川、洋涌河大桥与三个考核断面的水质计算值达到地表水Ⅴ类的考核标准，对应的补水量即为该河段的环境需水量。

考虑实际情况下，补水措施均基于污染控制工程实施之后进行，因此需要考虑流域内污染控制后模型污染边界，可结合 2015 年基准年污染入河量与污控措施实施后污染负荷削减量，计算本次模拟工况的模型污染边界。

经过流域内区域补水水源及可行性分析，用于茅洲河河道补水的水源主要有本地径流（通过新构建光明湖及宝安湖调蓄补水）、水质净化厂尾水及外海湾海水。通过拟定的预期补水工程方案和已建立的茅洲河流域水质模型对推荐补水方案进行效果分析，确定最优实施方案。本次补水方案选取茅洲河流域松岗、沙井水质净化厂达标处理的中水进行补水研究，配合外部海水，以削减污染物指标为主要目标。

各补水方案模拟工况详见表 11.4。

表 11.4　　各补水方案模拟工况

工况	补水方案																		
	中水																本地径流		海水补水（54万t/d）
	沙井水质净化厂				松岗水质净化厂				光明水质净化厂				公明水质净化厂						
	一期		二期		一期		二期		一期		二期		一期		二期				
	一级A	准Ⅳ类	一级A	准Ⅳ类	一级A	准Ⅳ类	一级A	准Ⅳ类	一级A	准Ⅳ类	一级A	准Ⅳ类	一级A	准Ⅳ类	一级A	准Ⅳ类	宝安湖	光明湖	
1	★		★		★		★		★				★				★	★	
2	★			★	★			★	★			★	★			★	★	★	
3		★		★		★		★	★			★	★			★	★	★	
4	★			★	★			★	★			★	★			★	★	★	★
5		★	★			★		★		★		★		★		★			

注　“★”表示该工况可用。

本次补水增净工况的确定需结合水质目标要求及现有可补水的中水方案进行确定。水质目标包括：①楼村、李松蓢、燕川、洋涌大桥及共和村 5 个重要考核断面消除黑臭，污染物指标以 NH_3-N 含量不大于 8mg/L 控制；②达标评判标准为各断面水质达标天数不小于 300 天。

茅洲河流域淡水资源匮乏，河道水环境堪忧，分析研究河道补水方案是十分必要的。本研究通过建立二维水动力-水质耦合模型，分析了多水源、工况下的补水增容效果，主要结论如下：

（1）本研究在现状工程未完工、污染源调查无法详尽的条件下，根据监测数据可预测 2017 年、2020 年流域污染源、核算污水处理设施削减污染负荷量，进而得出入河污染量。为保证水质达标，分析确定需要通过补水工程增加水环境容量“消纳”的污染负荷量。

（2）通过对各补水水源进行分析可知，茅洲河流域内可供补水的水源有本地径流、中水和海水。

(3) 通过对各补水方案进行经济、技术比较，以及通过建模对补水效果进行分析，确定推荐补水方案为：沙井、松岗、公明、光明水质净化厂扩建且扩建部分出水水质为准Ⅳ类＋宝安湖＋光明湖＋海水补水（54 万 t/d）。

在“两湖一湾、四水一闸”补水增净系统规划完成的基础上，需要开展各类型补水工程规划设计工作。结合补水方案，本次补水系统工程设计需要涵盖中水补水工程规划、光明湖及宝安湖补水工程规划、海水补水规划及河口大闸规划。实际在后期实施时，由于客观条件的限制，只实施了中水补水工程。

11.3 中水补水工程

茅洲河流域治水提质形势严峻，水质达标所需河道补水量较大。同时，深圳市淡水资源匮乏，现状城市用水需要从东江引水供给才能保障需求，工程范围内的蓄水工程开发利用已接近极限，几乎无继续扩展的空间。因此，在无其他确定的可利用水源时，净水厂尾水是河道补水的第一选择。

因此，可以通过中水补水弥补天然补水不足的状况，实现还清水于河的目的。这将改变茅洲河流域黑臭的现状，明显改善区域的生态环境和水环境，为茅洲河流域支流、干流沿岸居民创造一个优美、舒适的休闲、娱乐场所，提高生活质量，促进茅洲河沿岸地区经济的快速健康发展。

11.3.1 工程任务

茅洲河流域（宝安片区）水环境综合整治工程中主要利用沙井及松岗两座水质净化厂尾水对河道进行补水，总补水规模 80 万 m^3/d，其中沙井水质净化厂补水规模 50 万 m^3/d（一期运行规模为 15 万 m^3/d，二期运行规模为 35 万 m^3/d），松岗水质净化厂补水规模 30 万 m^3/d。

通过利用两座水质净化厂处理后的尾水，增加河道的水流量，提高水体自净能力，改善茅洲河流域支流和干流的水质，同时可增加城市河道景观、提高周边居民生活质量。根据重点河流、水质污染严重河流、流经繁华地区河流优先的原则，综合考虑河流周边规划与建设情况、水文水质等确定补水河流。

经过分析，茅洲河流域内沙井河、潭头河、潭头渠、七支渠、共和涌、排涝河、新桥河、上寮河、万丰河、衙边涌、石岩渠，除石岩渠作为排污渠直接接入市政管网外，其余河流均有漏排污水情况发生，规划区域多为居住区、工业区、商业区，河水污染严重、水质差、发黑发臭，有生态景观用水与补水稀释污染物的需求，因此，确定该 10 条河道为补水河道，上述河流距离沙井水质净化厂较近，由沙井水质净化厂的尾水作为补水水源。

松岗河、罗田水、龟岭东水、老虎坑水、塘下涌、沙浦西排洪渠 6 条茅洲河支流位于松岗水质净化厂服务范围内，由松岗水质净化厂尾水作为补水水源。

11.3.2 工程规模

11.3.2.1 补水水质标准

水体黑臭主要是水体受到有机碳和有机氮的污染，受到好氧的放线菌或厌氧微生物的降解，排放出不同种类的发臭物质，从而引起水体不同程度的黑臭。通过补水可增加水动力和水环境容量，以此消除河道黑臭现象，提高水质，其最主要的控制指标为COD、氨氮及总磷等污染指标。考虑到深圳净水厂出水标准将提到准Ⅳ类，即根据《地表水环境质量标准》(GB 3838—2002) 地表水水体水质标准中要求，本次中水补水水质主要以COD_{Cr}、NH_3-N为主要参考指标，详细水质标准见表11.5。

表11.5 中水补水水质标准

序号	指　标	再生水补水水质标准	序号	指　标	再生水补水水质标准
1	化学需氧量COD_{Cr}/(mg/L)	30	3	氨氮NH_3-N/(mg/L)	1.5
2	悬浮物SS/(mg/L)	—	4	总磷TP/(mg/L)	0.3

11.3.2.2 补水规模

根据水质达标稀释法，并结合模型模拟后可知，沙井水质净化厂50万m^3/d和松岗水质净化厂30万m^3/d再生水全部用于河道补水。根据各支流的漏排量大小将补水量分配到各支流，最后确定补水规划中各条河流补水量分别在0.9万～10.6万m^3/d，详细补水规模见表11.6与表11.7。

表11.6 沙井水质净化厂再生水补水规模

编号	补水河流	补水水量/(万m^3/d)	编号	补水河流	补水水量/(万m^3/d)
1	共和涌	1.9	7	潭头河	4.9
2	衙边涌	4.1	8	新桥河	8.0
3	排涝河	8.6	9	万丰河	2.4
4	沙井河	6.5	10	上寮河	10.6
5	七支渠	2.0	小计		50
6	潭头渠	1.0			

表11.7 松岗水质净化厂再生水补水规模

编号	补水河流	补水水量/(万m^3/d)	编号	补水河流	补水水量/(万m^3/d)
1	罗田水	6.5	5	沙浦西排洪渠	4.3
2	龟岭东水	2.7	6	松岗河	11.4
3	老虎坑水	0.9	小计		30
4	塘下涌	4.2			

11.3.3 工程布置

再生水处理系统由城市水质净化厂和再生水深度处理系统组成。城市污水再生利用一般通过城市市政排水系统污水收集后，进入水质净化厂进行污水处理及深度处理，处理达标的中水则通过补水输配系统输送至各用户，其中污水收集系统主要是市政排水系统；再生水输配水系统按照用户所在位置、用水量大小建立独立的管道系统。

11.3.3.1 沙井水质净化厂再生水补水系统

工程起点位于沙井水质净化厂再生水泵房出水干管出厂口，终点接入 14 个茅洲河支流配水点。补水管线大部分敷设于城市道路下，局部沿河敷设，管线沿途需要穿越若干河渠以及交通干道，管线埋深变化大、施工方式多，管道水损较高。同时，补水起终点地势为由下至上，如上寮河上游补水点标高高出再生水泵房出水管道标高 6m 左右。因此，考虑管道沿线水头损失与地形高差，采用加压管道补水方式。

1. 补水路线方案设计

本次补水系统方案根据现场踏勘，结合地形、施工条件等因素，按力求线路短、尽量避开人口密集区和现有水利及交通设施、合理穿越开发区道路等市政设施的原则，经综合分析比较后确定 14 个支流补水点的管网系统，并采用枝状分布方式：①补水干管主要沿帝堂路与北环路敷设；②各补水支管沿河道或道路敷设至各补水点。

2. 补水管道工程

本工程为补水管道建设工程，结合排涝河、潭头河、万丰河补水管，组成补水管网系统。其中本次设计补水管共分 7 段，补水管道管径为 *DN*300～*DN*2000，长度 17.4km，补水口 9 处。

11.3.3.2 松岗水质净化厂再生水补水系统

1. 补水路线方案设计

本工程为补水管网工程，以松岗水质净化厂再生水泵房出水管道出厂位置为起点，以厂区围墙为界。补水点尽量设置在河渠上游，并且综合考虑污水漏排、河道整治、截污纳管、总口截流等情况。

2. 补水管道工程

补水管网系统采用枝状分布，补水共计 6 条支流。补水管道管径为 *DN*400～*DN*1400，长度 16.7km。开挖管段采用球墨铸铁管（K8 级）；顶管段采用球墨铸铁顶管；牵引段采用 PE 管；穿越管桥等特殊障碍物管段采用钢管。

11.4 优化调度方案

11.4.1 各河道点源污染漏排量推算

由于茅洲河流域生态基流匮乏，旱季河道中主要水源为再生水，因此，当旱季长期未降雨时，各河道水量接近于再生水补水水量。该情况下，若各支流实现完全截污，在内源污染释放得到有效控制且不考虑河道自净作用时，各河流的水质理论上接近于再生水出厂水质。而现实中，流域的点源截污无法做到完全截污，均存在一定点源漏排量。因此，在茅洲河清淤工程基本结束的前提下，可根据旱季河道的实测水质反推出各支流大致的点源污染漏排量。

11.4.2 特征地块面源污染负荷模拟及控制

11.4.2.1 雨水排口信息梳理与分类

1. 下垫面分析

经统计，茅洲河宝安片区段沿河共分布428个雨水排口，各排口服务范围的面积不同、用地性质各有差异。雨水冲刷并携带污染物经地表汇流与管道汇流至各排口进入河道，对河道水质造成影响。一方面，这种影响由于形成的雨水径流不同而存在差异，表现为场次降雨内雨水携带污染物入流的过程线、峰值、总量不同；另一方面，服务范围内用地类型相似且汇流特性接近的区域污染物累积与冲刷的过程又呈现相似特征。因此为提高建模效率，需对428个雨水排口对应服务范围下垫面进行分析。

首先将每条河流CAD文件中排口服务分区、用地分类和排口位置进行整合与修正，得到每个雨水排口服务分区的面积及范围内用地情况；通过借助ArcGIS工具对各排口服务分区内的污染负荷进行空间分析，计算得出每个排口服务分区内的平均污染负荷；在此基础上结合宝安区实际情况，基于排口服务面积值与污染负荷值应用SPSS数值分析工具进行聚类分析，从而对排口做出合理分类。

茅洲河流域近30年建设用地比例显著增加，依据深圳市水务局于2018年11月发布的《深圳市面源污染整治管控技术路线及技术指南（试行）》中对下垫面分类的方法，将茅洲河宝安片区段用地分为A、B、C、D四类（图11.1）。其中：A类指非城市建设用地、公园绿地等；B类指高档居住小区、公共建筑、科技园区等；C类指普通商业区、普通居住小区、管理较好的工厂或工业区、市政道路等；D类指农贸市场、家禽畜养殖屠宰场、垃圾转运站（房）、餐饮食街、汽车修理厂、城中村、村办工业区等。

2. 雨水排口信息处理及拓扑关系建立

基于已知的排口平面坐标值，借助批量处理工具在CAD中得到428个排口的图元，存在同一范围内分布有两个排口或无排口的问题。

为确保排口与服务分区一一对应，且排口均分布在河道沿岸，结合实测调研数据等资料，对排口数据进行修正处理，最终得到17条河流对应的排口编号与数量。

结合实测资料对各排口服务分区进行逐一检查、修正，最终得到428个排口服务分区，并建立排口与服务分区正确的空间拓扑关系。

3. 地块面源污染等级划分

依据10mm初雨效应，同时结合《深圳市面源污染治理管控技术路线及技术指南（试行）》中经实际调查划分的面源污染源等级及平均COD_{Cr}浓度的取值范围，分别赋予A类地

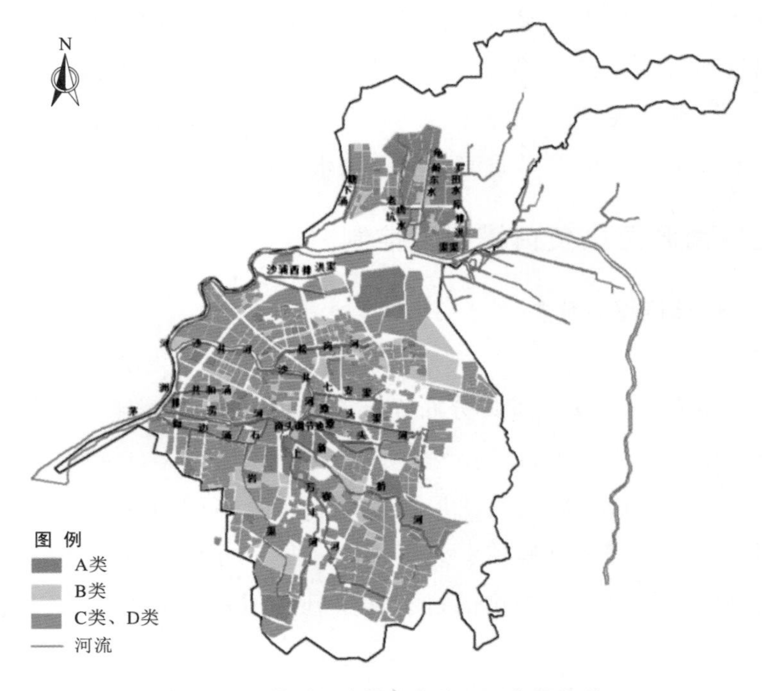

图 11.1 茅洲河流域宝安片区下垫面分类

块 120mg/L、B 类地块 220mg/L、C 类和 D 类地块 320mg/L。

依据计算结果将污染浓度划分为Ⅰ～Ⅴ级的分阶色彩进行展示（图 11.2），其中Ⅰ级对应 122～200mg/L 的污染浓度范围，Ⅱ级对应 200～250mg/L 的污染浓度范围，Ⅲ级对应 250～

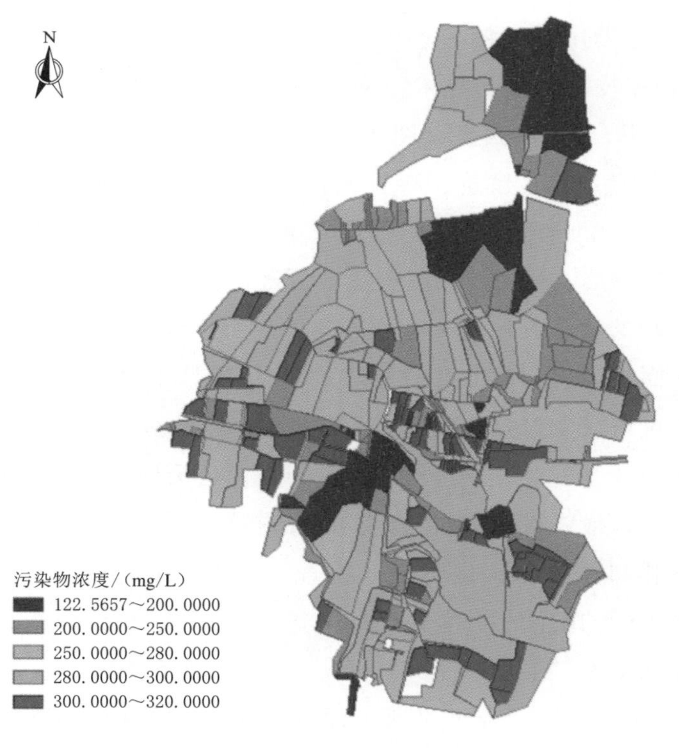

图 11.2 地块面源污染分级

280mg/L 的污染浓度范围，Ⅳ级对应 280～300mg/L 的污染浓度范围，Ⅴ级对应 300～320mg/L 的污染浓度范围。从图中可以看出 250～300mg/L 的污染浓度分布最为广泛，反映了茅洲河宝安片区段干支流沿岸开发密度高、污染负荷大的特征。

4. 排口分类

排口排出的污染物浓度过程和流量过程将作为河道水质研究的边界条件。根据排口对应服务范围的下垫面类型，对 428 个雨水排口进行梳理、统计，并进行合理分类（表 11.8）。基于排口地块面源负荷强度以及汇水面积两个参数对排口进行分类，采用先验策略，分类方法采用层次聚类法与 K 均值法相结合，最终将 428 个排口分为 18 个类别，各类别所包含的排口数目不一，进一步分析各类别特征。

表 11.8　　　　聚　类　数　量

类别	1	2	3	4	5	6	7	8	9	10	11	12	13	14	15	16	17	18
数量	11	5	90	5	2	54	87	2	14	18	85	10	2	21	17	1	2	2

为验证聚类效果，首先画出各类别排口的服务范围面积和污染负荷值，从图 11.3 中可以看出，各类别排口不存在相互混杂的情况，在服务范围面积大小和污染负荷值两种尺度同时都出现明显的划分，进一步说明运用先验策略修正 K 均值法取得相对合理的聚类效果。

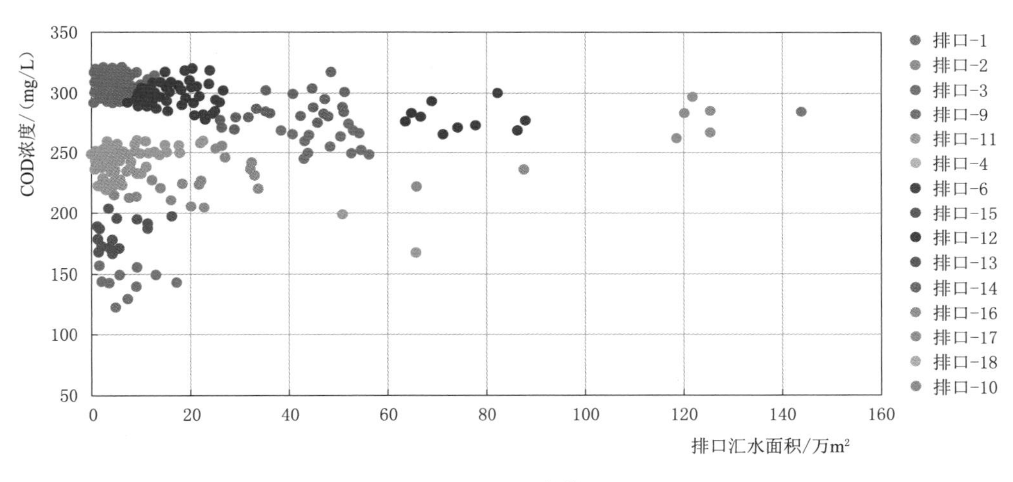

图 11.3　聚类效果

量化分析聚类效果，计算各类别污染浓度值的均值和标准差，各组均值出现明显的层级划分，按照污染负荷均值由大到小将各类别做出排列，如图 11.4 所示。18 组的污染浓度值的标准差值都在合理范围内，聚类效果较为合理。

各组间的污染负荷存在明显的差异，同时组内污染负荷较为相似，18 组聚类效果较为合理。其中第 3 组（COD_{Cr} 浓度大于 300mg/L）污染负荷均值最高，第 4 组污染负荷均值最低（COD_{Cr} 浓度小于 150mg/L），第 11 组污染负荷均值处于中间水平（COD_{Cr} 浓度介于 150～300mg/L 之间），如图 11.4 所示。

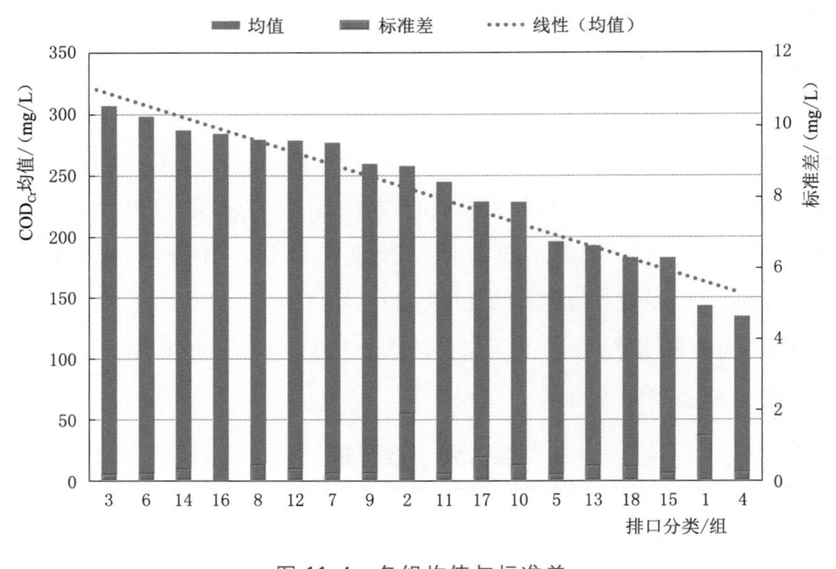

图 11.4 各组均值与标准差

第 3 组、第 4 组和第 11 组排口的空间位置分布如图 11.5 所示。可以看出，污染程度较高的第 3 组排口主要分布在沙井河及其支流、排涝河沿岸。污染程度较低的第 4 组排口主要分布在老虎坑、龟岭东沿岸。

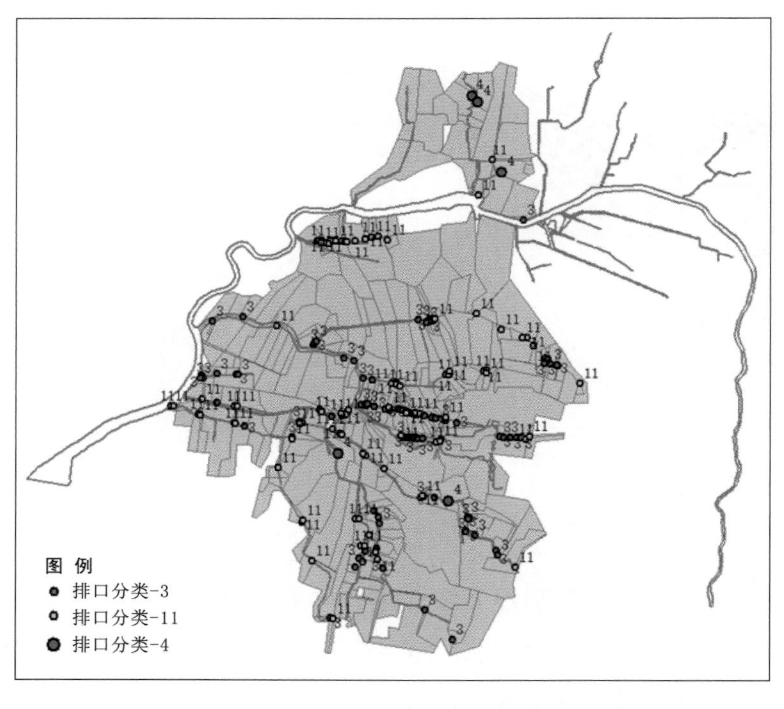

图 11.5 高—中—低污染负荷排口分布示意图

11.4.2.2 特征地块面源污染监测

1. 采样区域

选取排口数量相对较多的排涝河与衙边涌流域作为特征地块，在该区域内选取的不同功能区，涵盖工业区、公建区、商业区以及居民区，保证功能区采集具有代表性。通过卫星图及研究区域内实际土地利用进行功能区划分，选取不同功能区采样点。

2. 监测点布设

（1）道路监测点位布设。采样点位于沙井镇人民政府以东的环镇路与新沙路交叉口。采样点共设 2 个，分别位于各功能区沥青与水泥道路接合部两侧的排水口。

（2）河道监测点位布设。选择的水质监测区域为宝安区内排涝河和衙边涌，监测断面为两条河道的上中下游共计 6 个监测断面。

（3）降雨过程。监测 4 场降雨过程，平均降雨强度分别为 38.8mm/h、16.1mm/h、10.2mm/h、3.4mm/h，符合暴雨、大雨、中雨、小雨的划分标准，见表 11.9。

表 11.9　　研究时期 4 场降雨的特征表

序号	降雨历时/min	最大降雨强度/(mm/h)	平均雨强/(mm/h)	雨前干期天数/d	降雨类型	日　期
1	60	31.2	16.1	8	大雨	2017-08-13
2	45	45.6	38.8	2	暴雨	2017-08-15
3	80	15.4	10.2	7	中雨	2017-08-22
4	125	5.4	3.4	8	小雨	2017-08-30

（4）监测结果。

1）降雨初期效应分析。以沙井街道工业区的监测数据为例，统计降雨量累计率和相应的 SS 质量累计率，得到 SS 累计率和降雨量累计率的关系曲线如图 11.6 所示。

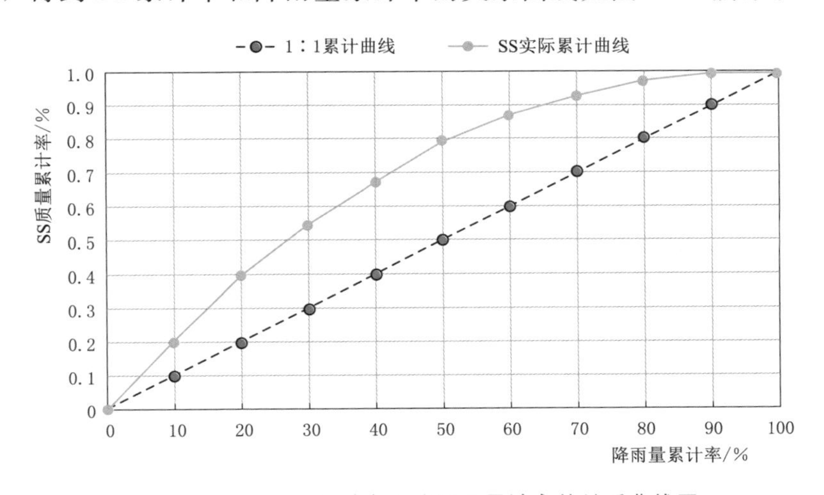

图 11.6　SS 质量累计率和降雨量累计率的关系曲线图

SS 的质量累计率与降雨量累计率回归曲线位于对角线之上，30%～40%雨水径流携带了 55%～70%污染负荷。降雨量累计率为 20%时，SS 质量累计率为 40.5%，最大离散度出现在降雨累计率为 50%时，离散度达到了 29.3%；当降雨量累计率到 80%以上时，离散度迅速降低。根据初期效应的定义，离散度大于 20%即发生了初期冲刷，说明研究区监测点初期雨水具有显著的初期效应。

2）降雨径流污染对河道水质的影响。对 COD、NH_3—N、TP、SS 的监测数据见图 11.7。

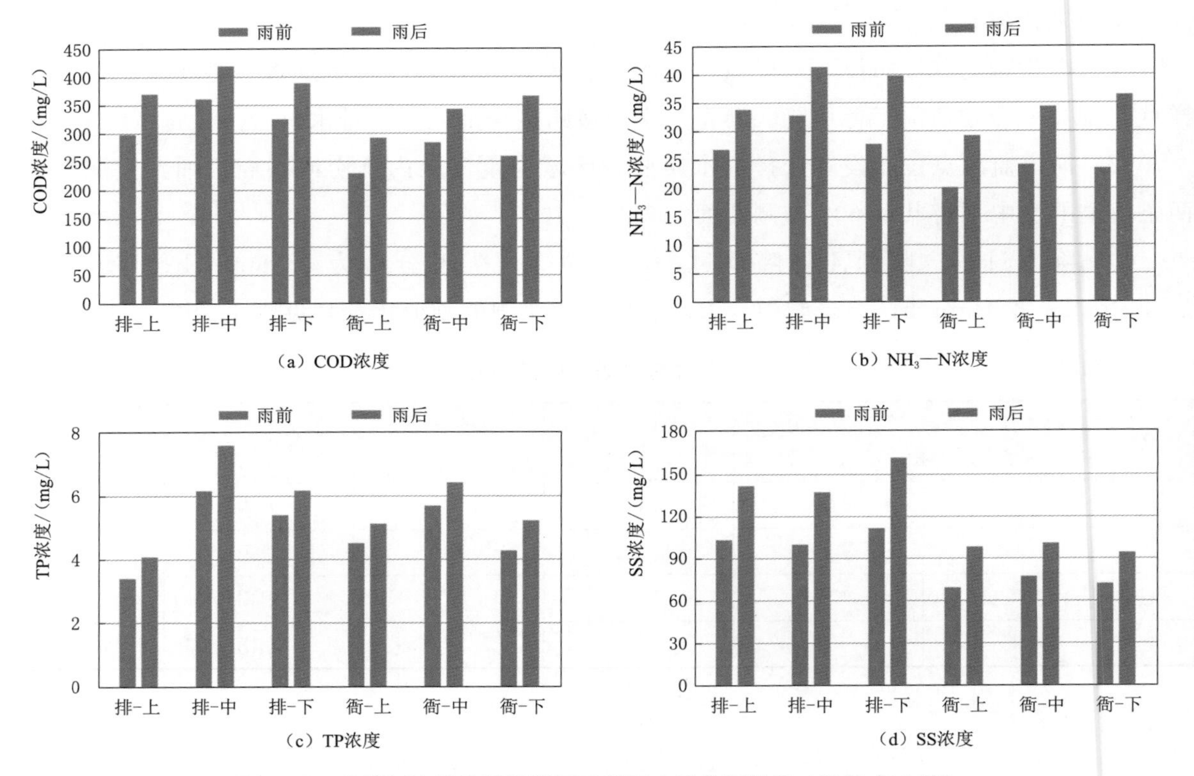

图 11.7 排涝河和衙边涌河道不同断面水质监测结果（2017 年 8 月）

总体来看，降雨后河道水质发生恶化，所有监测指标的数值均超过了降雨前水质指标数值，污染物指标中增幅较为明显的是 NH_3—N、SS 和 COD，以氨氮最为显著，浓度增幅达到了 30%～40%。

以上实测雨后浓度数据可为模型参数率定提供参考。

11.4.2.3 排口流量与污染物浓度边界确定

通过分析多场类型降雨的污染物过程，基于不利和频率的考虑，选取三场典型集中式降雨，进行初雨对河道水质的恢复影响规律研究。三场典型集中式降雨分别是小雨（Ⅱ）型、中雨（Ⅰ）型和大雨（Ⅱ）型（图 11.8）。

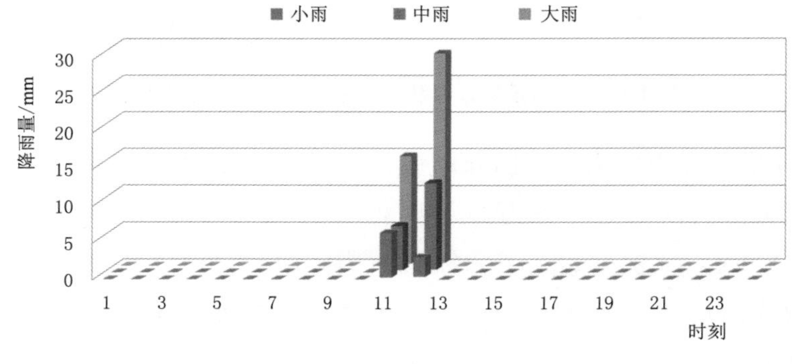

图 11.8 典型降雨过程

1. 同种降雨典型排口流量、浓度

根据实测数据率定计算参数，进行降雨径流污染模拟，选取污染负荷较高的代表排口 LHK－06、PL－08、PL－10、PL－11、SJ－34、SJ－37、TTH－01、XQ－14，各典型代表排口代表的类别见表 11.10，并绘出三种典型集中式降雨的 NH_3—N 浓度过程（图 11.9～图 11.11）。

表 11.10　　各排口对应的类别

排口名称	LHK－06	PL－08	PL－10	PL－11	SJ－34	SJ－37	TTH－01	XQ－14
排口类别	4	6	3	11	14	3	2	8

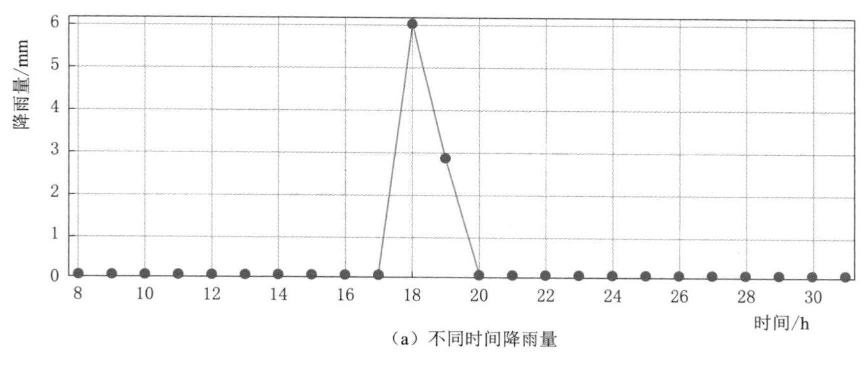

（a）不同时间降雨量

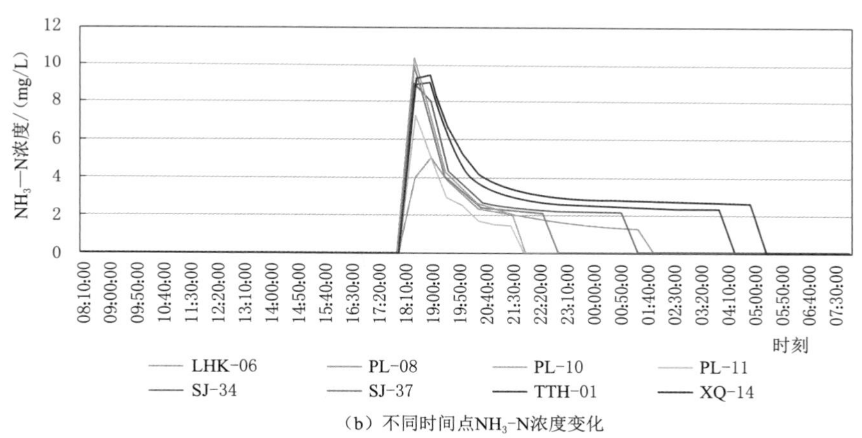

（b）不同时间点NH_3-N浓度变化

图 11.9　小（Ⅱ）型：NH_3—N 浓度过程

2. 同一排口不同降雨污染物过程分析

小雨情况下雨强相对较小，前期冲刷强度较弱，地表累积污染物释放较中雨和大雨缓慢。

大雨情况下雨强相对较大，初期冲刷效应更为显著，降雨后期地表累积污染物已冲刷完，地表径流较为干净，污染物释放过程快，峰值较高。

11.4.3 补水水源分析

茅洲河流域干支流补水水源主要有水质净化厂中水和上游水库。其中，中水为河道提供常态化补水；上游水库（罗田水库和长流陂水库等）为河道提供稳定的生态补水。补水工程运行情况是工况设置的重要前提。

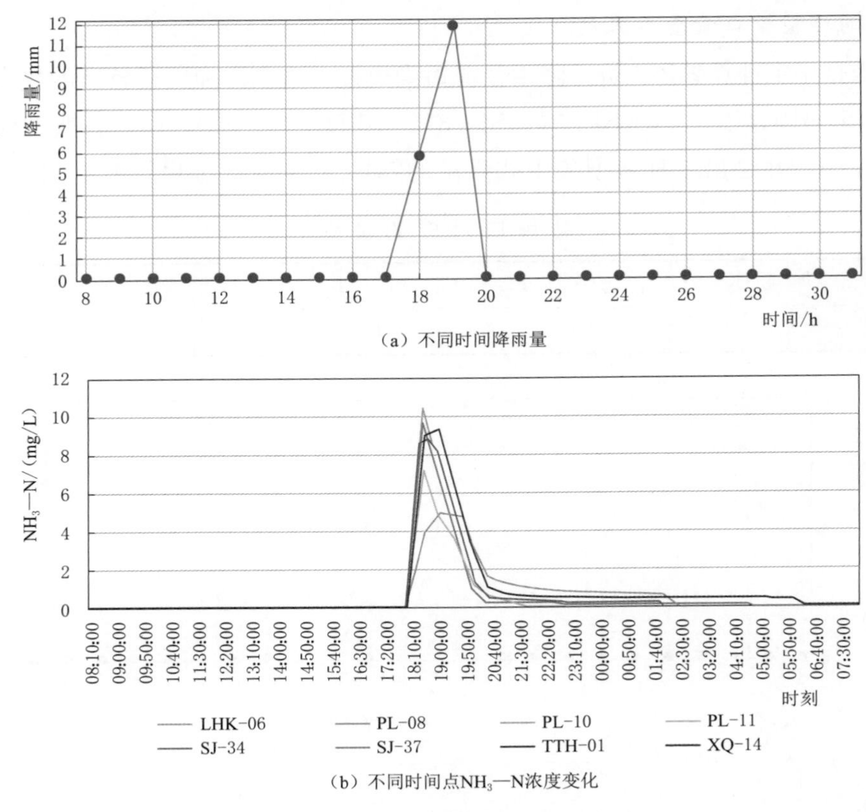

(a) 不同时间降雨量

(b) 不同时间点NH_3—N浓度变化

图 11.10 中(Ⅰ)型：NH_3—N浓度过程

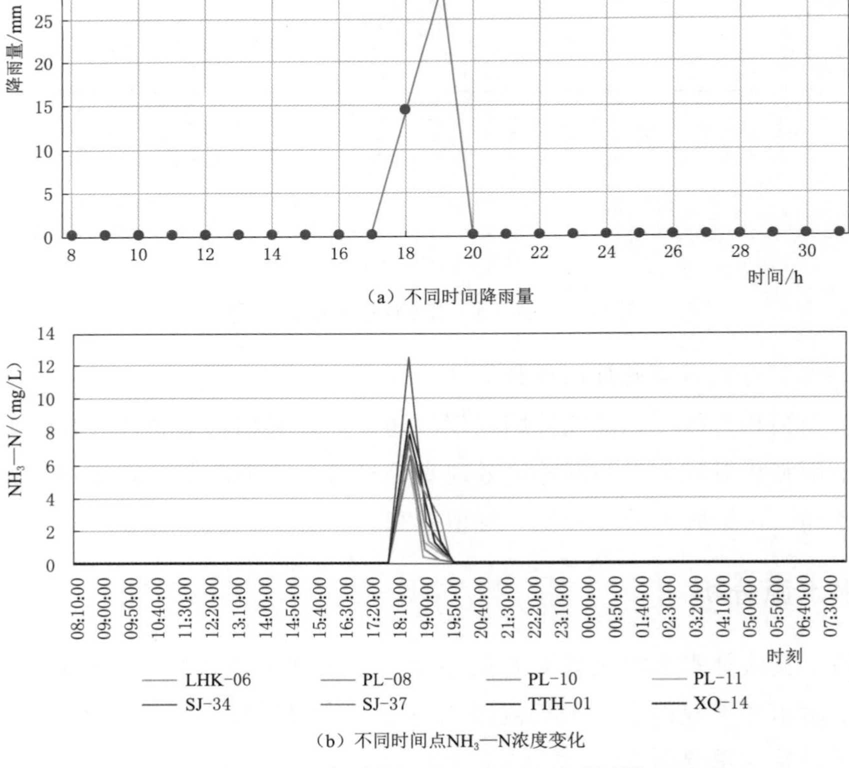

(a) 不同时间降雨量

(b) 不同时间点NH_3—N浓度变化

图 11.11 大(Ⅱ)型：NH_3—N浓度过程

11.4.3.1 中水补水水源

1. 水质净化厂情况

流域内共有沙井、燕川、松岗、光明、公明、长安新区、三洲 7 座集中式水质净化设施，现状总设计处理规模 155 万 m^3/d。其中沙井、松岗（燕川）水质净化厂位于宝安区境内，设计处理规模 80 万 m^3/d。

2. 现状中水补水方案

沙井水质净化厂补水规模 50 万 m^3/d，补水至 8 条河道；松岗水质净化厂补水规模 30 万 m^3/d，补水至 9 条河道。中水补水作为常态化补水全天候进行。

11.4.3.2 水库补水水源

宝安区共有蓄水水库 13 座，其中属于茅洲河流域的共 6 座（中型水库 3 座，小型水库 3 座），总控制集雨面积 139km^2，合计总库容 1.7 亿 m^3。其中，石岩水库与铁岗水库为深圳市四大供水水源地，是东深北线引水和东部引水的终点和境外引水至宝安片区的重要调蓄节点，肩负着宝安片区工业生活供水的主要任务。老虎坑水库归宝安区垃圾处理总站使用和管理，水库原水的主要用途是提供给垃圾发电厂作为冷却水以及环卫车清洁道路用水。

11.4.4 工况设置

关于雨后河流水质恢复规律的研究，设置了三组工况进行分析：工况一、工况二为 2020 年干支流全面达标工程（调度）措施研究，分别探究中水补水优化以及干流清淤等工程或调度措施对雨后河道水质恢复的影响；工况三为 2019 年底考核期调度工况模拟研究（表 11.11）。

表 11.11　　工况设置

工况	工况简介	核心问题
一	对于某场特定降雨，通过优化各支流补水量，加速支流雨后水质恢复，为调水功效最大化提供依据	中水补水调度对雨后河道水质恢复的影响
二	分析茅洲河干流清淤前后水质变化规律的异同	茅洲河干流清淤后对水质的影响
三	分析考核期不同水库调度策略影响	水库调度对河道水质的影响

11.4.5 工况一（中水补水优化研究）

11.4.5.1 降雨径流边界

选定小雨（8.8mm）、中雨（17.6mm）、大雨（43.4mm）各一场进行模拟，降雨过程如图 11.12 所示。

11.4.5.2 各支流补水方案

各支流中水水量初定方案见表 11.12。

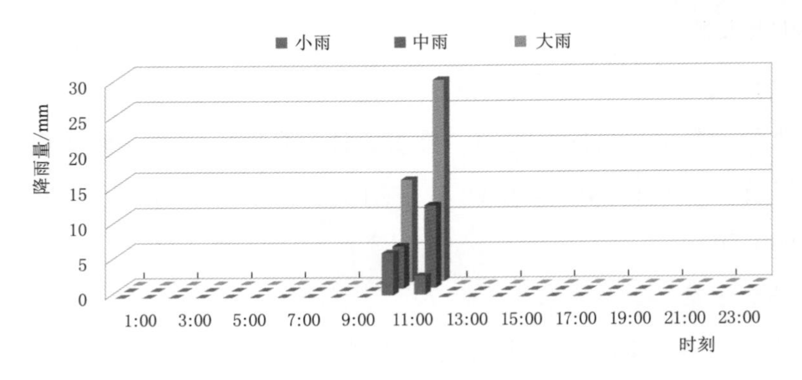

图 11.12 降雨过程

表 11.12 各支流中水水量初定方案

河道	补水点位	管径	桩号	补水量/(万 m^3/d)	氨氮/(mg/L)	补水量/(m^3/s)
沙浦西排洪渠	西支	*DN*600	ZLA0+000	2	0.15	0.23
	东支	*DN*600	SPX1+219	2.1	0.15	0.24
	上游	*DN*200	HQS0+215	0.2	0.15	0.02

11.4.5.3 计算结果

以中雨为例，水质计算结果如图 11.13 和图 11.14 所示，中雨期间污染物入河量较大，导致多数支流河道水质不能达到Ⅴ类水质标准，如潭头河。在雨后 2 天仍有少部分支流河道水质不能达到Ⅴ类水质标准，需增加支流中水补水量，不能达到Ⅴ类水的河道有塘下涌、松岗河、石岩渠、七支渠、万丰河。需增加补水量，松岗河为 0.43m^3/s，石岩渠为 0.35m^3/s；其他河道如塘下涌、七支渠和万丰河补水点建议改在相应河道起点。

中雨引起的部分河道氨氮浓度增加较大，如潭头河部分河段不能达到Ⅴ类水质标准且氨

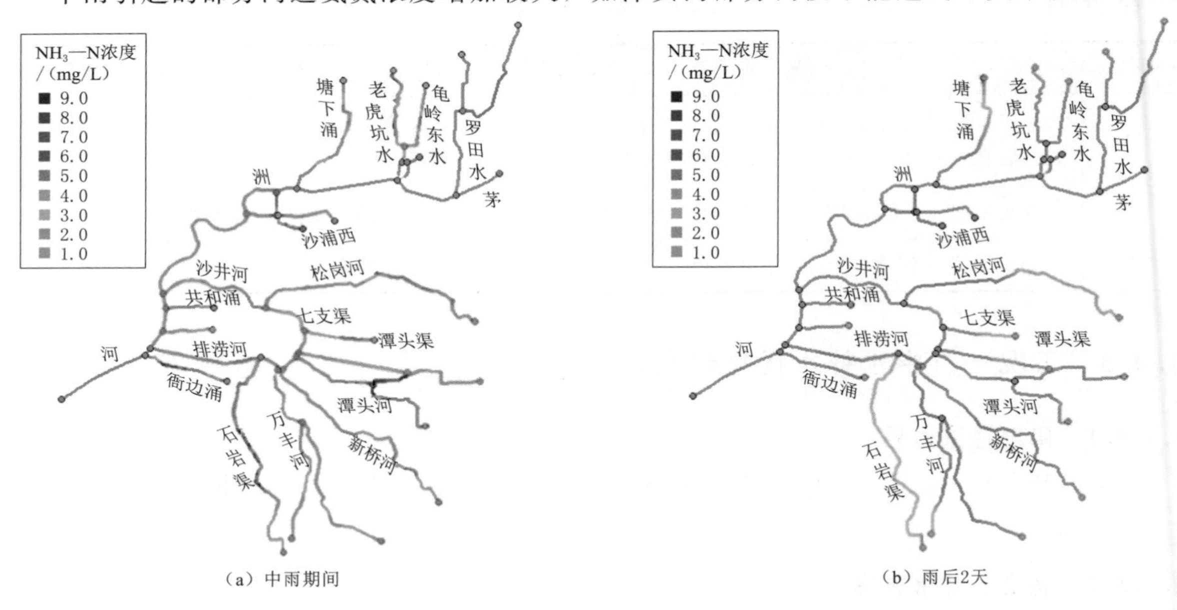

图 11.13 中雨期间和雨后 2 天河道水质情况

氮浓度较高，为5.5mg/L，但调整补水量后，可在2天内恢复至Ⅴ类水质。同样，沙井河水质也可在2天内恢复至Ⅴ类水质。

调整补水量后，中雨后河道水质可在2天内恢复至Ⅴ类水质（图11.15）。

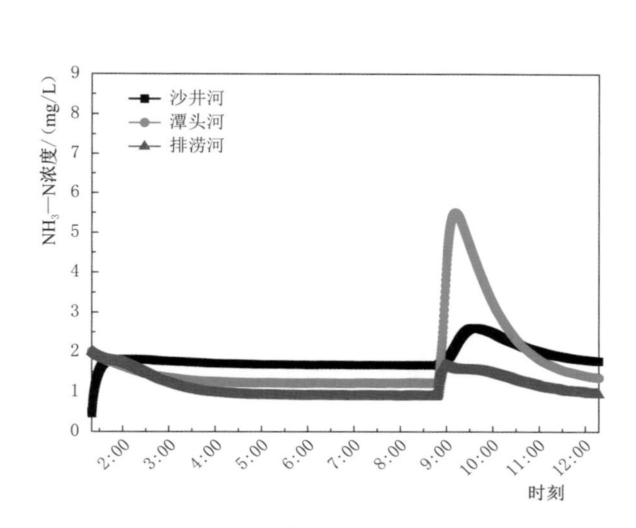

图11.14　中雨期间支流水质变化情况

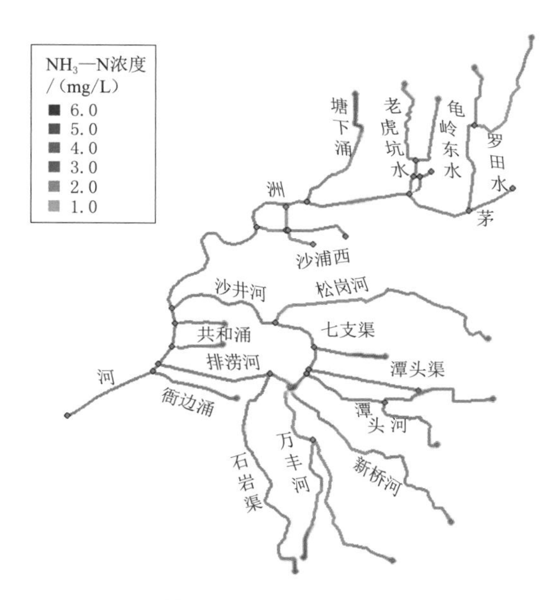

图11.15　调整补水量后中雨后2天河道水质情况

11.4.5.4　补水方案优化效果

生态补水是改善河道水质的有效措施，受到补水水质、补水量、补水位置等因素的影响，不同补水调度方式的效果差异显著。基于补水总量不变的原则，对现状生态补水方案进行局部优化，调整部分河道补水量和补水位置，优化效果见表11.13。以中雨为例，补水方案优化后，七支渠、万丰河、松岗河、石岩渠雨后水质恢复至Ⅴ类水的速度加快一倍以上；沙井河、上寮河由于现状补水量较大，适当缩减补水量对其水质恢复影响较小。这表明优化后重点污染河道（段）雨后水质恢复速率明显加快，同时对其他河道无明显不利影响，流域水质整体稳定性提高。

表11.13　补水方案优化效果

河　道	补水量/(万 m^3/d)		雨后水质恢复时间/d		优化策略
	现状	优化后	优化前(中雨)	优化后(中雨)	
七支渠	2	2	2.5	0.5	补水点移至上游
万丰河	2.4	2.4	2.7	0.8	补水点移至上游
沙井河	6.5	6	0.9	1	调整补水量
上寮河	10.6	9.1	0.8	1	调整补水量
松岗河	0	1	2.4	0.8	增设补水点
石岩渠	0	1	3	1	增设补水点

11.4.6 工况二（干流清淤效应研究）

11.4.6.1 清淤前后潮动力变化

茅洲河流域河道清淤工程是控制内源污染的重要措施。研究阶段，支流清淤工作已接近尾声，干流清淤也已大部分完工。本工况从清淤对潮动力条件产生的影响而改变干支流水动力条件及污染物输移规律的角度进行分析，论证茅洲河干流清淤对干支流水质的影响。

选取茅洲河河口10个全潮日进行计算，对茅洲河干流清淤前后涌潮量进行对比分析可知，干流清淤后河口峰值流量增加约90%，同一个全潮日涌潮量增加50%～60%。由此可见，干流清淤对潮动力条件影响较大（图11.16）。

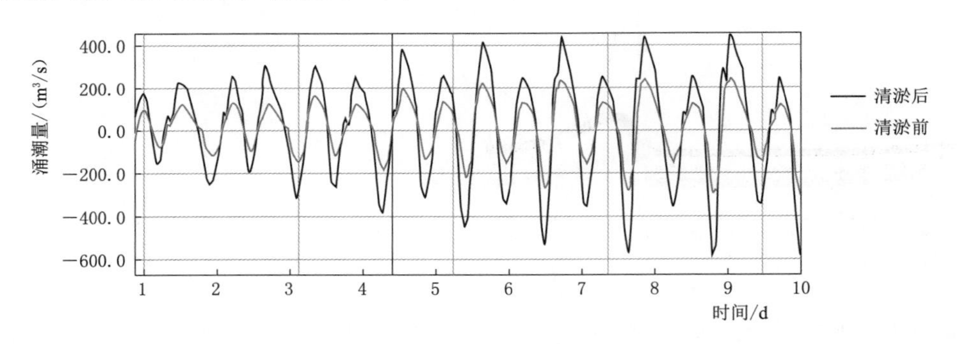

图11.16 茅洲河干流清淤前后涌潮量对比

11.4.6.2 清淤前后水质恢复时间变化

以中雨工况进行计算，在中水补水优化和闸门调度优化的基础上，茅洲河干流河道清淤完成后，河流整体达标时间进一步缩短，干支流均能在40h之内达标，因此，茅洲河干流清淤对水质改善有积极影响。

11.4.7 工况三（考核期水库调度研究）

11.4.7.1 2019年考核期补水策略

2019年考核期以共和村国考断面水质达到Ⅴ类水为主要目标，补水策略包括常态化中水补水（日补水量80万m^3，准Ⅳ类水质）、水库生态补水，在此基础上，本章着重对短期水库应急补水策略进行分析。水库应急补水路径包括补水路径1（罗田水库—共和村）、补水路径2（石岩水库—长流陂水库—共和村）与补水路径3（石岩水库—五指耙水库—共和村）。

11.4.7.2 水库补水路径

1. 补水路径1（罗田水库—共和村）

补水路径1水源为罗田水库，设计最大日补水量为5万m^3，补水路线全长约18.4km，沿罗田水入茅洲河干流，稀释干流的污染物浓度，改善共和村断面水质状况（图11.17）。

2. 补水路径2（石岩水库—长流陂水库—共和村）

补水路径2水源为长流陂水库和石岩水库，设计最大日补水量为30万m^3，补水线路全

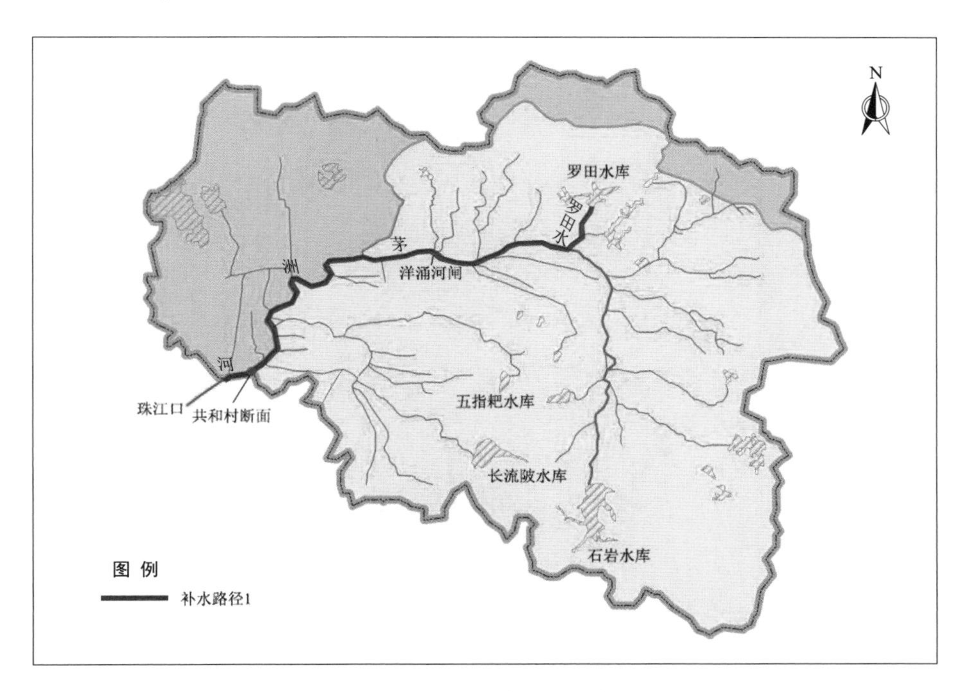

图 11.17　补水路径 1 示意图

长约 15.2km（其中长流陂水库—共和村断面长约 10km），沿石岩水库—长流陂水库—新桥河—排涝河入茅洲河干流，改善共和村断面水质状况（图 11.18）。

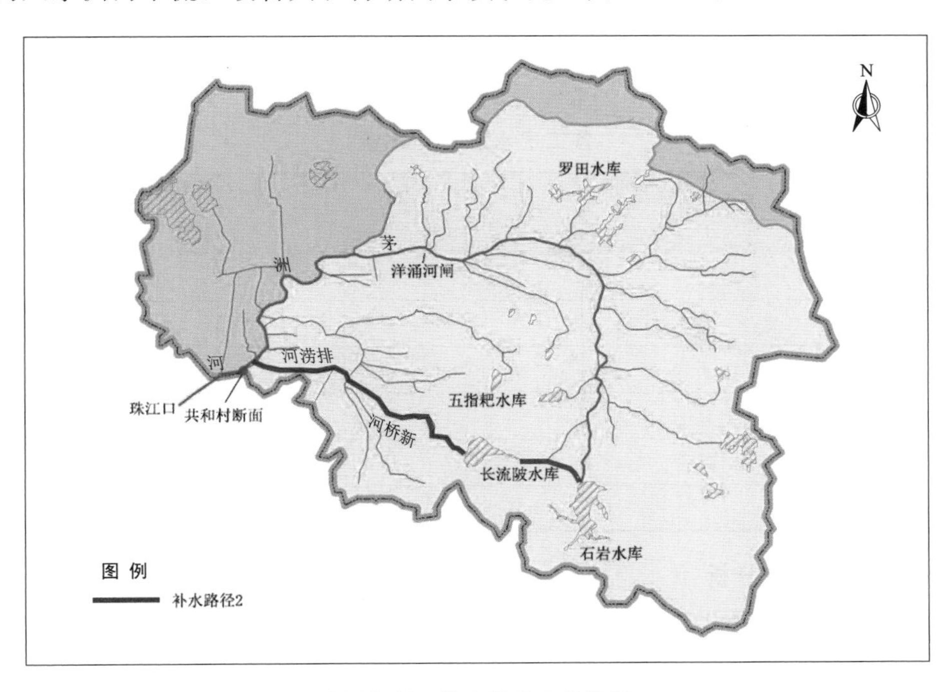

图 11.18　补水路径 2 示意图

3. 补水路径 3（石岩水库—五指耙水库—共和村）

补水路径 3 水源为五指耙水库和石岩水库，设计最大日补水量为 30 万 m^3，补水线路全长约 20.3km（其中五指耙水库—共和村断面长约 13km），沿石岩水库—五指耙水库—松岗河—沙井河入茅洲河干流，改善共和村断面水质状况（图 11.19）。

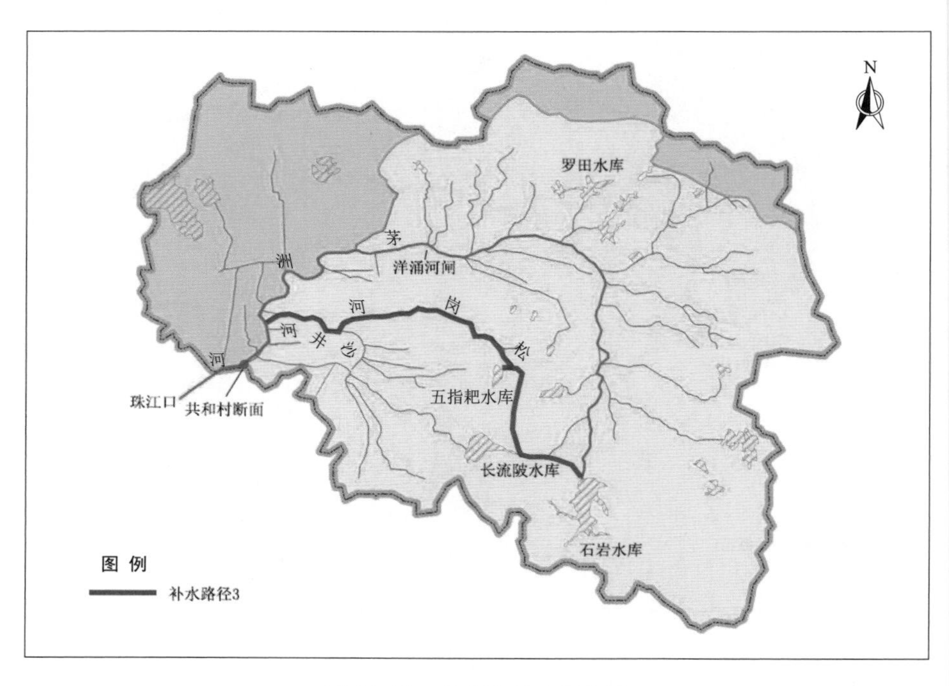

图 11.19　补水路径 3 示意图

11.4.7.3　水库补水情景设置

根据水库补水路径的不同，在水库最大可补水量限制的基础上进行补水工况设置，共设置 6 种补水情景，见表 11.14。

表 11.14　　各工况水库日补水量

补水工况	路径 1 补水量 /万 m^3	路径 2 补水量 /万 m^3	路径 3 补水量 /万 m^3	日补水量总计 /万 m^3
情景 1	5	10		15
情景 2	5		10	15
情景 3	5	20		25
情景 4	5		20	25
情景 5	5	30		35
情景 6	5		30	35

11.4.7.4　水库补水效果分析

设置模拟情景如下：以共和村氨氮浓度为研究对象，假定开始补水前茅洲河干流氨氮浓度略高于 2mg/L，各支流为 3～4mg/L，开始模拟后第二日开始补水。通过河网水动力水质模型计算各补水路径工况补水到达共和村断面的时间，见表 11.15。

对比各补水工况与水库不补水情况下的水质变化过程，如图 11.20 所示，当进行应急补水后，共和村断面氨氮浓度迅速降低。但由于潮汐作用，共和村断面水质出现明显的周期性变化，在补水后 4 天内，断面水质每天达标时间不足 12h。11 月 6—11 日由于河口潮差减小，潮动力条件减弱，补水效果不明显，11 月 11 日后由于潮动力条件改善，水库补水效果得到进一步改善，断面水质每天达标时间超过 12h（图 11.20）。

表 11.15　　各工况补水到达共和村断面的时间

补水工况	补水水库				补水到达共和村时间/h
	罗田水库	长流陂水库	五指耙水库	石岩水库	
情景 1	√	√		√	3.1
情景 2	√		√	√	5.9
情景 3	√	√		√	2.6
情景 4	√		√	√	5.4
情景 5	√	√		√	2.4
情景 6	√		√	√	4.8

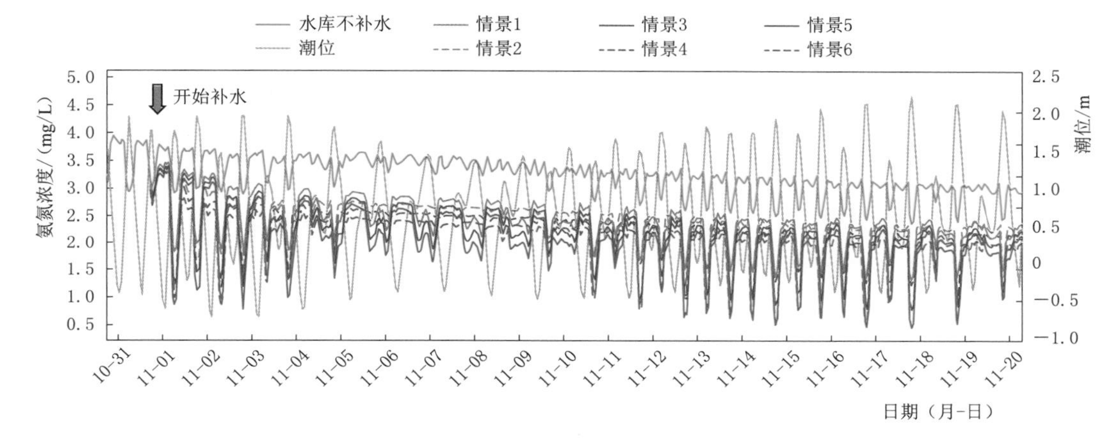

图 11.20　各情景共和村断面氨氮浓度变化

对图 11.20 进行分析，可得到以下结论：

（1）考虑东莞侧影响情况下，路径 1 罗田水库按 5 万 m^3 每天进行补水，有助于稀释干流污染。

（2）沿路径 2 补水控制上寮河等水体污染对干流的影响时，在日补水量一定的情况下，路径 2 相较于路径 3 补水路径更短，水库补水受干流水量、水质影响较小，故路径 2 较路径 3 更好。

（3）河口潮位条件对水库补水效果影响较大。

（4）日补水量 15 万 m^3（罗田水库 5 万 m^3、石岩水库—长流陂水库 10 万 m^3）时，沿路径 2 补水，水库持续补水 2 天以上可使共和村降低 2mg/L 左右，但每日稳定达标时间较短。

（5）日补水量增大至 35 万 m^3（罗田水库 5 万 m^3、石岩水库—长流陂水库 30 万 m^3）时，沿路径 2 补水，每日水质达到地表水Ⅴ类标准（2mg/L）的时间超过 12h，水质稳定性提高。

第 12 章　治水兴城——碧道工程建设

2018 年 6 月 9 日，广东省委十二届四次全会首次提出“加强公共慢行系统建设，整治河道水网，建设水碧岸美的万里‘碧道’，与陆上‘绿道’并行成为人民美好生活去处”。在深圳大地打造碧水清流的生态廊道，成为人民美好生活的休闲之地。水系是连通深圳城乡建设的重要生态廊道、交通廊道和发展廊道，成为深圳市生态文明建设的重要空间载体。建设深圳碧道是推动河长制湖长制从“有名”到“有实”最重要的抓手。深入把握深圳建设中国特色社会主义先行示范区机遇，以碧道建设为契机，保障河湖水体的安全、健康、畅通、秀美，共建优质滨水生活圈，打造天蓝地绿水清的湾区新名片，推动构建深圳绿色城市发展格局，成就美丽中国的深圳典范。

“城市因水而美，产业因水而兴，市民因水而乐”是广东省空间格局的重要特色。河流纵横、水网密布、水系发达，高品质“滨水空间、亲水空间”的打造是国际化城市的重要内容。连通河湖水系、改善水环境、提升水安全、打造世界一流的滨水空间是未来深圳走向全球标杆城市、提升城市魅力的重要内容。

(1) 深圳绿道建设过程。深圳已建成总长度约 2400km 的各级绿道网络，在全省率先提出省立、城市、社区三级绿道网络理念。其中省立绿道 342km，城市绿道和社区绿道长度超过 2000km，深圳绿道密度达到 $1.22km/km^2$，密度居全省第一。深圳绿道建设的特点：充分利用深圳山水文化资源，串起深圳的山、林、城、湖、海，融入历史文化、自然生态、山海景观等主题特色，并形成特色鲜明的品牌绿道。在进一步拓展绿道功能过程中，深圳打通了绿道与 380 个城市公共目的地的无缝衔接，让绿道直接通达景点、公园、海边等休闲游玩之地。绿道延伸至城市各个角落，逛绿道的体验更丰富。

(2) 生态文明背景下深圳由“绿道”网络走向更高层级“碧道”系统。深圳市借助“碧一江春水、道两岸风华”的碧道，为保障水安全，治理水环境，修复水生态，提升水景观，打造水清岸绿、鱼翔浅底、水草丰美、白鹭成群的生态美景，吸引人们到此观水、亲水、嬉水，还水于民，以碧水为魂构建活力中心。在可达通畅的基础上，以水为动线，缝合与组织两岸各个区段的功能体系，展现“一水两岸”的生态、产业、文化、特色空间等魅力风华，激活与释放流域价值。以碧水之道成就一条绿水青山的创新与可持续发展之道，为广东省万里碧道建设贡献深圳力量，创造更多可复制推广的经验，并使之成为全国践行“绿水青山就是金山银山”理念的示范区，为世界提供可持续发展和高水平规划建设碧水清流的生态廊道，形成“绿道”和“碧道”交相呼应，“双道”融合的“深圳经验”。

12.1 规划总体解析

12.1.1 碧道综述

12.1.1.1 碧道内涵

碧道包含“碧水”和“之道”两层含义，是广东省对习近平生态文明思想的创造性实践，是对海湾、河流、湖库等水体及滨水地区保护发展的高度概括。碧道是以水为主线，统筹山水林田湖草各种生态要素，兼顾生态、安全、文化、景观、经济等功能，通过系统思维共建共治，优化生产、生活、生态三维空间格局。

碧道建设共包括五个体系：①“安全顺畅、防洪治涝”的行洪通道；②“水清岸绿、鱼翔浅底”的生态廊道；③“公园游憩、文体商业”的休闲漫道；④“贯通文脉、涵养文化”的文化驿道；⑤“腾笼换鸟、动能转换”的产业链道。相比于绿道，碧道从“单一的功能性治水”转向“水产城共治”，建设体系更具综合性与多元性，建设内容与功能更加丰富，且串联了城市生态斑块、滨水空间、山水资源和文化设施等多要素，碧道与绿道内涵比较见表 12.1。

表 12.1　　碧道与绿道内涵对比表

序号	名称	内　　涵
1	绿道	一种线形的绿色开敞空间，通常沿着河滨、溪谷、山脊、风景道路等自然和人工廊道建立，内设可供行人和骑车者进入的景观游憩线路
2	碧道	以江河湖库水域及岸边带为载体的公共开敞空间。以安全、生态、共享、统筹理念为引领，推进河岸生态修复和水环境治理，打造生物栖息和公共休闲场所，促进水、岸、城、乡联动提升，统筹山水林田湖草整体保护、系统修复、综合治理，形成碧水清流的生态廊道、人亲近自然的共享廊道、水陆联动的发展廊道

12.1.1.2 碧道建设理念

以“水产城共治”作为指导碧道建设的核心理念，实现生产、生活、生态“三生”共融。“水产城共治”体现在：以碧道建设为牵引，对河湖水系进行综合治理，促进区域环境优化、流域空间复合利用、产业结构转型以及城市功能提升，探索生态、经济、文化、社会协调发展的新模式，将深圳市主要流域水系打造成为“河湖＋产业＋城市”综合治理开发的样板区，打造碧水蓝天深圳新名片。

12.1.1.3 碧道建设原则

坚持安全第一。把确保江河安澜作为碧道建设的首要任务，协调推进上下游、左右岸、干支流系统治理，实施河湖防洪达标和提质升级工程，加强内涝防治，补齐水安全短板。坚持治污先行。把确保秀水长清作为主要目标，全力推动全市水环境从全面达标转向全面达优。坚持生态优先。坚决防止和避免过度人工化，注重生态保护和自然修复，通过生境重塑、生态护岸改造、水生动植物培育，重构河湖生态链，恢复河湖生态系统与自净功能，逐步实现

"水清岸绿、鱼翔浅底，水草丰美、白鹭成群"的生态美景，努力实现人与自然和谐共生。坚持幸福为要。统筹河湖自然、生态、人文等多种要素，建设自然景观带、服务驿站、游憩休闲、文化展馆等设施，提升老百姓的"亲水指数"。

12.1.1.4 碧道分类

作为世界快速城市化的"范本"，30 年来依托"全境开拓"的战略思路，深圳市已经成为高度城市化地区，人口城镇化率达 100%。对全市的河流湖泊岸线、生态红线、水源保护区范围、绿地系统、建设密度分区、重点建设项目等六大要素进行叠加分析。在延续广东省碧道规划成果中的碧道分类体系的同时，结合深圳市实际建设情况，将深圳市碧道分为都市型碧道、城镇型碧道、郊野型碧道三类（图 12.1）。

图 12.1 碧道类型示意图

按照碧道的水体类型，深圳碧道分为河流型碧道、湖库型碧道和滨海型碧道三类。结合地域特征与水体类型这两个维度，对深圳碧道进行细分，可将深圳碧道大致划分为 9 个具体类型。

12.1.1.5 碧道建设范围

规划将深圳碧道建设范围划分为三个层次，包括碧道建设核心区、碧道建设拓展区和碧道建设协调区。

1. *河流型碧道*

河流型碧道建设包括核心区、拓展区与协调区。核心区是指河道两侧蓝线和河道管理范围线的外廓线内的区域；拓展区是指核心区范围线向陆一侧延伸至第二条滨河路之间的区域，也可指沿河第一街区；协调区是指核心区范围线向外侧延伸 500～1000m（除去碧道建设拓展区）的区域。河流型碧道长度统计标准为河流中心线长度（图 12.2）。

2. *湖库型碧道*

湖库型碧道建设只包括核心区和拓展区两个管控范围。湖库包括饮用水源水库、非饮用水源水库（包括独立的湖泊和湿地）两类（图 12.3 与图 12.4）。饮用水源水库和非饮用水源

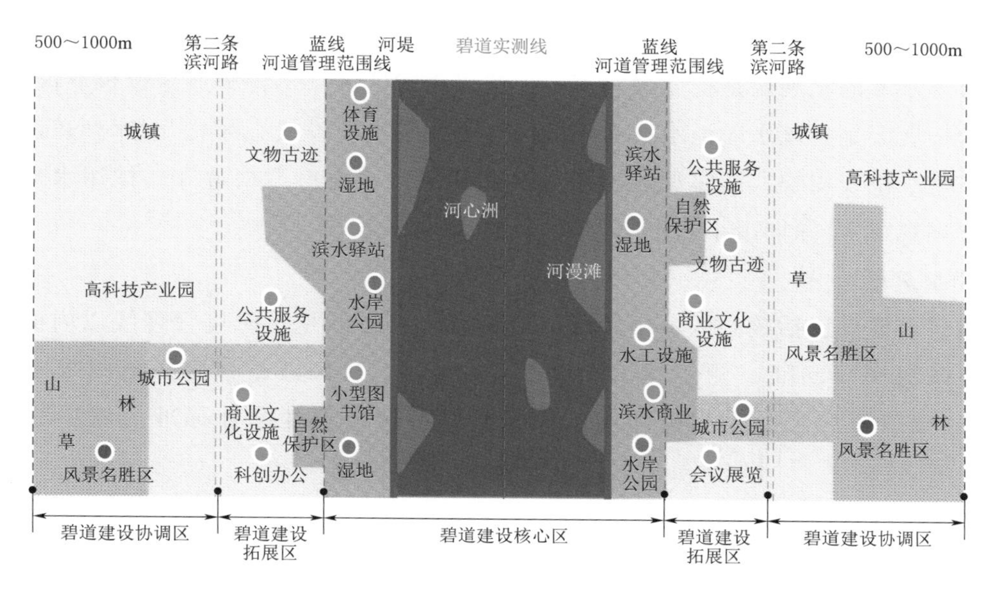

图 12.2 河流型碧道建设空间范围示意图

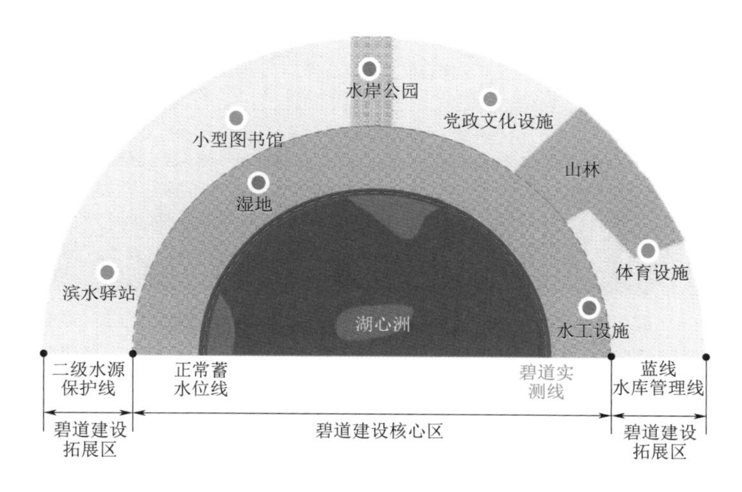

图 12.3 饮用水水源水库碧道建设空间范围示意图

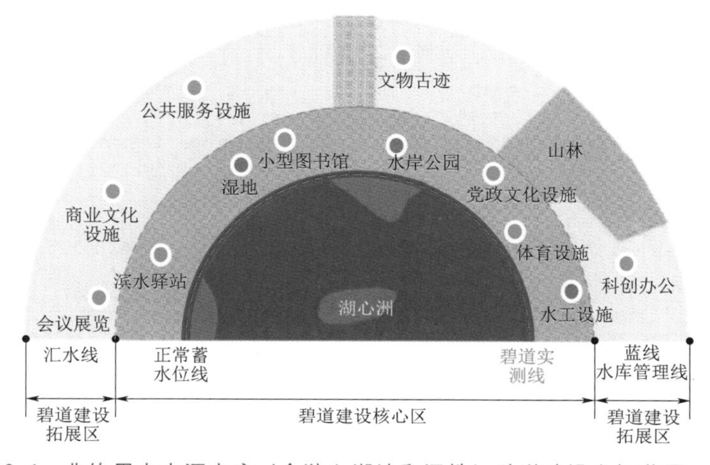

图 12.4 非饮用水水源水库（含独立湖泊和湿地）碧道建设空间范围示意图

水库（包括独立的湖泊和湿地）两者的碧道建设核心区范围均为蓝线和水库管理线的外轮廓线。饮用水源水库的拓展区是指二级水源保护线以内的区域（不含碧道建设核心区），非饮用水源水库的拓展区是指该水库汇水线内的区域（不含碧道建设核心区）。湖库型碧道长度统计标准为正常蓄水位线周长。湖库型碧道核心区和拓展区建设应严格遵守《饮用水水源保护区污染防治管理规定》《深圳市小型水库管理办法》等相关法规。

3. 滨海型碧道

滨海型碧道建设包括核心区、拓展区与协调区。核心区是指海堤管理线以内的区域。拓展区是核心区范围线向陆一侧延伸 100m 之间的区域。协调区指核心区范围线向外侧延伸 100～1000m 至滨海大道或第一街区的区域。滨海型碧道长度统计标准为海岸线长度（图 12.5）。

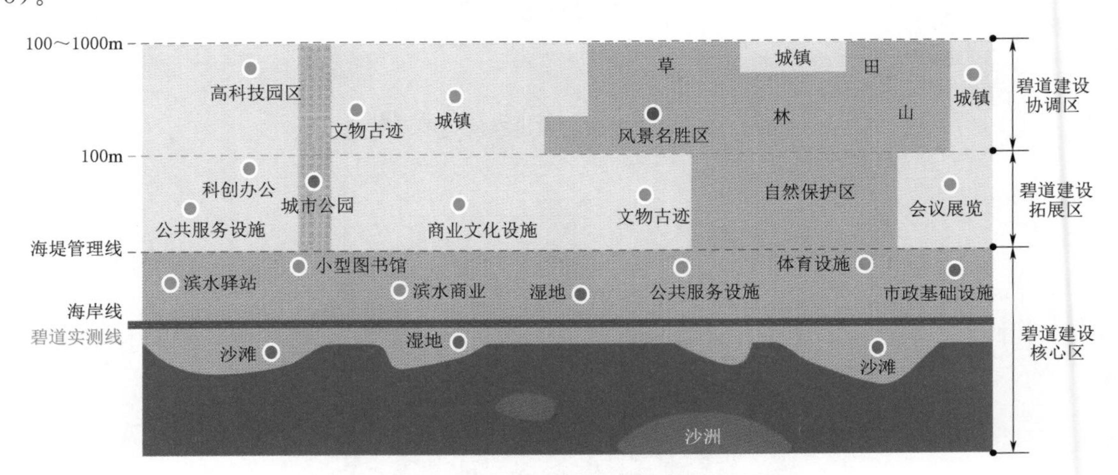

图 12.5 滨海型碧道建设空间范围示意图

12.1.1.6 碧道建设任务

碧道建设任务包括基底条件提升、游憩系统构建、特色营造和水陆综合发展四大建设任务。具体如下：

（1）基底条件提升。包括防洪达标、堤防及护岸升级、安全管理等，确保行洪安全和人的使用安全，同时要达到水生态保护、水污染治理、水生境修复等，承载生态涵养和水土保持功能。

（2）游憩系统构建。包括满足近水可憩、远足自然的慢行系统和亲水设施等，承载休闲游憩和康体运动功能。

（3）特色营造。包括景观特色、文化特色、功能特色等，承载社会与文化功能。

（4）水陆综合发展。包括活力水岸经济带、美丽乡村和水美田园、全域旅游纽带等，承载旅游与经济功能。

12.1.1.7 碧道建设目标

1. 补齐短板

碧道建设应补齐水安全保障中的薄弱环节、水污染治理、消除慢行系统阻断点和公共活动盲区，试点河段实现堤防加固与河道整治、源头控污、水质清澈、滨水慢行系统连续贯通等建设目标，为建成“安全生态、碧水清流”的碧道筑牢基础。

2. 达标提质

碧道建设应有序推进堤岸提标升级、驳岸生态化改造、植被多样性栽植和设施配套完善等达标提质工作，试点河段实现清水畅流、生境恢复、绿化景观提升、设施布局到位等建设目标，为建成“水清岸绿、水草丰美”的碧道提供保障。

3. 活力美丽

碧道应大力弘扬岭南水文化，建设岭南特色水景观，营造动植物栖息地，开辟更多亲水场所和构筑游憩系统，并植入生态、游憩、社会与文化、旅游与经济功能，试点实现活力美丽、水陆联动发展的建设目标，建成“鱼翔浅底、白鹭成群”，人与自然和谐相处的碧道。

12.1.2 规划挑战

规划注重对八个流域水系的现状情况、发展定位、空间结构和布局等进行分析研究，从分流域水系的角度指导碧道建设。本文重点围绕茅洲河流域碧道建设展开思考，通过多维度分析寻找高质量发展之路。

茅洲河流域沿线水污染严重，生态化水平低，河道空间被严重占用且景观空间缺乏。沿线现状公园相对较少，大部分位于河流沿线 500m 范围之外，呈现明显与河流相背离的空间特征。如何通过系统思维共建共治，优化生产、生活、生态三维空间格局，是碧道建设最主要挑战，具体问题归纳如下。

1. 河道空间被占用

河道流经工业区和居住区，两岸片区开发强度大，河流被严重侵占，不断扩张的建设用地将部分水系和支流随意填埋，导致主河道空间变窄。支流河道基本上直接承担着两岸工业及生活废水的排污“管道”，多数建筑直接临河而建，有些河道沿线直接或为垃圾堆场，河道两侧仅有少部分步行通道，公共空间严重不足。

2. 岸线风貌功能单一

茅洲河沿线以工业岸线为主，除单一的水利功能外并未体现其他复合功能。同时，明渠变暗渠，河道上方筑马路或搞建筑和“美化”工程，城市环境的美化和生态化失去了最宝贵的资源，强调水系的防洪、泄洪和排污功能，将水系裁弯取直后以钢筋水泥护衬，破坏了河流的生物多样性和美观度。大部分干支河沿线工业厂房密布，虽有部分绿色生态岸线，但多为自然粗放状态，部分被高等级道路分隔，且可达性不佳。整体而言，岸线功能较为单一，滨水景观价值及共享性体现不足，景观价值不高。

3. 文化展现薄弱

流域现阶段以防洪排涝为主，形式表现上单一无特色，未能与周边地域文化氛围相融合，文化体验感几乎为零。对流域内的各类文化、精神没有展现，更无法很好地传承。

4. 产业类型低端

茅洲河流域为珠三角产业重地，快速城镇化和工业化特征明显，流域内共有 1.2 万余家企业，集聚了大量的电镀、印刷电路板制造、光电子器件制造、金属表面处理及热处理加工等重污染行业企业，存在大量合流制系统，工业废水与生活污水直排入河，也是茅洲河水体污染的主要原因之一。

12.1.3 场地机遇

2018年12月，广东省河长办公室发出《关于开展万里碧道建设试点工作的通知》（粤河长办函〔2018〕195号），吹响了建设万里碧道的冲锋号，推进了滨水型碧道的建设进程，深圳市率先“认领”了1000km的碧道建设任务。

其中深圳市的“母亲河”——茅洲河作为深圳第一大河，有必要结合碧道建设展开综合治理，其建设必要性如下：

1. 承接港深创新资源外溢，推动特区一体化的重要空间载体

茅洲河流域将通过生态环境改善和城市服务功能提升，承接港深科创高端要素的转移，伴随产业升级形成“环境＋产业＋科创”的新载体；茅洲河流域将引领关外崛起，成为深圳“大特区”的新增长极，推动深圳关内关外一体化的实现。

2. 提升宝安区在深圳市战略位势的关键平台

宝安区在深圳市域面临激烈的区域竞争，全市17个重点发展区中，除了空港城，宝安区需要谋划新的战略空间，提升区域发展能级和位势，茅洲河的建设是最具潜力的关键平台。

3. 提升生态环境品质，带动周边商业价值的需要

茅洲河在深圳版图上一度成为低端产业梯度转移承接地、城市空间边缘区、环境污染的代名词。两岸被大量城中村及村属工业区占据，工业用地产出效率低下，空间价值未得到充分激发。

2017年，宝安区拥有国家级高新技术企业数量达到3030家，奠定了向产业创新中心升级的基础，未来，需要以本项目的建设为契机，大幅提升茅洲河的生态环境、空间品质与商业投资条件，以科技生态服务大众的形象吸引科技创新资源平台以及科技创新人才的进驻，推动茅洲河碧道试点段附近的商业开发价值，从而带动、辐射区域的投资价值提升。

4. 提升城市滨水活力的需求

茅洲河两岸的滨水空间环境质量蕴含着巨大的经济价值，对深圳这座城市的发展起着重要作用。目前，茅洲河两侧的建筑以零散的工业区为主，建筑质量不高，建筑界面较为混乱，缺乏整体性、系统化、生态型的规划理念，破坏了滨水开放空间的连续性，也远远没有起到增益城市生活的作用。

随着宝安区城市功能的升级，对于高质量开放空间的要求也越来越多，滨水地段有利于形成城市轮廓线，可以把自然气息引入到城市建设中，形成相对聚集的公共活动，从而提升城市活力，因此，在茅洲河两侧创造出城市中更具有生命力与变化的滨水建筑，对于提升深圳市城市活力、增强两区的吸引力具有十分重要的意义。

5. 改善附近居民生活质量的需求

2015年，深圳、东莞两地联手全面打响茅洲河全流域污染治理攻坚战。茅洲河水质和水

生态环境得到明显改善，沿岸景观效果大为改观，部分区段吸引了不少市民前来休闲游憩，但两岸仍缺少可供市民集聚、交流、活动的空间和文化展示场所。

碧道的建设将在打造人文气息浓厚、环保、舒适的沿河生态绿带的同时穿插布置滨水驿站、景观绿带和绿道，形成丰富的城市滨水景观休闲区，力求满足广大市民多样化的生活需求，改善附近居民的卫生状况，减少环境污染，美化视觉环境，提升环境感观，是改善附近市民的生活质量的长远需要。

故茅洲河是深圳市碧道建设的重要组成部分，更是深圳市落实生态文明建设的核心综合载体，推动特区一体化的重要空间，将承接港深科创高端要素的转移，伴随产业升级形成“环境＋产业＋科创”的新载体，其综合治理及其流域开发在深圳市乃至广东省都具有先行先试的示范效应。

12.1.4 规划愿景

“历史印记、水波再兴、茅洲新景”，依托茅洲河干支流，叠加流经区域的自然风貌、历史沿革及人文内涵，通过滨水景观规划及两岸城市更新，按照“生态源点—历史演绎—现代文明”的发展轨迹，实现访古问今，重塑茅洲河历史印记。通过茅洲河流域综合整治，将茅洲河及其支流打造成为城市开放公园，河流沿岸景观成为文化传承的载体，结合周边规划居住用地创造宜居的生活典范，进而打造河海互融的现代化产业基地、人水相亲的生态型滨水空间新风景。

12.1.5 规划策略

1. 梳理滨水空间，贯通滨河交通体系

以碧道建设为抓手，综合构建起立体交通体系，实现河道两岸蓝道、绿道、风景道的有机串联，完善场地内外功能，实现可达性和可游性。

2. 河道多样性表达，提升滨水景观价值

以茅洲河沿线工业岸线为本底，通过流域系统治理手法，完善水区域功能，深入挖潜滨水景观价值，最终实现生态产品价值综合转化。

3. 深挖当地历史文化，塑造有内涵的母亲河

茅洲河流经深圳市历史发源地的宝安区、光明区及拥有一千多年历史的东莞市，是深圳、东莞两市界河、深圳市最大的河流。流域范围内客家文化、广府文化、工业文化、移民文化、海洋文化等多元文化并存。其中影响水文化形成的主要包含三大文化：古代的百越文化、中原文化和海洋文化，蕴含了开放、包容、多元、低调务实、求新求变精神的内核。

4. 产业结构调整升级，寻求水陆一体新发展

茅洲河流域所处区域自改革开放以来均为珠三角产业重地，快速城镇化和工业化特征明显，主要涉及的光明区、宝安区和东莞市，均以第二、第三产业为主导，引领经济发展；茅

洲河流域产业以传统制造业为主（如金属电镀、化学制造、塑料制品等），由于缺乏科技创新要素，新型产业及产业基地发展相对缓慢，流域内新旧工业园掺杂（图 12.6 与图 12.7、图 12.8）。茅洲河干支流域周边高污染、高耗能产业比重大，产业配套相对低端且产出效能低下，厂房租金收益低、空置率高。

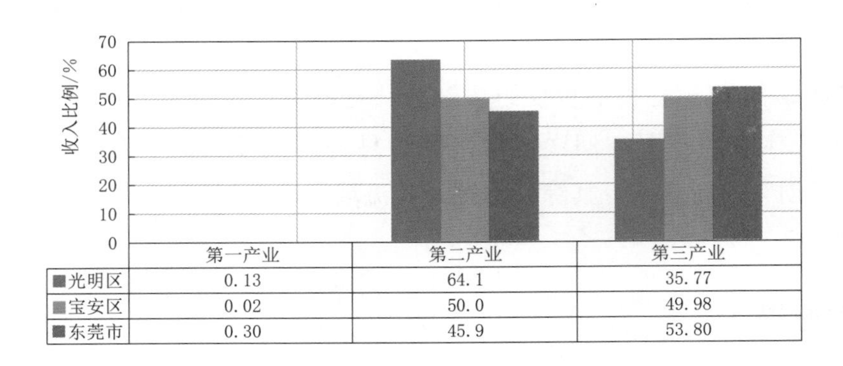

	第一产业	第二产业	第三产业
■光明区	0.13	64.1	35.77
■宝安区	0.02	50.0	49.98
■东莞市	0.30	45.9	53.80

图 12.6　茅洲河流域三产收入比例

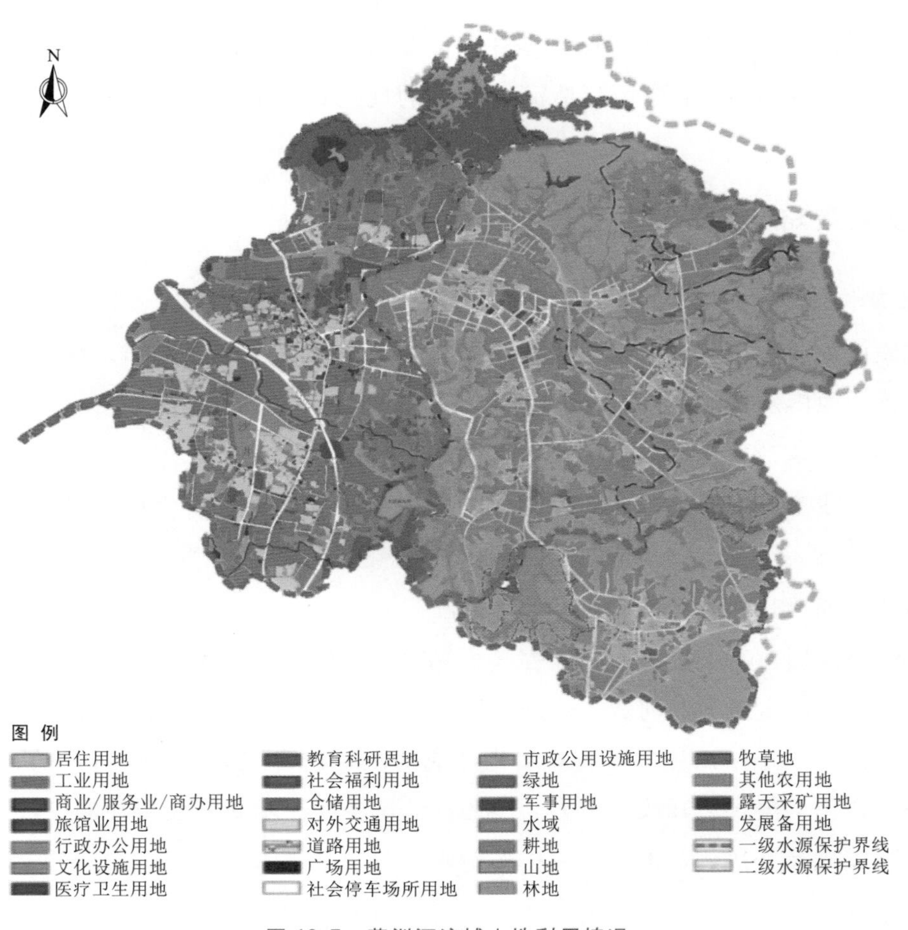

图 12.7　茅洲河流域土地利用情况

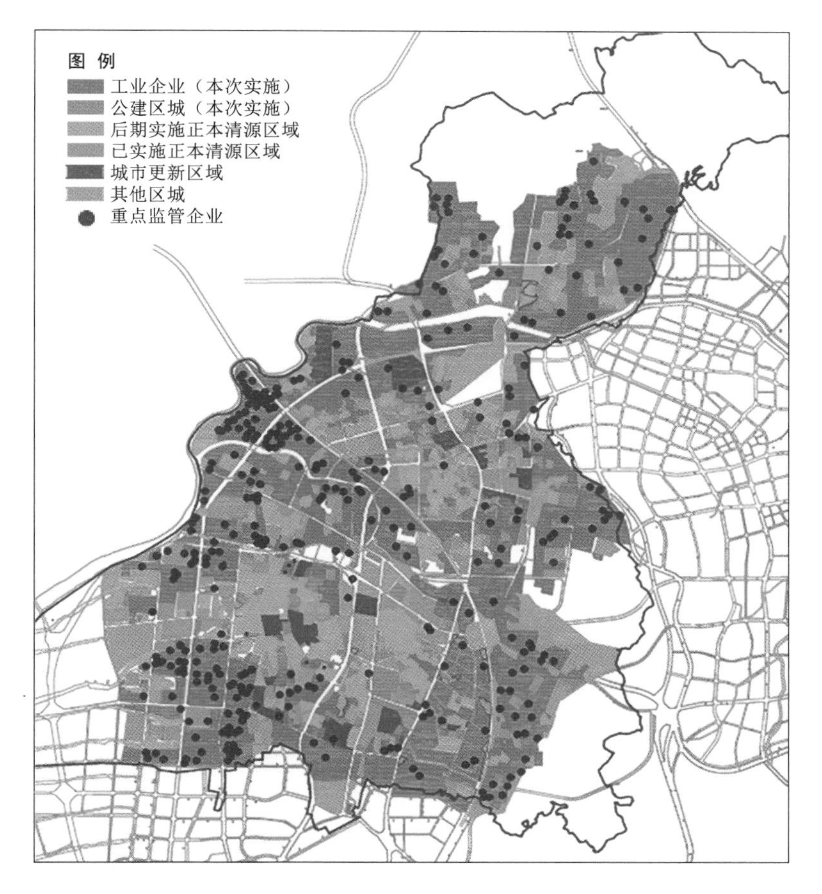

图 12.8 工业区以及重点涉水企业分布情况

生态文明指导下高质量发展将推动茅洲河流域产业结构的调整。以环境综合整治为切入点，通过“筑巢引凤”“腾笼换鸟”实现水陆统筹谋求高质量发展。

12.2 地域特色塑造

12.2.1 建设指引要求

碧道建设要体现地域生态、文化和功能特色，注重岭南文化传承，提升碧道文化内涵；践行生态文明理念，塑造特色生态景观；加强多元功能复合，展现活力魅力。

在建设过程中应凸显滨河自然水体及生态岸线特征，从维护流域生态、植物生态和生物生态入手，塑造各具流域特色的水生态景观，营造生态教育、生态科普、生态体验等生态特色空间；结合人的使用和生态涵养需求，加强水陆联动，复合多元功能，推动滨水区沿岸用地功能置换；同时，碧道建设应开展河湖文化专项调查，重点挖掘涉水古迹，对现存古迹进行保护、修复和文化设施建设，通过石、碑、亭等形式，策划展现，建设有文化记忆、诗情画意、休闲野趣、浪漫情怀的水文化亲水设施。

12.2.2 流域规划体系

茅洲河流域是深圳、东莞两市生态网络的重要组成部分，流经光明区、宝安区、东莞三个片区，串联了两市重要的城市街区、产业基地和生态控制区。千年传承的文化与新兴城市的发展在这里融合。

如今的茅洲河两岸已成为一条集聚历史人文、工业制造和自然生态的多元化滨水空间。本次规划结合河道流域范围内众多优良资源，对河道风貌定位进行了重新梳理，对沿线重要景观节点进行了打造，最终形成"一轴三貌，生态活力融城网"的总体景观功能结构（图12.9）。

（1）一轴。指茅洲河干河。

（2）三貌。根据流域范围内场地特征及周边用地规划分别形成生态涵养区、宜居生活区和产业集聚区三大功能分区，而分区内干支流河道分别形成以自然生态、文化复合、现代商务三种总体风貌进行整体控制。

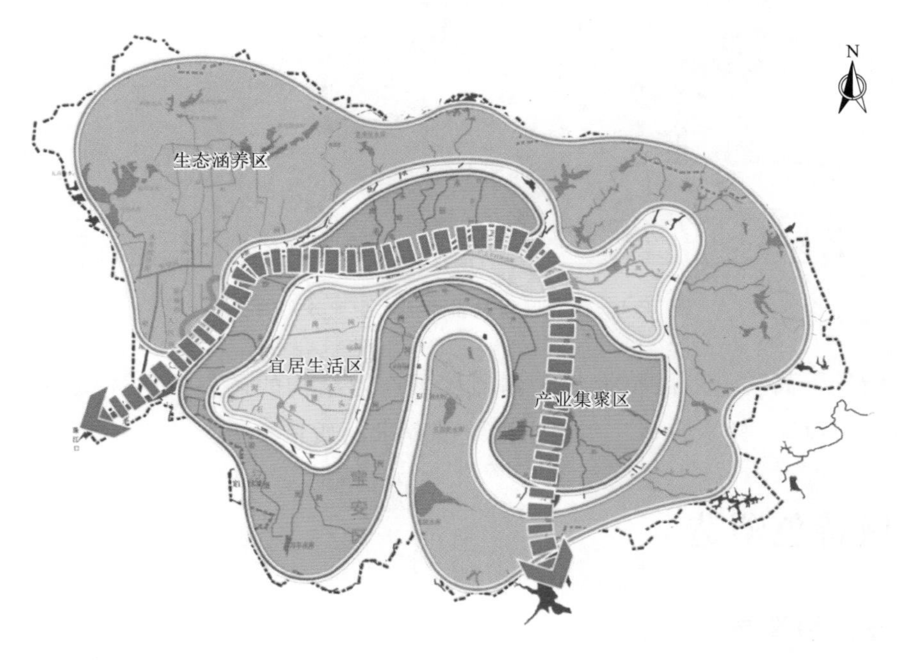

图 12.9 景观功能结构图

在大流域规划控制的前提下，各干支流可根据具体建设条件对内部做进一步详细分区。

12.2.3 干流碧道规划

茅洲河干流遵循流域整体定位，结合城市更新区块及沿河异质性的景观资源，通过"以轴串园"的方式重点提升打造沿河的大型公共活动空间，并融入LID理念将茅洲河干流打造成为环绕光明、宝安、东莞三个区的新型生态"海绵绿带"，形成"三轴、五区、九景"的茅洲河干流景观规划结构（图12.10）。

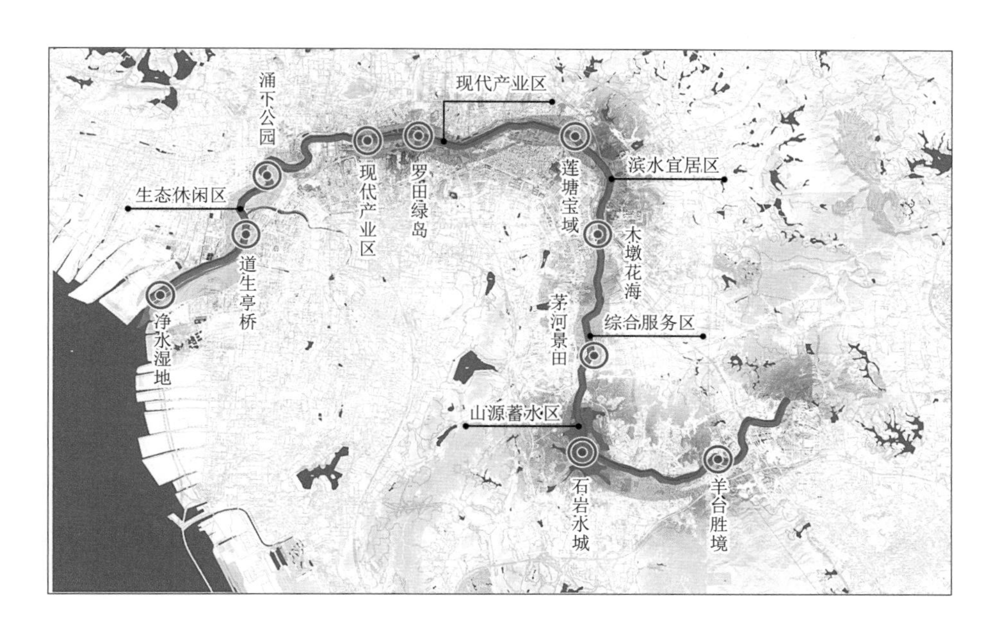

图 12.10　茅洲河干流景观规划结构图

（1）三轴。为水轴、生态轴、文化轴，干流首尾贯穿。水轴即石岩河和茅洲河干流水系，生态轴是与水系相伴而生的水系和绿地系统共同构成的生态环境，文化轴则是将当地的传统文化和地方民俗融入景观设计中而构成的。三条轴线相互呼应，相互交融，成为茅洲河水景观设计的骨架。

（2）五区。为山源蓄水区、综合服务区、滨水宜居区、现代产业区、生态休闲区。山源蓄水区：石岩河上游至长圳桥，水从羊台山流下，水质比较好。综合服务区：长圳桥至楼村桥，周边用地包括住宅、商业以及工业等多种功能，因此定位成综合服务区。滨水宜居区：楼村桥至南光高速，该区域靠近莲塘水库，拥有比较好的水文条件因此定位滨水宜居区。现代产业区：南光高速至宝安大道，这段流域周边用地多为工厂，可以满足现代产业发展需求。生态休闲区：宝安大道至入珠江口，茅洲河从这里流入珠江口，在生态休闲区进行最后一次水质的净化。

（3）九景。通过设置沿线滨水景观节点，对河道周边较大空间的绿地和街区景观进行梳理，丰富沿线主题内容，增加局部场地凝聚力，并形成沿干流具有韵律感的游览体系。景点包括羊台胜境、石岩水城、茅河景田、木墩花海、莲塘宝域、罗田绿岛、涌下公园、道生亭桥、净水湿地等九个具有代表性的节点，分别以“境”“城”“田”“海”“域”“岛”“园”“桥”“地”为定位，依次融入民间文学传说、农耕文明、山歌文化、民族英杰、传统戏曲、传统医药、舞狮民俗、鱼灯文化和海洋文化共九大文化元素，通过对河道周边较大空间的绿地与街区段的景观梳理，将其打造成茅洲河的文化节点与文化走廊，不仅为人们提供休憩场所，同时也可以更好地宣传当地特色文化。通过水文化的演绎串联各个景观节点，构成了完整的文化轴和生态轴。

12.2.4 支流碧道规划

茅洲河流域覆盖面积广，各支流流经的地质条件、用地性质类型繁杂，无法一概而论，结合流域景观风貌定位，将沿线支流分为现代商务型（都市型）、文化复合型（城镇型）和自然生态型（郊野型）三大类（图 12.11）。

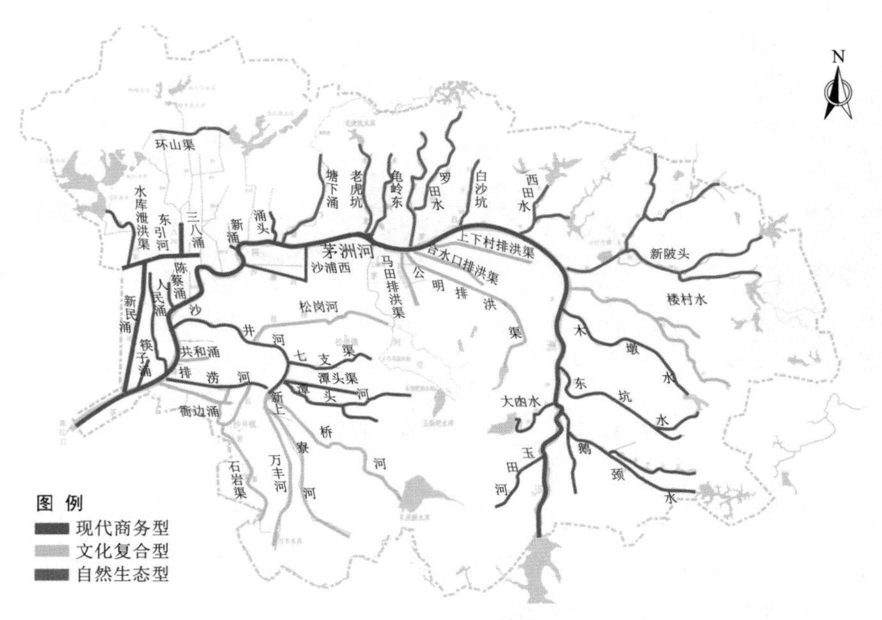

图 12.11 河道风貌分析图

12.3 游憩系统构建

12.3.1 建设指引要求

根据《广东万里碧道试点建设指引（暂行）》中的要求，碧道建设应在保证安全、兼顾美观的基础上，构建舒适、安全、连贯的滨水慢行休闲道、丰富的亲水场所、缤纷多元的游憩活动和完善配套的游憩设施等，满足动植物气息和人的公共休闲活动需求，实现人与自然和谐相处、共享美好滨水空间。

具体的建设内容包括以下方面：

（1）舒适、流畅、连续安全的慢行系统。碧道建设应在现有滨水绿道或慢行休闲道的基础上，对阻断亲水慢行系统的保留建筑、码头、仓库、厂房、桥梁等建（构）筑物，采取微更新改造植入公共功能，或开展滨河道路慢行优先化改造和慢行系统断点缝合工作，重点打通亲水慢行系统阻断点和公共活动盲区，设置亲水漫步道、健身慢跑道和运动骑行道，串联水岸绿地、文化设施、工业遗产、码头建筑、公交站点等，加强慢行系统铺装和标识指示建设，完善安全防护、配套服务、休息区和无障碍设施等，营造人性化、轻松愉悦的漫步、跑步和骑行氛围。

（2）科学建设洲滩湿地公园和水岸公园。碧道建设在不影响河道行洪安全的前提下，合理利用河漫滩、缓坡地、沙滩等空间，科学合理建设洲滩湿地公园，满足居民亲近大自然、戏水、观赏等需求。在居住密集地区或古桥、古堰、古树、古宅、祠堂等处，合理布置滨水滨岸小公园，满足居民休闲、健身、文化交流、乘凉等需求。滨水区因旧城更新和新城建设而增设的水岸公园与市政公园共建共管时不得影响河道管理功能。

（3）灵活设置滨水公共活动场地。碧道建设应根据江河、湖泊、滨海等滨水空间范围尺度的大小，特别是拥有大面积河漫滩、缓坡地、沙滩等空间，设置沙滩排球、公共沙滩泳场、露天游泳池、水上剧场等运动、游憩、集会活动场地，以及应急避难场地等，满足群众滨水公共活动需求。

（4）合理设置亲水便民配套设施。碧道建设应在居民较集中的位置设置河埠头、小码头、垂钓点等设施，满足浣洗、取水、驳船等功能；在人流比较密集区可设置遮阳避雨防雷设施；在重要节点考虑照明、公厕等公共基础设施；按照步行舒适距离250～300m间隔要求，灵活设置木栈道、踏步、缓坡、桥廊亭等建（构）筑物，设置座椅、垃圾桶、饮水装置等公共服务设施，满足遮阴、挡风、防雷、避雨等舒适性体验需求。

（5）策划开展亲水活动。碧道建设应策划开展系列水上活动或亲水活动：水面开展游泳、龙舟等；岸边可开展散步、休憩、垂钓等活动；河漫滩、缓坡地、沙滩可开展观赏、散步、游憩、运动、集会等活动；堤岸可开展散步、慢跑、骑行等活动；堤岸外侧纳入碧道建设范围的可开展集会、停车、小型商业等活动，满足休闲游憩需求。

12.3.2 慢行系统

绿道占地少、线性强，更适用于城市空间，可以连接公园、自然保护区、风景名胜区、历史古迹和城乡居民聚居区等，兼具生态保育、休闲游憩、历史文化遗产保护和科研教育等多种作用。

广东省珠三角绿道网是中国区域绿道建设的典范工程，可以解决珠三角结构性生态廊道保护体系缺失的问题，满足城乡日益增长的亲近自然的需求，为推动珠三角生态保护和生活休闲一体化及城乡建设奠定基础，具备良好的绿道建设社会基础。

绿道建设中遵循以下要点：

（1）绿道系统与现状巡河路相结合：巡河路进行绿道设置，在提高巡河路功能性的同时提高绿道的亲水性。

（2）绿道系统和景观节点相结合：丰富绿道形态，局部地段可以结合景观节点进行绿道线形，材料的调整。

（3）绿道系统与现状资源相结合：现状资源包括流域内重要的景观、人文资源以及现状绿道。利用规划范围内的自然资源，通过绿道将沿岸的红树林、海岸线、人文资源串联起来，增加绿道系统的趣味性和观光面；充分利用现状已建绿道，减少不必要的工程建设，提升投资效益比。

结合《深圳市绿道专项规划》与《长安镇社区绿道规划》，利用茅洲河流域主干道及主要支流，与省级绿道2号线和5号线相接，构建滨河绿道休闲线，形成能够串联水系、城市和文化景点的休闲游憩的慢行系统网（图12.12）。

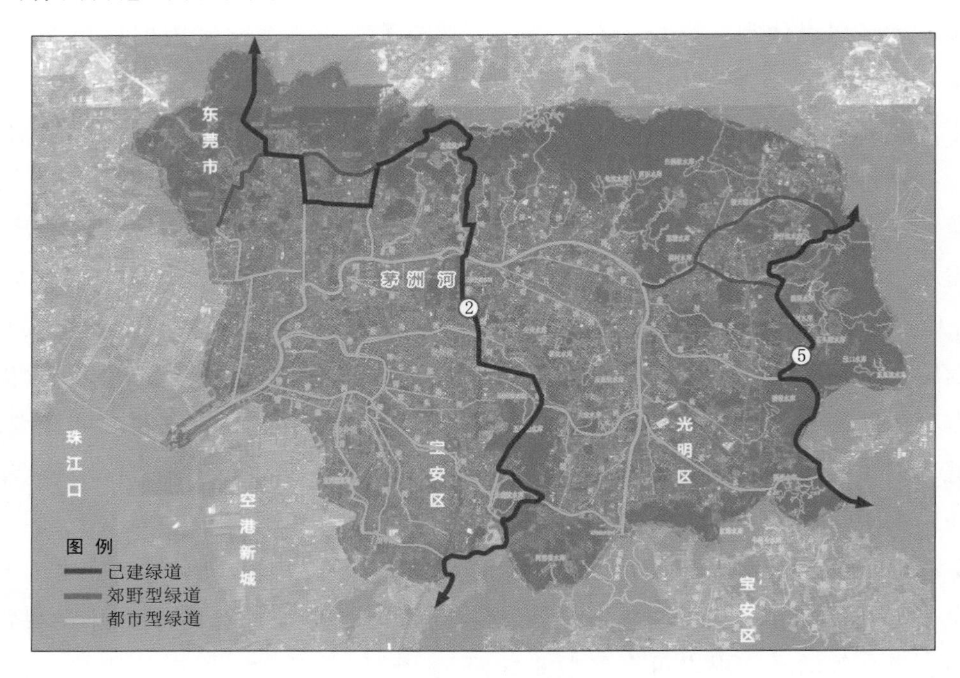

图12.12 绿道规划图

12.3.3 滨水公园

光明区茅洲河流域内，共有9条支流（分别为玉田河、鹅颈水、大凼水、东坑水、木墩水、楼村水、新陂头水、西田水、白沙坑支流），4条排洪渠（分别为上下村排洪渠、公明中心排洪渠、公明排洪渠和合水口排洪渠），2个水质净化厂（分别为公明水质净化厂和光明水质净化厂）。在光明区茅洲河流域建造人工湿地处理水质净化厂尾水以及净化河水对消除黑臭水体、实现水质达标具有重要作用。同时人工湿地可以结合环境景观建设，融入当地文化，为市民提供休憩空间和科普教育基地，促进周边旅游产业发展。

5个人工湿地工程（上下村湿地、鹅颈水湿地、观光路湿地、大凼水河口湿地、新陂头南湿地），均位于光明区茅洲河流域，分布于茅洲河两侧。现阶段人工湿地群处理河水、尾水和雨水，远期主要处理光明水质净化厂和公明水质净化厂尾水。5个人工湿地犹如绿珠玉岛散落于茅洲河畔，项目总体设计理念为“茅洲河畔谱新曲，光明区续华章”“大珠小珠落玉盘，绿珠玉岛”，以音符串联5个湿地，上下村湿地为“门户之雅”，观光路湿地为“科普之门”，新陂头南湿地为“生态之音”，鹅颈水湿地为“净化之符”，大凼水湿地为“湿地之曲”（图12.13）。

除生态功能外，湿地具有景观、休闲娱乐、科普教育等社会功能。根据场地现状、规划用地、周边用地、交通等基础条件，确定上下村湿地、新陂头南湿地、观光路湿地、大凼水湿地、鹅颈水湿地不同功能定位（表 12.2）。

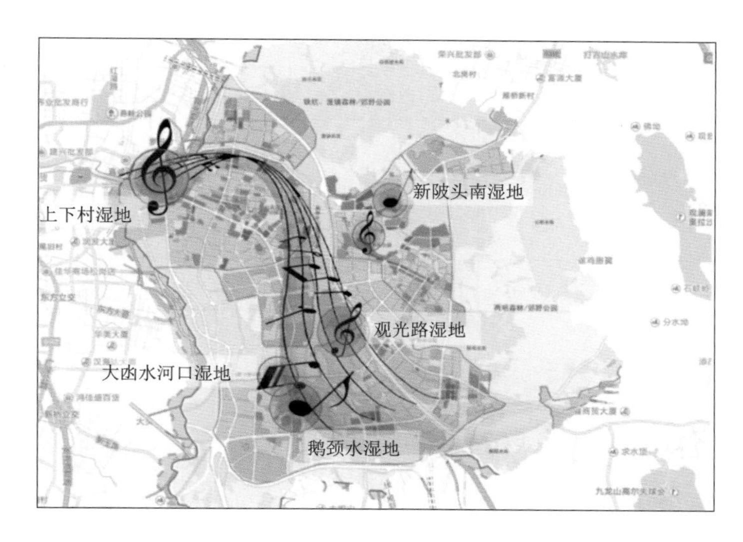

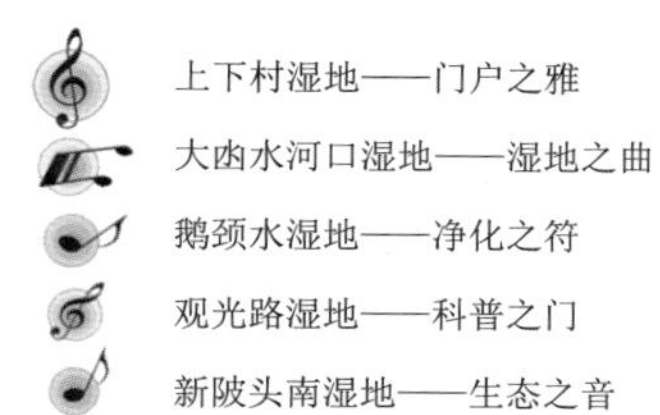

图 12.13 湿地工程总体设计理念

表 12.2 湿地的功能定位一览表

湿地名称	功能定位
上下村湿地	水质净化，休闲娱乐，海绵城市：集雨水河水共处理、海绵城市、景观、智慧于一体的综合整治型人工湿地
观光路湿地	水质净化：水质净化型、智慧功能湿地
新陂头南湿地	水质净化，生物多样性修复：水质净化、生物多样性恢复、智慧功能湿地
鹅颈水湿地	水质净化，休闲娱乐，科普展示：集净化型功能、智慧、景观于一体的综合整治型人工湿地
大凼水河口湿地	水质净化，休闲娱乐，科普展示，海绵城市：集雨水尾水共处理、海绵城市、景观、智慧于一体的综合整治型人工湿地

12.3.4 驿站规划

本次碧道规划将设立 23 个一级驿站，多个二、三级驿站。一级驿站是绿道管理和服务中心，承担管理、综合服务、交通换乘功能；二级驿站是绿道服务次中心，承担售卖、租赁、休憩和交通换乘功能；三级驿站作为使用者休息场所（表 12.3 和图 12.14）。

一级驿站分为三种类型：生态型驿站、文化型驿站和河道公园型驿站。

生态型驿站：流域内水库众多，不少水库已形成大型旅游风景点，利用现有的水库场地资源，规划新的景观节点，建设面积控制为 300～500m^2，功能上对绿道提供较为完善的服务，亦有足够的空间，成为城市特色的展示台。

文化型驿站：在分布有名胜古迹的河道周边，新建或借用原有建筑，加入场地特色历史文化，增加绿道标志符号，结合绿道标识系统，形成具有独特风貌的驿站。

表 12.3　　驿站规划表

驿站类型	城镇			郊野		
	一级驿站	二级驿站	三级驿站	一级驿站	二级驿站	三级驿站
设置地点	结合大型公园绿地、文化体育设施等	结合公园绿地、广场	—	结合景区或旅游区服务中心、大型村庄等	结合村庄、观光农业园等	—
间距/km	5～8	3～5	1～2	15～20	5～10	3～5

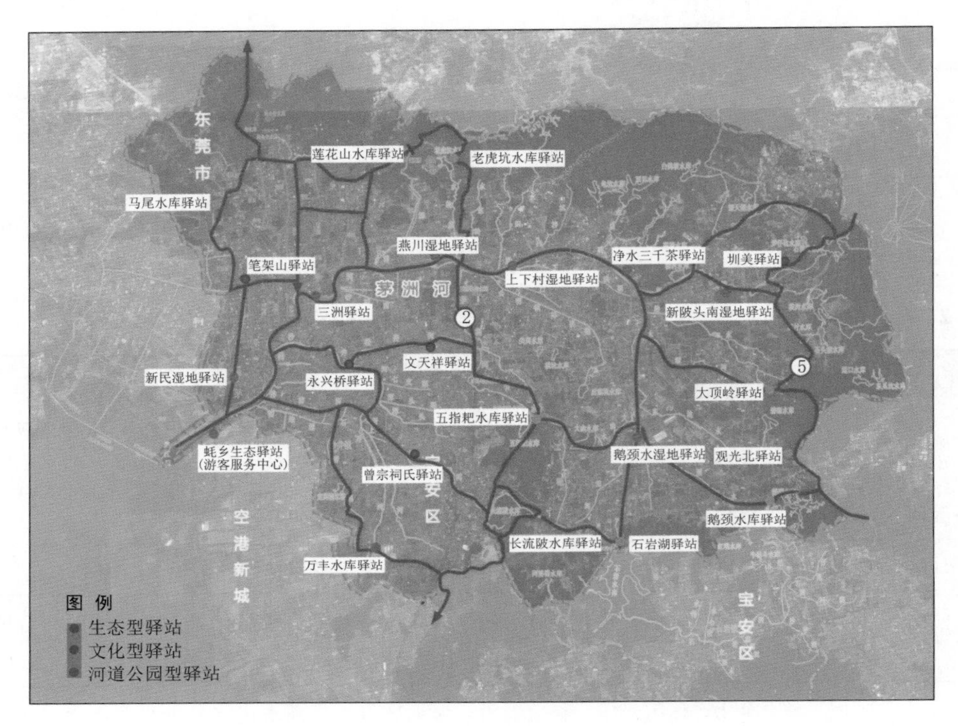

图 12.14　绿道一级驿站分布图

河道公园型驿站：主要结合河道周边公园节点的规划，按照场地的大小布置不同级别的驿站，提供场地服务。

自行车停车位结合驿站布置，兼顾租赁和修理服务，在无驿站的行车路段，结合周边休憩平台，可每隔 6～10km 设置一个小型自行车停车场。自行车停车场应尽量利用现有资源布置，采用生态化处理。

12.3.5　水上交通

水上交通游览路线以茅洲河流域为主线，并联最大支流——沙井河，结合各大节点共设立 9 个一级码头、3 个二级码头，并利用沿线亲水平台增设多个小型停靠点，与岸上绿道骑行、电瓶车的无缝换乘构成整个茅洲河流域完整且多样的游览体系。借助完善的水上交通系统，恢复茅洲河龙舟赛（图 12.15）。

12.3.6 绿化规划

景观植物规划方案应遵循适地适树、生态优先、养护经济、搭配和谐等原则，提供基调树种、骨干树种、装饰树种等，植物类型覆盖乔木、灌木、陆生草本、水生植物等所有类型，做到四季有景、步移景异，以构建植物群落，协力构筑园林生态系统为最终目标。

图 12.15　茅洲河龙舟赛

茅洲河流域内典型植被为南亚热带季雨性常绿阔叶林，现状植被主要有季风常绿阔叶林、针叶林、灌草丛等群落；植物种类主要为马尾松、杉、柠檬桉、细叶桉、台湾相思、樟、山茶、竹、苦楝、岗松、鹧鸪草等。方案中宜多选择华南乡土树种。由于茅洲河流域幅员辽阔，不同河段的地形地貌和土壤条件相差甚远，规划用地空间、定位和服务对象也大相径庭，植物作为营造景观空间和氛围的重要元素之一，需进行一体化、系统的规划和定位。

根据茅洲河流域干支流景观规划方案总体结构，植物也对应分为产业聚集类、宜居生活类和生态涵养类三大类进行风貌分类控制。

1. 产业聚集类

产业聚集片区主要集中在干流及主要支流，河道等级较高，对外展示功能强，风貌以简洁大气为主。同时由于周边分布多数工厂厂房，也起到河道与工厂防护隔离的作用。树种选择上，偏向于树形规则开展或形成花相壮观的景观大道，具有深圳城市的代表性，种植模式上，主要为规则式结合林下开敞的群落种植。

茅洲河干流为主要的产业聚集河道，由于其流经范围最广，可通过不同段落的具体情况进行植物种类的详细区分：文化产业类河段以现代简洁的植物种植风格为主，以飘逸脱俗的观赏草类来营造清新大气的植物景观风貌；城市居住休闲类河段以地处城市建成区，人口密度高，植物种植以开花及香花新优植物种类为主，空间营造下层开敞；滨海城市类河段滨海风貌段由于地处沿海，绿化带较为宽敞，植物种植规划整体运用棕榈类、丝兰、剑麻类来表现具有本地地域特征的热带海滨风貌形象，营造具有海滨特色的乡土植物群落。

沙井河、新民涌、东坑水等为片区中主要的支流，具有良好的植物景观营造条件。带状空间主要采用列植布置，运用小叶榄仁、秋枫、凤凰木等枝形优美、景观效果卓越的植物，营造步道空间；节点空间主要采用“乔木＋地被”的植物配置形式，形成大气、通透的植物群落空间，同时结合节点形式，在绿化面积较为开阔的区域打造大面积草坪＋棕榈类植物种植形式，体现深圳当地的热带植物风情；边坡绿化主要采用草坡＋多年生宿根花卉相结合的形式，打造生态、野趣的草坡形式，柔化驳岸空间，与周边整体滨水环境相融合。

七支渠、潭头渠、共和涌、石岩渠、陈蔡涌等感潮河段潮水冲沟，基本无景观价值，种植定位为简单覆绿，软化驳岸。树种选择上用地宽松地段乔木以冠幅较小的池杉、落羽杉和木麻黄为主，用地紧张地块以生长旺盛的灌木八角金盘与鸭脚木为主，配以蜘蛛兰作为路缘植物，可防止行人进入，悬垂类藤本植物云南黄馨或花叶蔓长春植于岸边可软化驳岸，地被以生长速度快、观赏效果佳的蔓花生或美女樱为主。

2. 宜居生活类

此类河道周边用地多为集中的居住地，贴近生活区的植物应以人为本，选择无毒、香花类、观赏叶/花/果类等植物类型，为居民提供观感舒适、景观多样的绿地空间。

除观赏外，应主要选择具有空气净化、去除污染功能的树种，配置模式以近自然的复层群落结构为主，结合场地打造疏密有致的空间结构，配以核果树种，具有很好的引鸟效果，对改善区域生物多样性有积极作用。

3. 生态涵养类

流域内汇水上游支流多为生态控制区内河道，开发程度低，更多以生态修复和自然保护为主，植物以补充种植为核心思想，不对原有群落做大幅度变更。

老虎坑、龟岭东水、罗田水上游段、新陂头、西田水等河道植被保护较好，植物配置上偏向于生态修复及自然次生林群落构建，维护现状生态环境。在树种选择上，更加偏向于选择稳定的顶级群落中的优势种，帮助群落构建。根据对深圳次生林群落结构与植物多样性的调查，深圳现有次生林分为厚壳桂＋假苹婆＋铁榄林、鸭脚木＋豺皮樟＋黧蒴林、杉木＋银柴＋九节林和阴香＋南洋楹＋糖胶树林 4 种基本类型。考虑部分园林树种难采购的因素，选择阴香、假苹婆群落优势种为此河道类型的普遍种植的园林树种，同时增加南洋楹、黄花风铃木、糖胶树、荔枝、浙江润楠作为群落补充种植树种。

12.4 重点区域功能提升

12.4.1 建设指引要求

碧道建设基底条件提升要保证水的行洪安全、人的活动安全，并保证水质清澈无异味，不低于Ⅴ类标准，拥有自然岸线和生态护岸，水生境要得到营造和恢复。

建设要点包括以下方面：

(1) 加强河湖安全管理。碧道建设应在完成“清四乱”和“五清”行动的基础上，优先划定河湖管理范围，并设置界桩、界碑等，建立安全管理界限，加强安全巡查和管理。

(2) 加固升级堤岸。碧道建设应对未达标或存在安全隐患的堤段进行达标建设，完善相关排水排涝设施，并预留亲水空间。

(3) 完善闸坝设施，保持防汛管护通道畅通。碧道建设应保持防汛管护通道畅通，不侵占防汛道路进行建设，优先满足河流巡查管护等需要，兼顾景观美化和亲水需求。

(4) 水生态保护。建设中优先确保饮用水水源安全，加强水厂供水和用水点的监测，推行水资源开发利用控制、用水效率控制和水功能区限制纳污；同时保护自然生态河道，不得随意裁弯取直、改变岸线、填堵、缩窄河道，不得出现“三面光”河道，需要对自然岸线进行生态修复和改造，保持滨河带、湖滨带、海滨带、洲滩湿地等多样性生态格局；加强对自然保护区、河网湿地、野生动植物的保护，避免碧道建设对生态环境造成负面影响。

(5) 水污染治理。对入河排污口进行整治，贯彻先治污、再治水的理念，加强入河水质监测，对不满足规范的排污口进行强制封堵或改造措施；在水质未达标、存在黑臭的部分开展污染流域清污截污，对沿岸及周边进行截污管网建设、河道清淤、重点污染源处理、垃圾处理等举措，使水质达到至少Ⅴ类水目标。

(6) 水生境修复。碧道建设中应通过岸线调整、水生态连通、河流断面修复等措施修复河流平面形态，修复水生态通道，保障河流生态系统用水水动力需求和水环境需求。改造硬质化严重的河道断面，结合物种重引入、觅食地设计、乡土植被群落恢复、设置隔离带等措施，改善河道生境，提升生物群落多样性。

(7) 水产业引入。通过河岸管理制度完善、水环境治理、水生态修复等措施构建开放、宜人的滨水空间，逐渐引入业态，使水产城融为一体。

由于基础条件提升中所涉及的水安全、水资源、水环境和水生态均已在本书前几章中详述，故本节不进行赘述，仅对基础条件建设完成后的滨水功能提升措施进行介绍。

12.4.2 茅洲河干流功能提升

项目全长约12.9km，总规划范围约15.5km^2。其中，宝安段（塘下涌—白沙坑水）长约6.1km，光明段（白沙坑水—周家大道）长约6.8km。通过对茅洲河的仔细解读，重新梳理沿岸的城市肌理和历史记忆，在可达通畅的基础上，以水为动线，缝合与组织两岸各个区段的功能体系，构建一轴两带五区，激活与释放流域价值。

12.4.2.1 现状分析

1. 文化现状

基地内有一定的人文资源，主要集中在西侧，宗祠文化突出，非物质文化丰富。区域及周边有一定的文化资源，主要涉及古村、宗祠以及红色文化，其中宗祠文化突出；区域内非物质文化丰富，有比麟堂、七星狮、洪佛拳、赛龙舟等。

2. 工业现状

规划范围内新旧工业园掺杂，建筑质量及环境品质好坏参差不齐，滨河建筑界面有待优化。

3. 居住配套现状

规划范围内二类居住用地较少，以三、四类居住用地为主，存在建筑间距过近，人口密度过高，消防安全隐患较大等问题，周边公共服务配套设施不完善。

4. 滨河景观现状

茅洲河两岸整体景观连续性较差，亲和力不强，人的参与感较弱，缺少休闲设施和滨水停留空间。

堤顶路定义为城市绿道，但人的参与性不足，道路两侧的景观界面效果不佳，且缺少休憩、照明、标识指向等功能性设施；箱涵以水泥路面为主，较为呆板，慢行体验感不足，河口处箱涵标高低，通行性较差；箱涵以下驳岸的景观展示效果较差；溢流口外露，美观性欠佳；洋涌河水闸的立面景观效果一般；沿线植物本底良好，但大部分区域的植被缺少养护，杂乱无章，无疏密关系和层次感。

5. 道路交通现状

规划范围内，对外交通衔接不畅，内部交通道路体系不健全，交通基础设施不足。

（1）对外衔接不畅：与周边主要区域缺乏足够的交通道路；与周边城市交通主动脉连接性不足。

（2）内部交通道路体系不健全：道路体系不健全，难以构成通达的网络系统；公交系统不发达，公共交通体系未成型。

（3）交通基础设施不足：慢行设施较为缺乏；现状停车需求较大，公共停车场数量较少。

6. 建筑现状

试点段北岸建筑以工业园区厂房及配套办公楼为主，局部有城中村。厂房及办公楼建筑质量较好，城中村内住宅质量一般。南岸西段建筑主要为工业园区厂房，建筑质量一般，东段为水厂及湿地公园。中间夹杂部分办公楼，办公楼建筑质量较好。

碧道规划展示馆地块位于茅洲河宝安段南岸中间位置，东北角与燕罗湿地一墙之隔。场地内共四栋建筑，中间两栋底层原为厂房，上部办公，东面一栋为宿舍，西面一栋为配套用房。厂房和宿舍楼立面杂乱老旧，空调机位外露。场地与河堤路之间约有 4m 高差。

12.4.2.2 定位及愿景

1. 定位

（1）把握大湾区重塑区域空间格局的重大机遇，通过碧道优化流域生态，营造水清岸绿、鱼翔浅底、水草丰美、白鹭成群的碧道环境。

（2）以碧道集聚绿色产业，汇聚创新资源，提升城市功能，打造湾区东岸的城市绿脉、创新中心、生态新城。

（3）充分发挥茅洲河流域深莞交界、湾区地理中心的区位优势，以碧道建设为契机，完善基础设施网络，发展休闲游憩、商务商贸、公共服务、品质居住等服务功能，导入新兴产业，提升城市战略能级，打造深圳城市“向湾发展”的西部门户。

设计定位：湾区东岸绿脉，深圳西部门户。

2. 愿景

山水相依，城水相融，两岸共生，天人合一，以碧水之道成就一条绿水青山的创新与可持续发展之道。

12.4.2.3 总体框架设计

基于试点段各区段的资源禀赋、现状基础与发展诉求，实施分段引导，通过功能符合、空间统筹、特色营造等手段，构建“一轴、两带、五区”（图 12.16）。

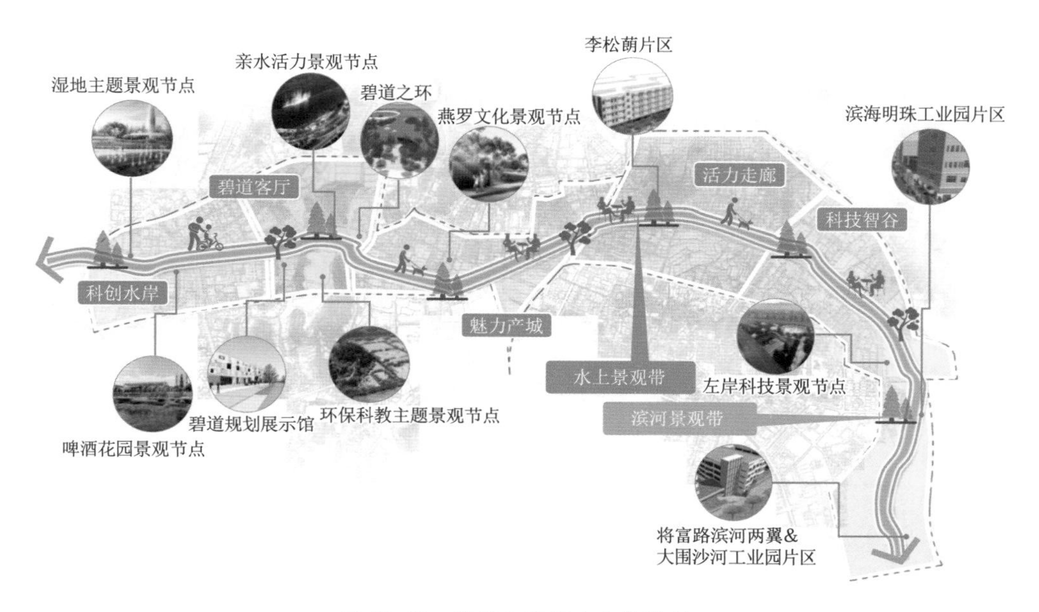

图 12.16　碧道生态与人文体验轴

一轴：碧道生态与人文体验轴。以水为动线，缝合与组织两岸各个区段的功能体系，渐次诉说一水两岸的生态、产业、文化、特色空间等魅力风华，打造碧道生态与人文体验轴。

两带：滨河景观带和水上景观带。

五区：科创水岸功能区、碧道客厅功能区、魅力产城功能区、活力走廊功能区、科技智谷功能区。

12.4.2.4　节点提升设计

1. 光明段大围沙河商业街

通过滨河东路步行街改造，植入新的商业业态，重塑街道空间，将滨水休闲与餐饮购物相结合，形成一个以特色商业与优美滨河景观为名片的慢生活地标场所和网红打卡地（图 12.17）。

图 12.17　光明段大围沙河商业街实景图（王璇　摄）

2. 光明段左岸科技公园

左岸科技景观节点位于茅洲河的塘下涌至洋涌河大桥段，旨在打造一个集科技展览与生态体验交融共生的复合型公园。代表科技的橙线和代表生态的蓝线交叠串联，形成联系整个公园各项功能和连接堤顶路及河岸的开放游憩空间，面向所有市民开放。建筑物、构筑物、市政工程、景观相互关联，使之成为光明区最具活力的地标（图 12.18）。

3. 光明段滨海明珠（中国科学院深圳理工大学）

在尊重现状的基础上改造更新了建筑形象，完善了建筑群的外部空间环境，重点设计了内院及底层灰空间，以激发校园活力，打造环境优美、空间丰富的开放校园、生态校园和活力校园，使之成为茅洲河沿岸一处绚丽的标志性节点，成为治水治产治城的典范（图 12.19）。

图 12.18　光明段左岸科技公园实景图（王璇　摄）

图 12.19　光明段滨海明珠（中国科学院深圳理工大学）实景图（王璇　摄）

4. 光明段生态示范段

以近自然的手法对茅洲河进行生态修复，打造都市生命河流修复样板。设计重新梳理了河道内绿洲，恢复水流蜿蜒性，优化了流水区的宽窄、深浅、流速，为鱼虾螺贝的复育和密度提升奠定基础（图 12.20）。

5. 光明段滨水休闲道

示范段整体以生态为基底，保留的大乔木成为绿化空间的骨架，茵茵草坪、丛生芒草、精致的花镜形成了自然野趣、浪漫多情的景观效果。自然灵动的步道穿插于起伏的绿化之间，将堤顶路与箱涵路上下贯通，与箱涵路上精致的三只小挑台连为一体，成为茅洲河上独具魅力的特色亮点（图 12.21）。

图 12.20　光明段生态示范段实景图（王璇　摄）

6. 光明段南光绿境驿站

南光绿境是一处融合了皮划艇训练、办公以及休息驿站等多种功能的复合驿站。由于建筑掩映在被爬藤环绕的钢索构架之中，人们置身其中，仿佛穿梭于绿野仙踪的迷幻境地，故而取名为南光绿境（图 12.22）。

图 12.21　光明段滨水休闲道实景图（王璇　摄）

图 12.22　光明段南光绿境驿站实景图（王璇　摄）

7. 宝安段燕罗人行桥

燕罗人行桥首创“斜拉-拱桥组合结构体系”，主桥跨径布置为 14m＋108m＋14m，总长 136m，桥宽 11.5m。拱脚分别与南北堤顶路接顺，设置双层的人行交通系统，行人通过拱桥直接过河（图 12.23）。

8. 宝安段碧道之环（茅洲河水文教育展示馆）

该展示馆展示着茅洲河治理始末，向市民开展公共水文科普教育，并成为观山景河景、感受自然之地。设计以“自然建造”为指导思想，以“消隐”的姿态来面对所处环境。建筑以覆土地景的形式沿着堤岸蜿蜒展开，顺应用地轮廓成为向河面隆起的拖着“长长尾巴”的“山丘”。

图 12.23　宝安段燕罗人行桥实景图（王璇　摄）

展示馆藏于山丘之下，向水岸打开狭长的洞口，从室内向外可以看到水清流畅的茅洲河湾景色，身在室内仿佛置身于岸边湿地之中（图 12.24）。

9. 宝安段水上运动中心艇库

该库以二层与道路标高相连接，向下到达亲水码头空间，向上到达远眺茅洲河的休憩空间。结构上以“Z”字形钢木混合结构实现从道路向水面的跨越，结构单元沿水岸以带状阵列展开。内部空间外化在滨河外立面，形成百舸争流的意向，外立面钢板瓦随着船行水面呈现出波光粼粼的效果（图 12.25）。

图 12.24 宝安段碧道之环（茅洲河水文教育展示馆）
实景图（王璇 摄）

图 12.25 宝安段水上运动中心艇库效果图

10. 宝安段梯田湿地公园

梯田湿地以茅洲河支流作为水源地取水，利用地形高差及生物净化原理，对水质进行多层次过滤及水循环利用，净化后的水体可用于园区内绿化灌溉及市民亲水体验，也将成为生物栖息地之一，最终成为生态廊道的示范点（图 12.26）。

图 12.26 宝安段梯田湿地公园实景图（王璇 摄）

11. 宝安段亲水活力公园

该公园保留原有场地承载的大型龙舟赛活动的功能，兼顾碧道文化，改造提升后的场地以“蛟龙”的曲线形态体现龙舟文化。贯通堤顶路、跑步道、箱涵路三线的空间骨架，搭配不同植物，形成三线不同的游园体验，打造成人与自然和谐共生的“生活”之道（图 12.27）。

图 12.27　宝安段亲水活力公园实景图（王璇　摄）

12. 宝安段啤酒花园

啤酒花园的取名源自临近的青岛啤酒厂，与其产业联动发展，定期举办碧道啤酒文化节、音乐节、啤酒集市等。该节点充分体现了碧道产业文化的示范作用，继而践行“水产城共治”的碧道核心理念（图 12.28）。

13. 宝安段洋涌河水闸

洋涌河水闸是茅洲河上的高点，可在此一览茅洲河的一江春水、两岸风华。经改造提升，洋涌河水闸已兼具水利、休闲、文化功能，成为试点段“网红打卡点”之一（图 12.29）。

图 12.28　宝安段啤酒花园实景图（王璇　摄）

图 12.29　宝安段洋涌河水闸实景图（谢莹　摄）

14. 宝安段茅洲河展示馆

茅洲河展示馆前身是 40 多家小散污危企业聚集的工业楼，通过改造，设计将展示、科普、办公融于一体，集中展示茅洲河污染治理的历程、主要经验做法、阶段成果、未来蓝图等。展馆分为六个展区，分别是序厅、生命共同体中的流动、深圳——水生城市、青蓝色的梦想、碧连粤港澳大湾区、临展区（图 12.30）。

15. 宝安段龙门湿地公园

该公园以生态为基底，蜿蜒曲折的栈道穿梭在雨水花园与滩涂湿地之间，围合出不同的场所空间，满足周边居住及工作人群的活动需求。雨水湿地端头悬浮着一个轻盈通透的玻璃盒子，它漂浮于湿地之上，掩映于密林之中，悬挂于龙门吊下，仿佛一个天外来物，平静的悬置于空中，被称为悬亭静泊（图 12.31）。

图 12.30　宝安段茅洲河展示馆实景图
（第十一届中国国际空间设计大赛参赛作品）

图 12.31　宝安段龙门湿地公园实景图（王璇　摄）

12.4.3　茅洲河支流沙井河功能提升

沙井河是茅洲河最大的一级支流，与茅洲河呈“Y”字形交叉，自上游岗头调节池至茅洲河汇合口，全长约 6.06km，流域面积为 29.72km^2。沙井河经过流域水环境综合整治，水质已明显改善，水生态系统逐步恢复，而滨水景观与“碧道”尚存较大差距。因此，依托水环境治理，进一步使碧道的溪河功能提升。

12.4.3.1　现状分析

1. 文化现状

基地密布古村落，包括古祠堂、古墓葬、古塔、古桥、古寺庙等，其中近千年之久的文物古迹多处。沙井古墟的街、巷门、青砖墙、水井、池塘、河涌和石埠头构成其独特的传统环境要素，龙津石塔、观音天后庙、祠堂、庭院等不同建筑形成的古民居，是珠江三角洲地区历史建筑的典型代表。

2. 工业现状

沙井河沿线散布工业园区，如长兴工业园，安托山工业园、中熙工业园等，挤占临水空间。

3. 居住配套现状

受沿线工业园区影响，河道生产岸线占比高，沿线现有配套设施较为单一化，等级较低。

4. 景观现状

工业街区设计较统一，形象呆板，河流成了街区里被忽略的灰色背景，缺乏变化性和灵动性。

5. 道路交通现状

交通层面，滨河慢行可达性差，城水连通性不足，公共空间被停车场、施工场地等占用阻挡。

6. 建筑现状

沿河多存在城中村、工业区等低效用地，且河岸边的大量预留用地也已逐渐被工业占用，进一步缩小了河岸公共空间。

12.4.3.2 定位及愿景

虽然桑基鱼塘变成了工厂，但“井”的肌理依然存在。

1. 定位

早在200多年前，沙井河所在区域通过围海造田，形成阡陌水田，居民以农耕为生，形成“井田型”村落。随着改革开放，稻田逐步被鱼塘、工厂所替代，原有格局已不复存在。

为复兴沙井河历史文化，设计定位：沙洲承启，井田复兴。

“三百步为里。井田者，九百亩，公田居一。”承古人之思，提炼井田制中百步街区、街道为骨、公私搭配的核心策略，转译为现代规划设计语言，打造阡陌可达的百步街区，带动街道活力，植入公共街心激活社区营造，搭建井田发展新框架。

2. 愿景

(1) 阡陌交通，回归井田。分三步完成桑基鱼塘—马路工厂—新型复合产业花园演替，首先，发掘活力点，改善原有肌理，链接河涌绿廊形成活力框架；其次，局部增加慢行桥、密小路网特色公交，完成接驳网络，浸润本地水文化，阡陌得以交通；最后，分期升级工业街区植入复合功能填充井格，让兵营厂房走向多元开放，回归新井田。

(2) 启承沙洲，多维水景。基于现状河涌暗渠织补片区海绵网络，建立生态水城基底，糅合沙井河弯曲的岸线与潜力地块，集中发展出一条新工业游园带。期望的周边未来不是一个与河流相敬如宾、保持距离的升级工业园，而是生于河岸、长于湿地、与水交融的产业游园带，可视化的水文数据演绎沙井河水流的四季轮回，成为沙井人每天一见的“水物钟”。

(3) 沙井点睛，碧水门庭。在京港澳高架与穗莞深城际轨道的近空视野所及处，打造四个门庭节点欢迎来客，也成为沙井河带来吸睛的打卡话题和全网热点。

12.4.3.3 总体框架设计

城市尺度回归井田，活力廊道串联亲水空间，兵营厂房走向多元开放。社区尺度糅合沙井河弯曲的岸线与潜力地块，发展水城带节点尺度，打造京港澳高架与穗莞深城际轨道的近空视野可识别的节点，彰显门户地标。总体框架设计包括新和活力大道、商业游玩活力轴、山城河活力轴与本土文化活力轴，分别对应机场半日游、无忌童言、办公新生活与大闸春游四大门庭节点设计（图12.32）。

12.4.3.4 节点提升设计

1. 机场半日游：后庭生态岛

面临厂房建筑挡住人到达沙井、城市背面的问题，依托现状地形，还原整个岛的绿地表面，重塑地景构筑，打造一站式品牌旗舰店购物公园，成为年轻人的时尚目的地。行林间浮桥穿越植物园直至水岸，享受远离烦嚣的半日清闲（图12.33）。

2. 无忌童言：油罐大冒险

油罐大冒险位于松岗河口，依托良好的城市历史基底，环环相接过去与未来。第一环桥连接两河三岸，第二环桥连接油罐花园，第三环桥连接升级产业综合办公实验楼，串接至美术馆，引河入湾塑造洪泛湿地改善未整治堤防点，赋予岸上新产园的滨水品质（图12.34）。

图 12.32　总体布局示意图

图 12.33　后庭生态岛

图 12.34　油罐大冒险

3. 办公新生活：田园游水

面临以旧厂房为主、两岸无联系交通、以硬质驳岸为主的问题，升级芭田化肥厂，重塑南岸游水稻田等湿地驳岸，复合生态农业景观与工业景观，一河两岸。办公闲余，在岭南水塘间游船放空，风吹稻花香两岸，看工业遗迹，晚风中吃新鲜瓜果（图 12.35）。

图 12.35 田园游水

4. 大闸春游：河口大闸

依托茅洲河与沙井河交汇口河口大闸的水利文化标志性构筑，景观围绕源头水文设施展开。南岸起源，依“井”字水径在地面延展开来，跨越三岸的慢行桥牵起一条茅洲河文化展示水径，流到水剧场（图 12.36）。

图 12.36 河口大闸

在保留原来功能的同时，新增“水帘瀑布全息投影”功能，将当地水文信息投影到闸口水幕上；可视化的水文数据演绎沙井河流水的四季轮回，成为沙井人每天一见的“水物钟”。结合“掌上沙井河小程序”，实时更新反馈水涨、水落等水务数据，为游客提供出行提醒和游玩路径推荐（图 12.37）。

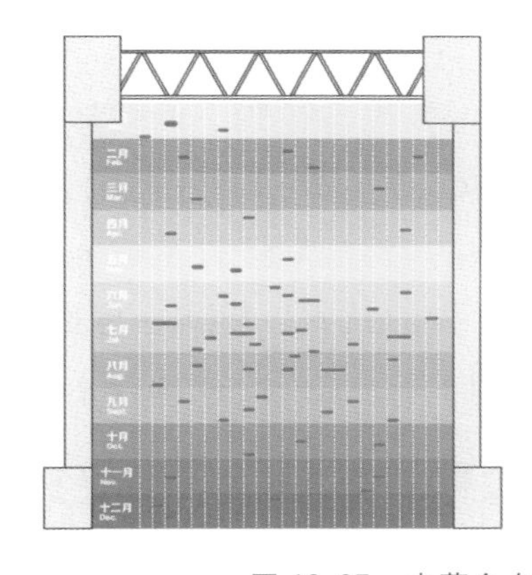

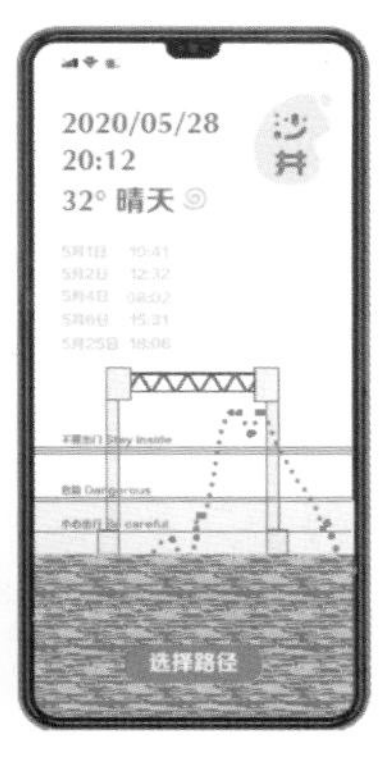

图 12.37 水幕全息投影及对应的掌上 App

12.5　水陆综合发展

12.5.1　建设指引要求

碧道建设应注重水陆统筹利用，激活滨水空间，系统统筹流域内的水环境治理、用地结构调整、用地布局优化、功能利用置换等工作，带动沿线产业升级、品质提升等综合发展，形成“碧道＋”的水陆联动发展模式。着力整合低效用地，清除违章违占用地，对可再开发利用的土地功能进行置换或更新，对不可再开发利用的土地功能进行微更新改造植入公共功能，推动产业转型升级，带动滨水地区环境、产业、文化发展，构筑水岸都市经济带。

12.5.2　江碧环境生态产业园规划

12.5.2.1　场地概况

江碧环境生态产业园规划位于茅洲河与沙井河交汇处东北部、宝安区松岗街道西南侧，毗邻东莞长安新区和大空港片区，东至松福大道、西至茅洲河、北至广深高速、南至沙井河，总用地面积为 1.39km^2。其中建设用地面积为 1.22km^2，其他用地面积为 0.17km^2。而城镇建设用地则主要以工业用地为主，包括少量的公共管理与服务设备、交通设施和居住用地等。现状包括碧头第三工业区（64.4hm^2）和部分江边工业区（49.9hm^2）。用地区内现状主要产业类型为五金电镀、木器、电子元件等，其中以电镀（金属制品）产业为主（37 家），另有部分橡胶、电子、机械等企业。

总体来说，园区规划区域存在以下问题：

（1）城市建设问题。该区域土地利用以工业用地为主，同时生产环境较差；片区内现状地块开发强度较低，土地利用集约程度不够。

（2）产业发展问题。片区内以电镀、电子元件加工产业为主，存在产业工艺水平低端、污染严重的产业特征，亟待升级转型。

（3）生态景观问题。根据现状调查，区域周边蓝绿景观资源虽然丰富，但仍无系统规划的景观环境，需要进一步规划建设。

12.5.2.2　建设定位

建设定位为：全面深度转型、高端绿色发展。融入生态治理、绿色转型、国际标准、科技支撑四大理念，并以此为指引，探求区域先进要素，通过转变、引进、吸取、试点、总结、推广，真正打破涉重行业惯有重污染印象，重塑形象，将规划区打造成为国家级涉重行业绿色发展转型示范区和典型区，同时成为国内首屈一指的技术、模式、标准等的输出模范区。将规划区着力打造为国家级绿色发展转型示范区的同时，加强与德国技术合作以及环保产业链条发展。绿色发展转型示范区和典型区有以下：

（1）中德中小企业合作试验区。江碧产业园区以中国制造 2025 和德国工业 4.0 合作共创为导向，致力于成为中德中小企业知识产权保护试验区和中德智能制造创新基地，同时成为深圳首个环境产业中德中小企业合作试验区。

(2) 先进绿色表面处理产业集聚区。重点发展绿色表面处理产业，通过城市更新改造腾挪发展空间，逐步引导宝安区电镀线板中小企业入园发展，并采用先进生产工艺，将江碧工业区打造成为国内领先的先进绿色表面处理集聚基地。

(3) 高端环保技术转化样板区。发展绿色表面处理主导产业的同时拓展相关环保产业，首先以引入高端环保技术转化为引擎，推进园区产业环境多样化、一体化发展，成为深圳高端环保技术转化的样板区和引擎区，为深圳市环境产业发展奠定基础。

12.5.2.3　建设思路

立足园区本身，从园区的处理系统、绿色转型、智能化三方面提出总体规划发展思路。

1. 处理系统：集中处理、统一规划、按标敷设

彻底解决现状涉重企业布局分散、各自为政、偷排漏排、难以管理的局面，以解决问题为导向，置入集中处理设施，并与园区统筹考虑，统一规划布局，同时形成完善管网＋联动设施的弹性管理模式。

(1) “三废”处置措施。构建危废集中处理基地，合理布置废水集中处理设施，资源共享，实行就近处理和中转收集预处理，实现设施统一规划、集中处理。废气处理以园区厂房为载体，统一收集、中转处理、达标排放（图 12.38）。

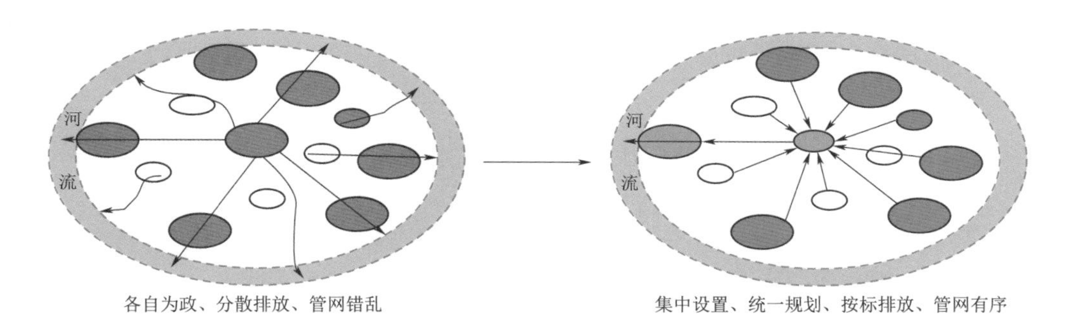

图 12.38　处理系统构建意向图

(2) 管网布置。园区管网分流设置，统一按标敷设。

2. 智能化：互联楔入、数据衍生、全域智能

紧抓“科技兴国、科技兴业”理念，将此置入行业发展，以高科技打造智能园区。建立“互联网＋”的大数据中心和监控、检测等中控中心以及创新中心。

以“环境服务业＋实体产业”并行模式增加企业核心竞争力的同时解决“点多面广”涉重企业管理无法面面俱到的问题，解放生产力，实现以智能互联技术推动环境服务业与柔性制造业的融合发展，使涉重行业发展呈现新面貌、新形象（图 12.39）。

3. 绿色转型：引擎带动、多元更新、绿色转型

建立园区着力发展的集聚产业和未来发展环保产业的生产示范区，以此为“发展极核”和“生产试验田”，置入国内外先进生产工艺、处理模式以及良好的运营管理模式，为园区

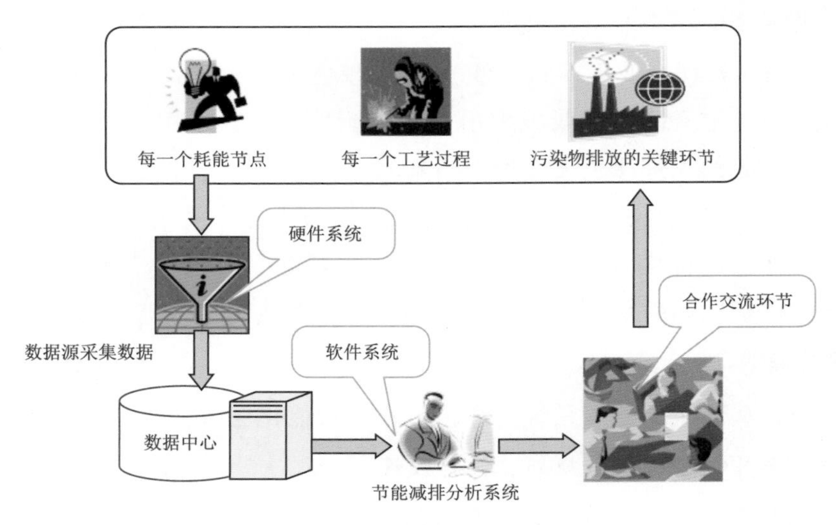

图 12.39 园区智能化系统

124 万 m^2 现状产业集聚区的建设奠定基础、打好样板。

核心产业集聚区以此为引擎，结合现状，因地制宜创建多元更新模式，置入样板开发建设，大力推动区域涉重行业绿色转型（图 12.40）。

12.5.2.4 总体布局

立足建设思路，结合周边景观资源，规划园区功能结构为“一园、两区、三轴、两带”。

1. “一园”——环保科技创新产业园

结合现状未利用地块，通过新建打造为园区核心中控区，囊括集中处理设施（废水集中处理设施）、物联网智能管控和采集等中心、为园区开发建设打好样板的环境产业示范厂区等。

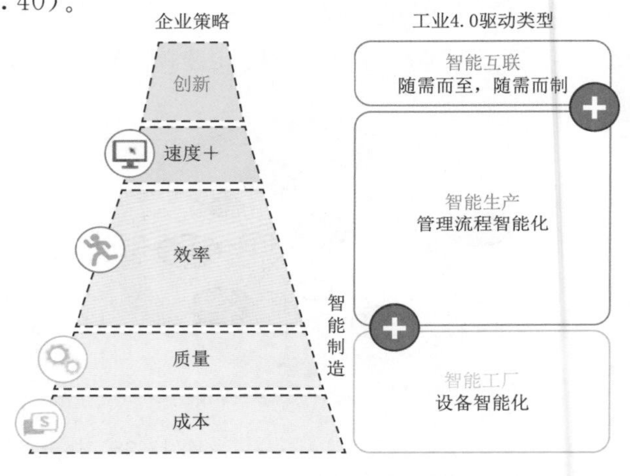

图 12.40 产业绿色转型升级

2. “两区”——江碧环境生态园启动区和环保产业城市更新统筹片区

江碧环境生态园启动区主要对制造业产生的有色金属废弃物开展资源化综合利用、相关技术研发及转化应用，以及有机、无机废液开展无害化安全处置。该启动区建成后可实现对资源的再次回收和综合处理利用，有效改善周边区域及茅洲河流域的环境质量。

环保产业城市更新统筹片区作为现状产业集聚区，以本次规划目标为主，通过城市更新，大力发展绿色表面处理产业，并统筹规划其他环保产业和产业配套设施。

3. “三轴”——三条横纵相融的产业发展轴

三条轴线是园区联动产业集聚、连接重要节点的产业街区。

平安大道：以园区入口为起点，打造多元变化、富有层次的产业空间和宽窄不一的公共空间，并连通滨河绿带；路幅较大，视野开阔，彰显园区入口形象。

碧头工业路：现状产业街区已初具雏形。结合广深高速公路沿线约50m宽的道路景观带打造贯通产业的发展轴线。此轴线连接了环保产业技术转化中心、生活服务中心、产业服务中心以及滨河绿带，各节点建筑设计多样、空间多元、产业建筑风格统一。

碧头工业一路——创业五路：唯一一条纵向发展的产业轴线，通过连接园区内主要发展的两大产业，即绿色表面处理生产区和先进环保产业技术转化中心，同时连接园区的核心中控。

4. “两带”——茅洲河、沙井河滨水景观绿带

茅洲河、沙井河作为园区天然生态屏障，周边生态资源丰富。本次规划通过对滨河两岸的多样性设计，并与园区景观融合，以“引入”“开放”“集聚”的理念打造“点、线、面”结合的整体性景观形象，为园区创建生态文明园区，实现绿色转型奠定良好的基础，也为茅洲河综合整治打造一个优美的景观岸线和景观节点。

12.5.2.5 功能区划

总体布局中，“一园两区”具体功能分区包括7大类：环保产业试点区、绿色表面处理生产区、环保产业发展区、产业综合配套服务区、商务生活配套区、集中处理设施区、生态绿化景观区（图12.41）。

图12.41 功能区块划分

1. 环保产业试点区

试点区占地面积为3.61hm^2，主要集聚园区主导产业和未来发展环境产业示范生产区，具体内容为绿色表面处理示范厂房、先进环保示范厂房和绿色低碳示范厂房。

2. 绿色表面处理生产区

生产区主要分布于规划区中部和北部，分两个组团，三期开发，一期开发建设靠近综合生产试验区西侧的绿色表面处理生产区，二期和三期开发建设北部生产区，每个组团分别由10～30栋规格不同的U形十层标准电镀厂房组成，电镀厂房布置合理，工作空间宽敞舒适，

7m层高，1.5t以上楼面等效荷载，南北向采光与通风，为工人生产提供了舒适的工作环境。

3. 环保产业发展区

发展区通过引进技术和自主研发相结合加快推进环保装备制造的区域，在发展主导产业的同时，逐步引进环保链条产业，使园区发展多元化。例如研发生产大气污染防治设备，水质污染防治设备，固体废物处理设备、环境测试器等，大幅度降低环境治理成本。

4. 产业综合配套服务区

服务区共涉及5处，主要内容涵盖了环境产业有关的数据中心，检测中控中心，绿色创新中心，教育、培训、交流、咨询中心等。另外，局部区域产业服务中心和生活服务中心混合布局。

5. 商务生活配套区

配套区集中分布于北部中心区域，主要内容是产业邻里中心，具体指产业保障性住房、商业中心等，为员工提供了良好的生活保障。

6. 集中处理设施区

设施区集中分布于园区西南侧犁头嘴地区，占地面积7.5hm^2，主要包括危废处理基地和废水集中处理设施。其中危废处理基地一期完成2.5hm^{2}置换用地内的资源化处理厂房和相关配套设施建设，废水集中处理设施一期完成1.7万～1.8万m^3/d处理量的相关建设。

7. 生态绿化景观区

景观区以茅洲河和沙井河为景观绿带，将绿化景观渗透于园区内，以集中布局的公园绿地和移步换景的道路绿化带形成园区内一道靓丽的风景线，为园区员工提供了良好的生活环境。

第13章　数字赋能——智慧平台构建

13.1　背景概述

茅洲河在管理过程中，如何进一步提升“正本清源”等治水工程效果，提高水务设施运行监管效率，保障河湖水质达标，降低洪涝灾害风险，实现水务管理智慧化、长效化，是摆在流域管理部门面前最迫切需要解决的问题。深圳市水务局于2018年6月印发《深圳市智慧水务总体方案》，按照深圳市智慧城市建设的总体部署，紧扣“六个一”的发展目标，提出了“一图全感知”“一键知全局”“一站全监控”“一机通水务”的建设目标，实现涉水事务感知、监管及决策的全过程智能管控。智慧水务平台的建设有力推动了治水由工程治理向精细化管理转变，为治水提质提供了新动力，进一步保障防洪排涝和水环境综合整治等工程发挥长效的工程效益。

13.2　需求分析

茅洲河流域管理中心是所属流域内唯一的综合管理机构，具有“统一规划、统一治理、统一调度、统筹兼顾”四统功能定位，是茅洲河流域后治理时代最重要的守卫者，业务需求包括以下几方面。

1. 流域调度管理

调度是统筹管理的重要手段，目标是通过对流域内基础设施资源、自然资源等进行合理的调度和利用，实现资源的最大化利用和保护。流域管理中心主要负责编制流域防洪排涝联合调度方案、污水统筹调度方案和水资源利用调度方案，并组织市、区、街道有关单位推进实施，主要体现在防洪排涝、污染防治和水资源利用等几个方面。

2. 河湖长制管理

河湖长制管理是指政府部门设立河湖长，通过强化河湖保护、治理和管理的责任制度，推进河湖生态环境的改善和保护。河湖长制管理是一种创新的水资源管理模式，可以有效推进河湖生态环境的改善和保护，提高河湖水资源的利用效率，促进可持续发展。流域管理中心承担河（湖）长制的具体日常事务，包括河湖长设立、河湖保护责任制、河湖治理责任制和河湖管理责任制的建设、河湖长制考核等。

3. 水务设施运维和监管

污水处理设施、污水管网、污水泵站、河道、闸泵以及碧道等都是水务的主要管理要素，保障水安全、水环境、水资源的目标实现。流域管理中心需要根据权属，对市管河道及其附属设施、水质改善设施和碧道的运行、维护等承担主要管理责任，对区管水务设施承担监督考核、巡查巡检等工作，收集分析有关水量水质数据。

13.3 平台架构

智慧平台以基础设施、公共平台建设为主，补齐水环境、水安全方面信息感知短板，为整个水务业务管理实现“可视、可知、可控、可预测”打下坚实的基础，包括数据层、接入层、支撑层、应用层和展示层五层架构，如图 13.1 所示。

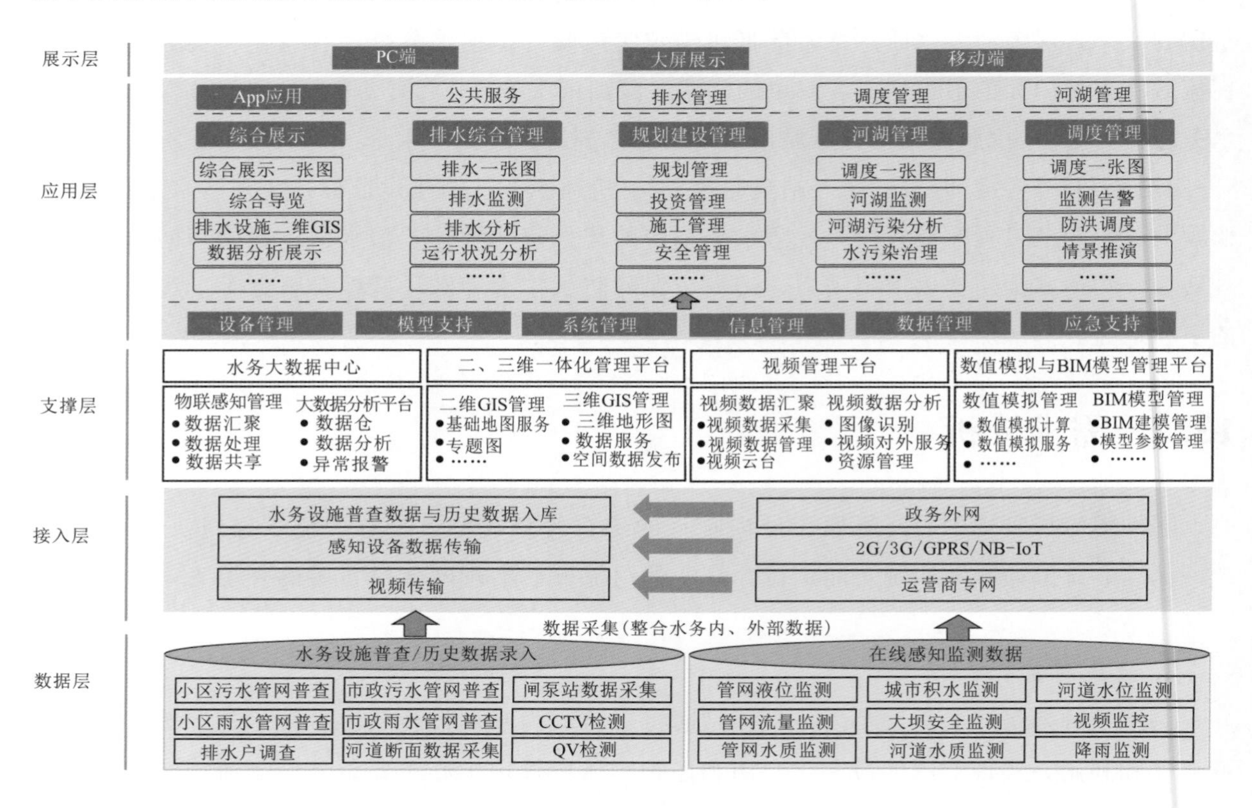

图 13.1 平台架构图

13.3.1 数据层：水务基础数据采集和感知监测体系

数据层为业务应用提供基础数据支撑，包括历史数据、设施普查数据和物联感知监测数据。一方面，不同部门的信息化系统进行数据的归集和上传，最后汇聚到大数据共享交换中心。另一方面，通过收集空天地一体化立体监测的水务物联感知体系数据，实现对自然水循环过程和社会水循环过程的及时、全面、准确、稳定的监测、监视和监控。

1. 历史数据档案

参照《深圳市室外排水设施数据采集与建库规范》(SZDB/Z 330—2018)，建立历史基础数据档案与排水管网档案，具体包括以下方面：

（1）建立基础数据档案。数据层通过资料收集、实地勘测等多种手段，将流域内排水管道、检查井、排放口、泵站、水库、排水户、闸、河道等基础信息收集，建立基础数据档案。

（2）排水户调查。排水户信息的获取主要通过实地走访、与相关人员了解及收集资料的方式，了解现有排水户的类型、排水情况等资料，为排水业务的规划建设、运营、保护和相关管理活动提供基础数据。

2. 设施普查数据

（1）管网普查。数据层通过收集竣工图和实地管线探测相结合的手段，获得全面、完整的排水管网数据，为专题数据库—管网数据库提供基础数据支持。

（2）河道测量。河道数据采集按一定距离布设断面，测量河道水下地形、横纵断面、排放口（包括雨水口、雨污混接口、污水口），同时溯源排放口污染，并记录入库。

（3）管网检测。数据层的建设利用内窥检查是最有效反映管道内部健康状况调查方法，其主要采用CCTV、QV检测设备等对管道内部真实情况进行记录、定位，进而对管道进行评估，形成管道健康报告。

（4）其他水务设施调查。其他水务设施包括污水泵站、防洪设施、水闸、调蓄池等，采用实地走访，收集施工图、竣工图以及运行资料的方式采集设施基础数据。同时，部分缺少图纸资料的雨污水泵站按照项目需求进一步进行测量绘图入库。

3. 物联感知监测数据

监测项目包括水雨情、管网（含排口）、积水点、河湖、水库、闸泵等，监测指标详见表13.1。

表13.1　感知体系监测指标

监测项目	监测指标
水雨情	降雨量、河湖库水位
管网（含排口）	液位、流量、水质
积水点	路面水位、管道水位、流量、视频
河湖	水位、流量、水质、视频
水库	水位、水质、雨量、水平位移、垂直位移、渗流、渗压、视频
闸泵	闸门启闭状态、开度、配电设施工况、泵站启闭状态、开度、配电设施工况等

13.3.2　接入层：基础设施保障体系

接入层充分利用光纤、微波、5G等网络联接技术和云计算、大数据等信息技术，构建广域覆盖、弹性伸缩的一体化、集约化基础设施体系，有效解决复杂多样、分布广等基础设施管理难点。

1. 存储计算资源

基于集约建设、共享协同的原则，接入层依托现有存储计算资源，构建“水务控制云”，提供控制专网的计算和存储资源，支撑管控中心对现地站的安全控制。

2. 高速泛在水务网络

接入层依托政务外网、视频接入网以及互联网，构建泛在互联的水务网络；通过光纤传输、NB-IoT、4G/5G、微波等技术和手段，打通水务网络“最后一公里”，实现物联感知数据、视频数据的实时接入；建设覆盖管控中心和现地站的水务控制专网，实现设备设施的实时监测和远程控制。

3. 多源感知数据集成平台

接入层通过不同的接口方式与大数据平台或物联汇聚集成平台进行对接，并通过业务集成平台管控相关接口服务，最终将数据归集到水务数据资源池中。内部数据接入对象包括历史数据、水务设施普查数据、物联网感知监测数据和监控视频数据。

4. 构建空天地一体化的物联感知体系

数据层与接入层共同构成了物联感知体系，通过物联网技术对水务设施的水情、工情以及防洪安全进行监控，采集内容包括排水管网水情水质、河道水情水质、水库工情、气象指标、城市积水监测以及各水务设施视频监控等。

13.3.3 支撑层：大数据中心和模型应用体系

支撑层包括水务大数据中心，二、三维一体化管理平台，视频管理平台，数值模拟与BIM模型管理平台，为业务应用提供数据分析、GIS、视频处理和模型计算等业务。

1. 水务大数据中心

水务大数据中心包括物联感知管理与大数据分析平台，通过对各类应用库数据标准化以及大数据分析，构建以基础数据库、监测数据库、专题库以及大数据分析为主的水务大数据中心，支持与气象、国土、交通等业务领域的数据交换共享。

2. 二、三维一体化管理平台

二、三维一体化管理平台提供二维GIS与三维GIS融合应用平台，包括二维数据处理与展示，三维模型加载，二、三维应用场景发布等功能。通过接入水务设施监控与在线监测感知数据，形成“水务一张网”，实现河道治理、污水治理工程规划建设的可视化。

3. 视频管理平台

视频管理平台由视频综合管理系统和图像AI识别系统两部分组成，提供视频资源的基本操作，智能分析等功能。综合管理系统实现视频信号采集、汇集存储、实时显示、回放等功能。图像AI识别系统主要通过机器自学习对排口监测进行识别分析。

4. 数值模拟与BIM模型管理平台

数值模拟综合管理是统一管理各类水动力水质模型，开发了多个模型协作运行算法，实现一、二维模型以及排水管网与河道模型耦合，具备常规水动力模拟、应急事件水环境模拟、水质预警自动化模拟等功能。BIM模型管理平台主要提供管网三维建模、模型数据管理、模型数据轻量化处理等功能。

13.3.4 应用层：智能高效的业务应用体系

应用层主要包括综合展示、排水综合管理、规划建设管理、河湖管理、调度管理等，提供各类应用系统，满足水务各业务部门及各业务维度的管理需求，通过基础应用的建设优化水务监管流程，提升水务监控效率。

13.3.4.1 综合展示系统

综合展示系统旨在呈现茅洲河治理成效，回顾总结历史水质变化规律，研究水环境质量变化趋势与水情工情之间的大数据关系，从而更好地开展流域管理。

1. 综合展示一张图

汇集全市水情、水质、工情、视频等信息，构建全景监测一张图，支撑业务管理；以流域为单元，构建流域综合调度系统，实现流域生态环境和防洪排涝调度挂图作战；在全面掌握全市供用水信息的基础上，构建全市水资源与供水统一调度系统，支撑外调水与本地水统一优化调度，提升全市水资源保障能力。

2. 综合导览

利用视频会商、融合通信及远程监控技术，建立完备的会商系统，实现灾害防御全方位感知决策指挥体系。同时，该模块加强水资源管理、污染治理和水土保持，提升水资源保护水平和管理效率。该模块以河长制管理为基础，加强水域岸线、生态水量、碧道建设等管理，实现水土保持的精细化管理。

3. 排水设施二维GIS

基于Leaflet地图框架实现平台水利、水务等流域相关空间数据的一张图展示。该模块主要实现两大功能：一是提供水利（水务）、生态环境等基础数据展示和查询服务，包括河道、水库、水闸、泵站、污水处理厂、管网、排口、污染源、监测站、土地利用等要素，以及各要素响应的属性信息；二是提供GIS通用服务，方便用户实现各种常用的地图操作及分析功能。

4. 数据分析展示

基于流量、液位、水质等监测数据，对监测数据进行更深层次的挖掘，对系统的运行状态进行综合分析，实现河湖污染分析、降雨分析、积水点分析、河道水位分析、排水分析、运行状况分析等功能。

13.3.4.2 排水综合管理系统

排水综合管理系统以排水管网为核心，结合排水户、面源污染源、混接点等基础数据和管网中布设的水量、水位和水质等监测数据，旨在行使排水管网监管职能，保障雨、污水管网系统稳定运行，为污水零直排、管网提质增效提供支撑。

1. 排水一张图

通过图层启闭查看各类型的排水设施在GIS地图上的位置及其详细信息，同时可以查看该专题的统计信息，包括污水管网、雨水管网、截流管网、排水小区、排水户、排水监测等图层。管网设施在地图上进行分级显示，排水管网显示级别越高，排水管网显示越精细。

2. 排水监测

基于截污系统、污水系统、雨水系统等的流量、液位、水质等监测数据，对系统的运行状态进行综合分析、评估，对监测数据进行更深层次的挖掘，为管网规划改造等提供决策支撑。

3. 排水分析

排水分析模块包括模型预案、排水分析等功能。模型预案可查看各工况下管道最大充满度分布情况及其统计信息，以及低流速管段分布的位置及其统计，用于指导规划工作。排水能力分析借助管网模型来模拟不同人口基数、外水渗入、降雨等工况下排水管网内排水能力的情况，以及各处管段流速分布情况。

4. 运行状况分析

运行状况分析模块包括巡检记录、巡检任务、巡检方案、巡检标准、抽查任务、抽查记录、抽查统计等功能。结合 App 端排水巡检和抽查模块，实现排水设施制定巡检标准与巡检方案、创建巡检任务、巡查员接收任务—现场巡查—提交巡查结果—形成巡检记录的全过程管理。

13.3.4.3 规划建设管理系统

规划建设管理系统实现了对所有水务工程项目从规划到竣工验收，以及后期运行进行全生命周期管理，并实现工程项目建设全程资料电子化、管理信息化、过程可视化监控。

1. 项目规划管理

项目规划管理包括前期、申报、进度、成果和评审五个管理功能。前期管理录入政府项目规划，提供填报窗口，自动生成总表；项目申报填写项目信息并进入审批流程；进度管理填报项目关键信息；成果管理以项目为单位，自动归档，允许查看、下载等；评审管理填报评审信息，建立专家库，与其他资料关联。

2. 项目投资管理

项目投资管理模块包括投资清单表的生成、分阶段费用拨付计划、造价咨询成果上传和项目过程合同管理四个方面。用户可以填报项目投资信息和拨款申请，存储相关纸质申报材料扫描件，并上传核算成果电子档，实现对项目投资的全面管理。合同管理确保流程的规范化和标准化，有利于帮助用户实现对项目投资的统计、分析和监控，提高投资管理的效率和准确性。

3. 施工管理

施工管理模块包括进度管理、质量管理、设计管理和验收管理四个方面。用户可以填报进度计划、记录工程巡检情况、上传设计图纸和申请验收，实现全面的施工管理，支持文件的上传、下载、查询和分类归档，实现快速生成验收单、竣工证明等文件，有利于用户更好地掌握施工现场情况，确保施工质量和进度，提高施工管理的效率和准确性。

4. 安全管理

工程项目安全管理包括专项方案、安全检查、安全教育和安全考核。其中，专项方案模块制定了安全实施方案和特殊工种登记，安全检查模块记录并整改安全隐患，安全教育模块制定安全教育计划并记录学习情况，安全考核模块对不同工种进行考核并统计成绩。这四个模块能够全面管理工程项目的安全，确保施工安全和人员健康。

13.3.4.4 河湖管理系统

河湖管理系统紧扣“河湖长制”内在要求和涉河人员工作需求，以河湖管理、水质达标为核心，对河湖水库等进行动态监管，实现基础数据、涉河工程、水质监测、水域岸线管理信息化、系统化，具体包括河湖一张图、河湖监测、河湖污染分析、水污染治理等模块。

1. 河湖一张图

通过叠加流域范围内河湖、水库、排水口、监控点等水利信息要素，对河湖信息进行一张图展示，以此能够直观地发现水域变化情况，提供河湖库专题展示界面，为河湖管理提供决策支持，包括污水管网、雨水管网、河道信息、湖泊信息、碧道信息、排口信息、监测预警等。

2. 河湖监测

用户在河湖监测模块可查看管理区域内的雨水系统、污水系统主干管、泵站信息及其主要的监测信息，实现对河湖档案信息进行统一管理，查看河流、湖泊（水库）的详细信息，包括对河湖动态信息新增、修改、删除，并且可以查看某条河流或者湖泊的河长、湖长历史记录和详细信息。

3. 河湖污染分析

河湖污染分析模块包括预案模拟和预案工况功能，通过河道、湖泊水文模型来模拟不同工况下的流量、水位等情况，更全面地了解河湖排水能力。预案模拟功能可以预演不同工况下的处理效果和结果；预案工况功能则方便用户管理和维护模型方案，同步可以查看河道、河口水质指标的变化情况和监测点分布情况，支撑河湖污染治理。

4. 水污染治理

水污染治理模块包括责任手册、进展报表等，通过对责任手册进行工作任务分解并按照任务进度定期上报月报、周报，以此把控河湖治理工作进展，并减少纸质办公。

13.3.4.5 调度管理系统

调度管理系统是城市防洪抗涝安全保障体系非工程措施的核心组成部分，以监测数据为指引、数值模拟为核心，构建流域内防洪排涝精准化管理，实现预报、预警、预演、预案的“四预”功能，为保证城市防汛安全及应急指挥提供科学的调度指挥决策依据，包括调度一张图、监测告警、防洪调度、情景推演等模块。

1. 调度一张图

通过图层启闭查看各类水务设施的监测情况、应急事件、积水风险点等在GIS地图上的位置及其详细信息并获取相关统计信息，包括雨水管网、河道信息、湖泊信息、积水风险点、应急事件、设施调度、洪涝监测、应急资源等图层；进一步通过管网、河道、湖泊水文模型模拟不同工况下的流量、闸前水位、积水风险等情况，全面了解排水管网排涝能力。

2. 监测告警

监测告警模块包括降雨分析、积水点分析、河道水位分析等功能，将流域监测数据、人工数据进行统计分析和处理，分析流域降雨、积水点、河道水位情况，全面掌握流域排水情况。

3. 防洪调度

防洪调度模块包括应急队伍、应急避难所、应急物资、应急培训、应急演练、应急预案、防汛信息、突发事件、防汛总结等功能，综合管理和维护各项应急措施以及资源，可实现应急响应期间突发事件以及防汛信息的数字化报送，并且在响应期结束后，形成防汛总结报告。

4. 情景推演

情景推演模块是针对茅洲河流域水环境、水资源和水安全领域的调度管理系统，能够在常态和应急情况下对水务设施、河道水位、水质、气象等信息进行实时监控和管理，从而保障茅洲河的水质和防洪排涝安全，并提高水资源的利用效率；按照不同的业务领域构建了三个业务图层，能够快速发布调度指令和更新调度预案。

13.3.5 展示层：实时显示和移动巡检体系

展示层负责系统与用户的交互，通过PC端、大屏展示、移动端等方式展示基础地理信息、河湖、水库、沟渠、供水管网、排水管网、井盖、水质监测、泵闸调度、视频监控等实时信息；同时，PC端可处理应用层中大部分业务流程，移动端可实现排水管巡检等应用功能。

1. PC端

基于大数据分析技术，PC端具备多源融合全景展示功能，实时监测数据、工程基础数据、设计过程数据、招投标数据、审批数据、建设过程数据、监理过程数据、信用数据、质量安全检测数据、付款数据、验收数据、移交数据等。

2. 大屏展示

大屏展示具备一图全感知功能，包括水务基础信息及水情、水质、工情、灾情、水生态信息。基于GIS一张图，对工程区域的各类信息进行图形化展示，包括对重点区域的视频监控、水文水质数据超阈值时的预警，从而辅助不同管理部门及管理人员快速、便捷了解区域内各工程主要相关信息，提升水文水质监测管理能力。

3. 移动端

移动端具备辅助决策分析和联动指挥功能，能够提供一键即可获取水务信息服务，包括城市内涝预警、水源供水调度、水环境质量预测、工程建设项目管理等信息，以及水资源、水安全、水环境等应急调度指挥。

13.4 关键技术

结合水务管理应用场景，系统拟采用以下四大关键技术，分别为5G+AI技术、IoT+GIS技术、BIM+GIS技术以及数值模拟技术。

13.4.1 5G+AI技术

开发河道沿岸5G+AI监测应用技术，及时分析水污染事件，如垃圾识别、排口混流等问题，实现了快速发现、快速定位、快速处置等功能，主要包括以下方面。

水面漂浮物识别：实时监控河湖水面漂浮物，减轻人工巡查工作量，及时发现水面污染现象，协助治理水域污染。

水体颜色识别：通过视频监控与智能分析，时刻掌握水体颜色变化，提前发现水质异常。

异常排水行为识别：监控排水口排水流态和水体颜色变化，研判排放水质，及时预警异常排水行为。

岸线非法侵占识别：通过视频监控与遥感影像，自动识别河湖岸边的固体废物堆放、岸线侵占、违法建筑、违法养殖等违法情况，辅助水政执法。

非法捕捞识别：对非法捕捞行为进行智能识别，保护水生生物资源。实时监测并识别非法钓鱼行为，保护水域生态安全。

游泳行为识别：识别水域内游泳行为，确保游泳者安全，维护水域管理秩序。

人员闯入识别：监测水域管理范围内非法闯入行为，确保水域安全。

13.4.2 IoT+GIS 技术

开发 IoT 和 GIS 集成应用技术，通过辖区内液位、流量、水质、大坝安全等多类指标监测设备集成应用，实时掌握各水务设施运行状态。

采用 IoT+GIS 技术，建成一套性能稳定、操作方便、功能完善、切合实际、覆盖流域的监管及预警系统网络，实现对行政区域交界处、重要雨污水节点及排口实时在线监测，动态掌握雨水管网内水质以及水位、水流方向、流量情况，为污水冒溢预警、淤积分析、雨污混接分析、污染路径分析、污水处理工艺优化等提供数据支撑。对区域内暂未安装积水在线监测设备、历史暴雨作用下新的内涝点实时在线监测，通过道路积水深度及现场视频，及时掌握内涝发展态势，利用电子显示屏提醒往来车辆及行人注意内涝防范。

对流域内水库水雨情、安全状态实时在线监测，动态掌握水库水雨情、水质、大坝位移、渗流、渗压，以保障水资源、水安全及大坝结构安全。对暗河、暗渠、河湖断面实时在线监测，动态掌握河湖渠水质以及水位、水流方向、流量情况，为河道模型建立提供基础数据支撑。

13.4.3 BIM+GIS 技术

建立 BIM 和 GIS 耦合三维模型，实现水务设施三维展现，并可进行水务设施拓扑分析、洪水演进分析、污染扩散分析等三维场景化呈现。

以 BIM+GIS 技术为依托，实现区域内海量管网三维模型和精细 BIM 模型的创建和整合，以满足水务设施可视化展示、查询、维护的总体需求。管网及附属设施建模以满足三维可视化展示和运维管理需求为出发点，模型的几何精度与提供的普查数据、已有 GIS 数据精度保持一致。模型的属性继承普查成果、GIS 数据库中已有的属性信息。模型材质采用纹理方式表示，能够准确标注管点三维模型如检查井、雨篦等附属设施的平面坐标、地面高程、管底高程，管线三维模型的管径、管线起点、管线终点高程，各类井规格，其他附属设施如沉淀池、化粪池等。

13.4.4 数值模拟技术

开发水动力＋水质耦合模型，实现污水与截流系统组合模拟、雨水与河道系统组合模拟，应用于污水系统、防洪排涝等业务领域。

针对茅洲河流域水污染治理、内涝整治、排水管网运营监管等业务的需求，以区域排水管网数据、地表地形地貌数据、河湖水下地形数据等为基础，利用专业的数值模拟软件，构建区域排水系统水动力与水质数学模型，模拟排水管网与河道水库的水动力与水质情况，为河湖水质变化趋势分析、易涝点积水灾害分析、排水管网运行状态评估等提供数据支撑。

流域内现状排水系统主要存在强降雨下城市内涝与防洪问题、城市河湖水体污染问题及污水系统管理问题。针对这三大类问题，通过建立雨水与污水系统模型，实现多场景应用。

1. 旱天溢流污染分析

结合现状雨污水管网情况，利用管网模型对混错接管网进行综合分析，识别主要的污染源，估算主要的污染负荷。旱天污水管网对河道水体造成的污染主要是由于雨水管与污水管混接造成部分污水混入雨水管网直排入河。

2. 城市面源污染评估

根据流域用地情况、下垫面类型，考虑地表污染物累积、地表径流冲刷及街道清扫规律，模拟评估地表径流污染负荷，为确定面源污染治理设施运行方式提供决策依据。

3. 尾水污染评估

结合污水厂实际运行情况，利用水质模型对污水厂尾水对河道影响进行定量化分析。为下一步是否需要针对污水厂进行提标增效提供相应的数据支撑。

4. 城市洪涝积水分析评估

根据建立的包含河道的一、二维耦合的雨水排水系统，结合 DEM 地形数据与下垫面情况，针对易涝点进行地面积水与雨水排水管道排水能力的评估，为后续改造方案和应急预案的确定提供决策依据。

5. 水质模拟分析评估

结合雨污混接和污水厂排放造成的点源污染、初期雨水冲刷造成的面源污染，对河道的水质参数进行相应模拟与预测，预测评估河道水质是否能够达到功能区水质目标。

平台基于海量的监测数据和管网排查基础数据，针对可能产生的污染状况，融合使用的关键技术，实现主动化隐患排查、智能分析、预警处理、应急管理、辅助决策等功能。

第 14 章　水城共荣——治理绩效评估

经过不懈努力，茅洲河流域水质实现整体性、根本性、历史性好转，以碧道为契机，推动“水产城”共治共融，两岸经济带焕然一新。根据《南粤水更清行动计划（修订本）（2017—2020 年）》及《广东省水污染防治行动计划实施方案》要求，2020 年茅洲河共和村断面水质须达到地表水Ⅴ类标准。与 2015 年相比，2019 年茅洲河干流综合污染指数下降 78.5%，主要污染指标化学需氧量、氨氮、总磷浓度分别下降 54.0%、84.9%和 86.2%，其中共和村国考断面下降 56.1%、83.2%和 82.6%；共和村国考地表水断面氨氮指标降至 1.31mg/L，为 1992 年以来最好数值；自 2019 年 11 月起，茅洲河水质达到并保持在地表水Ⅴ类及以上，流域内 45 个黑臭水体、304 个小微黑臭水体全部消除黑臭；2020 年，茅洲河共和村国考断面水质达地表水Ⅳ类，达到国考目标。本章通过水质模型预测与水质监测数据分析茅洲河重大施工节点与水质变化之间的关联性，从而对工程设施效果及水质变化趋势进行评估，并进一步分析除水质之外茅洲河工程为两岸环境带来的综合效益。

经过近七年的全方位综合整治，茅洲河全流域水环境质量稳步提升，流域内 44 条黑臭水体、304 个小微黑臭水体已于 2019 年全面消除黑臭，水质状况总体明显好转。

14.1　水质预测模型

模型工作在茅洲河项目中贯穿始终，是辅助工程设计、建设与后期运维管理的有效工具，三次模型工作分别伴随着茅洲河治理工程的三个阶段。随着茅洲河流域治理系统工程逐步落地，系统治理全面进入收尾阶段，茅洲河治理的重心逐渐由水质改善向水质长效巩固转变，此时，模型不仅是分析水动力水质基本规律、优化调度方案的技术手段，同时也对论证工程目标的长期可达性、论证潜在项目建设必要性起到重要作用。随着精准治污技术体系的不断发展，围绕“厂、网、河、源”耦合模拟、工程后评估等方面仍需要开展大量的研究工作。

结合茅洲河流域“综合治理”“正本清源”以及“全面消黑”三个阶段，分别建立了相应边界条件下的水质预测模型，称之为第一次模型、第二次模型与第三次模型，其中第一次模型介绍详见第 2 章。

14.1.1　茅洲河建模的特点和难点

茅洲河项目特点鲜明，工程设计、施工难度大，从建模角度分析主要有以下特点和难点：

（1）水文水动力条件复杂。茅洲河流域河道为鱼骨形，上游光明片区为山溪型河流，下游宝安片区为平原型河流，洋涌河大闸以下干、支流为感潮河段，干、支流受径流与潮流共同作用，水文水动力条件复杂。

(2) 污染情况复杂，负荷概化难度大。茅洲河流域污染情况复杂，暗涵、小微水体众多，管网问题复杂，流域负荷边界概化难度大。

(3) 闸站工程众多，调度复杂多样。茅洲河流域闸站工程众多，包括干流洋涌河大闸、各支流挡潮闸、节制闸、排涝泵站、补水泵站等，闸站功能多样，调度工况复杂，须满足运行期的不同需求。

(4) 工程建设持续进行，工程影响不断更新。茅洲河工程建设如火如荼，工程面貌日新月异，截污工程、清淤工程、管网工程、污水厂提标扩建工程、应急处理工程等持续推进，造成了模型基础和边界条件需不断更新。

14.1.2 第二次模型

14.1.2.1 模型基本情况

2017 年底，茅洲河“织网成片”工程基本完成，“正本清源”工程初步启动。此时茅洲河工程建设迎来高峰，流域水质较 2015 年已有明显改善，但由于河口潮动力条件不佳，不利于污染团迁移扩散，茅洲河干流水质消除黑臭难度仍然较大。为了在充分考虑潮汐作用和闸泵调度的前提下，较为准确地分析各类工程对干流断面水质的影响，快速制定现有工程联合调度预案，保证干流水质达标，需要较为可靠且高效的模型指导决策调度，为此建立了茅洲河模型 2.0（图 14.1）。

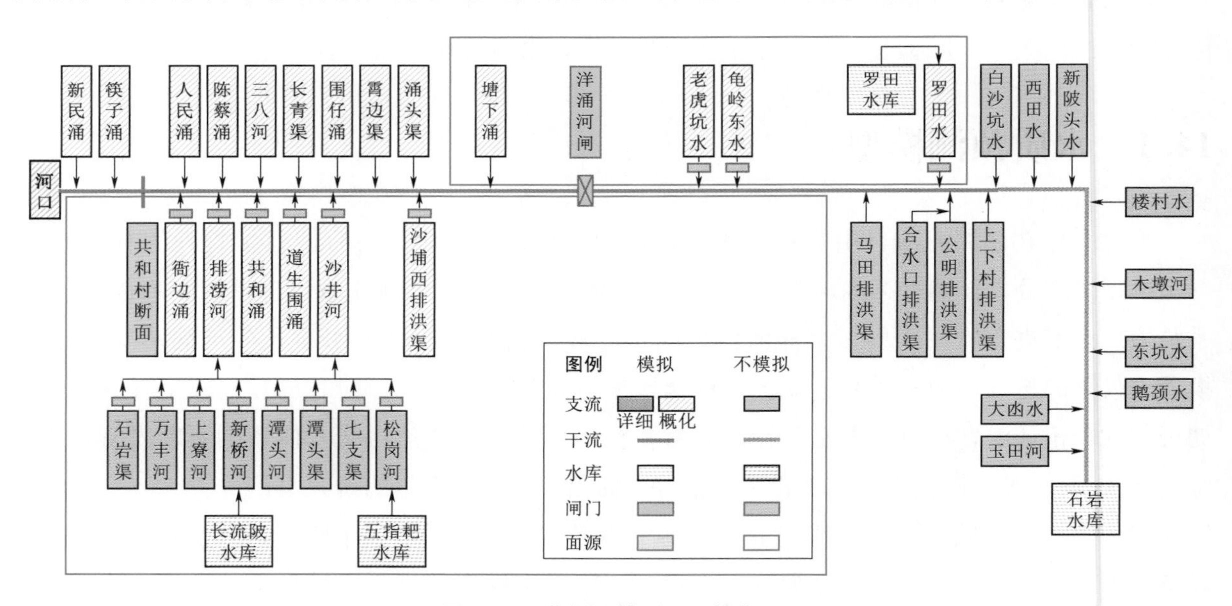

图 14.1 茅洲河模型 2.0 概化图

在茅洲河模型 1.0 的基础上，综合整治工程经过一年多的深入设计和工程建设，茅洲河的数据积累和经验更加丰富。政府和企业通力合作，在闸站调度、数据监测、工程推进等方面形成合力，获得了难得的建模条件与模型应用的机会。

茅洲河模型 2.0 通过 MIKE11HD/AD 建模，为一维模型，模型上边界为茅洲河白沙坑断面

(宝安区入境断面)，下边界为茅洲河河口，模型范围为干流18km，各支流概化为点源输入。

本阶段模型相较于1.0版本，做出了以下几点改变：

(1) 由于模型需要结合当日监测数据实时调整模型参数，并迅速制定下一天的调度规则，预测水质分布规律，如此往复调试并确定考核期的调度规则，因此在保证模型精度足够的同时，模型计算的时效性也是重要的因素之一。同时，由于采用断面考核的方式，断面内的水质分布规律显得不那么重要。基于以上考虑，选择建立一维模型进行模拟。

(2) 在模型中实现了对洋涌河大闸的精细模拟，作为茅洲河干流最重要的水利枢纽，模型对其闸孔、溢流堰等结构进行了模拟，并制定了灵活的调度工况，对指导实际闸门调度建立了可靠的模型基础。

(3) 模型边界根据工程实时进度进行调整，基于实测数据对水动力和水质参数模拟结果进行率定和验证，保证模型对于各种调度工况下的河道水动力水质情况具有较好的适应性。

14.1.2.2 模型评价

该模型在考核期提供了快速有效的调度方案，较好地模拟了不同运行边界情况下河道水质规律，模拟成果得到检验，为水质达标调度做出了贡献。但模型仍然存在着一定不足，具体如下：

(1) 支流概化为点源，概化程度较高，无法对支流内的水质情况进行模拟。

(2) 模型未进行完整的污染负荷计算，污染边界通过实测数据结合工程经验概化得到，缺少一定的理论支撑。

(3) 由于模拟时段为枯水期，模型忽略了面源污染影响，模拟丰水期工况存在一定限制。

14.1.3 第三次模型

14.1.3.1 模型基本情况

2019年，在“织网成片”工程和“正本清源”工程完成后，“理水梳岸”工程正式启动，全面消黑工作有序推进，茅洲河流域黑臭水体已大部分消除，下一阶段目标是在2019年茅洲河干支流达到地表水Ⅴ类水，2020年稳定达到地表水Ⅴ类水。随着流域内污水收集系统的逐步完善，降雨径流污染成为茅洲河流域水环境治理的重点，在启动具体治理工程前，有必要对茅洲河雨水污染规律进行一系列基础研究。为此，在已有模型基础上进一步改进，建立茅洲河模型3.0，重点进行降雨径流污染的模拟，对干、支流水质情况开展全面研究(图14.2)。

模型主要为了实现以下几个目的：①结合工程建设进度，制定2019年考核期调度方案；②预测基于2020年规划工况下初雨污染造成的河流水质变化规律，分析补水方案、干支流闸门调度规则优化的可行性，充分发挥工程效益；③针对水质目标进行工程可达性分析，论证潜在工程的必要性。

茅洲河模型3.0通过ArcGIS+SWMM+MIKE11HD/AD建模，模型上边界为茅洲河白沙坑断面(宝安区入境断面)，下边界为茅洲河河口，模型范围包括茅洲河干流以及宝安区一、二级支流共计19条河道。

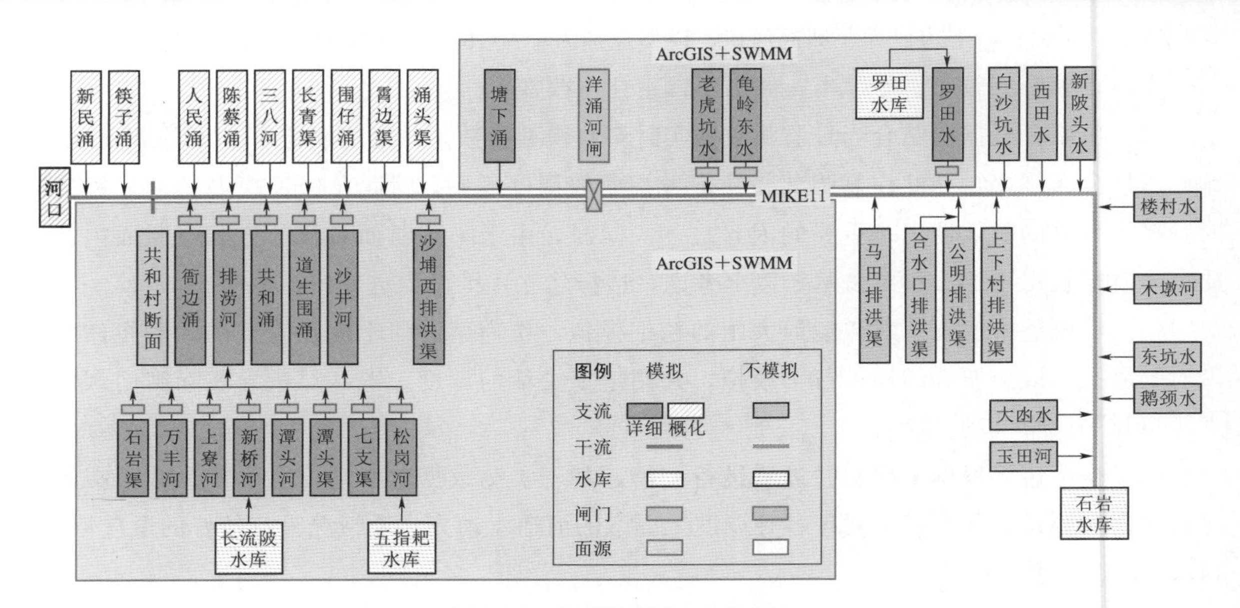

图 14.2　茅洲河模型 3.0 概化图

在模型 2.0 基础上，模型做出以下改进：

（1）模型范围增加了宝安区 18 条支流，可对干支流水质状况进行模拟。

（2）模型对各一级支流河口闸门以及二级支流节制闸进行模拟，闸门调度工况更加丰富。

（3）模型对茅洲河流域宝安片区降雨特征及地块面源污染特征进行分析，边界选取更为合理。

（4）模型中考虑了宝安区 428 个沿河雨水排口，可实现对降雨径流污染的模拟。

（5）模型结合清淤、截污、补水等工程进度对模型边界进行了更新。

14.1.3.2　模型评价

茅洲河模型 3.0 可视为对茅洲河综合整治系列工程的一次全面复盘，本阶段工作以《茅洲河流域（宝安片区）河流水质雨后恢复研究》为支撑课题展开研究工作，相应成果在 2019 年底考核期得到验证。模型 3.0 与茅洲河治理“全面消黑”阶段紧密结合，随着工程治理的不断深入、基础数据的不断完善，模型还需逐渐改进。

14.1.4　三次模型的综合比较

茅洲河流域系统治理以来的三次建模过程对比详见表 14.1。

表 14.1　　**茅洲河模型总结表**

项　目	阶　段　1	阶　段　2	阶　段　3
背景	茅洲河第一次顶层设计	茅洲河第一次大考	茅洲河全面复盘
建模时间	2016 年	2017 年	2019 年
建模软件	CJK3D；MIKEFLOOD	MIKE11HD/AD	ArcGIS+SWMM+MIKE12HD/AD

续表

项目		阶段1	阶段2	阶段3
水质目标	2017年	氨氮浓度消除黑臭	共和村国考断面消除黑臭（氨氮）	
	2019年			干支流达到地表水Ⅴ类水标准
	2020年	氨氮浓度指标满足地表水准Ⅳ类水标准		干支流稳定达到地表水Ⅴ类水标准
模型作用		模拟不同工况条件下茅洲河流域水质变化及分布情况	结合工程实施进度与实测数据建立模型，通过模型模拟制定考核期工程调度策略	分析降雨径流污染，优化中水补水及闸门调度原则，提出雨后流域达标调度策略
模型范围	模型范围说明	模型范围包括茅洲河干流，主要一级、二级支流，以及河口部分海域	茅洲河干流	茅洲河干流、宝安区一级、二级支流（1＋18）
	上游边界位置	石岩水库坝下	南光高速下（茅洲河白沙坑断面：宝安区入境断面）	南光高速下（茅洲河白沙坑断面：宝安区入境断面）
	下游边界位置	珠江口交椅湾	茅洲河河口	茅洲河河口
潮位边界数据来源		潮位站数据	舢板洲潮位站预报潮位推算至河口	茅洲河河口潮位站实测数据
地形数据	干流	干流河口至楼村实测断面（清淤前）	干流河口至楼村实测（清淤前）	干流河口至楼村实测断面（清淤前、清淤中）
	支流	设计断面		竣工图（清淤后）
	外海	珠江口实测地形和海图资料		
维度		二维；一、二维耦合	一维	一维
模拟时段		2015年、2017年、2020年全年	2017年11—12月	2019年10—12月、2020年降雨过程
负荷计算方法	点源	生活污染源：根据各街道的人口数量、单位人口的污染物排放系数，核算生活污染源负荷； 工业污染源：根据各街道单位工业产值的废水排放系数和污染负荷排放系数，估算工业废水排放量和污染物负荷	经验结合实测数据	2019年点源污染已大部分削减，按实际截污工程进度及实测水质数据核算入河污染量，推算点源漏排量
	面源	畜禽养殖污染：实际调查；雨水径流：根据不同土地利用类型污染物单位面积的输出速率进行核算		分析各雨水排口的位置及子汇水区，根据地块类别测算初雨面域污染并分配至各雨水排口
	内源	实际调查汇总		
	负荷分区	行政区（宝安区、光明区、石岩水库汇水区和东莞市长安镇）		按沿河排口服务范围划分负荷分区

续表

项目		阶段 1	阶段 2	阶段 3
负荷输入方式	点源	支流汇流口输入	支流汇流口输入＋污水厂排口输入＋补水点输入	支流汇流口输入＋污水厂排口输入＋补水点输入＋雨水口输入
	面源	支流汇流口输入		雨水口输入
	内源	支流汇流口输入	支流汇流口输入＋污水厂排口输入＋补水点输入	
闸门调度	洋涌河闸		考虑	考虑
	支流河口闸			考虑
	河口大闸	考虑		
降雨影响				考虑大、中、小雨的影响
补水水源		中水、光明湖、宝安湖、小水库、海水	中水、水库	中水、水库
管网				考虑雨水排口

14.2 水质变化趋势

14.2.1 监测范围

基于 2015—2020 年茅洲河流域水质监测数据（图 14.3），采用主成分分析法对流域污染主要驱动因子进行筛选，通过综合水质标识指数法对流域水质变化情况作出评价，并对水质变化趋势进行 Mann - Kendall 检验，在此基础上开展流域水质变化规律研究。研究结论对科学评估茅洲河流域综合整治成效，进一步提出水质提升策略具有重要意义。

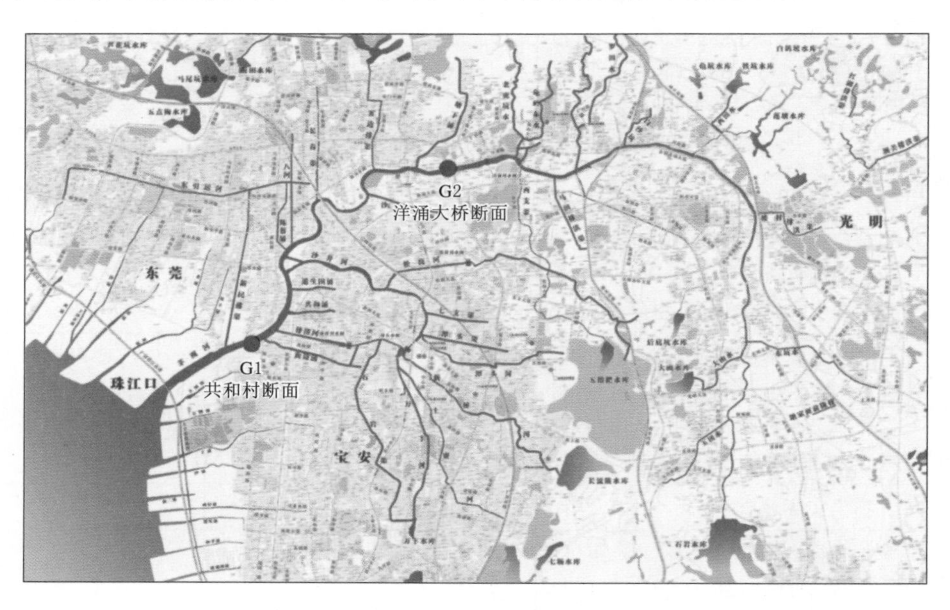

图 14.3　茅洲河干流水质监测点位

14.2.2 评价方法

14.2.2.1 主成分分析法

主成分分析法（principal component analysis，PCA）是一种多元统计方法，采用降维思想将原始变量转化为重要维数，计算出各个变量间的相关关系，最后提取若干抽象变量代表原数据，即为主成分。具体步骤如下：

将原数据的 N 个指标分别用 X_1，X_2，X_3，…，X_n 表示，构成的 n 维原始数据设为 X：

$$X=\begin{pmatrix} X_{11} & \cdots & X_{1p} \\ \vdots & \ddots & \vdots \\ X_{n1} & \cdots & X_{np} \end{pmatrix} \tag{14.1}$$

再对原数据进行无量纲化处理：

$$X_{ij}=\frac{X_{ij}-\overline{X}_j}{S_j} \tag{14.2}$$

$$\overline{X}_j=\frac{1}{n}\sum_{i=1}^{n}X_{ij} \tag{14.3}$$

$$S_j=\sqrt{\frac{1}{n}\sum_{i=1}^{n}(X_{ij}-\overline{X}_j)^2} \tag{14.4}$$

在无量纲化处理基础上计算相关系数矩阵，同时计算出矩阵特征值及特征向量，并对特征值进行排序，选取特征值大于 1 的特征向量为原数据主成分。计算主成分贡献率及累计贡献率确定指标中的主要影响指标。

14.2.2.2 综合水质评价

1. 单因子水质标识指数

单因子水质指数 P_i 由一位整数和一位小数组成，表示如下：

$$P_i=X_1 \cdot X_2 \tag{14.5}$$

式中：P_i 为第 i 项评价指标的单因子水质指数；X_1 为第 i 项评价指标的水质类别；X_2 为监测数据在 X_1 类水质变化区间中所处的位置，根据公式按四舍五入原则计算确定。

2. 综合水质标识指数

在单因子水质指数的基础上通过算术平均或加权平均的方法确定综合水质指数，进而避免单因子评价方法以偏概全的缺点。综合考虑各污染指标以及最大污染指标的综合影响，综合污染指数由式（14.6）、式（14.7）计算。通过综合水质标识指数 P_C 值的整数位和小数点后 1 位“$X_1 \cdot X_2$”，即可判定综合水质级别，详见表 14.2。

$$P_C=\frac{1}{2}\overline{P}+\frac{1}{2}P_{\max} \tag{14.6}$$

$$P=\frac{1}{n}\sum_{i=1}^{n}P_i \tag{14.7}$$

式中：$\overline{P}$ 为各单因子水质指数的平均值；P_{max} 为各单因子水质指数中的最大值；P_C 为综合水质标识指数。

表 14.2　　综合水质标识指数评价标准

指　标	水质级别	指　标	水质级别
$1.0 \leqslant X_1 \cdot X_2 < 2.0$	Ⅰ	$5.0 \leqslant X_1 \cdot X_2 < 6.0$	Ⅴ
$2.0 \leqslant X_1 \cdot X_2 < 3.0$	Ⅱ	$6.0 \leqslant X_1 \cdot X_2 < 7.0$	低于Ⅴ级但未黑臭
$3.0 \leqslant X_1 \cdot X_2 < 4.0$	Ⅲ	$X_1 \cdot X_2 \geqslant 7.0$	黑臭
$4.0 \leqslant X_1 \cdot X_2 < 5.0$	Ⅳ		

14.2.2.3　Mann - Kendall 统计检验

Mann - Kendall 突变检验法是世界气象组织推荐并广泛应用于水文、气象、水质等非正态分布的数据分析方法，用以检验环境数据随时间变化趋势分析，可以区分某一自然过程是处于自然波动还是有确定的变化趋势。Mann - Kendall 突变检验法是一种非参数检验方法，首先假设原时间序列数据 $x_i=(x_1, x_2, \cdots, x_n)$ 为 n 个独立随机变量，备选假设 H_1 为双边检验，检验的统计变量 S 可通过下式计算：

$$S=\sum_{i=1}^{n=1}\sum_{j=i+1}^{n=1}\operatorname{sgn}(x_j-x_i) \tag{14.8}$$

$$Z_S=\begin{cases}\frac{S-1}{\sigma} & S>0\\ 0 & S=0\\ \frac{S+1}{\sigma} & S<0\end{cases} \tag{14.9}$$

式中：x_1、x_2 为序列中数据值，且 $j>i$；n 为序列长度。若经检验，统计量 Z_S 不满足 $-Z_{1-\alpha/2} \leqslant Z \leqslant Z_{1-\alpha/2}$，则拒绝假设，表明序列有明显趋势。

14.2.3　水质指标筛选

研究数据主要来源于深圳市宝安区地表水质监测数据，包括茅洲河流域干支流 17 个断面的 10 项主要水质监测指标，分别为水温、pH 值、SS、DO、COD、BOD_5、NH_3 - N、TP、TN、电导率。监测时段为 2015 年 1 月 1 日至 2020 年 12 月 31 日。

利用 SPSS 27.0 软件对数据进行统计处理，计算数据相关矩阵特征值、贡献率、累计贡献率及因子荷载。为确保数据的可靠、合理，对原数据进行异常值剔除、插补缺值等处理，本次插值处理缺值的方法采用邻近点线性趋势法。在分析主成分前需要对原数据进行 KMO 及 Bartlett 球形检验，KMO 检验系数大于 0.5，P 值小于 0.05 时，表明数据各变量间具有相关关系，可以进行主成分分析。通过因子分析，KMO 检验结果为 0.70，Bartlett 球形检验结果为 0.00，满足主成分分析的必要条件。

根据 Kaiser - Harris 准则，保留特征值大于 1 的主成分，共有 3 项（F_1、F_2、F_3），F_1 特征值为 3.615，F_2 特征值为 2.002，F_3 特征值为 1.166；累积方差贡献率为 67.83%（表 14.3），这 3 个主成分基本包含原数据集的大部分信息。

表 14.3　　特征值及主成分贡献表

主成分	初始特征值			提取初始特征值		
	特征值	方差贡献率/%	累积方差贡献率/%	特征值	方差贡献率/%	累积方差贡献率/%
1	3.615	36.153	36.153	3.615	36.153	36.153
2	2.002	20.018	56.171	2.002	20.018	56.171
3	1.166	11.658	67.829	1.166	11.658	67.829
4	0.944	9.440	77.269	0.944	9.440	77.269
5	0.913	9.132	86.401	0.913	9.132	86.401
6	0.817	8.169	94.569	0.817	8.169	94.569
7	0.338	3.377	97.947	0.338	3.377	97.947
8	0.176	1.761	99.708	0.176	1.761	99.708
9	0.026	0.257	99.965	0.026	0.257	99.965
10	0.004	0.035	100	0.004	0.035	100

主成分 F_1 在所有主成分中占比最高（表 14.4），该主成分中 NH_3—N、TP、DO、COD 等指标与原始变量相关度较高，总体反映为营养盐指标。主成分 F_2 与 BOD、TN、SS 等指标相关度较高，总体反映为富营养化指标。主成分 F_3 与水温、pH 值、电导率等指标相关度较高，总体反映为水体环境指标。

根据广东省 2015 年第一季度重点河流水质状况公报，茅洲河共和村断面主要超标水质指标为 NH_3—N、TP、COD 和 DO，分别超标 2.6 倍、4.3 倍、0.4 倍和 1.7 倍。结合主成分分析结果，综合分析后确定茅洲河污染代表性因子为 NH_3—N、TP、COD 以及 DO。

表 14.4　　主成分负荷矩阵

水质指标		水温	pH	SS	DO	COD	BOD	NH_3—N	TP	TN	电导率
主成分	1	−0.002	−0.032	0.117	0.902	0.878	0.316	0.981	0.933	0.286	−0.058
	2	0.063	−0.269	0.416	−0.393	0.249	0.837	−0.132	−0.325	0.817	−0.209
	3	−0.609	0.610	0.302	−0.044	0.085	0.119	−0.018	−0.55	0.041	0.551

14.2.4　水质年际变化分析

共和村断面位于茅洲河河口以上约 3km 处，为茅洲河流域水质代表断面。基于主成分分析结果，选取共和村断面NH_3—N、TP、COD和DO共4项水质评价因子，计算单因子水质指数及综合水质指数，评价结果尽可能客观反映茅洲河流域污染变化趋势。

根据水质标识指数计算结果，2015年茅洲河治理前夕，共和村断面水质指标远高于7.0，判别为黑臭严重，其中NH_3—N、TP污染尤为显著。2016年起，随着茅洲河流域综合整治开展，雨污分流、生态修复等工程逐步发挥功效，共和村断面主要水质指标均呈好转趋势，近6年共和村断面NH_3—N、TP、COD及DO单因子指数累积改善率分别达到65.9%、70.7%、32.4%及37.4%，综合水质指标改善率达到65.7%。由图14.4可知，各单因子指标及综合指标自2017年底开始普遍降至7.0以下，表明茅洲河水体黑臭问题在2017年底基本消除；随着生态补水等工程逐步完善，共和村水质进一步提升，2020年已基本达到地表Ⅴ类水，主要水质指标中COD及DO控制良好，基本可以稳定达标，NH_3—N、TP波动相对较大。

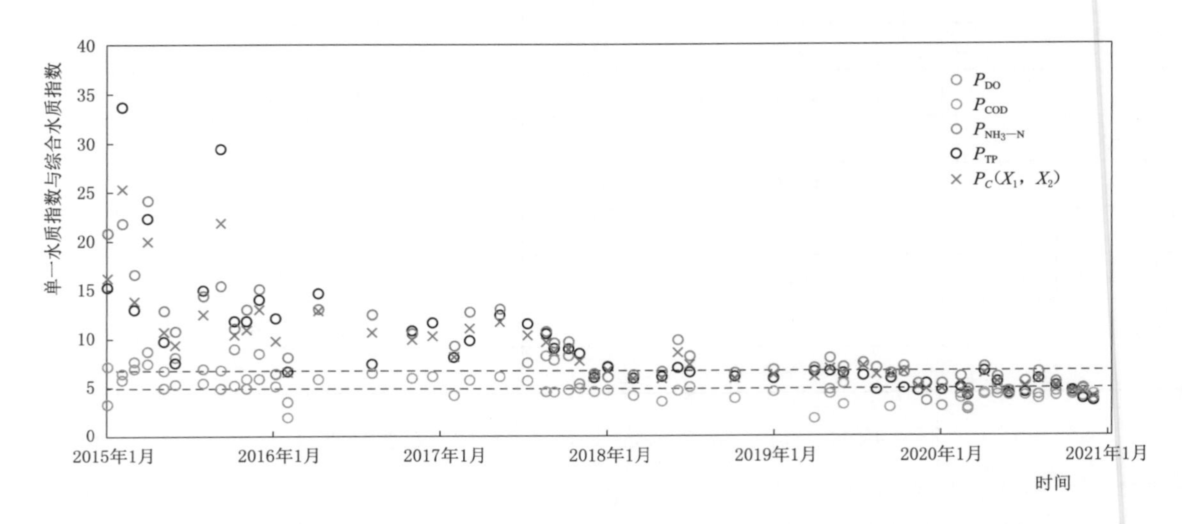

图14.4 共和村断面单一水质指数（P_i）和综合水质指数（P_C）变化规律

对2015—2020年共和村断面各项水质数据进行Mann-Kendall检验（表14.5）。NH_3—N、TP、COD、DO单项指数及综合指数变化均呈显著下降趋势，综合水质指数通过99%显著性检验，表明茅洲河水质状况改善明显，其中TP指标改善趋势最为明显。

表14.5 水质变化趋势的Mann-Kendall检验

水质指标	Z_S	趋势	水质指标	Z_S	趋势
P_{DO}	−3.03**	下降	P_{TP}	−5.90***	下降
P_{COD}	−4.77***	下降	$P_C(X_1, X_2)$	−5.59***	下降
P_{NH_3-N}	−5.39***	下降			

注 **表示通过95%显著性检验；***表示通过99%显著性检验。

14.2.5 水质丰枯季节变化分析

茅洲河流域综合整治后水质综合标识指数年际变化规律总体呈明显下降趋势，但由于茅洲河流域人口密集，工业企业众多，污染成因复杂，且水文气象条件不断变化，水质数据在年内存在较明显的波动，主要表现为雨季河道水质恶化，其中雨季溢流污染、面源污染等是影响水质季节变化的主要因素。按照本地水文气象条件，将年内数据分为丰水期（4—9月）和枯水期（1—3月及10—12月）两个时段，分析茅洲河流域水质季节变化规律。图14.5为2015—2020年逐年丰、枯季水质变化趋势以及季内水质离散情况。2016—2020年间，同一水文年内枯水期转丰水期后，雨季溢流污染和面源污染对流域水质影响较大，共和村断面水质普遍存在一定程度恶化，雨季水质指标较旱季平均高约15.4%。2019年旱季平均水质综合指数为5.85，达到地表水Ⅴ类，但雨季为6.5，仍为地表水劣Ⅴ类；2020年旱季平均指标为4.65，达到地表水Ⅳ类，雨季为5.5，为地表水Ⅴ类。可见雨季污染可对流域水质产生直接影响。

另外，由图14.5可知，2015年综合治理前，丰、枯季内水质变化剧烈，同一季节内水质变化标准差高达5.4～5.6；随着流域水环境治理不断深入，近两年各年度丰、枯季内水质标准差均低于1.0，较2015—2016年平均标准差降低超过80%，表明年内水质变化逐渐趋于稳定，流域整体抗污染风险能力明显提升。

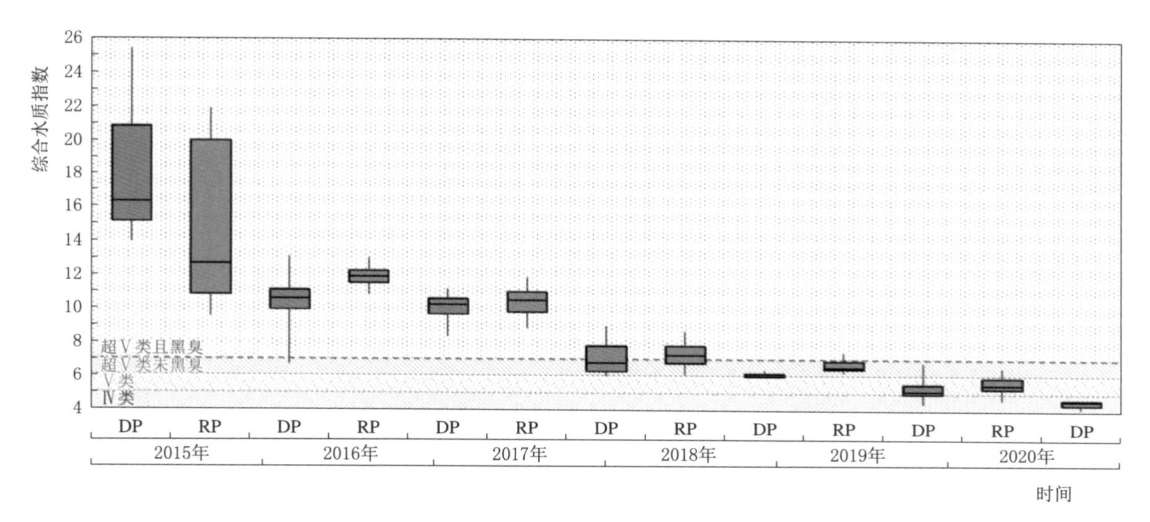

图14.5 汛期（RP）和非汛期（DP）综合水质指数的季节变化

14.2.6 同一连续旱季水质变化分析

茅洲河水质变化除了表现出年际改善趋势明显以及年内丰枯季正常波动等规律以外，还体现出与工程里程碑事件联系紧密。除了控制季节变化因素，进一步反映工程建设对河道水质的直接影响，将各年度按月划分为4个季度，分析同一连续旱季（四季度初至次年一季度末）内水质变化情况。图14.6为2015—2020年各季度综合水质指数变化规律，可知：2016年一季度与2015年四季度虽同为旱季，但综合水质指数在短时间内下降达到30%，该时段水质变化与2016年茅洲河流域综合治理工程建设开始时间高度吻合，表明水质变化与工程启动建设之间存在较高的响应关系；2017年四季度与2018年一季度虽同为旱季，但综合水质指数平均降低约25%，原因为2017年底正本清源工程基本完成，茅洲河流域内沙井、松岗水质净化厂收水率明显提升，茅洲河综合整治项目迎来重要节点，旱季大部分污染源得到有效控制。综上，除正常的丰、枯季水质变化规律以外，同一连续旱季内的水质变化规律与工程里程碑事件联系紧密，表明茅洲河流域整治各阶段工程的有效性。

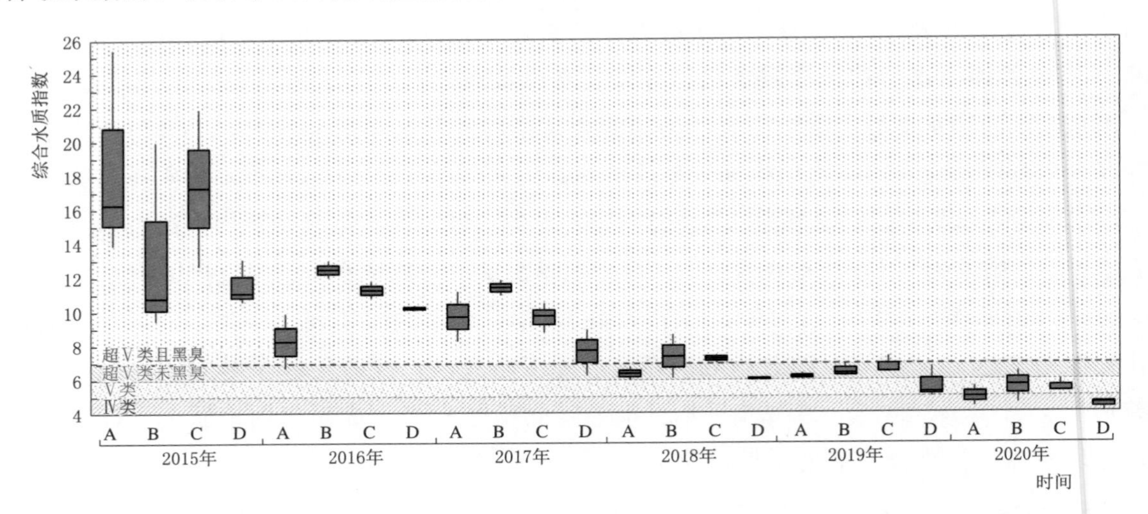

图 14.6　2015—2020 年各季度综合水质指数变化规律（A、B、C、D 表示第一、二、三、四季度）

茅洲河流域水环境治理设计与实践

参 考 文 献

[1] 深圳市水务局. 2014深圳市水资源公报 [R]. 深圳：深圳市水务局，2015.

[2] 崔小新，郭睿. 茅洲河流域水文特性 [J]. 中国农村水利水电，2006 (9)：57-60.

[3] 林凯荣，何艳虎，雷旭，等. 深圳市1960—2009年降雨时空变化分析 [J]. 中国农村水利水电，2013 (3)：18-23.

[4] 许慧，肖大威. 快速城市化地区水文化研究——以深圳茅洲河流域为例 [J]. 华中建筑，2012 (6)：128-131.

[5] 陈筱云. 试论深圳城市水安全问题及其对策 [J]. 水利发展研究，2013 (7)：28-32.

[6] 彭溢，廖国威，陈纯兴，等. 茅洲河污染来源分析及治理对策研究 [J]. 广东化工，2014，41 (15)：191-192.

[7] 刘志龙，杨星. 深圳城市水系建设探讨 [J]. 中国农村水利水电，2013 (8)：81-83.

[8] 李锟，吴属连，陈小刚，等. 深圳市茅洲河流域水环境提升对策 [A]. 中国环境科学学会学术年会论文集，2014：1511-1516.

[9] 温贤勇，狄宝生，郑奇. 流域水环境风险评估与预警技术分析 [J]. 皮革制作与环保科技，2022，3 (16)：69-71.

[10] 瞿升腾. 河长制推动茅洲河流域水环境综合整治 [J]. 河长制开发与管理，2018 (6)：5-8.

[11] 路文典，刘鹄. 茅洲河全流域水环境综合治理方案及创新 [J]. 水资源开发与管理，2022，8 (1)：34-39.

[12] 黄河勘测规划设计有限公司，天津大学. 深圳市茅洲河流域综合治理方案 [R]，2016.

[13] 崔翀，杨敏行. 韧性城市视角下的流域治理策略研究 [J]. 规划师，2017，33 (8)：31-37.

[14] 彭盛华，尹魁浩，梁永贤，等. 深圳市河流水污染治理与雨洪利用研究 [J]. 环境工程技术学报，2011，1 (6)：495-504.

[15] 彭建，魏海，武文欢，等. 基于土地利用变化情景的城市暴雨洪涝灾害风险评估——以深圳市茅洲河流域为例 [J]. 生态学报，2018，38 (11)：3741-3755.

[16] 陈玮，程彩霞，徐慧纬，等. 合流制管网截流雨水对城镇污水处理厂处理效能影响分析 [J]. 给水排水，2017，43 (10)：36-40.

[17] 曹秀芹，江坤，徐国庆，等. 污水截流井的设计优化分析 [J]. 给水排水，2017，43 (12)：20-24.

[18] 贺卫宁，胡远来，韩彬，等. 浅议污水截流井的设计优化 [J]. 给水排水，2013，39 (7)：86-89.

[19] 中国电建集团华东勘测设计研究院有限公司. 茅洲河流域水环境治理综合规划 [R]. 杭州：中国电建集团华东勘测设计研究院有限公司，2017.

[20] 楼少华，吕权伟，徐菁菁，等. 从深圳治水历程研究高密度建成区排水系统的选择与改造 [J]. 给水排水，2018，34 (8)：1-4.

[21] 中国电建集团华东勘测设计研究院有限公司. 茅洲河流域（宝安片区）水环境综合整治项目片区雨污分流管网工程及河道综合整治工程报告 [R]. 杭州：中国电建集团华东勘测设计研究院有限公司，2017.

[22] 闫宏晔. 茅洲河水环境治理工程排水管网设计探讨 [J]. 给水排水，2018，44 (1)：122-125.

[23] 广东省入河排污口调查摸底地方自查阶段技术指引 [R]. 广州：广东省水利水电科学研究院，广

东省水文局，2015.
[24] 深圳市水务规划设计院. 深圳市茅洲河流域（宝安片区）河道水质提升项目初步设计方案 [R]. 深圳：深圳市水务规划设计院，2015.
[25] 龚煜翔. 深圳市特区内住宅小区雨污混流成因和防治对策 [J]. 中国农村水利水电，2010 (8)：61-63.
[26] 王少林. 城市黑臭水体整治中控源截污改善措施的思考 [J]. 净水技术，2017，36 (11)：1-6.
[27] 邹伟国. 城市黑臭水体控源截污技术探讨 [J]. 给水排水，2016，42 (6)：56-58.
[28] 刘翔，管运涛，王慧，等. 老城区水环境污染控制与质量改善技术集成化策略 [J]. 中国给水排水，2012，38 (10)：14-18.
[29] 中国电建集团华东勘测设计研究院有限公司. 茅洲河流域（宝安片区）水环境综合整治项目——正本清源工程 [R]，2017.
[30] 彭俊，戴仲怡，李瑞成. 住宅小区雨污分流管网改造工程技术措施实践探析 [J]. 给水排水，2017，43 (6)：103-105.
[31] 丁韶华. 老旧小区雨污分流改造中常见问题的探讨 [J]. 研究探讨，2018 (3)：214-215.
[32] 深圳市规划和国土资源委员会，深圳市水务局. 深圳市正本清源工作技术指南（试行）[R]，2017.
[33] 陈新生. 河长制下水污染治理提质增效实施模式研究与实践 [J]. 水资源开发与管理，2021 (11)：67-70.
[34] 中国市政工程中南设计研究总院有限公司. 深圳市宝安区沙井污水处理厂（二期）工程可行性研究报告 [R]，2014.
[35] 深圳市水务规划设计院，中国市政工程中南设计研究总院有限公司. 松岗水质净化厂二期工程可行性研究报告 [R]，2014.
[36] 赵洁浓. 茅洲河人工湿地污染治理工程工艺调试研究 [J]. 环境科学与管理，2015，41 (1)：106-109.
[37] 刘旭辉，张金松，INIAL G. 深圳市排水系统地下水渗入量初步研究 [J]. 中国给水排水，2013，29 (3)：77-79.
[38] 徐祖信，汪玲玲，尹海龙，等. 基于特征因子的排水管网地下水入渗分析方法 [J]. 同济大学学报（自然科学版），2016，44 (4)：593-599.
[39] 深圳市规划局，城市建设研究院. 滨海城市（深圳）地表径流污染研究 [R]，2008.
[40] 王福祥，黄勇，黄鹄. 深圳市福田河小流域初期雨水截流研究 [J]. 给水排水，2009，35 (5)：150-154.
[41] 张凤山，尚明珠，赵朋晓，等. 感潮河网降雨径流污染空间分析与模拟 [J]. 中国环境科学，2021，41 (4)：1834-1841.
[42] 王健，王福连. 初（小）雨水截流及在深圳市的实践 [J]. 中国给水排水，2016，32 (5)：116-118.
[43] 郑重，栾建国. 深圳小型水库在现代化城市中的功能效用思考 [J]. 人民长江，2016，47 (1)：36-38.
[44] 徐争启，倪师军，庹先国，等. 潜在生态危害指数法评价中重金属毒性系数计算 [J]. 环境科学与技术，2008，31 (2)：112-115.
[45] 杨奕，马荣林，张固成，等. 海口城市水体底泥中重金属含量分布、形态特征及环境质量评价 [J]. 生态科学，2016，35 (1)：179-188.
[46] 于霞，安艳玲，吴起鑫. 赤水河流域表层沉积物重金属的污染特征及生态风险评价 [J]. 环境科学学报，2015，5 (5)：1400-1407.
[47] 陈玲. 茅洲河河床淤塞分析及治理对策研究 [J]. 中国农村水利水电，2013 (6)：30-31，35.
[48] 陈荷生，石建华. 太湖底泥的生态疏浚工程——太湖水污染综合治理措施之一 [J]. 水资源保护，1998 (3)：11-16.

[49] 李任伟，李禾，李原，等. 黄河三角洲沉积物重金属氮和磷污染研究 [J]. 沉积学报，2001，19 (4)：622-629.
[50] ZAHRA A, HASHMI M Z, MALIK R N, et al. Enrichment and geo-accumulation of heavy metals and risk assessment of sediments of the Kurang Nallah—Feeding tributary of the Rawal Lake Reservoir [J]. Pakistan. Sci Total Environ，2013，470-471 (2)：925-933.
[51] 戴纪翠，高晓薇，倪晋仁，等. 深圳河流沉积物中重金属累积特征及污染评价 [J]. 环境科学与技术，2010，33 (4)：170-175.
[52] 方芳芳，沈昆根. 城市河湖生态清淤研究进展 [J]. 学术研究，2012，6：142-143.
[53] FÖRSTNER U, AHLF W, CALMANO W. Sediment quality objectives and criteria development in Germany [J]. Water Science and Technology，1993，28：307.
[54] 徐争启，倪师军，张成江，等. 应用污染负荷指数法评价攀枝花地区金沙江水系沉积物中的重金属 [J]. 四川环境，2004，23 (3)：64-67.
[55] 龚亚龙，黄聪，黄雷，等. 茅洲河流域表层沉积物重金属生态风险评价 [J]. 吉首大学学报（自然科学版)，2016，37 (4)：35-39.
[56] 郭海涛，张进忠，魏世强，等. 长寿湖底泥中重金属的季节性变化 [J]. 中国农学通报，2011，27 (6)：327-332.
[57] 黄奕龙，王仰麟，岳隽，等. 深圳市河流沉积物重金属污染特征及评价 [J]. 环境污染与防治，2005，27 (9)：711-715.
[58] 贾振邦，赵智杰，杨小毛，等. 洋涌河、茅洲河和东宝河沉积物中重金属的污染及评价 [J]. 环境化学，2001，20 (3)：212-219.
[59] 凌郡鸿，张依章，王民浩，等. 深圳茅洲河下游柱状沉积物中碳氮同位素特征 [J]. 环境科学，2017，38 (12)：711-715.
[60] 刘强，梁雷，王峰源，等. 辽河干流消落区沉积物重金属污染特征研究 [J]. 中国环境科学，2013，33 (12)：2220-2227.
[61] MÜLLER G. Schwermetalle in den Sedimenten des Rheins - Veränderungen seit 1971 [J]. Umschau，1979，79 (24)：778-783.
[62] 深圳市水务规划设计院有限公司. 茅洲河流域（宝安片区）水环境综合整治工程——清淤及底泥处置工程可行性研究报告 [R]，2017.
[63] 钱宝，刘凌，张颖，等. 江苏里下河地区典型湖泊有机质污染研究 [J]. 环境污染与防治，2010，32 (11)：18-22.
[64] 孙建林，倪宏刚，丁超，等. 深圳茅洲河表层沉积物卤代多环芳烃污染研究 [J]. 环境科学，2012，33 (9)：3089-3096.
[65] 孙俊. 农村河道底泥污染成因及治理措施 [J]. 农技服务，2010，27 (8)：1053-1055.
[66] TOMLINSON D L, WILSON J G, HARRIS C R, et al. Problems in the assessment of heavy-metals levels in estuaries and the formation of pollution index [J]. Helgoland Marine Research，1980，33：566-575.
[67] 王冠颖. 茅洲河沉积物重金属分布特征及生态风险评价 [D]. 济南：山东农业大学，2017.
[68] 王慧，于伟鹏，黑亮，等. 污染底泥处理及资源化利用研究进展 [J]. 人民珠江，2015 (3)：121-124.
[69] 王霞. 黄河上游典型地区底泥重金属调查与污染评价 [D]. 兰州：兰州交通大学，2014.
[70] 韦德权，辜晓原. 河湖污染底泥中重金属的处理技术研究进展 [J]. 技术论坛，2017 (2)：11-15.
[71] 韦德权. 污染水体底泥中重金属的处理技术研究进展 [J]. 安徽农业科学，2018，46 (1)：24-27.
[72] 肖永丽，付晓萍，高阳俊. 上海市郊区河道底泥重金属污染状况评价 [J]. 环境工程，2014，32

（增刊）：879－884.
［73］ 路文典，龚浩，徐超．黑臭水体底泥调查分析及达标清淤量研究［J］．水资源开发与管理，2022，8（3）：43－49.
［74］ 洪思远，沈世龙，杜宏翔，等．深圳茅洲河底泥中氮的分布调查及其污染评价［J］．四川环境，2021，40（4）：149－154.
［75］ 路文典．茅洲河流域水环境整治底泥污染治理方案及实践［J］．水资源开发与管理，2021（12）：63－67.
［76］ 周岩．茅洲河清淤及底泥处置工程施工方案研究［J］．陕西水利，2021（2）：164－166.
［77］ 谢敏．深圳西部河流（海域）水环境现状及容量研究中深圳西部河流（海域）水环境现状及容量研究中茅洲河流域底质分析与研究［J］．能源与环境，2009，13：219.
［78］ 刘耀成，马晓明，李杨，等．茅洲河流域再生水的综合优化配置［J］．水资源保护，2011，27（3）：45－48.
［79］ 深圳市深港产学研环保工程技术股份有限公司．龙岗区非供水水库调查及其生态补水策略研究［R］，2016.
［80］ 彭溢，廖国威，谢林伸，等．深圳市利用小（2）型水库进行河流生态补水研究［J］．水污染防治，2016，51－53.
［81］ 深圳市水务规划设计院有限公司．茅洲河流域（宝安片区）水环境综合整治工程——珠江口取水补水工程项目建议书［R］，2015.
［82］ 中国电建集团华东勘测设计研究院有限公司．茅洲河流域水环境综合整治工程补水专题报告［R］，2017.
［83］ 中国电建集团华东勘测设计研究院有限公司．茅洲河流域水资源生态补水调度方案［R］，2017.
［84］ 尹建华，黄曼莉．景观水系整治中的生态规划——以深圳茅洲河综合治理规划为例［J］．中国城市林业，2006，4（2）：17－21.
［85］ 深圳市水务规划设计院有限公司．茅洲河流域干支流沿线综合形象提升工程可行性研究报告［R］，2016.
［86］ 许慧，肖大威．绿道在城镇空间优化中的作用——以深圳茅洲河流域为例［J］．南方建筑，2014（3）：106－109.
［87］ 章平．产业结构演进中的用水需求研究——以深圳为例［J］．技术经济，2010，29（7）：65－71.
［88］ 牟旭方，曾钰桓，司婧平，等．EOD模式导向下的茅洲河流域城市更新［G］//大连理工大学．2018年城市发展与规划论文集，2018.
［89］ 李弘扬，薛安捷，赵敏．生命周期视角下茅洲河流域水环境综合治理［J］．水利经济，2022，40（5）：40－45，94.
［90］ 余艳鸽，赵志荣，王明远，等．两级生物接触氧化处理茅洲河黑臭水研究［J］．水处理技术，2022，48（8）：120－123.
［91］ 田盼，吴基昌，宋林旭，等．茅洲河流域河流类别及生态修复模式研究［J］．中国农村水利水电，2021（6）：13－19.
［92］ 蒋自胜，李斌，吴基昌，等．茅洲河流域水环境治理工程的生态效应研究［J］．水生态学杂志，2021，42（3）：30－37.
［93］ 宋政贤．水产城深度融合：超大城市治水新路——以茅洲河碧道光明试点段为例［J］．中国建设信息化，2021（12）：84－86.
［94］ 陈武，邹旭彤，郑海涛，等．深圳市茅洲河流域（宝安片区）黑臭水体治理研究［J］．中国给水排水，2021，37（4）：1－4.
［95］ 许杨，纪道斌，何金艳，等．基于生态修复治理下的茅洲河流域生态分区［J］．三峡大学学报：自然科学版，2020，42（4）：8－15.

[96] 王晓辉，吉海，殷峻暹，等．深圳市智慧水务建设总体框架和战略思路探索［J］．水利信息化，2022（4）：62-66，76.

[97] 李铎．深圳宝安区智慧水务系统构建及数据处理技术研究［J］．水利技术监督，2022（9）：35-38.

[98] 常松．基于GIS技术的智慧水务平台应用研究［J］．测绘与空间地理信息，2022，45（7）：85-87.

[99] 石秀花，李骏．浅谈智慧水务对传统供水的影响［J］．智能城市，2022，8（6）：57-59.

[100] 万勇，孙世博，胡一亮．城市综合智能排水系统研究——以深圳市为例［J］．水利水电快报，2021，42（9）：26-31，36.

[101] 钟晨，李清泉，李振，等．竹皮河流域水环境综合治理智慧水务平台研究［J］．科学与信息化，2022（12）：69-74.

[102] 深圳市水务局．深圳水战略2035［R］，2019.

附录　科学规划　展望 2025

“十三五”期间，深圳市围绕水资源、水安全、水环境、水生态、水文化“五水共治”推进水务各项工作，特别是水环境治理成效显著，有力保障经济社会高质量发展。然而，在“超前布局城市生命线”“持续推进防灾减灾救灾等应急体系建设，提高城市风险防御能力”“推动治水从巩固治污成果转向全面提质”的任务下，深圳市尚面临“水资源和供水保障能力亟待提升”“水安全保障体系有待完善”“水生态环境运行体系尚不完备”“水务治理体系和治理能力现代化水平有待提高”等困难和挑战。为此，深圳市明确了“十四五”期间的水务发展目标及指标体系，分 2025 年、2035 年两阶段实现。

1　发展目标

1.1　2035 年远景目标

总体目标：人水和谐，水城相融。韧性安全高品质供排水系统全面建立，节水典范城市全面建成、水资源利用效率达到国际领先水平，河湖水生态环境全面修复，建成蓝绿交融、生态宜居的城市水网，水务治理体系和治理能力全面现代化，构建水安全、水资源、水环境、水生态、水文化、水经济“六水共治”新格局。

1.2　2025 年发展目标

总体目标：构建水源保障充足安全、供水服务均衡优质、节水典范城市基本建成、水资源利用效率跻身国际先进行列、水灾害防御坚实稳固、河湖水体长制久清、水文化水经济繁荣活跃、行业监管智慧一体化的全周期全要素治水体系，广泛形成绿色亲水生产生活方式，基本实现水务治理体系和治理能力现代化，推动深圳率先打造人与自然和谐共生的美丽中国典范，成为践行习近平生态文明思想的最佳样板。

（1）水源保障充足安全。水量保障充足，水资源配置能力进一步增强，形成多源互补、互联互通、调配灵活的水源保障格局，实现双水源双安全、90 天供水储备能力。

（2）供水服务均衡优质。供水系统均衡稳定，供水品质健康优质，供水企业高效运行，自来水直饮全城覆盖，供水设施与服务实现同城同网同质。

（3）节水典范城市基本建成。全社会节水意识提升，各行业各领域节水效率显著提高，万元 GDP 用水量控制在 $6m^3$ 以内，城市供水管网漏损率控制在 7%以内，推动 1 亿 m^3 以上的非常规水源利用设施建设，再生水利用率提升至 80%以上，城市水资源利用效率跻身国际先进行列。

(4) 灾害防御坚实稳固。统筹发展与安全，提升防洪排涝系统精细化智慧化管理水平，强化灾害风险韧性应对能力。城市防洪、防潮能力达到200年一遇，内涝防治能力达到50年一遇。

(5) 河湖水体长制久清。坚持陆海统筹、流域一体，建成完善的污水收集与处理系统，河道水生态系统基本修复，水环境治理长效机制进一步完善，水环境质量持续改善，秀水长清的目标基本实现。

(6) 水文化水经济繁荣活跃。滨水滨海区域实现"开放、绿色、融合"，全社会形成爱水惜水的生态文明新风尚，水务产业高速发展，水科技水平全面提升，树立"两山理论"实践的深圳典范。

(7) 行业监管智慧一体。实施水务行业监管机制创新，构建涉水事务一体化、水务基础设施数字化、行业监管与便民服务智慧化的现代化监管格局，树立智慧水务"深圳样板"。

2 "十四五"规划指标体系

2.1 "十四五"规划指标表

"十四五"规划以2020年为基础，从水安全、水资源、水环境、水生态、水文化五方面制定了详尽的指标表，力求在2025年实现预期目标。

附表1.1　　深圳市水务发展"十四五"规划指标表

指　标	深圳		深汕合作区		指标属性
	2020年现状	2025年目标	2020年现状	2025年目标	
一、水资源					
1. 城市供水储备能力/d	45	90	—	—	预期性
2. 再生水利用率/%	72	80	—	—	预期性
3. 万元GDP水耗/m^3	7.32	≤6	—	—	约束性
4. 供水管网漏损率/%	8.17	≤7	19.15	≤10	约束性
5. 自来水直饮覆盖区	盐田区	全市域	—	—	预期性
二、水安全					
6. 城市防洪能力	100～200年一遇	≥200年一遇	20年一遇	≥50年一遇	预期性
7. 城市防潮能力	20～200年一遇	≥200年一遇	10～50年一遇	50～200年一遇	预期性
8. 城市内涝防治能力	20年一遇	50年一遇	—	50年一遇	预期性
三、水环境					
9. 地表水达到或好于Ⅲ类水体比例[①]/%	2020年现状66.7，2025年目标80				约束性

续表

指　标	深圳		深汕合作区		指标属性
	2020 年现状	2025 年目标	2020 年现状	2025 年目标	
10. 城市生活污水集中收集率/%	69.6	85	—	70	预期性
四、水生态					
11. 河流生态岸线比例/%	35	65	96	96	预期性
12. 城市水面率[②]/%	4.7	>4.7	5.03	>5.03	预期性
13. 海绵城市建设面积占比/%	28.3	60	—	60	预期性
14. 建成碧道长度/km	118	940	2	60	约束性
五、水管理					
15. 河湖岸线有效管控比例/%	—	100	—	100	约束性
16. 水务管理智慧化	(1) 实现水务资产数字化全覆盖。 (2) 建设数字孪生流域。 (3) 建成水务预报、预警、预案、预演智慧管理体系				预期性

① 地表水达到或好于Ⅲ类水体比例指国控、省控断面水质达到或优于Ⅲ类的比例。

② 城市水面率指城市范围内承载水功能的水域面积占城市国土总面积的比例。水域包括河道、水库、湖（湿地、滞洪区等）和小微水体四类。

2.2 指标释义

（1）城市供水储备能力：指城市因东江或西江境外水源遭遇干旱、突发水污染或其他突发事件无法正常供水时，全市供水水库蓄水量可满足城市正常供水的天数。

（2）城市再生水利用率：指城市再生水利用总量占污水处理总量的比例。城市再生水利用量是指污水经处理后出水水质符合《城市污水再生利用》系列标准等相应水质标准的再生水，包括城市污水处理厂再生水和建筑中水用于工业生产、景观环境、市政杂用、绿化、车辆冲洗、建筑施工等方面的水量，不包括工业企业内部的回用水。

（3）万元 GDP 水耗：指用水总量与国内生产总值（以万元计）的比值。

（4）供水管网漏损率：指城市公共供水总量和城市公共供水注册用户用水量之差与城市公共供水总量的比值，按《城镇供水管网漏损控制及评定标准》（CJJ 92）规定修正核减后的漏损率计。

（5）自来水直饮覆盖区：指实现自来水直饮的行政区域。

（6）城市防洪能力：指城市防护对象对洪水灾害的防御能力。

（7）城市防潮能力：指城市防护对象对潮水灾害的防御能力。

（8）城市内涝防治能力：指城市内涝防治系统能够有效排除设计标准暴雨的能力，使地面、道路等地区的积水深度不超过一定的标准。

（9）地表水达到或好于Ⅲ类水体比例：指国控、省控断面水质达到或优于Ⅲ类的比例。

（10）城市生活污水集中收集率：向污水处理厂排水的城区人口占城区用水总人口的比例。

（11）河流生态岸线比例：指蓝线范围内具有自然岸线与生态护岸的河段长度占岸线总长度的比例。生态护岸指以传统的河道整治为基础，融合生物、生态、环境、景观等为一体的综合型河道护岸。

（12）城市水面率：指河道、水库（湖泊、滞洪区）常水位下对应的水面面积占城市总面积的比例，不考虑邻近海域面积。

（13）海绵城市建设面积占比：指达到海绵城市要求的建成区面积占全市建成区总面积的比例。

（14）建成碧道长度：指建成满足碧道标准的河流、湖库等水体的长度。河流型碧道长度统计标准为河流中心线长度，湖库型碧道长度统计标准为湖（库）岸线长度，滨海型碧道长度统计标准为海岸线长度。

（15）河湖岸线有效管控比例：指满足岸线有效管控水域的数目占深圳河道、水库名录总数目的比例。针对列入深圳河道、水库名录的水域，同时满足以下条件可认定为“有效管控”：①划定了岸线管理范围；②明确了岸线管理责任主体；③岸线管理范围未新增非法侵占情况。

（16）水务管理智慧化：水务管理智慧化指在水务资产数字化全覆盖和数字孪生流域等基础上，构建水务预报、预警、预演、预案智慧管理体系。其中，水务资产数字化是指将水务资产的属性（包括空间属性）信息通过录入或采集并以数字编码形式统一进行储存、传输、加工、处理和应用，有效支撑水务资产数字化管理和业务场景应用。

后　　记

2015 年 8 月，当我们几十人打上背包、带上行囊，奔赴深圳的时候，我们尚不知道此行的意义，只知道有个重要的项目需要去做。对于习惯了在国内四处奔波的我们来说，并未多问什么。七年弹指一挥间，深圳的水，却似换了人间。而此行的真正意义，在这个过程中才不断被我们品尝、回味、升华。

七年来，我们始终奋斗在治水的第一线。当我闭上眼睛，回首治水之路，脑海中涌现出很多的画面：有通宵达旦的努力、有面红耳赤的争论、有挑灯夜战的项目组、有剑拔弩张的讨论会，也有述标出来后的月朗星稀、有军训融合时的流汗流泪、有突击作战时的血压升高、有任务圆满完成后的一醉方休、有近三年疫情期间的双向奔赴、有风尘仆仆归来时的家人拥抱，等等。一个个瞬间、一个个画面、一个个鲜活的人物、一段段难忘的往事，共同定格在脑海中，不断激励着我们继续奋斗。可以说，能亲身感受我国水环境治理事业的脉搏，是我们这一代从业人员的幸事。

是以自勉，最后，感谢我们的亲人、朋友、同事，是你们，使我们的生活更为多彩、使命更加光荣、生命更有意义、时代更显伟大！

作者

2023 年 8 月

真诚感谢茅洲河流域水环境综合整治工程技术专家组以及奋战在工程一线的项目组成员对于本书的指导与支持。

茅洲河流域水环境综合整治工程技术专家组

吴关叶　王　超　梅荣武　徐向阳　芮建良　徐建强　周垂一　胡赛华　吕健宁
王金锋　计金华　刘世明　郑永明　陶如钧　汪明元

茅洲河流域（宝安片区）水环境综合整治工程设计、总承包、设代项目组

唐颖栋　楼少华　高礼洪　李俊杰　岳青华　项立新　余　浩　汪明元　魏　俊
叶盛华　邱　辉　谢玉芝　施家月　钱爱国　汪　洋　高祝敏　陈　武　孙　健
刘宏洲　方　刚　邵宇航　任珂君　周梅芳　杨明轩　郑元格　傅生杰　张墨林
陶　涛　贺海涛　王俊然　王　飘　甄万顺　于洪禹　苏　展　杨玉梅　金　诚
黄勇同　江杨俊　肖生明　胡忠平　唐　睿　廖　琦　方　冰　吴观庆　孙国帅
王　源　吴池清　徐菁菁　卢兴毅　黄　蕾　贾娟华　杜文博　陈　皎　于洪禹
吴天彧　喻　谦　张徐杰　王军平　刘克伟　毛文凯　孔大川　孔　亮　王宏旺
张凤山　包　晗　郭伟建　王　晓　杨浩铭　覃茂欢　霍怡君　吴贵年　王　双
雷晓霞　兰利川　周　祥　郑学海

茅洲河流域（光明新区）水环境综合整治工程设计、总承包、设代项目组

唐颖栋　高礼洪　李　炜　丁华凯　张　宏　楼少华　唐远东　魏　俊　苏　展
宁顺理　严　伟　余　浩　王　飘　吕丰锦　朱少博　吕权伟　邵宇航　李　典
邓国斌　马得新　沈世龙　肖生明　韦少荣　宋　军　吴观庆

茅洲河流域（东莞片区）综合整治工程设计、总承包、设代项目组

余　浩　叶盛华　项立新　杨明轩　吉乔伟　张革强　傅生杰　叶更强　汪孝力
张澜清　周小勇　雷　曦　朱少博　申屠华斌　李祖荣　王拯谦　贺建海　龚泽友
高祝敏　陈鹏宇　罗梓尧　曾　鸣　吕成刚　毕可文　陈海斌　王凤军　冯兴仁
张玉浩　唐留贵　文　杰　薛清城　雷　宏　杨　平　宗玉儒　李咏涛

宝安区 2019 年全面消除黑臭水体工程（茅洲河片区）设计项目部

唐颖栋　楼少华　杨　洋　邵宇航　任珂君　甄万顺　方　刚　王俊然　卢兴毅
黄　蕾　贾娟华　杜文博　陈　皎　于洪禹　吴天彧　喻　谦　张徐杰

茅洲河流域综合整治（东莞部分）二期项目 EPC＋O 勘察设计项目部

叶盛华　肖　倩　李祖荣　周小勇　雷　曦　王拯谦　项立新　贺建海　高祝敏
李兴方　陈鹏宇　龚泽友　罗梓尧

铁岗—石岩水库水质保障工程（二期）设计项目部

唐颖栋　陈　攀　朱安龙　杨　洋　吉玉亮　仝武刚　苏　展　胡宏栋　包　晗
王恕林

沙井河碧道设计项目部

高祝敏　车晋晖　吴　瑢　胡剑东

茅洲河工程时间线

20世纪70年代

水质良好，居民在河中洗衣洗菜、捕鱼捉虾、举办游泳比赛等。

20世纪90年代-2013年

水体逐渐黑臭；2013年茅洲河被人民日报、中央电视台等媒体曝光，并被广东省挂牌督办。

2015年

4月，国务院出台《水污染防治行动计划》，即“水十条”，向水污染庄严宣战；12月，深圳市出台《深圳市治水提质工作计划（2015—2020年）》。

2016年

3月，茅洲河流域（宝安片区）水环境综合整治项目正式开工实施；5月15日，1号底泥厂开始投产使用。

2017年

4月8日，茅洲河流域(宝安片区)织网成片工程启动；4月26日，茅洲河流域(宝安片区)水环境综合整治工程支流河道理水梳岸工程启动。

2017年

11月30日，沙井污水处理厂和松岗水质净化厂再生水正式补水。

2017年

12月1日，茅洲河干流国考断面通过了环境保护部、住房和城乡建设部、国家海洋局三部委的联合水质考核，实现第一阶段基本消除黑臭的目标。12月5日，3号底泥厂投入使用。

2018年

2月1日，茅洲河流域（宝安片区）正本清源工程正式启动；“6·5”世界环境日公益宣传活动在深圳宝安燕罗湿地公园举行，举办全国龙舟赛事。

2018年

10月1日，茅洲河燕罗湿地工程正式竣工。

2019年

7月12日，万丰湖湿地公园举行开园仪式；8月25日，2号底泥处理厂正式投产。

2019年

深圳成为重点流域水环境质量改善明显的5个城市之一，在河长制、湖长制工作考核中被评为优秀。

2020年

治理成效巩固管理提升年；七支渠、潭头渠、沙浦西、罗田水、老虎坑、龟岭东、塘下涌、衙边涌、石岩渠、松岗河、界河下游沿线综合形象提升工程完工。

2021年

深圳按照第七次党代会提出的“推动治水从巩固治污成果转向全面提质”，1月1日，发布施行《深圳经济特区排水条例》。

“百日大会战”劳动竞赛
2016年9月24日至12月31日
雨污分流管网工程
河道梳岸
1号底泥处理厂
Sediment treatment plant

3号底泥处理厂

Sediment treatment plant

松岗水质净化厂再生水补水泵站实景图

茅洲河干流国考断面通过水质考核

洋涌河水闸

"治水提质百日攻坚战"劳动竞赛启动现场

2017年8月30日

燕罗湿地公园
YANLUO LAKE

定岗湖湿地公园
DINGGANG

万丰湖湿地公园
WANFENG LAKE

岸线综合形象提升工程

Comprehensive improvement of the shoreline image

1 罗田水　2 七支渠　3 潭头河　4 绿境驿站

岸线综合形象提升工程

Comprehensive improvement of the shoreline image

1 老虎坑　2 松岗河　3 衙边涌　4 龟岭东

新闻播报

NEWS REPORT

央视科教频道《走近科学》

央视新闻亮相共和国发展成就巡礼

央视纪录频道《美丽中国》

央视新闻频道《焦点访谈》

央视新闻频道《朝闻天下》

央视科教频道《创新进行时》

央视记录频道《深圳有条茅洲河》

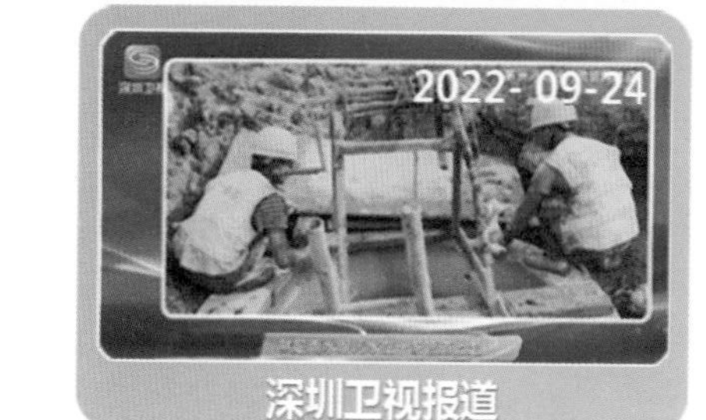

深圳卫视报道

深圳茅洲河

MAOZHOU RIVER